CAD&Graphics 기계, 건축, 산업디자인, 3D프린팅 분야 전문지

CAD&Graphics 는 CAD/CAM/CAE/PLM 분야의 월간지와 관련 단행본을 발행하고 있습니다. 1993년 12월에 창간된 본지는 기계 및 건축, 산업디자인, 3D프린팅 분야의 CAD/CAM/CAE/PLM/BIM 소프트웨어 정보, 스마트 제조를 위한 기술 트렌드, 업체·관련기관 동향과 튜토리얼에서 성공 사례까지 다양한 정보를 담고 있습니다.

CAD&Graphics 는 PLM 베스트 프랙티스 컨퍼런스, 플랜트 조선 컨퍼런스, CAE 컨퍼런스, 코리아 그래픽스, SIMTOS 캐드앤그래픽스 컨퍼런스 등 관련 행사를 통해 업계를 리드하고 있습니다.

■ 부대사업 안내
● 각종 컨퍼런스 및 행사 기획, 각종 브로셔 및 매뉴얼 제작
● 문의 : 02-333-6900, www.cadgraphics.co.kr

■ 월 10,000원, 1년 정기구독 100,000원

캐드앤그래픽스 에서 펴낸 책들

스마트 엔지니어링을 위한 PLM과 DX 가이드

PLM/DX 관련 트렌드, 전략 등 최신 정보 집대성

한국산업지능화협회 PLM기술위원회 공저
정가 25,000원

캐드의 정석 ZWCAD(개정4판)

- 인생 실전이야! 캐드도 실전처럼!

최종복, 김현기 지음
정가 35,000원

디지털 트윈 가이드

- 이해와 트렌드 /
제품 및 업체 소개 / 사례

한국산업지능화협회 PLM기술위원회
외 공저
정가 30,000원

Abaqus와 함께하는 구조해석의 개념과 분석방법

- 구조해석 기본 과정

㈜브이이엔지 지음
정가 33,000원

머리말

변화를 넘어 혁신으로 : 스마트 건설 DX의 새로운 도약을 준비하며

바야흐로 디지털 대전환(DX)의 시대입니다. 인공지능(AI), 빅데이터, 사물인터넷(IoT), 클라우드 컴퓨팅 등으로 대변되는 첨단 기술은 단순히 우리의 일상을 편리하게 만드는 것을 넘어, 산업의 근본적인 체질을 바꾸고 있습니다. 제조업, 금융, 의료, 서비스업 등 분야를 막론하고 DX는 기업의 생존과 미래 경쟁력을 좌우하는 가장 핵심적인 패러다임으로 자리 잡았습니다. 기술의 융합은 기존의 경계를 허물고 있으며, 데이터를 기반으로 한 의사결정은 모든 산업에서 '선택'이 아닌 '필수'가 되었습니다.

이러한 거대한 흐름 속에서 전통적으로 노동 집약적이고 현장 중심적이었던 건설 산업 역시 예외일 수 없으며 오히려 가장 역동적으로 변화를 맞이하고 있는 분야가 바로 건설업입니다. 현재 세계 건설 시장은 BIM, 드론을 활용한 지형 분석, 로봇을 이용한 자동화 시공, 그리고 가상 공간에 현장을 똑같이 구현하는 디지털 트윈 기술 등을 적극적으로 도입하며 '스마트 건설'이라는 새로운 청사진을 그려내고 있습니다.

국내 건설 산업의 상황도 이와 흐름을 같이합니다. 우수한 IT 인프라와 기술력을 바탕으로 국내 대형 건설사들은 이미 세계적인 수준의 스마트 건설 기술을 현장에 적용하고 있으며, 프롭테크(Prop Tech) 및 콘테크(ConTech) 스타트업들도 톡톡 튀는 아이디어로 건설 생태계에 새로운 활력을 불어넣고 있습니다. 스마트 건설은 더 이상 먼 미래의 이야기가 아니라, 지금 우리 현장 곳곳에서 실시간으로 벌어지고 있습니다.

이러한 민간의 노력에 발맞춰, 정부 역시 스마트 건설의 본격화를 강력하게 추진하고 있습니다. 국토교통부를 비롯한 관계 부처는 '스마트 건설 활성화 방안'을 발표하고, BIM 의무화, 스마트 건설 기준 및 표준 마련, 관련 R&D 투자 확대 등 제도적 기반을 탄탄히 다지고 있습니다. 이는 정부가 스마트 건설을 단순한 기술 도입을 넘어, 국가 건설 산업의 체질을 개선하고 글로벌 경쟁력을 확보하기 위한 핵심 국가 전략으로 인식하고 있음을 의미합니다. 이제 규제와 제도는 혁신의 발목을 잡는 것이 아니라, DX를 가속하는 강력한 추진력으로 작용할 것입니다.

스마트 건설과 DX가 현장에 적용되면서 그 장점은 매우 명확해지고 있습니다. 데이터 기반의 정밀한 설계와 시공은 오류와 재작업을 획기적으로 줄여 생산성을 높이고 공기를 단축합니다. 그리고 스마트 기술을 활용한 안전 장구 등은 건설 현장의 고질적인 문제였던 안전사고를 예방하고 소중한 생명을 지키는 데 공헌하고 있습니다. 또한, 자재 낭비를 최소화하고 에너지를 효율적으로 관리함으로써 친환경 및 지속가능한 건설(ESG)을 실현하는 데에도 핵심적인 역할을 수행합니다.

DX가 본격화되면서 간과할 수 없는 단점과 한계점들도 수면 위로 드러나고 있습니다. 초기 인프라 구축과 소프트웨어 도입에 막대한 비용이 소요되어 대형 건설사와 중소형 건설사 간의 '디지털 격차'가 심화되고 있습니다. 또한, 기존 아날로그 방식에 익숙한 현장 인력들의 기술적 저항감, DX를 주도할 융합형 전문 인력의 절대적인 부족 현상도 뼈아픈 현실입니다. 방대해지는 건설 데이터의 보안 문제와, 기술 발전 속도를 아직 완벽히 따라가지 못하는 기존 방식의 충돌 역시 우리가 반드시 해결해야 할 과제입니다.

지금은 맹목적인 기술 도입을 넘어, 잠시 숨을 고르고 우리의 현황을 냉철하게 돌아보아야 할 시점입니다. "어떤 기술을 도입할 것인가?"라는 질문에서 한 걸음 더 나아가, "이 기술이 우리 현장과 조직의 문제를 실질적으로 어떻게 해결할 것인가?"를 고민해야 합니다. 그동안의 시행착오를 거울삼아 성공과 실패의 요인을 분석하고, 현장의 목소리가 반영된 실현 가능한 DX 전략을 수립해야 합니다.

본 『스마트 건설 DX 가이드』는 바로 이러한 시대적 요구와 고민에서 출발했습니다. 국내외 스마트 건설의 생생한 현황을 진단하고, 현장에서 직면하는 현실적인 장벽들을 어떻게 극복할 수 있는지 구체적인 해법을 제시하는 '실전 지침서'입니다.

건설 산업의 디지털 전환은 마라톤과 같습니다. 단기적인 성과에 연연하기보다는 장기적인 안목으로 조직 문화를 바꾸고 사람을 중심에 두는 혁신이 필요합니다. 모쪼록 이 가이드가 대한민국 건설 산업이 현재의 한계를 뛰어넘어, 더 안전하고 효율적이며 혁신적인 미래로 도약하는 데 튼튼한 발판이자 친절한 나침반이 되기를 진심으로 기원합니다.

스마트 건설의 새로운 역사를 써 내려가는 모든 건설인 여러분의 땀과 열정에 깊은 경의와 응원을 보냅니다. 감사합니다.

2026년 3월

김인한

경희대학교 교수

(사)빌딩스마트협회 수석부회장

이 책의 주요 저자 소개

공저 | 빌딩스마트협회

이강 / 조성민 / 진상윤 / 문진영 / 박승 / 나재훈 / 김한도 / 윤종덕 / 이두희 / 김창근 / 류제형 / 강태욱 / 최경화 / 양승규 / 이용하 / 권방호 / 김선중 / 김성진 / 김영휘 / 김용수 / 김진만 / 김태현 / 손석희 / 손원영 / 엄신조 / 이기상 / 이승평 / 진득호 / 최융기 / 한종한 외

참여업체

고려소프트웨어 / 글로텍 / 다쏘시스템코리아 / 라인테크시스템 / 마션케이 / 모두솔루션 / 베이시스소프트 / 벤틀리시스템즈코리아 / 브이디씨테크 / 빌딩포인트코리아 / 빔피어스 / 상상진화 / 씨앤지소프텍 / 아키소프트 / 알씨케이 / 에쓰씨케이(SCK) / 에픽게임즈코리아 / 엠티엠디지털컨스트럭션 / 오토데스크코리아 / 위즈코어 / 이노액티브 / 이에이트(E8) / 자이로소프트 / 제이제이이노텍 / 지더블유캐드코리아 / 직스테크놀로지 / 캐디안 / 케이던스 디자인 시스템즈 / 케이씨아이엠(KCIM) / 케이씨엠씨(KCMC) / 트림블코리아 / 한국가상현실 / 휴엔시스템 한국디지털교육원

목차

"스마트건설의 디지털 전환(DX) UniKBIM으로 실현하세요!"

BIM 납품관리시스템
UniKBIM Submission System

BIM 공정관리시각화 시스템
UniKBIM PMIS Project Management Information System

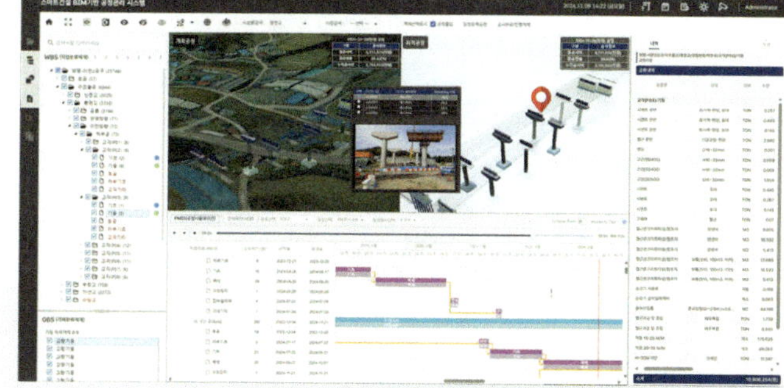

UniKBIM Smart Platform

BIM Server
BIM Standards
BIM Database
BIM Checker
BIM Parser
BIM Viewer

Digital Twin for InfraBIM Smart Construction with UniKBIM

BIM 시설유지관리시스템
UniKBIM FMS Facilities Management System

BIM 재난관제시스템
UniKBIM DMS Disaster Management System

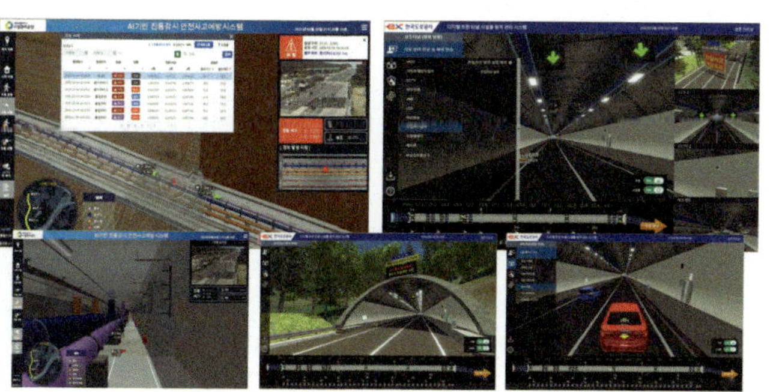

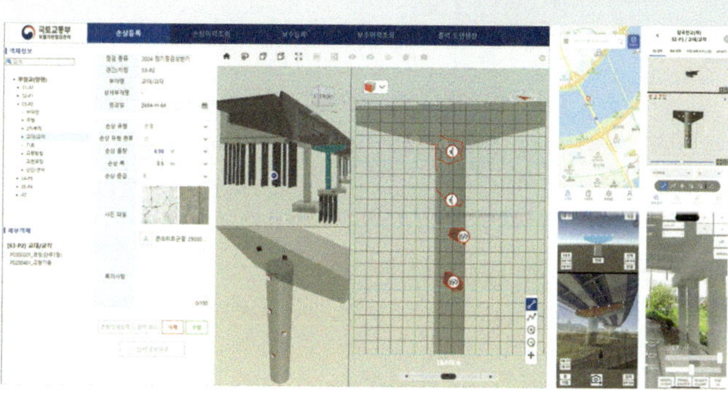

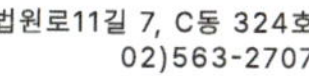

서울시 송파구 법원로11길 7, C동 324호
02)563-2707

목차

PART 05. 주요 스마트 건설 DX 솔루션 소개

목차

PART 06. 스마트 건설 DX 관련 업체 디렉토리

PART 07. 업체별 스마트 건설 DX 솔루션 리스트

후원 기관 및 업체
빌딩스마트협회 / 트림블코리아 / 모두솔루션
지더블유캐드코리아 / 고려소프트웨어 / 씨앤지소프텍
자이로소프트 / 직스테크놀로지 / 벤틀리시스템즈코리아
한국디지털교육원

PART

1

스마트 건설 개요와 DX 인사이트

스마트건설, DX, AI, BIM의 상관관계와 도입 전략

AI 시대, 스마트 건설 DX의 본질과 대전환의 길

스마트 건설 DX의 핵심, BIM 개요와 효과

스마트 건설, DX, AI, BIM의 상관관계와 도입 전략

서론

스마트 건설(Smart Construction)을 이야기할 때 가장 먼저 떠오르는 질문은 "그렇다면 스마트 건설 이전의 건설 방식은 비효율적이었는가"이다.

이 질문에 답하기 위해서는 스마트 건설과 AI(Artificial Intelligence, 인공지능), BIM (Building Information Modeling, 건설정보모델링), 디지털 전환(DX, Digital Transformation)이 추구하는 궁극적인 목표를 살펴볼 필요가 있다.

2021년 11월 30일, 국토교통부는 건설기술진흥법 제10조의2 제1항을 근거로 '스마트 건설기술 활성화 지침'을 제정하였다. 이 지침에서 스마트 건설기술은 다음과 같이 정의한다.

'스마트 건설기술'이란 공사기간 단축, 인력투입 절감, 현장 안전 제고 등을 목적으로 전통적인 건설기술에 로보틱스, AI, BIM, IoT 등의 첨단 디지털 기술을 적용함으로써 건설공사의 생산성, 안전성, 품질 등을 향상시키고, 건설공사 모든 단계의 디지털화, 자동화, 공장제작 등을 통한 건설산업의 발전을 목적으로 개발된 공법, 장비, 시스템 등을 말한다.

이 정의에서 이미 스마트 건설과 AI, BIM, 디지털 전환(DX)의 관계가 어느 정도 드러나 있다. 그러나 이 글에서는 스마트 건설, DX, AI, BIM의 상호 관계를 보다 명확히 정의하고, 이 개념들을 관통하는 궁극적인 목표를 논의하여 "그렇다면 스마트 건설 이전의 건설 방식은 비효율적이었는가"라는 질문에 대한 답을 찾고자 한다. 그리고 이 기술들의 효과적인 도입 전략을 제안한다.

관통하는 궁극적 목표 – 정보기반 의사결정 (Informed Decision)

스마트 건설, DX, AI, BIM이 때때로 혼용되는 이유는 이들 모두가 공통된 핵심 가치와 궁극적 목표를 공유하기 때문이다.

결론부터 말하면, 이 네 가지 기술 또는 업무 방식이 추구하는 궁극적 목적은 "정보기반 의사결정 (Informed Decision)의 실현"이다. 이는 "이전 방식은 비효율적이었는가?"라는 질문에 대한 답이기도 하다.

스마트 건설은 기존의 '경험과 직관' 중심 방식에 대한 비판이 아니라, 앞으로 나아가야 할 방향이 '데이터와 정보' 기반의 의사결정 및 건설 방식임을 강조하는 개념이다.

스마트 건설, DX, AI, BIM은 모두 이 목표를 향해 나아가지만, 각기 다른 역할을 수행한다. 다시 한 번 '정보기반 의사결정'이라는 공통 목표를 중심으로 이들의 상호 관계를 살펴본다.

■ **BIM**은 정보기반 의사결정의 '원재료'인 구조화된 양질의 디지털 데이터(Building Information Model)를 제공하며, 이를 생성·관리하는 기반 인프라와 프로세스(Building Information Modeling)를 의미한다. 데이터와 프로세스 측면 모두에서 BIM은 핵심적이다.

■ **DX**는 단순한 기술 도입을 넘어, 디지털 기술을 활용해 조직의 의사결정 체계를 데이터 기반으로 전환하는 패러다임 변화를 의미한다.

■ **AI**는 디지털 데이터를 '더 똑똑하게' 만들고, 동시에 '더 쉽게 활용할 수 있도록' 하는 역할을 한다. 축적된 데이터를 학습해 패턴을 발견하고 미래를 예측하며, 복잡한 데이터를 누구나 쉽게 활용할 수 있도록 접근성을 높인다.

■ **스마트 건설**은 이러한 데이터와 기술을 실제 건설 실무(설계, 시공, 유지관리)에 적용하는 행위이다. 즉, BIM 데이터, DX 기반 의사결정 체계, AI의 지능화 기술을 현장에서 통합 구현하는 결과물이다

정보기반 의사결정의 구현 체계

스마트 건설, DX, AI, BIM이 상호작용하는 정보기반 의사결정 체계를 도식화하면 〈그림 1〉과 같이 표현할 수 있다. 이들의 관계는 "데이터 생성 → 체계 전환 → 지능화 → 실무 적용"이라는 흐름을 따르며, 동시에 서로를 강화하는 선순환적 생태계를 형성한다.

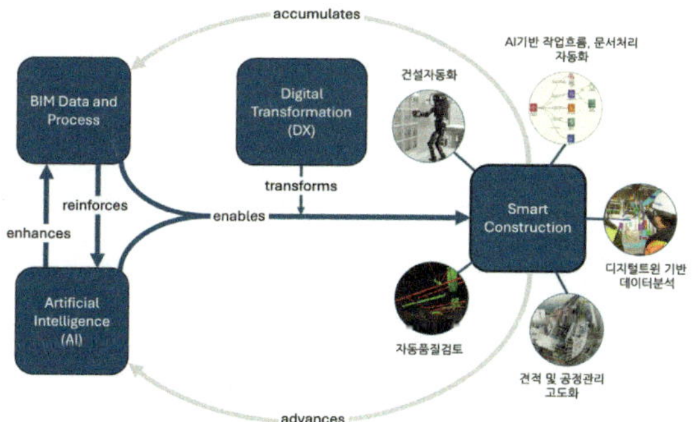

그림 1. 스마트 건설, DX, AI, BIM의 선순환적 역학 관계—정보기반 의사결정의 구현 체계

〈그림 1〉에 시각화한 정보순환 체계를 하나씩 살펴보면 다음과 같다.

■ **BIM: 의사결정의 '재료' 제공**

정보기반 의사결정을 위해서는 먼저 양질의 데이터가 필요하다. BIM은 건물의 형상, 물량, 일정, 비용 등 의사결정에 필요한 모든 정보를 구조화된 형태로 생성한다. BIM 없이는 정보기반 의사결정이 불가능하며, 데이터 생성분 아니라 이를 관리하는 프로세스로서도 핵심적 역할을 한다.

■ **BIM ⇄ AI**

BIM에서 생성된 데이터는 AI 학습과 고도화에 활용된다. 반대로 AI는 BIM 프로세스를 자동화하고 데이터 품질을 향상시킨다. 또한 AI는 복잡한 BIM 데이터와 분석 결과를 자연어 질의로 접근할 수 있도록 하여, 비전문가도 쉽게 활용할 수 있는 환경을 제공한다. 즉, AI는 "데이터의 질"을 높이고 "사용성"을 강화한다.

■ **BIM+AI ⇄ Smart Construction**

BIM과 AI의 결합은 스마트 건설, 즉 현장에서의 정보기반 의사결정을 가능하게 한다. 스마트 건설은 다시 새로운 BIM 데이터와 프로세스를 생성하고 AI를 고도화한다. 예를 들어, 설계자는 BIM 데이터와 AI 분석을 기반으로 최적안을 선택하고, 시공자는 실시간 현장 데이터를 활용해 공정을 조정하며, 관리자는 센서 데이터를 기반으로 유지보수를 계획한다. 이러한 모든 과정이 정보기반 의사결정으로 이루어진다.

■ **DX → Smart Construction**

DX는 조직의 의사결정 체계를 디지털 기반으로 전환하는 역할을 한다. BIM 데이터가 존재하더라도 조직이 여전히 경험과 직관에 의존한다면 의미가 없다. DX는 "데이터를 보고 결정한다"는 문화를 내재화하고, 아날로그 데이터를 디지털화하며, 업무 프로세스를 데이터 중심으로 재설계해 구성원이 데이터 기반으로 판단하고 행동하도록 만든다.

이 관계의 핵심은 한 번 순환으로 끝나는 것이 아니라 지속적으로 강화되는 체계라는 점이다. BIM 데이터가 축적될수록 AI 학습은 정교해지고 예측 정확도가 높아진다. AI가 발전하면 BIM 모델링이 자동화되고 데이터 품질이 향상된다. DX가 확산되면 조직의 데이터 중심 문화가 강화되어 BIM 활용도와 AI 도입 속도가 높아지고, 스마트 건설 실현 가능성이 커진다. 반대로 스

마트 건설이 활성화되면 현장에서 생성되는 실시간 데이터가 다시 BIM에 축적되어 데이터 인프라가 더욱 풍부해진다.

스마트 건설, DX, AI, BIM 도입전략

제안하는 스마트 건설, DX, AI, BIM의 성공적 도입 전략은 다음과 같다. 장기간의 노력과 투자에도 정보기반 의사결정의 선순환 구조가 단기간에 형성되지 않는 것은 자연스러운 현상이다. 하나의 요소 기술이라도 비효율적으로 작동하면 전체 구조의 구축이 지연되거나 실패할 수 있기 때문이다. 따라서 초기 목표를 과도하게 높게 설정하지 않는 것이 중요하다. 구체적 도입 절차는 다음과 같다.

활용사례 발굴 및 우선순위 설정

먼저 기술의 활용사례(use case)를 체계적으로 발굴하고 문서화한다. 이후 가치-노력 매트릭스(value-effort matrix)를 활용하여 도입 우선순위를 결정한다. 일반적인 매트릭스에서는 비즈니스 가치가 높은 항목에 높은 점수를 부여하지만, 실사용 관점에서 조직 구성원이 가장 하기 싫어하는 업무를 효과적으로 줄이거나 제거하는 사례에 높은 가치를 부여하는 접근을 권장한다. 기술 수용 모델(Technology Acceptance Model)에 따르면, 사용자는 기술의 유용성과 사용 용이성을 실제로 경험하거나 그렇게 인지할 때 채택을 결정한다. 실무 경험상 초기 채택을 견인하는 가장 큰 동기는 해당 기술이 기피 업무를 실질적으로 완화할 때에 발생한다. 예컨대, 모바일 결제는 지갑이나 신용카드의 물리적 소지와 조작을 줄이고 교통 결제까지 통합함으로써, 개인정보 보안 우려가 존재함에도 사용자 채택을 촉진한 사례이다.

'노력'의 정의

여기서 노력은 구현 난이도를 의미한다. 즉, 해당 기술을 도입·운영하는 데 필요한 인력, 시간, 조직적 조정 비용의 총합을 지칭한다.

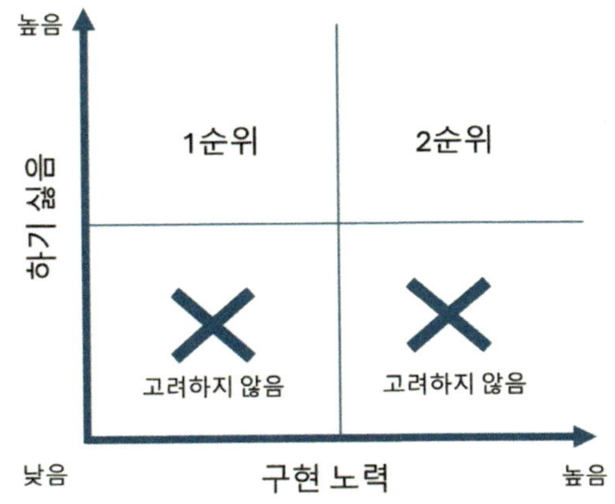

그림 2. 수정된 가치-노력(하기 싫음-노력) 매트릭스

여러 활용사례 중 기피 업무를 자동화하거나 실질적으로 경감하는 기술이면서, 큰 추가 인력·시간 투자 없이 구현 가능한 항목은 우선 도입 대상이다. 〈그림 2〉의 1순위 영역이 이에 해당한다. 선정된 활용사례는 다음 단계에 따라 체계적으로 구현한다.

1단계: BIM과 DX 기반 구축

데이터가 없으면 시작할 수 없다. 기존 작업 방식을 분석하고, 목표 작업 수행에 필요한 정보 항목과 절차를 정의한다. 이를 바탕으로 BIM과 DX에서 운용할 데이터 구조와 프로세스를 설계한다.

2단계: BIM, DX 규정 마련

데이터 표준, 모델링 규칙, 프로세스 준수 원칙 등 조직 규정을 수립한다. 즉, "이 방식 이외에는 수행하지 않는다"는 원칙 기반 체계를 정립한다.

3단계: AI 도입

축적된 데이터를 학습해 업무 효율을 극대화하고, 비전문가도 접근 가능한 인터페이스를 제공한다. 이를 통해 의사결정의 속도와 일관성을 확보한다.

4단계: 스마트 건설 실현

BIM, DX, AI를 통합하여 현장 수준에서 정보기반 의사결정이 자연스럽게 작동하는 환경을 구현한다. 설계·시공·유지관리 전 단계에 걸쳐 데이터 주도 운영 체계를 정착시킨다.

5단계: 성공 여부 평가 및 개선

사업 초기부터 정량·정성 평가 지표를 설정하고, 완료 시 성과를 검증한 후 개선 과제를 반영한다.

활용사례가 안정적으로 궤도에 오르면, 보다 복합도와 투자 규모가 큰 사례로 단계적으로 확장한다. 이러한 확장은 조직의 데이터 중심 문화를 강화하고, BIM 활용도와 AI 도입 속도를 높이며, 스마트 건설의 실현 가능성을 증대한다.

결언

스마트 건설, DX, AI, BIM은 각각 독립적인 기술이 아니라 '정보기반 의사결정(Informed Decision)'이라는 공통 목표를 향해 상호작용하는 선순환적 생태계를 형성한다.

BIM은 의사결정의 재료인 구조화된 양질의 데이터를 제공하고, DX는 조직의 의사결정 체계를 데이터 중심으로 전환하며, AI는 데이터를 지능화하고 사용성을 증대한다. 스마트 건설은 이 세 요소를 현장에 통합 적용함으로써 설계-시공-유지관리 전 주기에 걸친 데이터 주도 운영을 실현한다. 이 관계는 데이터 생성 → 체계 전환 → 지능화 → 실무 적용의 순환을 따르며, 순환이 반복될수록 데이터 품질과 활용성이 향상되고, 조직의 채택 속도와 성과가 가속화되는 선순환 구조를 형성한다.

도입 전략의 핵심은 과도한 초기 목표를 지양하고, 활용사례 발굴-가치-노력 매트릭스 기반 우선순위 설정-단계적 구현으로 이어지는 체계적 접근을 취하는 것이다. 특히 구성원이 가장 기피하는 업무를 실질적으로 완화하는 활용사례부터 착수하면 초기 채택과 실제 성과를 동시에 확보할 수 있다. 이후 데이터 기반 구축(BIM·DX) → 규정 정립 → AI 도입 → 현장 통합 구현 → 성과 평가·개선의 단계별 실행을 통해 조직 전반의 데이터 중심 문화를 내재화하고, 보다 복합도가 높은 사례로 확장함으로써 지속 가능한 혁신 궤도를 만든다.

결국 스마트 건설의 성공은 데이터의 품질, 프로세스의 일관성, 조직 문화의 전환, 현장 통합 실행 능력이라는 네 가지 축이 맞물릴 때 달성된다. 이러한 축을 균형 있게 강화할 때, 건설산업은 경험과 직관 중심의 운영에서 증거와 데이터에 근거한 의사결정으로 진화하며, 생산성·안전성·품질의 동시 향상을 통해 지속 가능한 경쟁 우위를 확보할 수 있다.

이강 교수
연세대학교 건축공학과
glee@yonsei.ac.kr

AI 시대, 스마트 건설 DX의 본질과 대전환의 길

– 현장에 답을 묻고 데이터로 길을 열다, AX 시대를 향한 스마트 건설의 여정

스마트 건설, 디지털 대전환 시대 인프라 진화의 도구

팬데믹이 촉발한 디지털 전환(Digital Transformation, 이하 DX)의 격랑 속에서 제조와 IT 분야는 이미 AI 엔진을 달고 거침없는 초격차를 벌려나가고 있다. 이제 건설산업도 이러한 거대한 흐름에 응답해야 하는 전환기의 임계점에 서 있다.

글로벌 건설시장은 맥킨지가 예견한 106조 달러 규모의 막대한 인프라 수요라는 기회와, 생산성 저하 및 인력 부족이라는 위기가 교차하는 분수령을 지나고 있다. 이 혼돈의 시기에 우리가 가야할 길은 명확하다. 아날로그와 오랜 관행의 견고한 틀을 깨고 AX(AI 전환)의 시대로 성큼 다가서는 것이다. 인류 문명 생활의 기반이 되는 인프라 시설은 물리적 자산에서 운영·관리 서비스의 대상으로 변화해왔는데, 이제는 디지털 계층화 기술

그림 1. DX에 따른 인프라 시설 개념의 확장 단계 (McKinsey & Company, 2025)

체로 진화하고 있고, 궁극적으로는 인프라를 중심으로 한 통합적 생태계로 발전해 나갈 것이다.

이제 스마트 건설은 개별 디지털 기술의 도입을 넘어, 디지털모델을 만드는 BIM을 바탕으로 데이터의 규격화와 로보틱스 기반의 자동화를 통해 생산성과 안전성을 근본적으로 혁신하는 '일하는 방식의 혁명'이 될 것이다. 특히 건설 현장의 방대한 데이터를 디지털 자산화하여 확보하는 데이터 주권은 우리 건설산업의 AX 역량을 결정짓는 핵심 도구가 되어야 한다. 나아가, 미래의 인프라는 AI와 로봇이 육체적 노동뿐만 아니라 고급 엔지니어의 지적 영역까지 보완 'X는 시대를 맞게 될 것이므로, 사람이 지켜내야 할 '창의적 가치'와 새로운 역할에 대한 통찰이 그 어느 때보다 절실한 시점이다.

스마트건설기술 개발 사업 완수의 의미

정부가 건설기술진흥기본계획을 통해 건설자동화를 목표로 스마트건설의 비전을 담고 기술 로드맵을 제시하면서 지난 2020년 도로 분야를 주축으로 시작된 야심찬 스마트건설기술 개발 국가R&D사업이 지난 2025년에 마무리되었다.

약 2천억원의 연구비를 투입한 이 사업은 ① 토공 자동화 및 디지털 매핑, ② 구조물 시공 자동화 및 프리팹(Prefab) 기반 구축, ③ 스마트 건설 안전, ④ 데이터 통합 관리 및 플랫폼 구축 등 4대 중점분야의 기술 개발

을 목표로 총 12개 과제에 135개 기관이 참여하였다.

사업총괄기관인 한국도로공사는 '연구를 위한 연구'에 머무르지 않고, 국민과 산업계가 기술의 효용을 체감하도록 실용화하는 것을 최우선 가치로 설정하고, 초기부터 실제 건설현장을 거대한 실험실로 운영하여 기술개발과 현장 실증을 동시에 추진하였다.

급변하는 기술 환경을 냉철하게 직시하며 현장에서 숨쉬는 기술을 추구하겠다는 의지를 붙들고 68개월을 분투해 온 결과, 현장 정보의 디지털화부터 건설장비의 지능형 관제, 교량·터널의 OSC 자동화, 그리고 디지털 기반의 통합 안전·건설관리 플랫폼까지, 현장에서 활용 가능한 수준의 혁신 기술들을 창출해내며 지난 해말 마무리하였다. 비록 다른 선진국에 비해 출발은 늦었을지라도, 이번 사업을 통해 대한민국은 세계적 수준에 어깨를 나란히 하는 스마트건설 국산화의 길을 열었으며, 독자적인 원천기술을 확보하기 시작했다는 고무적인 평가를 받고 있다. 이러한 기술적 도약은 이제 스마트건설 활성화를 위한 정책과 제도를 굳건하게 토대가 될 것이다.

스마트건설 R&D사업의 진정한 가치는 단순히 기술적 지표의 달성을 넘어, 위축된 건설산업 생태계 전반에 DX의 필연성에 대한 확신을 심어준 데 있기도 하다. 이 사업을 계기로 공공과 민간, 학계를 아우르는 다양한 협력 체계가 마련되었으며, 혁신적인 아이디어로 무장한 스타트업들이 대거 유입되며 산업 생태계는 그 어느 때보다 역동적인 '기술 개발의 르네상스'를 맞이하게 되었다. 연구실의 기술이 실제 현장의 난제를 해결하는 실증 과정을 거치며, 파편화되었던 기술들이 하나의 플랫폼으로 응집되는 상호협력의 문화도 생겨났다. 획기적인 기술적 영감들이 쏟아지며 우리 건설산업의 체질을 바꿀 수 있다는 기대감도 R&D가 만들어낸 값진 무형의 자산이자 새로운 전기를 여는 동력이 되었다. 또한, 기

술의 국산화를 넘어 대한민국 건설이 AX 시대의 글로벌 리더로 도약할 수 있다는 자신감을 갖게 되었다는 점에서도 시사하는 바가 크다.

다만, 이러한 혁신 기술들이 시범 사업이나 특정 현장에 국한되어 적용되고, 특히 중소 규모 현장이나 하도급 체계 전반으로 확산되지 못하는 실정이다. 초기 도입 비용이 높고 투자 대비 수익률(ROI)이나 실제 효용에 대한 믿음이 약하며, 현장 작업자들의 기술 수용성도 낮다. 기존 시방 규정이나 법규 등이 디지털 기술의 적용에 장애가 되는 경우도 많다. 스마트 기술을 수용할 수 있는 제도적 개선을 병행해야 하는데, 전통적인 공법에 묶여 있는 기존의 기술기준 및 품셈 체계의 개편이 시급하다.

그림 2. 자율작업 중인 무인 건설장비(다짐롤러)가 먼지 등 시정 장애 속에서도 전방의 작업자를 인식하고 비상정지하는 모습

그림 3. 프리팹 시공을 위한 교량용 바닥판을 BIM 기반의 자동화 공정으로 생산하는 스마트팩토리

BIM은 인프라 AX 엔진을 구동하는 가장 정제된 디지털 연료

건설 및 인프라 분야 DX의 성패는 데이터의 디지털화와 규격화에 달려 있다고 해도 과언이 아니다. BIM이 AI와 컴퓨터가 물리적 객체인 인프라 시설을 이해하고 인간과 소통하기 위한 '디지털 공용어'라는 점을 상기하면, 이는 AX 시대에도 여전히 유효한 필연적 논리가 된다.

인프라 시설물의 제원, 자재 속성, 공정 코드 등을 규격화된 정보로 담아내는 BIM은 AI가 현장의 복잡한 메커니즘을 이해하고 최적의 의사결정을 내릴 수 있게 돕는 효과적인 지식 체계이기 때문이다. 우리가 스마트건설 R&D를 통해 BIM 정보의 표준화와 납품관리 기술 고도화를 위해 추가적으로 매달렸던 이유도, 다양한 이해관계자 간의 원활한 데이터 공유를 넘어 AX 시대의 엔진을 돌릴 '고품질 연료 공급 체계'를 마련하기 위함이었다.

이제 BIM은 3D 모델을 만드는 수준을 넘어, 물리적 인프라 위에 지능형 정보를 중첩하는 '디지털 계층화 기술'의 핵심 인터페이스로 진화해야 한다. 앞으로 도로나 교량은 콘크리트와 강재로 만들어진 물리적 실체와 BIM이라는 디지털 자산이 결합된 하이브리드 형태로 존재하게 될 것이다. 이 과정에서 축적되는 방대한 데이

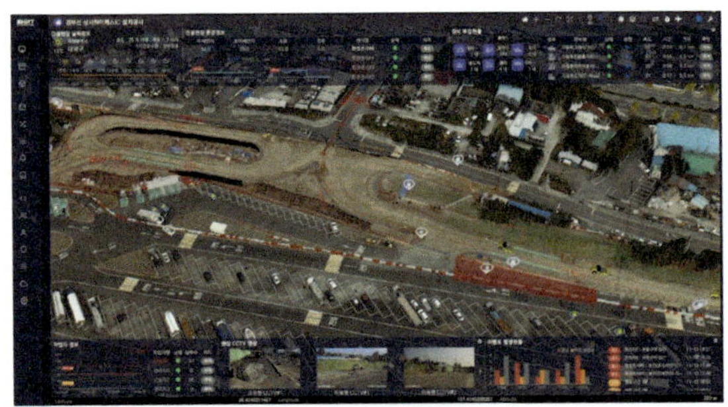

그림 4. 경부고속도로 하이패스IC 건설공사의 디지털트윈 관제 화면 : BIM 정보와 현장의 실시간 3D 지도 및 투입 자원 정보, 실제 작업 현황, CCTV 영상 등을 연결하여 관리

터는 우리 산업과 국가의 '데이터 주권(data sovereignty)'을 확보하는 핵심 도구가 되어야 한다. AI는 인간을 도와 BIM 기반의 디지털 모델링을 더욱 수월하거나 자동화 절차로 만들어 인프라 AX를 완성하는 강력한 토대가 될 것으로 기대된다.

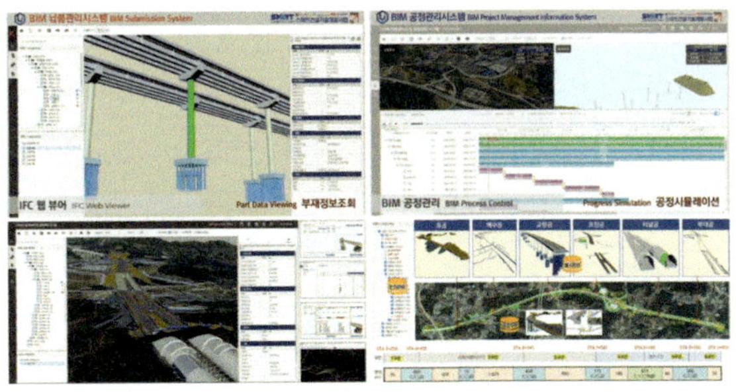

그림 5. 표준화 분류체계 기반의 BIM 설계성과 납품관리 시스템 및 공정관리 시스템

데이터에 집중하자

'데이터 중심 AI(data-centric AI)'는 글로벌 AI 트렌드의 핵심이다. 그러나 오토데스크(Autodesk)에 따르면, 건설 현장에서 발생하는 데이터의 96%가 활용되지 못한다고 한다. 우리는 현장에서 어떤 데이터가 얼마나 생성되고 소멸하는지에 대한 기초적인 통계도 찾아보기 어렵고, 여러 이유로 '데이터를 남기지 않으려는' 경우도 많다. 버려지는 '암흑 데이터(dark data)'가 대부분인 여건은 AI와 로봇이 주도할 미래의 혁신 산업으로 거듭나야 할 길목에서 큰 걸림돌이다.

탈현장건설(OSC), 무인자동화 토공, 스마트안전을 구현하기 위한 대부분의 기술은 현장 데이터의 디지털화 운용을 전제로 하고, 디지털트윈 환경의 건설관리는 장비부터 인력, 자재 정보의 규격화된 유통이 되어야 가능해진다. 그러나 설계, 시공, 유지관리까지 구분되고 이해관계자별로 분산된 데이터의 디지털화, 규격화는 결코 쉽지 않다. 우리는 스마트건설 R&D를 이끌며 이 과정이 얼마나 험난한 과정인지 절실히 체감했다. 토공

현장의 몇 가지 정보를 디지털화하여 시공 참여자 간에 플랫폼을 통해 공유하는 것도 수년이 걸렸다.

현장의 관성을 깨뜨리기 위해서는 단순한 기술 도입을 넘어, 국가적 차원의 강력한 모티브와 추진 동력이 반드시 뒷받침되어야 한다. 또한, 현장의 다양한 데이터를 실시간으로 처리하기 위해 엣지 컴퓨팅(edge computing)과 결합된 고도화된 데이터 파이프라인과 통신 네트워크를 효과적으로 구축해야 한다. 보안과 신뢰를 위해 클라우드 기반의 정밀한 권한 관리(IAM)와 암호화 기술을 적용하고, 데이터 생애주기 전반의 책임과 의무를 규정한 '신뢰 기반 거버넌스'를 구축하는 것도 데이터 무결성을 확보하기 위한 필수적인 안전장치이다. 무엇보다도, 이제 데이터를 산업의 공공 자산이자 AX 혁신의 연료로 인식하고, 설계와 시공, 유지관리에 이르기까지 건설 생애주기 동안의 프로세스를 디지털화하여 투명하게 기록하는 '데이터 중심의 신뢰 문화'를 만들어야 한다. 통계조차 잡히지 않는 암흑 데이터를 양지로 끌어올려 전략적 자산으로 전환하는 것, 그것이 우리 건설산업이 글로벌 AX 경쟁에서 데이터 주권을 확보하고 초격차를 벌릴 수 있는 유일한 열쇠일 것이다.

사람을 향하는 기술: 스마트 건설이 만드는 DX의 시작과 끝

스마트 건설이 지향하는 DX와 AX의 궁극적인 지향점은 생산성 향상이나 비용 절감이 아닌 '사람의 안전'과 '지속 가능한 미래'에 있디. 기술 혁신은 단순히 인력을 대체하는 수단이 아니라, 위험하고 반복적인 작업으로부터 사람을 해방시켜 더 창의적이고 고차원적인 가치에 집중하게 만드는 '사람 중심의 배려'이어야 한다. 우리가 추진하는 모든 디지털 혁신은 숙련노동력 부족과 고령화라는 산업의 난제를 해결하고, 탄소 중립과 ESG 경영을 실현하며, 다음 세대에게 안전하고 지능적인 인프라를 물려주기 위한 숭고한 약속이기 때문이다.

모든 혁신의 답은 결국 '현장'에 있다. 아무리 뛰어난 기술이라도 현장의 관행을 바꾸지 못하고 작업자의 손에 쥐여지지 않는다면 의미가 없다. 연구실과 사무실의 담장을 넘어 현장의 목소리에 귀를 기울이고, 기술 기준과 아날로그 프로세스를 과감히 바꿔야 한다. 현장이 바뀌어야 산업이 바뀌고, 산업이 바뀌어야 비로소 국가 인프라의 새로운 미래가 열릴 것이다.

"현장에 답을 묻고, 데이터로 길을 열어라." 스마트건설기술개발사업 5년 8개월의 시간은 이 신념을 증명하는 과정이었다. 대변화의 격랑에서 대한민국 건설산업이 AX 시대의 글로벌 퍼스트 무버(First Mover)로 도약하기를 간절히 기대한다.

조성민
한국도로공사 연구처 처장, 공학박사
한국도로공사 스마트건설사업단장, 한국지반공학회 부회장, 대한토목학회 이사 역임
현재 한국공학한림원 일반회원, 스마트건설교류회 회장, 아시아토목공학협의회 스마트건설기술위원장, 한국건설자동화로보틱스학회 수석부회장

스마트 건설 DX의 핵심, BIM 개요와 효과

BIM의 정의

기존 건설 분야에서의 정보는 기호적 언어와 2차원 기반의 도면 정보체계를 통해 표현했다. 하지만, BIM 기술의 발전으로 프로젝트의 실제 형상과 정보를 포함한 3차원 기반의 정보체계로 데이터베이스 내의 정보를 필요에 따라 다양하게 활용할 수 있다.

BIM(Building Information Modeling, 건설정보모델링)은 초기 개념설계 단계에서 유지관리 단계에 이르기까지 프로젝트의 전 수명주기 동안 다양한 분야에서 적용되는 모든 정보를 생산하고 관리하는 프로세스이다. 건설 자산의 공유된 디지털 표현을 사용하여 설계, 시공 및 운영 프로세스를 용이하게 하고 의사결정을 위한 신뢰할 수 있는 기반을 구축하는 것을 말한다. 건설 자산에는 건물, 교량, 도로 및 공정 설비 등이 포함된다.

BIM은 디지털 파일로, 프로젝트 자산에 대한 의사결정에 도움을 주기 위해 추출, 교환 또는 네트워크화 할 수 있다.

국토교통부 '건설산업 BIM 기본지침'에서는 "시설물의 생애주기 동안 발생하는 모든 정보를 3차원 모델 기반으로 통합하여 건설 정보와 절차를 표준화된 방식으로 상호 연계하고 디지털 협업이 가능하도록 하는 디지털 전환(Digital Transformation) 체계"라고 정의하고 있다.

BIM의 일반적 속성

BIM은 프로젝트 객체들(벽, 슬라브, 창, 문, 지붕, 계단 등)이 각각의 속성(기능, 구조, 용도)을 표현하며, 서로의 관계를 인지하여 건물의 변경 요소들을 즉시 반영한다. 따라서, BIM은 모든 프로젝트 객체들의 특성, 관계, 정보를 모델 데이터를 이용하여 시뮬레이션 또는 계산에 의해 얻을 수 있다.

BIM에서 모든 객체는 자체 속성들에 의해 식별 및 표현되며, 이러한 속성들은 객체들을 정의하는 기본적인 특성이다. 속성들의 주요한 특징은 다음과 같이 요약할 수 있다.

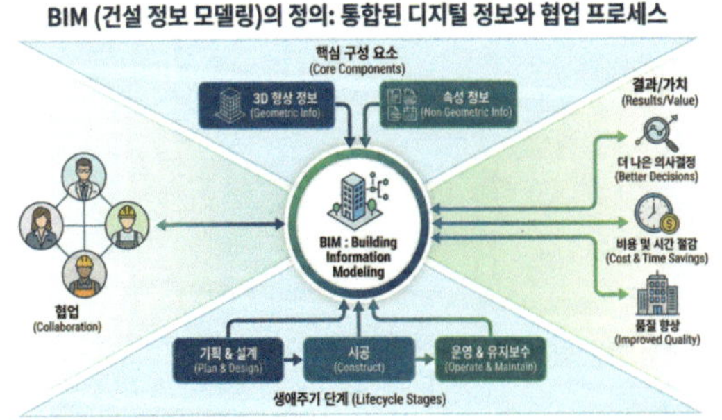

그림 1. BIM의 정의

■ **기하** : 객체들은 측정 가능한 기하 정보로서 표현된다.

■ **확장 가능한 객체 속성** : 모델에서 객체들은 기 정의된 속성들을 포함하고 있으며, 많은 관련 속성들의 확장을 허용한다. 또한, 이러한 속성들을 포함하는 모델은 분석 및 시뮬레이션을 위해 접근할 수 있는 많은 관계 타입들을 제공한다.

■ **속성 통합** : BIM은 속성들을 포함하는 모든 정보의 지속성, 정확성, 접근성을 보증하기 위해 통합되며, 건물의 생애주기 동안 이용되는 모든 정보를 지원한다.

LOD(Level of Development : 모델 상세 수준)

LOD는 모델 요소가 생성되는 수준을 설명한다.(미국 BIM 포럼) LOD는 AEC(건축, 엔지니어링, 건설) 산업 종사자들이 설계 및 건설 프로세스의 다양한 단계에서 BIM의 내용과 신뢰성을 명확하게 지정하고 표현할 수 있도록 생성되는 수준을 정의한다. LOD는 AIA(현 buildingSMART)가 AIA G202-2013 빌딩 정보 모델링 프로토콜 양식을 위해 개발한 기본 LOD 정의를 활용하며, 2010년 CSI Uniformat에 따라 구성된다.

이는 다양한 LOD에서 서로 다른 건설 시스템의 모델 요소 특성을 정의한다. 이러한 명확한 설명은 모델 작성자가 자신의 모델을 어떤 용도로 활용할 수 있는지 정의할 수 있도록 하며, 하위 사용자는 자신이 받은 모델의 유용성과 한계를 명확하게 이해할 수 있도록 한다. LOD 상세수준 정의의 목적은 LOD 프레임워크를 설명하고 표준화하여 더욱 원활한 소통을 할 수 있도록 하는 데 있다. 프로젝트의 특정 시점에서 어떤 LOD에 도달해야 하는지를 규정하는 것이 아니며, 모델 진행 과정에 따라 발주자나 모델 작성자가 목적에 맞게 정의하도록 한다.

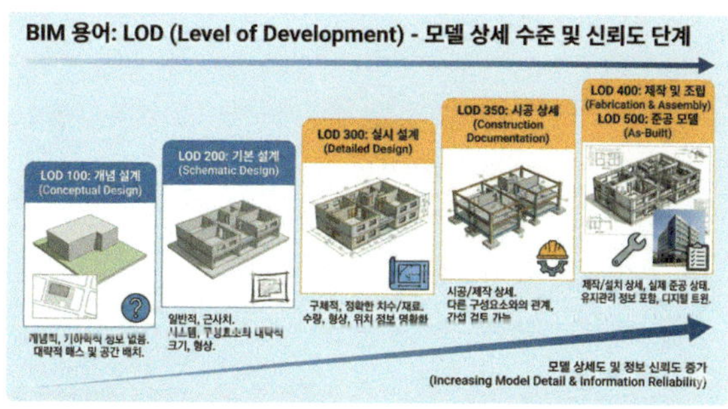

그림 2. LOD 예시

정보 요구 수준(Level of Information Need)

정보의 범위와 세분성을 정의하는 프레임워크이다. 각 정보 산출물의 정보 요구 수준은 목적에 따라 결정되어야 한다. 여기에는 정보의 품질, 양, 그리고 세분성을 적절히 결정하는 것이 포함되어야 한다. 이를 정보 요구 수준이라고 하며, 산출물마다 다를 수 있다. 정보 요구 수준을 결정하는 데 사용할 수 있는 다양한 지표가 있다. 예를 들어, 상호 보완적이지만 독립적인 두 가지 지표를 사용하여 정보의 품질, 양, 세분성 측면에서 기하학적 및 문자와 숫자로 정의할 수 있다. 이러한 지표가 정의되면 전체 프로젝트 또는 자산의 정보 요구 수준을 결정하는 데 사용해야 한다. 이 모든 내용은 조직 정보 요구사항(OIR), 프로젝트 정보 요구사항(PIR), 자산 정보 요구사항(AIR) 또는 교환 정보 요구사항(EIR)에 명확하게 기술되어야 한다. 정보 요구 수준은 다른 용역사가 요구하는 정보를 포함하여 각 관련 요구사항에 답변하는 데 필요한 최소한의 정보량으로 결정되어야 한다.

정보 모델(Information Model)

구조화된 정보 컨테이너와 비구조화된 정보 컨테이너 세트이다. AIM(Asset Information Model)과 PIM(Project Information Model)은 구축된 환경 자산의 전체 생애주기 동안 의사결정을 내리는 데 필요한 구조화된 정보 저장소이다. 여기에는 새로운 자산의 설계 및 건설, 기존 자산의 리노베이션 및 자산의 운용 및 유지보수가 포함된다. 정보 모델에 저장되는 정보의 양과 활용 목적은 프로젝트 납품 및 유지관리 중에도 증가한다.

자산 정보 모델(AIM, Asset Information Model)

운영 단계와 관련된 정보 모델이다. AIM은 발주자가 수립한 전략적 및 일상적 자산 관리 프로세스를 지원한다. 또한, 프로젝트 납품 프로세스가 시작될 때 제공할 수도 있다. 예를 들어, AIM에는 장비목록, 누적 유지보수 비용, 설치 및 유지보수 날짜, 자산 소유 세부 사항 등이 포함될 수 있다.

프로젝트 정보 모델(PIM, Project Information Model)

납품 단계와 관련된 정보 모델이다. PIM은 프로젝트 납품 및 자산 관리 활동을 위해 AIM에 활용된다. PIM은 프로젝트의 장기 아카이브를 제공하고 감사 목적으로 활용할 수 있다. 예를 들어, PIM에는 프로젝트 지오메트리, 장비 위치, 프로젝트 설계 중 성능 요구사항, 시공 방법, 일정, 비용 및 설치된 시스템, 구성 요소 및 장비의 세부사항, 프로젝트 시공 중 유지보수 요구사항 등의 세부사항이 포함될 수 있다.

정보 컨테이너(Information Container)

파일, 시스템 또는 애플리케이션 스토리지 계층 구조 내에서 검색할 수 있는 이름 있는 영구 정보 집합으로 하위 디렉토리, 정보 파일(모델, 문서, 테이블, 일정 포함) 또는 챕터, 섹션, 레이어 또는 기호와 같은 정보 파일의 고유한 하위 집합을 포함한다.

BIM의 이점

BIM의 주요 이점은 그래픽 요소와 데이터 관리 환경을 지원하는 데 있다. BIM은 신속한 의사결정을 돕기 위해 물량, 비용, 일정 및 자재 목록에 관한 정보를 제공할 뿐만 아니라, 구조 및 환경을 고려한 데이터 분석을 가능하게 한다.

BIM은 3차원 모델에 시간의 개념을 추가한 4차원 정보, 그리고 5차원 정보라고 하는 가격정보 등을 추가할 수 있다. 이 정보들로 설계 단계에서 견적 및 물량산출을 가능케 한다. 여기에 더하여 발주자나 클라이언트의 경제적 형편을 고려하여, 일정한 가격정보의 범위 내에서 다양한 건축 재료 및 부품을 선정할 수 있게 한다. 기존 방식으로는 수일에서 수주 이상 걸릴 수도 있는 견적 과정을 BIM을 통하여 간소화하는 프로세스 혁신을 가능하게 했다고 볼 수 있다. 이런 기술적 혁신은 발주자의 자산을 효율적으로 관리하고 비용을 절감하도록 하며 설계자부터 시공자까지 모든 프로젝트 참여자가 들어가는 노력을 줄일 수 있다.

BIM의 주요 이점은 다음과 같이 요약될 수 있다.

- **현재의 설계 방법 향상** : BIM은 도면 생산, 시방서와 도면 간의 연결, 그리고 성능 분석을 자동화함으로써 작업 효율성을 향상시킨다.
- **생애주기 비용의 컨트롤** : BIM은 비용 데이터를 자동적으로 생성할 수 있으며, 생애주기 비용 산출에 있어 이해를 증진시킨다.
- **프로세스의 향상** : BIM에서 정보는 좀 더 쉽고 공유되고, 부가가치와 재이용을 제공하기 때문에 좀 더 신속하고 효율적인 프로세스를 지원한다. 따라서 프로젝트에서 생성된 요구사항, 설계, 시공 및 운용 정보는 건물의 관리 측면에서 효율적으로 이용될 수 있다.
- **협업 및 새로운 작업 방식** : 건설 프로젝트와 자산 관리에서 협업은 효율적인 납품 및 운영을 위하여 매우 중요하다. 더 높은 수준의 품질을 달성하고 기존 지식과 경험을 더 많이 활용하기 위해 새로운 협업 환경에서 노력하고 있다. 이러한 협업 환경을 통하여 정보를 효율적으로 소통하고 공유하여 손실을 줄일 수 있다.
- **설계 및 건설 전문가를 위한 BIM의 이점** : 더 나은 조정과 정확하고 신뢰할 수 있는 정보의 신속한 생산을 통해 의사결정 및 결과물의 품질을 향상시킬 수 있다. 보고서에 따르면 BIM의 광범위한 도입으로 2025년까지 전 세계 인프라 시장에서 15~25%의 비용 절감이 가능할 것으로 예측하였다.
- **시설 소유주 및 운영자를 위한 BIM의 이점** : BIM을 활용한 정보 관리 프로세스는 자산 소유자 및 운영자, 클라이언트 및 프로젝트 자금 조달 관련자에게 자산 및 프로젝트 정

보 모델의 활용을 통해 기회 증대, 위험 감소 및 비용 절감과 같은 유익한 비즈니스 결과를 제공할 수 있다. 시설 소유자 및 운영자는 납기 단축, 현장 폐기물 감소, 유지보수 비용 절감, 운영 비용 절감 등의 이점을 얻을 수 있다.

BIM을 활용한 프로젝트 정보 관리

정보 요구사항

조직 정보 요구사항(OIR, Organisational Information Requirements)

OIR은 용역사의 목표 및 정보를 제공하며 다음과 같은 내용을 포함한다.

- 전략적 사업 운영
- 전략적 자산 관리
- 포트폴리오 계획
- 규제 의무
- 정책 결정

자산 정보 요구사항(AIR, Asset Information Requirements)

AIR은 자산 정보 생산의 관리적, 상업적, 기술적 측면을 명시한다. 관리 및 상업적 측면에는 정보 표준과 모델 작성 방법 및 절차가 포함되어야 하며, 이는 용역사에서 구현해야 한다. AIR의 기술적 측면은 자산 관련 OIR에 답변하는 데 필요한 세부 정보를 명시한다. 이러한 요구사항은 조직의 의사결정을 지원하기 위해 자산 관리 계약에 통합하여 표현되어야 한다. 자산 운영 중 발생하는 각 이벤트에 대응하여 AIR 세트를 준비해야 히며, 필요한 경우 보안 요구사항도 참조해야 한다. 하도급이 있는 경우, 주 용역사가 받은 AIR을 세분화하여 해당 용역사의 다른 계약에 활용할 수 있다. 주 용역사가 받은 AIR은 자체 정보 요구사항으로 보강될 수 있다. 자산 관리 전략 및 계획 전반에 걸쳐 여러 개의 다른 계약이 존재할 수 있다. 이러한 모든 계약의 AIR은 모든 자산 관련 OIR을 처리하기에 충분하며 단일하고 일관성 있는 정보 요구사항 세트를 구성해야 한다.

프로젝트 정보 요구사항(PIR, Project Information Requirements)

PIR은 특정 건설 자산 프로젝트와 관련하여 발주처의 전략 목표와 필요한 정보를 명시한다. PIR은 프로젝트 관리 프로세스와 자산 관리 프로세스 모두 활용된다. 발주처는 프로젝트 진행 중 각 주요 의사 결정 시점에 대한 정보 요구사항 세트를 준비해야 한다. 반복적으로 프로젝트를 의뢰하는 클라이언트를 위하여 모든 프로젝트에 적용할 수 있는 일반적인 PIR 세트를 개발할 수 있다.

정보 교환 요구사항(EIR, Exchange Information Requirements)

EIR은 프로젝트 정보 생산의 관리적, 상업적, 기술적 측면을 명시한다. 관리 및 상업적 측면에는 정보 표준과 용역사가 구현해야 할 모델 작성 방법 및 절차가 포함되어야 한다. EIR의 기술적 측면은 프로젝트 정보 요구사항(PIR)에 답변하는 데 필요한 세부 정보를 명시해야 한다. 이러한 요구사항은 프로젝트 관련 계약에 통합될 수 있도록 해야 한다. EIR은 일반적으로 프로젝트의 일부 또는 모든 단계 완료를 나타내는 트리거 이벤트와 일치해야 한다. EIR은 계약이 체결되는 모든 곳에서 활용되어야 한다. 특히, 주 용역사가 받은 EIR은 세분화하여 하도급 계약에 활용될 수 있다. 주 용역사를 포함하여 용역사가 받은 EIR은 자체 EIR로 보완될 수 있다.

BIM 실행 계획(BEP, BIM Execution Plan)

BEP는 프로젝트 수행팀이 용역을 어떻게 수행할 것인지 설명하는 계획이다. BEP에는 다음 사항이 포함되어야 한다.

> - 용역사 내에서 정보 관리 기능을 담당할 담당자
> - 용역사의 정보 납품 전략
> - 용역사의 책임 매트릭스
> - 용역사가 제안하는 정보 작성 방법 및 절차
> - 용역사가 사용할 소프트웨어, 하드웨어 및 IT 인프라 스케쥴

펜실베이니아 주립대학교의 BIM 프로젝트 실행 계획 가이드(BIM Project Execution Planning Guide)는 BEP를 정의하는 4단계 프로세스를 다음과 같이 설명했다.

> 1. 프로젝트 계획, 설계, 시공 및 운영 단계에서 가치가 높은 BIM 활용 사례를 파악
> 2. 프로세스 맵을 작성하여 BIM 실행 프로세스를 설계
> 3. 정보 교환 형태로 BIM 산출물을 정의
> 4. 구현을 지원하기 위해 계약, 커뮤니케이션 절차, 기술 및 품질 관리 형태의 인프라 개발

이 구조화된 절차를 개발하는 목표는 프로젝트 초기 단계에서 프로젝트팀의 계획 수립과 직접적인 의사소통을 촉진하는 것이다. 계획 수립 과정을 주도하는 팀에는 프로젝트에서 중요한 역할을 하는 모든 조직의 구성원이 포함되어야 한다. 모든 프로젝트에 BIM을 구현하는 데 있어 단 하나의 최적의 방법은 없으므로, 각 팀은 프로젝트 목표, 프로젝트 특성, 그리고 팀 구성원의 역량을 이해하여 맞춤형 실행 전략을 효과적으로 설계해야 한다. BEP를 개발함으로써 프로젝트와 프로젝트팀 구성원은 다음과 같은 가치를 얻을 수 있다.

> 1. 모든 관계자가 프로젝트에 BIM을 구현하기 위한 전략적 목표를 명확하게 이해하고 소통할 수 있다.
> 2. 각 조직은 구현 과정에서 자신의 역할과 책임을 이해할

수 있다.
> 3. 팀은 각 팀 구성원의 업무 관행과 일반적인 조직 워크플로우에 적합한 실행 프로세스를 설계할 수 있다.
> 4. 계획에는 의도된 용도에 맞게 BIM을 성공적으로 구현하는 데 필요한 추가 자원, 교육 또는 기타 역량이 명시된다.
> 5. 계획은 향후 프로젝트에 참여하는 사람들에게 프로세스를 설명하는 기준점을 제공한다.
> 6. 계약 부서는 모든 프로젝트 참여자가 의무를 이행하도록 계약 조항을 정의할 수 있다.
> 7. 기준 계획은 프로젝트 전반에 걸쳐 진행 상황을 측정하기 위한 목표를 제공할 것이다.

표준화된 정보 교환

BIM은 건설 시설의 계획, 설계, 시공 및 운영에 필요한 정보를 기술하고 표시하는 디지털 기술을 제공한다. 이러한 정보 관리 접근 방식은 프로젝트 환경의 수명주기 동안 사용되는 다양한 정보 세트를 공통 데이터 환경으로 통합하여 현재 사용되고 있는 여러 유형의 종이 문서의 필요성을 줄이거나 없앨 수 있다. 건설 프로세스 또는 사용 사례를 지원하는 데 필요한 정보가 BIM에 있고 정보의 품질이 만족스러우면 프로세스 자체가 크게 개선된다. 정보는 사전에 정의된 정보 교환을 통해 전달되어야 한다. 정보 교환은 발주처와 주 용역사 간, 그리고 용역사 간에도 이루어질 수 있다.

기능, 책임, 권한 및 업무 범위의 명확성은 효과적인 정보 관리에 필수적인 요소이다. 기능은 구체적인 서비스 스케쥴을 통해서든, 보다 일반적인 의무 사항을 언급하는 방식으로든 용역에 포함되어야 한다.

공통 데이터 환경(CDE, Common Data Environment)

자산 관리 및 프로젝트 제공 과정에서 정보 관리를 위해 CDE 솔루션과 워크플로우를 사용해야 한다. 납품

단계에서 CDE 솔루션과 워크플로우는 ISO 19650-2:2018 5.6 및 5.7에 명시된 정보 관리 프로세스를 지원한다. CDE 내 각 정보 컨테이너는 다음 세 가지 상태 중 하나여야 한다.

- 작업 진행 중(Work in progress)
- 공유됨(Shared)
- 게시됨(Published)

현재 정보 컨테이너는 개발 단계에 따라 세 가지 상태 모두에 존재할 수 있다. 또한 모든 정보 컨테이너 변경 내역과 개발 과정에 대한 추적을 제공하는 아카이브 상태가 있어야 한다.

작업 진행 중 상태(Work in progress)

작업 진행 중 상태는 작업팀에서 개발을 진행하는 동안 정보를 제공하는 데 사용된다. 이 상태의 정보 컨테이너는 다른 작업팀에서 볼 수 없거나 접근할 수 없어야 한다. 이는 특히 CDE 솔루션이 공유 서버 또는 웹 포털과 같은 공유 시스템을 통해 구현되는 경우 중요하다.

공유됨 상태(Shared)

공유됨 상태의 목적은 납품 팀 내에서 정보 모델의 건설적이고 협력적인 개발을 가능하게 하는 것이다. 공유됨 상태의 정보 컨테이너는 보안 관련 제한 사항을 준수하는 조건으로, 모든 관련 용역사(다른 납품팀 구성원 포함)가 자체 정보와의 조정을 위해 참조해야 한다. 이러한 정보 컨테이너는 표시되고 접근 가능해야 하지만 편집할 수는 없다. 편집이 필요한 경우, 정보 컨테이너는 작성자가 수정 및 재제출을 위해 작업 진행 중(Work in progress) 상태로 되돌려야 한다. 또한 공유된 상태는 발주처와 공유하도록 되어 있는 정보 컨테이너에도 사용된다. 이러한 상태를 클라이언트 공유됨 상태라고 할 수 있다.

게시됨 상태(Published)

게시 상태는 새로운 프로젝트 건설이나 자산 운영에서 사용이 승인된 정보에 사용한다. 프로젝트 종료 시의 PIM 또는 AIM의 상태이다.

아카이브 상태(Archive)

아카이브 상태는 정보 관리 프로세스 중에 공유 및 게시된 모든 정보 컨테이너의 기록과 개발 과정에 대한 추적을 저장하는 데 사용한다. 이전에 게시 상태에 있었던 정보 컨테이너가 아카이브 상태에서 참조되는 경우, 해당 컨테이너는 보다 상세한 설계 작업, 건설 또는 자산 관리에 사용되었을 가능성이 있는 정보를 나타낸다.

CDE 솔루션은 정보 컨테이너 속성 및 메타데이터를 관리하는 데이터베이스 관리 기능과 팀 구성원에게 업데이트 알림을 발송하고 정보 처리 과정에 대한 추적을 유지하는 기능을 모두 포함할 수 있다. 이러한 CDE 솔루션 및 워크플로우를 채택함으로써 얻는 이점은 다음과 같다.

- 각 정보 컨테이너 내 정보에 대한 책임은 해당 정보를 생성한 조직에 있으며, 공유 및 재사용되더라도 해당 조직만 내용을 변경할 수 있다.
- 공유 정보 컨테이너를 통해 조정된 정보를 생성하는 데 소요되는 시간과 비용을 절감할 수 있다.
- 각 프로젝트 제공 및 자산 관리 활용에 정보 생성에 대한 전체 추적을 활용할 수 있다.

BIM 적용 기술

파라메트릭 기술은 BIM을 적용하기 위한 핵심 기술

이다. 이 기술은 기하 요소를 정의 및 조정할 수 있으며, 다양한 파라미터들을 이용한 건물 요소들의 상호 관계를 컨트롤할 수 있다. BIM은 파라메트릭 기술을 이용하여 건물 모델 내에 문자, 숫자, 기하 요소를 통합할 수 있다.

이러한 파라메트릭 기술은 파라메트릭 컴포넌트, 어셈블리, 그리고 컨트롤로 구성된다. 각각의 기술은 다음과 같이 요약될 수 있다.

> **– 파라메트릭 컴포넌트 기술 :** 이것은 건물 객체의 속성, 제약 그리고 관계를 표현하기 위해 이용되며, 크기, 무게, 가격, 색깔, 재질 등과 같은 여러 파라미터들을 포함한다.
> **– 파라메트릭 어셈블리 기술 :** 이것은 파라메트릭 컴포넌트의 관계를 정의하고, 컴포넌트들을 조합하기 위해 이용된다.
> **– 파라메트릭 컨트롤 기술 :** 이것은 설계 규칙과 상호관계 공식을 기반으로 하며, 조합된 파라메트릭 컴포넌트를 처리하기 위해 이용된다.

BIM 데이터의 호환

buildingSMART International(bSI)

buildingSMART는 모기관인 buildingSMART International이 주도하는 챕터, 회원, 파트너 및 스폰서로 구성된 글로벌 커뮤니티이다. buildingSMART 커뮤니티는 건설 자산 산업을 위한 개방형 디지털 작업 방식을 만들고 개발하는 데 전념하고 있다.

buildingSMART 표준은 자산 소유자와 전체 용역사가 프로젝트 및 자산 수명 주기 전반에 걸쳐 더욱 효율적이고 협력적으로 작업할 수 있도록 지원한다. 1995년 설립 이후 buildingSMART는 업계 상호운용성 문제를 해결하는 데 집중해 왔다.

buildingSMART는 BIM 프로세스를 위한 개방형 디지털 표준의 시작, 개발, 생성 및 채택을 위한 중립적인 국제 포럼이다.

buildingSMART의 비전은 개방형 공유 인프라 및 건설 자산 정보의 사회적, 환경적, 경제적 이점을 전세계 상업 및 기관 프로세스에 완전히 구현하는 것이다. buildingSMART의 사명은 인프라 및 건설 자산 데이터와 수명 주기 프로세스를 가능하게 하는 개방형 데이터 표준의 적극적인 사용 및 보급을 선제적으로 촉진하여 건설 자산 투자에서 얻는 가치를 향상시키고 성장 기회를 확대하는 것이다. buildingSMART는 디지털 전환을 가능하게 하는 openBIM을 위한 프로세스, 워크플로우 및 절차 표준화에 중점을 두고 있다. buildingSMART International은 openBIM의 국제적인 본부이다. buildingSMART는 개방형 국제 표준의 생성 및 채택을 통해 건축 자산 산업의 변혁을 주도하는 세계적인 조직이다. buildingSMART는 IFC, bSDD, BCF와 같은 산업 표준을 개발하고 유지 관리한다.

openBIM의 정의와 이점

openBIM은 개방형 표준 및 워크플로우를 기반으로 건물의 협업 설계, 구현 및 운영을 위한 방식이다. openBIM은 건설 자산 산업에서 디지털 데이터의 접근성, 유용성, 관리 및 지속가능성을 향상시켜 BIM의 이점을 확장한다. openBIM의 핵심은 벤더에 구애받지 않는 협업 프로세스다. openBIM 프로세스는 모든 프로젝트 참여자의 원활한 협업을 지원하는 공유 가능한 프로젝트 정보로 정의할 수 있다. openBIM은 프로젝트와 자산의 전체 수명 주기에 걸쳐 상호운용성을 촉진하여 이점을 제공한다. openBIM은 IFC, BCF, COBie, CityGML, gbXML 등과 같은 벤더 중립적인 형식을 기반으로 하는 디지털 워크플로우를 지원한다.

openBIM은 접근성이 뛰어난 디지털 트윈을 구현하여 건설 자산에 대한 장기적인 데이터 전략의 핵심 기반을 제공한다. 이를 통해 프로젝트의 지속가능성을 향상시키고 건설 환경을 더욱 효율적으로 관리할 수 있다. openBIM의 원칙은 다음과 같다.

> - 상호운용성은 건설 자산 산업의 디지털 전환에 핵심적인 요소이다.
> - 상호운용성을 촉진하기 위해 개방적이고 중립적인 표준을 개발해야 한다.
> - 신뢰할 수 있는 데이터 교환은 독립적인 품질 기준에 달려 있다.
> - 협업 워크플로우는 개방적이고 유연한 데이터 형식을 통해 향상된다.
> - 기술 선택의 유연성은 모든 이해관계자에게 더 큰 가치를 창출한다.
> - 지속가능성은 장기적인 상호운용 가능한 데이터 표준을 통해 보장된다.

건설 자산 산업에 대한 openBIM의 이점은 다음과 같다.

> - openBIM은 프로젝트 수행을 위한 협업을 크게 향상시킨다.
> - openBIM은 더 나은 자산관리를 가능하게 한다.
> - openBIM은 설계 단계에서 생성된 BIM 데이터에 대해 건설 자산의 전체 수명 주기 동안 접근할 수 있도록 한다.
> - openBIM은 국제 표준 및 공통으로 정의된 작업 프로세스를 준수하여 공통된 정렬 및 언어를 구축함으로써 BIM 결과물의 범위와 깊이를 확장한다.
> - openBIM은 사용자가 새로운 워크플로우, 소프트웨어 애플리케이션 및 기술 자동화를 개발할 수 있는 기회를 제공하는 공통 데이터 환경을 조성한다.
> - openBIM은 접근 가능한 디지털 트윈을 구현하여 건축 자산에 대한 장기적인 데이터 전략의 핵심 기반을 제공한다.

openBIM의 기술적 특징

buildingSMART에서 정보표준(IFC)을 개발하고 이를 개방형BIM(openBIM) 표준으로 제정(ISO/PAS 16739)하여, AEC/FM 분야의 소프트웨어가 이

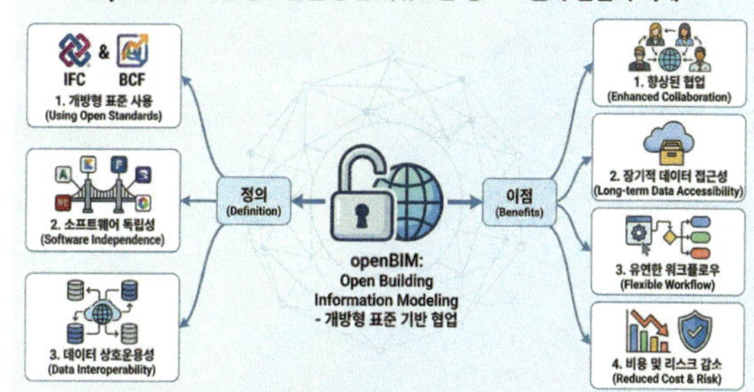

그림 3. openBIM의 정의와 이점

를 지원하고 있다. 이를 기반으로 미국, 유럽 등 공공발주기관에서 개방형 BIM 표준으로 납품 받는 것을 의무화하고 있다.

국토교통부의 '건설산업 BIM 기본지침'에는 "BIM 데이터 및 관련 산출물을 개방형 표준을 적용하여 작성 및 제공하는 것은 BIM 정보의 생애주기 단계에 일관된 사용을 보장하기 위함이다"라고 개방형 표준 활용의 목적을 말하였으며 "모델은 저작도구의 원본 파일 포맷과 함께 모델의 보존 및 공유 교환을 위하여 표준 파일 포맷을 사용한다. 이때 BIM 교환도구의 표준 파일 포맷은 IFC로 한다. 3차원 모델 저작도구의 표준 파일 포맷은 용도에 따라 LandXML 등 해당 국제표준 규격을 활용한다"고 모델 공유 교환용 표준 파일 포맷에 대하여 설명하고 있다. 또한 BIM 성과품의 대상 및 포맷에 대하여 "BIM 성과품 파일의 종류와 포맷을 제시한다. BIM 모델은 IFC포맷, 원본포맷, 그리고 사용한 연계 콘텐츠를 기본으로 포함한다. 보고서에는 변경된 모든 버전의 BIM 수행계획서, BIM 결과보고서, 간섭 검토보고서 등을 기본으로 포함한다."고 설명한다.

IFC(Industry Foundation Classes)

IFC는 건설 또는 시설 관리 산업 분야의 다양한 참여자들이 사용하는 소프트웨어 애플리케이션 간에 교환

및 공유되는 BIM 데이터에 대한 개방형 국제표준이다. 이 표준에는 프로젝트의 전체 수명주기에 걸쳐 필요한 데이터에 대한 정의가 포함되어 있다. 향후 인프라 자산의 전체 수명주기에 걸쳐 필요한 데이터 정의까지 범위를 확장할 것이다. 일반적으로 IFC는 건물 및 토목 기반시설을 포함한 건설 환경에 대한 표준화된 디지털 표현이다. IFC는 개방형 국제 표준(ISO 16739-1:2018)으로, 벤더에 구애받지 않고 다양한 하드웨어 장치, 소프트웨어 플랫폼 및 인터페이스에서 다양한 사용 사례에 사용할 수 있도록 설계되었다. IFC 스키마 사양은 open-BIM을 활성화하려는 bSI의 목표를 달성하기 위한 주요 기술적 결과물이다. 더 구체적으로 IFC 스키마는 논리적인 방식으로 코드화 및 표준화된 데이터 모델이다.

- 정체성 및 의미론(이름, 기계 판독 가능한 고유 식별자, 객체 유형 또는 기능)
- 특성 또는 속성(재질, 색상, 열적 특성 등)
- 관계(위치, 연결, 소유권 포함)
- 객체(기둥이나 슬라브 등)의 관계
- 추상적 개념(성능, 비용)
- 프로세스(설치, 운영)
- 사람(소유자, 설계자, 계약자, 공급업체 등)

스키마 속성은 시설 또는 설비의 사용 방법, 건설 방법 및 운영 방법을 설명한다. IFC는 건물의 물리적 구성요소, 제조 제품, 기계/전기 시스템뿐만 아니라 보다 추상적인 구조 분석 모델, 에너지 분석 모델, 비용 분석, 작업 일정 등을 정의할 수 있다.

오늘날 IFC는 일반적으로 특정 비즈니스 거래를 위해 한 용역사에서 다른 용역사로 정보를 교환하는 데 사용한다. 예를 들어, 건축가는 소유주에게 새로운 시설 설계 모델을 제공할 수 있고, 소유주는 해당 건물 모델을 계약자에게 보내 입찰을 요청할 수 있으며, 계약자는

소유주에게 설치된 장비 및 제조업체 정보를 설명하는 세부 정보가 포함된 준공 모델을 제공할 수 있다. IFC는 설계, 조달 및 건설 단계에서 점진적으로 또는 장기적인 보존 및 운영 목적을 위한 '준공' 정보 모음으로 프로젝트 정보를 보관하는 수단으로도 사용할 수 있다.

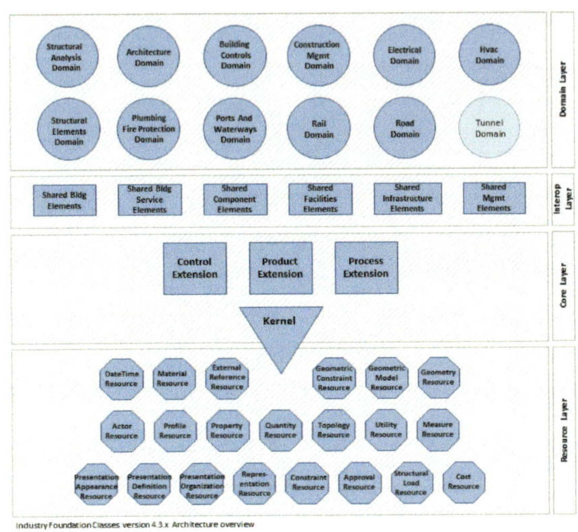

그림 4. IFC 4.3 아키텍처

IFC의 의의 및 기대효과

buildingSMART의 IFC가 지향하는 것은 한국의 건설 CALS 개념과는 구별된다. CALS는 포괄적이고 추상적인 개념으로, 모든 산업 정보의 디지털화와 공유 체제화를 지향한다. 그러므로 CALS는 많은 정보화 전략들을 그 하위 개념으로써 포함하고 있다. 이렇듯 건설 CALS가 CE, 국제 표준, 인터넷 등을 기반으로 통합하려는 개념적이고, 이상적인 개념인 것에 반하여 buildingSMART는 실 사용자와 건설업계를 중심으로 한, 당장 요구되는 산업체 표준을 만드는 것을 그 목표로 한다. 다시 말해서, 모든 유용한 국제 표준(STEP, EDI 등), 최신 IT 기술, 네트워킹 기술 등을 전략적인 측면에서 사용하여, 당장 현실적으로 산업체에서 시급하고 요구되고 활용할 수 있는 기술만 모으므로 이를 추가 개발

하여 사용하는 실행 위주의 단체이다.

IFC의 의미를 좀 더 구체적으로 살펴본다면, 나라별로 추진하여 각기 다른 기준을 가지고 기술과 표준을 개발하는 것이 아니라 많은 나라들(미국, 영국, 독일, 프랑스, 일본 등)의 건설회사, 설계사무소, 건설관련 소프트웨어 개발 회사들이 주축이 되어 세계 산업체 표준을 공동으로 개발하고, 개발된 정보를 멤버십을 가진 단체들이 공유함으로써, 훨씬 경제적이며, 업계에서 이 표준을 적용하여 건설 업무에 사용할 경우, 전세계적인 효과가 있다.

또한 그 범위도 막연하게 광대한 것이 아니라 건설 분야를 중심으로 모델(IFC)을 만들어 관련 여러 분야간 소프트웨어를 통한 프로젝트 정보 교환의 상호 호환성(Interoperability)을 극대화시킨다는 명확하고 구체적인 범위를 가지고 있으며, 완전한 연구에 의한 결과를 반영하는 것이 아니라, 개발된 기술 중 가장 최선의 것을 선정해 실제 업무에 사용할 수 있도록 적용하며, 계속해서 추가로 개발된 것을 반영한다는데 그 의의가 있다.

IFC와 BIM의 관계

IFC와 BIM의 연구 개발과 실무적인 적용은 현재 건설 산업에서 실무자들이 요구하는 것이 무엇이며, 건설 프로젝트를 수행하면서 직면하는 문제가 무엇인지를 시사하고 있다. 즉, IFC와 BIM은 응용도구들 간의 정보의 공유 및 교환을 증진시키는 것 이외에도, 협업 업무에 따른 프로젝트의 지속적이고 명확한 정의 및 활동 프로세스 구축을 요구한다. 이러한 관점에서 IFC와 BIM의 상호 관계는 업무 프로세스와 데이터 접근 방법의 표준화를 향상시키는데 중요하게 인식되고 있으며, 이런 이점들은 건설 산업의 비효율적이고 낭비적인 요소들을 제거하는 측면에서 오랫동안 방법적인 대안으로 이용될 것이다.

MVD(Model View Definition)

MVD는 하나 이상의 특정 데이터 교환 요구 사항을 지원하는 데 필요한 데이터 모델 또는 기존 데이터 모델의 하위 집합을 정의한다. MVD는 소프트웨어 개발에 사용되며 기계가 읽을 수 있는 표현을 가져야 한다. 단일 정보 전달 모델(IDM) 전용 MVD는 소프트웨어 도구에서 특정 교환 요구사항에 따라 정보를 필터링하는 데 사용할 수 있다. MVD에 정보 제약 조건을 추가하면 데이터 유효성 검사 목적으로 사용할 수 있다.

mvdXML

MVD는 mvdXML이라는 형식으로 인코딩되며, 특정 데이터 유형의 특정 속성에 허용되는 값을 정의한다. 예를 들어, MVD는 벽이 내화 등급, OmniClass에 따른 분류, 그리고 재료의 탄성 계수와 같은 구조 분석에 필요한 정보를 제공하도록 요구할 수 있다. 간단한 경우에는 이러한 규칙이 단일 데이터 유형의 단일 속성을 정의할 수 있지만, 더 복잡한 경우에는 객체와 컬렉션의 그래프로 구성될 수 있다.

IDM(Information Delivery Manual)

IDM은 비즈니스 프로세스를 파악하고 특정 역할을 수행하는 사용자가 프로젝트 내 특정 시점에 제공해야 하는 정보에 대한 상세 사양을 제공한다. ISO 29481-1(IDM 방법론 및 형식)은 다음을 명시한다.

- 건설 공사의 전체 수명주기에 걸쳐 정보 프로세스를 매핑하고 설명하는 방법
- 비즈니스 프로세스와 이러한 프로세스에 필요한 정보 사양을 연결하는 방법론

교환 요구사항은 프로젝트의 특성 단계에서 특정 비즈니스 프로세스를 지원하기 위해 교환되어야 하는 정보를 정의한다. 이는 비전문적인 용어로 정보를 설명하기 위한 것이다. 교환 요구사항은 최종 사용자(건축가, 엔지니어, 시공자 등)가 이해할 수 있어야 한다.

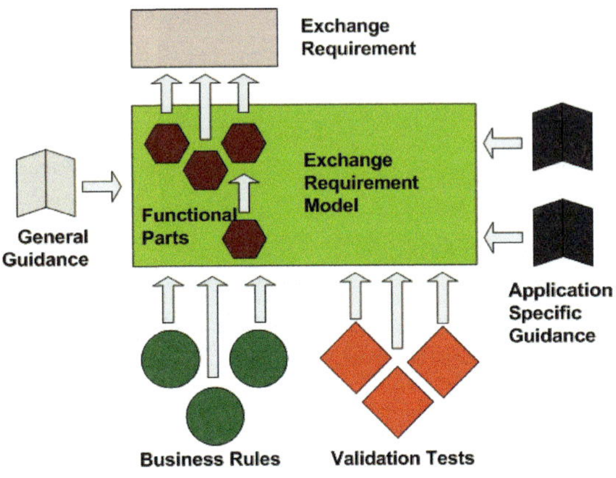

그림 5, 교환 요구사항 개념도

bSDD(buildingSMART Data Dictionary)

bSDD는 객체와 그 속성의 라이브러리이다. 언어와 관계없이 건설 환경의 객체와 특정 속성을 식별하는 데 사용하므로 'door'는 세계 어디서나 같은 의미를 가지도록 한다. bSDD는 개방적이고 국제적이어서 전 세계의 건축가, 컨설턴트, 소유주 및 운영자와 제품 제조업체 및 공급업체가 제품 정보를 공유하고 교환할 수 있다. 모두가 같은 언어를 사용하면 건설 프로세스가 더욱 효율적으로 된다. bSDD는 특정 객체 인스턴스가 아니라 일반적인 용어를 위한 것이다. 소프트웨어 개발자는 이러한 정의를 기반으로 특정 객체를 만들 수 있다. bSDD의 장점은 다음과 같다.

BCF(BIM Collaboration Format)

BCF는 개방형 표준(파일 형식 및 데이터 통신 프로토콜)을 활용하여 BIM 소프트웨어 도구 간의 모델 기

- 공유 및 재사용 가능한 객체 라이브러리를 통해 비용을 절감하고 품질을 향상시킨다.
- 객체 및 속성 정의는 전 세계 모든 소프트웨어에서 사용할 수 있다.
- 자동 규칙 검사를 통해 오해와 데이터 중복을 방지한다.
- 객체를 BIM 관련 제품에 연결한다.
- 특정 요구사항에 맞게 속성 세트를 확장할 수 있다.
- 분류 요구사항을 추가하거나 중첩할 수 있다.
- 서로 다른 사용자와 애플리케이션 간의 매핑을 지원한다.
- 데이터 검사 및 유효성 검사를 지원한다.

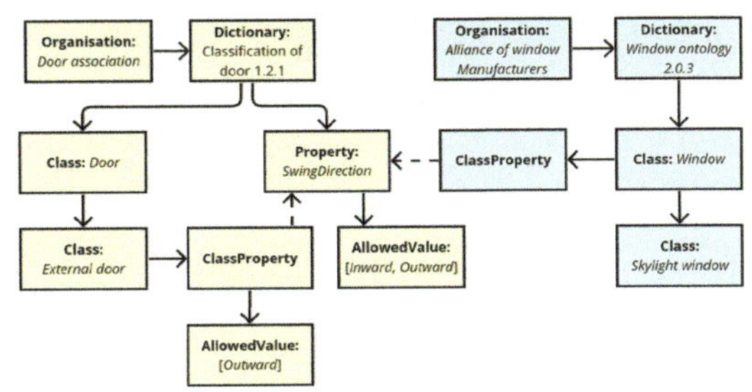

그림 6. bSDD 예시

반 문제를 더욱 쉽게 식별하고 교환함으로써 개방형 통신을 촉진하고 IFC 기반 openBIM 프로세스를 개선하기 위해 만들어졌다. BCF를 사용하면 독점 형식 및 워크플로우를 우회할 수 있다. BCF는 프로젝트 협업자 간에 공유한 IFC 모델을 활용하여 서로 다른 BIM 애플리케이션이 모델 기반 문제를 주고받을 수 있도록 한다. 이는 소프트웨어 플랫폼 간의 파일 교환을 이용하거나 소프트웨어 플랫폼을 직접 또는 이러한 통신의 허브 역할을 하는 BCF 서버에 연결하는 RESTful 서비스를 사용하여 수행할 수 있다. 더 구체적으로 BCF는 PNG 및 IFC 좌표를 통해 캡처 된 뷰를 직접 참조하는 문제 또는 이슈에 대한 컨텍스트 정보인 XML 형식 데이터와 IFC GUID를 통해 참조되는 BIM 요소를 한 애플리케이션에서 다른 애플리케이션으로 전송하는 방식으로 작동한다.

조직 내 BIM 역량

BIM 도입의 잠재적 이점

BIM은 신기술 지원 외에도 자산 설계를 최적화 및 자동화하고 시나리오 테스트 및 의사결정을 지원하며 시공성을 검증하고 간섭 검토를 가능하게 하며 프로젝트 및 투자 계획을 개선하고 프로젝트 관리를 보장하고 유지보수를 위한 정보를 저장하는 등 다양한 기능을 제공한다. 메릴랜드 대학교의 연구에 따르면 이러한 기능을 통해 BIM은 건설 프로젝트의 설계 단계를 30% 단축하고 설계 비용을 8% 절감할 수 있다고 하였다. 그리고 프로젝트의 시공 단계를 10% 단축하고 시공 비용을 3% 절감할 수 있다고 하였다. 또한 BIM은 새로운 서비스를 가능하게 하고 기존 건설 환경을 보완하여 새로운 자산을 구축하는데 도움을 줄 수 있다.

조직의 BIM 성숙도 수준

펜실베이니아 주립대학교의 시설 소유자를 위한 BIM 계획 가이드에서는 고려해야 할 6가지 핵심 'BIM 계획 요소'를 설명하고 있다.

> 1. **전략** : BIM 목표 및 목적을 정의하고, 변화에 대한 준비 상태를 평가한다. 또한, 관리 및 자원 지원을 고려한다.
> 2. **BIM 활용** : 소유자의 시설에 대한 정보를 생성, 처리, 전달, 실행 및 관리하기 위해 BIM을 구현하는 방법을 식별한다.
> 3. **프로세스** : 현재 방법을 문서화하고, BIM을 활용한 새로운 프로세스를 설계하고, 전환 계획을 개발하여 BIM 활용을 달성하는 방법을 설명한다.
> 4. 정보 : 모델 요소 분류, 개발 수준 및 시설 데이터를 포함하여 조직의 정보 요구사항을 문서화한다.
> 5. **인프라** : 컴퓨터 소프트웨어, 하드웨어, 네트워크 및 물리적 작업 공간을 포함하여 BIM을 지원하는 기술 인프라를 결정한다.
> 6. **인력** : 설정된 BIM 프로세스에 적극적으로 참여하는 사람들의 역할, 책임, 교육 및 훈련을 수립한다.

BIM 도입 목표 설정

조직은 BIM 목표를 설정하고 향후 구현 노력에 집중할 방향을 정하기 위해 전략 계획 수립 과정을 수행해야 한다. 이러한 계획활동은 조직이 목표를 설정하고 이를 달성하기 위한 수단과 방법을 제시하는 데 도움이 된다. 제대로 구현될 경우, BIM은 조직 내 협업을 촉진하고 실패 가능성을 크게 줄일 수 있다. BIM 전략 계획수립을 통해 얻을 수 있는 이점은 다음과 같다.

> - 주어진 기간 내 조직 목표와 BIM 목표에 대한 명확한 이해
> - 핵심 BIM 역량 및 우선순위에 대한 조직 자원의 효과적인 배분
> - 각 역량 범주의 진행 상황을 이정표별로 측정하고 전환을 평가할 수 있는 기준점 제공
> - 조직 내 다양한 구성원의 의견을 반영하여 팀워크를 증진하고 통합적인 관점에서 계획을 수립

펜실베이니아 주립대학교의 시설 소유자를 위한 BIM 계획 가이드에서는 BIM 목표 및 과제를 결정하기 위한 3단계 절차를 정의하였다.

> 1. 조직의 현재 내부 및 외부 BIM 통합 수준 평가
> 2. BIM 활용에 대한 원하는 성숙도 수준을 파악하여 조직의 BIM 목표 조정
> 3. 명확하게 정의된 발전 전략 개발을 통해 BIM 성숙도 수준 향상

BIM 도입의 과제

BIM 도입을 확대하려면 더 나은 협업이 필요하며, 이해관계자들이 동기 부여를 받고 적절한 역량을 갖추도록 해야 한다. 업계 이해관계자들은 BIM이 어떻게 자신들에게 이점을 제공하고 비용보다는 가치를 더하며 산업 디지털화를 향한 필수적인 첫걸음인지 이해해야 한다. 도입을 위해서는 통합 계약, 새로운 형태의 협업,

그리고 독점 소프트웨어의 한계를 극복하기 위한 개방형 데이터 고유 표준을 활용하여 더 나은 팀워크를 구축해야 한다. 또한, 근로자들이 새로운 기술을 습득하고 새로운 프로세스를 지원하기 위한 행동 변화를 이루도록 지원해야 한다. 정부 차원에서는 필요한 이해관계자들에게 기술을 제공하기 위해 장기적인 노력과 혁신적인 재정 지원이 필요하다.

■ **비용** : 초기 BIM 도입 비용은 소프트웨어, 기술 인프라, 컨설턴트 및 교육에 필요한 투자로 인해 상당할 수 있다. 또한 조직은 BIM 모델 설정, 워크플로우 및 팀 프로세스 변경과 관련된 프로젝트별 비용을 부담해야 한다.

■ **데이터 공유** : 데이터 생성에 대한 일관성 없는 규칙, 폐쇄형 시스템, 데이터 교환 표준 부족, 이해관계자의 지적 재산권(IP)에 대한 우려는 비효율성을 초래하고 프로세스의 반복 또는 연결을 어렵게 만든다. 데이터 생성 및 공유에 대한 글로벌 규칙, 데이터 마켓플레이스, 명확한 지적 재산권(IP) 규정은 이러한 장애물을 극복할 수 있다.

■ **기술** : 인프라 및 도시 개발 산업 내부와 고객 모두에서 BIM 기술을 충분히 갖춘 직원이 부족하여 BIM 도입이 지연되고 있다. BIM 기술은 디지털화된 건설 산업의 핵심 역량이므로 제3자에게 아웃소싱 할 수 없다. 조직은 BIM 인재 풀을 확대하기 위해 다음과 같은 세 가지 옵션을 고려할 수 있다.

> 1. 필요한 기술을 갖춘 신규 인재 채용
> 2. 기존 인력의 역량 강화
> 3. BIM 기술 및 프로세스 단순화를 통해 필요한 기술 수준을 낮춤

■ **변화관리** : BIM 도입은 종종 기술 투자로만 여겨지지만 이는 프로세스의 중요한 인적 및 문화적 측면을 간과하는 것이다.

결과적으로 기술 부서는 필요한 행동 및 문화적 변화를 고려하지 않고 BIM 구현을 주도하는 경우가 많다. 또한 경영진의 충분한 참여가 부족하고 프로젝트 관리자 및 기타 주요 관계자들이 참여하지 않는 경우가 많다.

BIM 발주에 따른 고려사항
입찰 형태에 따른 BIM 발주의 특성

BIM 발주는 Design-Bid-Build(설계 후 시공 입찰)의 경우, 설계사에게 커다란 부담을 주게 된다. 그 이유는, 설계 단계에서 물량산출, 시공성 검토, 친환경 검토 등 국내 건설 프로세스 CD(Construction Documentation) 단계에서 산출하는 다양한 검토를 하게 되기 때문이다. 이러한 이유로, 미국 및 유럽의 BIM 공공 발주에서는 과거의 2D 기반의 발주보다 설계수가를 더 반영하고 있다.

한국의 경우, 공공 발주자는 BIM 발주라고 해서 기존의 설계수가에서 더 많은 금액을 지출하기가 쉽지 않을 것이다. 하지만, 더 정확한 정보를 기반으로 추후 설계변경을 최소화하는 설계를 기반으로 시공 발주를 낼 수 있게 되기 때문에, 장기적으로는 더 큰 이익을 가져오게 된다는 측면에서 BIM 설계 용역 대가는 기존 방식 설계 용역 대가보다 더 많이 산정하여야 할 것이다. 그렇다면 얼마를 어떻게 산정하여야 하는가는, 업무에 따른 인건비와 제반 비용을 계산하여 체계적으로 파악하여야 하며, 이에 대한 연구 그리고 발주자와 실무자들 간의 긴밀한 협의가 있어야 할 것이다.

BIM 발주가 턴키 공사와 같은 Design-Build(설계 시공 동시 입찰) 방식일 경우, 큰 효과를 나타내게 된다.

왜냐하면 BIM의 개념이 설계와 시공을 통합하고 있으며, BIM 정보의 관리 주체가 하나의 조직이 되기 때문이다. Design-Build 형태의 발주의 경우, 설계단계에서 일어나는 과중한 업무 부담에 따른 수가 배분을 어떻게 할 것인가에 대한 연구가 필요하며 BIM 적용에 따른 새로운 계약방식을 연구해 볼 필요가 있다.

BIM 발주에 따른 고려사항

BIM 데이터의 소유권 문제

용역사(대부분의 경우 설계사)가 제작한 모든 BIM 데이터를 원본대로 발주처에 제공하는 것은 용역사의 모든 노하우가 외부로 유출될 수 있는 위험이 있다. BIM 데이터는 기존 2D CAD 데이터와는 완전히 다른 데이터이다. 용역사의 데이터 관리체계, 용역사가 구축한 모든 라이브러리의 세부 속성, 용역사가 오랜 기간에 걸쳐 습득한 고유의 설계 방법 등이 고스란히 유출될 수 있다. 그러므로 현재 해외 유수의 설계사들도 BIM 데이터를 바로 납품하기 보다는 2D CAD 데이터나 개방형 BIM 포맷 형태로 납품을 하고 있다. 개방형 BIM 포맷은 필터링을 통해 원하는 정보만을 추출하여 국제표준인 중립 포맷(IFC) 형태로 제공하기 때문에 용역사의 노하우를 지킬 수 있게 하는 대안으로 볼 수도 있다.

BIM 데이터의 재활용성

최근 대형 복합 건물들은 그 수명을 100년 또는 200년까지 보고 설계를 하고 있다. 과거 도면으로 납품 받았을 때에는 종이로 된 도면을 언제라도 확인할 수 있기 때문에 납품 받은 CAD 포맷의 종류는 크게 중요하지 않았다. 하지만 최근에는 디지털 데이터로 납품을 받고 있기 때문에 납품 받은 디지털 파일의 재활용성이 중요해지고 있다. 상용 CAD 소프트웨어의 수명은 일반적으로 20~30년으로 보고 있으며 최근 그 소프트웨어들의 버전 또한 매년 또는 1년에도 여러차례 업데이트가 된다. 몇 년 전의 데이터파일을 여는 데에도 문제가 발생할 수 있는 것이다. 이러한 상황에서 수 년 전에 설계 또는 납품한 디지털 파일을 문제없이 열 수 있을 거라고 장담할 수 없다. 이러한 문제를 해결하기 위한 대안이 국제표준인 개방형 BIM 표준 파일로 납품을 받는 것이다. 수년이 지나도 개방된 동일한 방식으로 구성된 표준 파일이라면 어떠한 CAD 프로그램을 사용하여도 호환성 문제를 줄일 수 있다.

책임(Liability) 문제

미국 건설업계에서 발생한 큰 문제가 바로 책임(Liability) 문제이다. 설계사가 BIM 데이터로 납품을 했을 경우에는 상세 설계 데이터를 발주처에서 가지고 있기 때문에 건물 완공 후의 건물의 성능과 형태가 납품 받은 BIM 데이터와 상이할 경우 언제라도 쉽게 법적인 소송을 당할 위험이 있다. 예를 들어 미국 주거 건물의 경우 사소한 건물의 하자를 핑계로 전 주민이 소송을 했을 경우 용역사의 존폐가 걱정될 정도의 큰 금액을 배상하는 경우가 허다하다. 그러므로 설계 시, 정확하지 않은 BIM 데이터의 적절한 필터링은 용역사 그리고 발주처 모두에게 필요하다고 할 수 있다.

출처
1. 김인한, "BIM의 실무적용을 위한 기반기술", 2008
2. buildingSMART International Learning Content

(사)빌딩스마트협회 편집위원회
bskevent@buildingsmart.or.kr

스마트 건설 DX 핵심 용어 사전

• AEC(Architecture, Engineering, and Construction) : 건축 설계, 엔지니어링, 시공을 아우르는 산업 분야를 뜻한다. 최근에는 유지관리(Operation)를 포함해 AECO라고 부르기도 한다.

• AI(Artificial Intelligence) : 인공지능을 의미한다. 건설 현장의 위험 요소를 자동 감지하거나, 공정 데이터를 분석하여 최적의 의사결정을 지원하는 기술이다.

• BIM(Building Information Modeling) : 건설 정보 모델링을 뜻한다. 시설물의 생애주기 정보를 3차원 모델에 통합하여 관리하며, 데이터 기반의 협업과 의사결정을 가능케 한다.

• Big Data(빅데이터) : 설계, 시공, 안전 등 건설 전 과정에서 발생하는 방대한 양의 데이터다. 이를 분석하여 미래 위험을 예측하고 인사이트를 도출하는 데 활용한다.

• CAD(Computer-Aided Design) : 컴퓨터 지원 설계를 의미한다. 도면 작성을 디지털화한 기술로, 현재는 3D 모델링의 기초 데이터로 활용된다.

• CAE(Computer-Aided Engineering) : 컴퓨터 지원 공학을 뜻한다. 설계된 모델이 실제 환경에서 어떻게 작동할지 시뮬레이션하여 구조 해석, 유체 역학 등을 검증하는 기술이다.

• CDE(Common Data Environment) : 공통 데이터 환경을 의미한다. 프로젝트의 모든 정보를 수집하고 공유하는 단일 협업 플랫폼으로, 정보의 파편화를 방지한다.

• Cloud Computing(클라우드 컴퓨팅) : 방대한 데이터를 중앙 서버에 저장하고, 장소 제약 없이 언제 어디서나 접속하여 협업할 수 있는 환경을 제공한다.

• ConTech(Construction Technology) : 건설과 기술의 합성어다. 첨단 기술을 건설 공정 전반에 결합하여 혁신을 일으키는 산업 분야를 의미한다.

• DfMA(Design for Manufacturing and Assembly) : 제조 및 조립을 고려한 설계 방식이다. 모듈러 건설의 핵심 개념으로 시공 효율성을 극대화한다.

• Digital Twin(디지털 트윈) : 현실의 사물을 가상 세계에 동일하게 구현한 모델이다. 실시간 데이터를 연동하여 시뮬레이션하고 최적의 결과를 예측한다.

• DX (Digital Transformation) : 디지털 전환을 뜻한다. 전통적인 건설 운영 방식을 데이터 중심의 지능형 업무 체계로 바꾸는 혁신 과정을 의미한다.

• IoT (Internet of Things) : 사물인터넷이다. 각종 센서와 장비에 통신 기능을 부여하여 현장 데이터를 실시간으로 수집하고 전송하는 기술이다.

• IPD(Integrated Project Delivery) : 통합 프로젝트 발주 방식이다. 발주자, 설계자, 시공자가 하나의 팀으로 참여하여 성과를 공유하고 협력한다.

• ISO 19650 : BIM을 포함한 건설 정보 관리의 국제 표준 규격이다. 정보 관리 프로세스를 표준화 글로벌 협업 기준 제시

• LOD(Level of Development) : BIM 모델의 상세 수준 또는 정밀도를 뜻한다. 설계 단계와 목적에 따라 요구되는 정보의 수준을 정의한다.

• Modular Construction(모듈러 건설) : 주요 구조물을 공장에서 제작한 후 현장에서 조립하는 공법이다. 공기 단축과 균일한 품질 확보에 유리하다.

• OSC(Off-Site Construction) : 탈현장 건설을 의미한다. 구성 요소를 현장이 아닌 외부에서 제작하여 운반·설치하는 시공 방식을 통칭한다.

• Physical AI(피지컬 AI) : 디지털 환경의 AI가 로봇, 자율주행 건설 장비 등 물리적 하드웨어와 결합하여 실제 현장에서 스스로 판단하고 물리적인 작업을 수행하는 기술이다.

• Scan-to-BIM : 레이저 스캐닝으로 얻은 점군 데이터를 기반으로 역설계하여 BIM 모델을 생성하는 기술이다. 주로 유지관리 단계에서 활용한다.

• UAV(Unmanned Aerial Vehicle) : 무인 항공기(드론)를 뜻한다. 현장 측량, 접근 곤란 구간 점검, 시공 상태 기록 등에 광범위하게 사용된다.

• XR(eXtended Reality) : 가상현실(VR), 증강현실(AR), 혼합현실(MR)을 포함하는 확장 현실이다. 가상 시공 시뮬레이션이나 안전 교육에 활용한다.

PART **2**

BIM & DX 도입 전략과 가이드

스마트건설 게임체인처 공공 발주자의 BIM 거버넌스

서론: '게임 체인저' BIM, 잠재력에 미치지 못하는 현실

'게임 체인저(Game Changer)'는 "사고와 업무 방식을 근본적으로 전환시키는 사건이나 아이디어, 프로세스"라고 Oxford 사전에서는 정의하고 있다.

BIM(Building Information Modeling)은 바로 이러한 잠재력을 지닌 기술로, 건설 산업의 스마트화를 이끌 핵심 동력으로 기대를 모아왔다. BIM은 단순히 3D 모델을 넘어, 프로젝트의 전 생애주기에 걸쳐 정보를 통합 관리하고 이해관계자 간의 협업을 촉진하여 건설 산업의 패러다임을 바꿀 수 있는 혁신적인 방법론이다.

국내 건설 산업에서는 이미 2010년 조달청, 한국토지주택공사(LH)를 시작으로 도로공사(EX), 국가철도공단(KR), 서울주택도시공사(SH), 경기주택도시공사(GH) 등 주요 공공기관이 BIM 도입을 의무화하고 관련 지침과 로드맵을 발표하는 등 다각적인 노력이 이어져 왔다. 그러나 10년이 훌쩍 넘는 기간 동안의 투자와 시도에도 불구하고, 현장에서 BIM은 본래의 가치를 충분히 발현하지 못하고 있다. 오히려 기존 2D 설계 방식에 추가되는 또 하나의 납품 과업으로 전락하며, 이중 작업과 비효율만을 낳고 있는 것이 오늘날 우리가 마주한 심각한 현실이다.

이에 필자는 현재 BIM 도입 정책이 가진 구조적 한계를 심층적으로 진단하고, 그 해결의 열쇠를 '발주자'의 역할, 특히 공공 발주자에게서 찾고자 한다. 이 글은 발주자가 중심이 되어 일관되고 지속가능한 'BIM 거버넌스'를 구축함으로써 현재의 문제점을 해결하고, 건설 산업의 진정한 '게임 체인저'로서 BIM의 잠재력을 실현하기 위한 구체적인 정책 방향을 제시하는 것을 목표로 하고 있다.

현황 진단: BIM 도입의 구조적 한계와 근본 원인

BIM 활성화 정책이 왜 실질적인 성과로 이어지지 못하고 있는가에 대한 해답을 찾기 위해서는, 피상적인 현상을 넘어 현재의 적용 방식과 그 이면에 깊숙이 자리한 구조적 원인을 심층적으로 분석하는 과정이 반드시 필요하다. 단편적인 문제 해결을 넘어, 근본적인 체질 개선을 위한 정확한 진단이 선행되어야 한다.

'전면 BIM(Full BIM)'에 대한 오해와 적용의 한계

최근 많은 기관에서 '전면 BIM' 도입을 선언하고 있지만, 그 개념에 대한 심각한 오해가 만연해 있다. '전면 BIM'은 단순히 건물의 모든 부재를 3D로 모델링하는 것이 아니다. 이는 프로젝트 가치 극대화를 목표로 기획, 기본, 실시 설계 등 설계 전 과정에 걸쳐 모든 이해당사자가 BIM을 중심으로 소통하고 협업하며 최적의 의사결정을 내리는 하나의 '프로세스'이다.

하지만 실제 현장에서는 '인력 부족', '촉박한 인허가 일정' 등을 핑계로 실시설계가 상당부분 진행된 시점에서 기존 2D 도서를 기반으로 BIM 모델을 구축하는 '전환설계'가 관행처럼 이루어지고 있다. 이러한 변명들은 결국 정당한 대가 체계의 한계와 인력 부족 그리고 BIM 프로세스에 대한 발주자의 인식 부재라는 구조적 문제에서 기인한다. 이는 사실상 완성된 설계안을 3D로 옮기는 것에 불과하다.

미국 HOK의 명예회장이자 buildingSMART International의 설립자인 Patrick MacLeamy가 제시한 MacLeamy Curve에서는 설계 초기 단계 의사결정이 프로젝트에 미치는 영향이 가장 큰 반면 이에 드는 비용은 가장 낮다는 점을 강조하고 있다. BIM은 바로 이 초기 단계에 역량을 집중하여 프로젝트의 가치를 극대화하는 도구다. 그러나 현재와 같이 설계 후반 단계 BIM 적용 방식은 '사전적 의사결정 및 리스크 관리'라는 BIM의 본질적 기능을 완전히 상실시킨다. 이는 결국 이중 작업과 의미 없는 외주 비용만 발생시키는 심각한 '가치 손실'로 귀결되며, 국민의 세금으로 수행되는 공공 프로젝트의 가치를 의도적으로 훼손하는 행위나 다름없다.

고질적 실패를 야기하는 4대 구조석 암초

이러한 잘못된 적용 방식이 고착화된 데에는 다음과 같은 4가지 구조적 원인이 복합적으로 작용하고 있다.

발주자의 인식 및 역할 부재

발주자가 BIM을 협업을 위한 '프로세스'가 아닌 단순 '성과물'로만 인식하고 요구하는 것이 가장 큰 문제다. 제출된 BIM 데이터의 품질을 검증하거나 이를 활용할 수 있는 역량과 환경이 부재한 채, 형식적인 납품만을 요구하고 있다.

대가 체계 및 생태계의 한계

설계 초기 단계에 더 많은 노력을 투입하여 대안을 검토하고 최적화하는 BIM 본연의 가치 활동에 대한 정당한 대가 체계가 마련되어 있지 않다. 또한 현재의 낮은 설계 하도급 비용 구조로는 질 높은 BIM 수행을 기대하기 어려운 생태계적 한계가 명확하다.

협업 프로세스의 부재

BIM은 특정 전담팀의 업무가 아니라, 발주자, 설계사, 시공사 등 모든 이해당사자가 공통의 언어로 소통하는 협업의 중심이 되어야 한다. 하지만 현실에서는 각자의 업무가 파편화된 기존의 칸막이식 프로세스가 그대로 유지되고 있다.

조직의 변화 저항과 인식 부족

새로운 방식 도입에 대한 두려움과 거부감, 기존 방식을 고수하려는 관성 등 조직 내부에 만연한 변화 저항 역시 큰 걸림돌이다. 특히 담당 부서에서는 BIM 도입으로 인해 발생할 수 있는 민원에 대한 두려움과 책임 회피 경향이 강하게 나타난다.

이러한 구조적 문제들이 현장에서 어떻게 발현되는지는 필자가 검토한 한 공공건축사업의 'BIM 수행계획서'에서도 명확히 드러난다.

"'시공용' 2D 도서가 우선으로 적용됩니다."

"다른 주체가 BIM 데이터를 사용하여 발생하는 책임은 설계자에게 없습니다."

"BIM 적용범위는 기본설계 및 실시설계도서의 전환설계로 진행합니다."

이와 같은 조항들은 BIM을 단순 납품용 데이터로 전락시키고 협업의 가치를 원천적으로 부정하는 '책임 회피'의 사례라 할 수 있다.

이처럼 다층적인 문제들은 단편적인 지침 개정이나 기술 도입만으로는 결코 해결할 수 없다. 산업의 판도를 바꿀 수 있는 강력한 구심점, 즉 '발주자' 가 중심이 되어 이 모든 구조적 문제를 해결하기 위한 근본적인 변화를 이끌어야 할 때이다.

정책 제안: 발주자 주도의 지속가능한 'BIM 거버넌스' 구축

앞서 분석한 복합적인 구조적 문제들을 해결할 수 있는 가장 강력하고 유일한 주체는 바로 '발주자' 다. "발주자가 움직이면 모든 이해당사자들이 움직인다"는 명제는 건설 산업의 오랜 진리다. 특히 공공 발주자가 중심이 되어 일관되고 지속가능한 변화를 이끌기 위한 체계적인 운영 시스템, 즉 'BIM 거버넌스' 구축을 핵심 해결책으로 제안한다.

BIM 거버넌스의 개념과 목표

BIM 거버넌스란, 단순히 몇 개의 지침이나 제도를 나열하는 것이 아니다. 이는 현장의 피드백을 바탕으로 BIM 수행 체계를 지속적으로 개선하고 발전시키는 '선순환 개선형 운영 체계'를 의미한다.(그림 1)

그 궁극적인 목표는 단기적인 성과물 납품에 그치는 것이 아니라, 전사적 차원에서 BIM을 통해 프로젝트의 근원적 가치를 극대화하고, 프로젝트 과정에서 축적된 양질의 데이터를 조직의 핵심 자산으로 만들며, 이를 시설물 유지관리 단계까지 연결하여 활용하는 것이다.

BIM 거버넌스의 4대 핵심 구성요소

지속가능한 BIM 거버넌스를 구축하기 위해서는 다음의 4가지 핵심 요소가 유기적으로 연계되어 작동해야 한다.

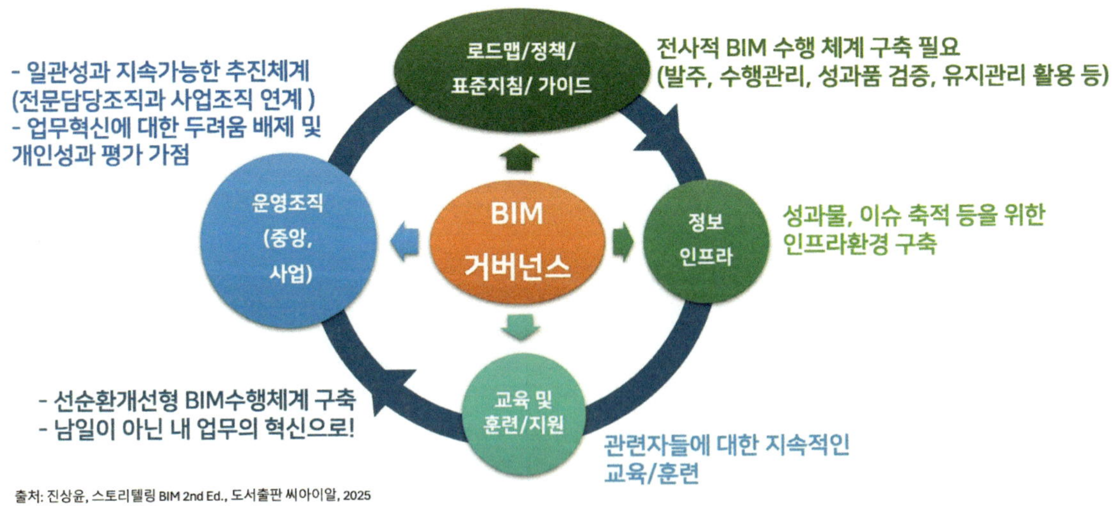

그림 1. BIM 거버넌스

운영 조직(중앙/사업 연계)

전사적 BIM 정책을 총괄하는 중앙 전담 조직과 실제 사업을 수행하는 현장 조직이 긴밀하게 연계되어, 현장의 피드백을 정책에 반영하고 지속적인 개선을 이끄는 컨트롤 타워 역할을 수행한다.

정책 및 표준(로드맵/지침/가이드)

조직의 BIM 비전과 목표를 명확히 하고, 현장에서 실질적으로 적용 가능한 구체적 표준과 지침을 제공하여 일관된 방향성을 제시한다.

정보 인프라(플랫폼/CDE)

모든 이해관계자가 원활하게 협업하고, 생성된 데이터, 의사결정 과정, 이슈 등을 체계적으로 축적·관리할 수 있는 공통 데이터 환경(CDE)을 제공하는 기술적 기반이다.

교육 및 지원 (내부 교육/외부 컨설팅)

관련자들의 BIM 역량을 강화하고 새로운 프로세스 도입에 대한 두려움을 해소하며, 필요시 전문적인 외부 지원을 통해 성공적인 안착을 돕는 지원 체계다.

이처럼 체계적인 거버넌스 프레임워크가 단지 문서상의 계획으로 남지 않고 성공적으로 현장에 뿌리내리기 위해서는, 구체적인 실행 전략과 단계별 로드맵이 반드시 필요하다.

실행 전략: BIM 거버넌스 활성화를 위한 3단계 로드맵

아무리 훌륭한 거버넌스 체계라도 구체적인 실행 계획 없이는 공허한 구호에 그칠 수밖에 없다. 제안된 BIM 거버넌스가 실질적인 변화를 만들어내기 위해, 다음과 같이 단계적이고 현실적인 3단계 실행 전략을 제시한다.

1단계: 인식 전환 및 기반 조성 (단기)

■ 핵심 과업: 발주처 경영진부터 일선 사업 담당 감독관까지, 조직 구성원 모두가 BIM을 단순 '성과물'이 아닌 협업 '프로세스' 로 인식하도록 만들어야 한다. "사업 담당 감독관이 움직이면 모든 것이 따라온다" 는 점을 명심하고, 이들의 적극적인 참여 유도를 최우선 과제로 삼아야 한다.

■ 세부 전략

– 전사적 차원의 집중 교육과 캠페인을 통해 BIM의 본질적 가치와 새로운 업무 방식의 필요성에 대한 공감대를 형성해야 한다.

– BIM 도입 과정에서의 시도와 실패를 개인의 책임으로 귀속시키지 않고, 조직적 혁신 노력으로 인정 및 보상하는 문책 면제(Safe-to-Fail) 조항을 인사 규정에 명시해야 한다.

– 변화를 주도하는 담당자에게 인사고과 가점 등 명확한 인센티브를 부여하고, 반대로 현실에 안주하여 가치 향상의 기회를 외면하는 것을 '직무유기'로 간주하는 강력한 정책을 도입해야 한다.

– 일종의 BIM 거버넌스 인덱스(BIM Governance Index)를 만들어 조직의 BIM 거버넌스 성숙도를 정량적으로 모니터링하고 향상 시켜야 한다.

2단계: 제도 및 인프라 구축 (중기)

■ 핵심 과업: BIM 거버넌스의 4대 구성요소를 실체화하여 현장에 적용 가능한 시스템으로 구축하는 단계이다.

■ 세부 전략

– (정책/표준) 현재 만연한 '책임회피성' BIM 수행계획서를 근절하고, 설계 초기 단계 협업의 가치를 실질적으로 보장하는 새로운 'BIM 대가 기준' 을 신설해야 한다. 이를 위해 표준 지침과 계약 조항을 전면 개정해야 한다.

– (정보 인프라) 발주자가 주도하여 모든 이해당사자가 실시간으로 정보를 공유하고 협업할 수 있는 공통 데이터 환경(CDE) 플랫폼 구축을 본격적으로 추진해야 한다.

3단계: 산업 생태계 전반 확산 (장기)

■ 핵심 과업: 발주자 주도로 구축된 성공 모델을 설계, 시공 등 건설 산업 생태계 전반으로 확산시켜 동반 성장을 이끌어내야 한다.

■ 세부 전략

– 발주자가 중심이 되어 설계사, 시공사 등 파트너사와의 협업 프로세스를 명확히 정립하고, BIM 기반의 업무 수행에 대한 정당한 대가를 지급함으로써 상생의 생태계를 조성해야 한다.

– 궁극적으로 BIM이 특정 기업의 경쟁력이 아닌, 대한민국 건설 산업의 표준적인 일하는 방식으로 자리 잡도록 하여 산업 전체의 체질을 개선하는 장기적 비전을 실현해야 한다.

이러한 단계별 전략이 성공적으로 이행될 때, 비로소 우리 건설 산업은 BIM을 통해 새로운 도약의 시대를 맞이하게 될 것이다.

결론

이 글에서 제시한 공공 발주자 주도 BIM 거버넌스가 성공적으로 구축되고 활성화될 경우, 우리 건설 산업은 다음과 같은 혁신적인 변화를 맞이하게 될 것으로 기대한다.

■ **프로젝트 가치 극대화:** 설계 초기 단계에서 충분한 대안 검토와 시뮬레이션을 통해 최적의 설계안을 도출함으로써 시공 단계의 재작업과 설계 변경을 최소화할 수 있다. 이는 곧 비용 절감, 공기 단축, 품질 향상이라는 프로젝트의 근본

적인 가치 극대화로 이어진다.

■ **지속가능한 데이터 자산 확보:** 프로젝트 기획부터 유지관리에 이르는 전 생애주기에 걸쳐 생성되는 모든 정보가 체계적으로 축적된다. 이는 향후 유지관리 단계의 효율성을 획기적으로 높이는 것은 물론, 디지털 트윈 구축의 핵심 기반이 되는 독보적인 데이터 자산이 될 것이다.

■ **건설 산업 생태계 혁신:** 발주자와 설계사, 시공사 간의 단절된 칸막이식 업무가 투명하고 유기적인 협업 중심으로 전환된다. 이를 통해 불필요한 분쟁과 비효율이 사라지고, 신뢰 기반의 건강한 산업 생태계가 조성되어 건설 산업 전반의 스마트화와 글로벌 경쟁력 강화를 견인할 것이다.

결론적으로, 이 제안은 단순히 새로운 기술을 도입하는 것을 넘어선다. 이는 '발주자'의 강력한 리더십을 통해 건설 산업의 일하는 방식과 문화를 근본적으로 바꾸는 '거버넌스의 혁신'에 관한 것이다.

현실에 안주하며 가치 향상의 기회를 외면하는 것은 더 이상 용납될 수 없는 '직무유기'다. BIM을 구호가 아닌 우리 건설 산업의 미래를 여는 진정한 '게임 체인저'로 만드는 것은 더 이상 선택이 아닌 시대적 과제이다. 정책 입안자와 산업 리더들의 과감한 결단과 즉각적인 실행이 이루어져야 할 것이다.

진상윤 교수
성균관대학교 건설환경공학부
schin@skku.edu

건축설계 분야 DX·AI·AX 전환의 실제

– 도면을 넘어 데이터로, 경험을 넘어 알고리즘으로

서문: 책상 위에 펼쳐진 새로운 풍경

건축가의 책상은 늘 무언가로 가득 차 있다. 한때는 트레이싱지와 로트링 펜이었고, 어느새 CAD 플로터와 마우스로 바뀌었다. 그런데 최근 들어 내 책상 위 풍경이 또 한 번 달라지고 있음을 감지했다. 물리적 도면은 사라지고 클라우드 저장소에 담긴 BIM 데이터가 그 자리를 차지했다. 실시간으로 업데이트되는 물량 산출표, AI가 생성한 수십 개의 대안 평면들이 모니터 속에서 살아 숨 쉰다.

20년 넘게 건축설계 현장을 지켜온 한 사람으로서, 나는 이 변화가 두렵지만은 않다. 오히려 김치가 익어가듯, 된장이 숙성되듯, 우리의 설계 프로세스가 천천히 발효되고 있다는 느낌을 받는다. 급격한 혁명이 아니라 점진적 진화. 이것이 내가 목격하고 있는 건축설계 분야의 디지털 전환이자 AI 전환의 실체다.

변화는 선택이 아니라 시간의 다른 이름이다. 우리에게 남은 선택은 단 하나, 어떻게 그 변화와 함께 성장할 것인가의 문제다. 도면을 넘어 데이터로, 경험을 넘어 알고리즘으로 나아가는 이 여정은 결코 건축가의 본질을 부정하는 것이 아니다. 오히려 우리가 정말 하고 싶었던 일, 즉 공간의 서사를 고민하고 사람의 삶을 상상하는 시간을 돌려주는 과정이다. 이 글에서는 건축설계 분야에서 DX·AI·AX가 실제로 어떻게 적용되고 있는지, 그리고 그것이 우리의 일상적 업무를 어떻게 재구성하고 있는지를 현장의 목소리로 나누고자 한다.

건축설계 분야 Smart Construction DX 개요와 AI 협업 설계의 등장

데이터라는 새로운 언어

Smart Construction DX는 단순히 디지털 도구를 쓰는 것이 아니다. 이것은 직관이라는 이름의 불확실성을 데이터라는 확신으로 바꾸는 과정이다. 건축 설계에서 DX는 모든 정보가 단절 없이 흐르는 고속도로를 닦는 일과 같다.

과거의 건축이 개별적인 경험의 축적에 의존했다면, 스마트 건설 시대의 설계는 축적된 데이터의 공유에 기반한다. 내가 10년 전에 설계한 공공건축의 면적 배분 데이터가, 지금 진행 중인 설계공모 프로젝트의 기초 자료가 된다. 협력업체가 시공한 지붕 구조의 단가 정보가, 다음 프로젝트의 공사비 예측 정확도를 높인다. 이 모든 정보가 BIM 모델이라는 그릇 안에서 유기적으로 연결되며 살아 숨 쉰다.

여기서 우리는 세 가지 축으로 DX를 이해할 수 있다. **첫째, 데이터 중심 설계다.** 경험과 직관에만 의존하던 설계 의사결정을 데이터 분석으로 보완한다. BIM 모델 내 객체 정보, 시뮬레이션 결과, 과거 프로젝트 데이터베이스를 활용하여 성능 기반 설계를 실질적으로 구현한다. **둘째, 프로세스 자동화다.** 반복적 업무의 자동화를 통해 설계자의 창의적 시간을 확보한다. 법규 검토, 물량 산출, 도면 작성 등 표준화 가능한 업무를 시스템화하고, AI 기반 설계 대안 생성 및 최적화로 확장한다. **셋째, 협업 플랫폼화다.** 클라우드 기반 실시간 협업 환경을 구축하여 발주처, 설계사, 시공사, 감리, 사용자 간 정보 투명성을 확보하고 통합 데이터 환경을 운영한다.

AI라는 두 번째 뇌

"AI가 건축가를 대체할 것인가"라는 질문은 잘못된 출발점이다. 올바른 질문은 "AI와 협업하는 건축가는 어떤 모습일까"이다. AI는 더 이상 인간을 대체하는 위협자가 아니다. 오히려 인간의 인지적 한계를 보완해주는 두 번째 뇌에 가깝다.

초기 매스 스터디 단계에서 인간 건축가가 고려할 수 있는 대안은 기껏해야 다섯에서 여섯 개에 불과하다. 하지만 생성형 AI는 대지 조건과 법규, 그리고 미학적 데이터를 입력받는 순간 수백 개의 대안을 단 몇 분 만에 쏟아낸다. 여기서 건축가의 역할은 그리는 자에서 선택하는 자로 전이된다. 수많은 선택지 중 그 땅의 결에 맞는 하나를 골라내는 것은 여전히 인간의 몫이다. 설계자와 컴퓨터의 관계는 이제 단순한 도구를 넘어, 함께 고민하는 파트너로 진화하고 있다.

현재 건축설계 분야에서 AI는 크게 세 가지 역할로 등장한다. **설계 초기 단계**에서는 대안 생성 파트너다. 대지 분석, 법규 해석, 매스 스터디를 자동화하고 생성형 디자인을 통해 수백 가지 평면 대안을 생성한다. 설계자는 생성된 대안 중 선택하고 정교화하는 큐레이터가 된다. **설계 발전 단계**에서는 검증 및 최적화 도구다. 구조 안정성, 에너지 성능, 일조 분석을 실시간으로 피드백하고, 법규를 자동 검토하며 위반 사항을 사전 경고한다. 물량 및 공사비 예측의 정확도도 향상된다. **설계 완료** 단계에서는 문서화 지원자다. 도면을 자동 생성하고 일관성을 검증하며, 설계설명서와 산출내역서를 자동 작성한다. 과거 프로젝트 데이터 기반 품질 관리도 가능해진다.

중요한 것은 AI가 도구가 아니라 협업자로 기능한다는 점이다. 우리는 AI에게 명령을 내리는 것이 아니라, 대화를 나누며 함께 설계안을 발전시킨다. 성남 사송 수소충전소 프로젝트를 진행하면서 나는 AI와 수십 번 대화를 나눴다. "수소충전소의 동선 최적화 방안은 무엇인가"라고 물으면 AI는 다섯 가지 대안을 제시했다. 나는 그중 세 가지를 BIM 모델로 구현했고, 시뮬레이션 결과를 보며 최종안을 선정했다. 이것이 바로 AI 협업 설계의 본질이다.

BIM 기반 건축설계 DX 도입 전략과 AI·AX 연계 실무 가이드
기초 없이는 집도 없다

기초가 튼튼하지 않은 집은 무너진다. DX의 기초는 결국 정교한 데이터의 집합체인 BIM이다. BIM은 단순한 3D 모델링이 아니라, 건축물의 생애주기 전반에 걸친 정보의 근원이다. 진정한 AX로 가기 위해서는 이 BIM 데이터를 어떻게 활용하느냐가 관건이다.

대형 설계조직과 달리 중소 건축사사무소는 제한된 인력과 예산 안에서 DX를 추진해야 한다. 포치건축사사무소의 경험을 바탕으로 현실적인 단계별 전략을 제시한다. 실무적인 도입 전략은 세 단계의 접근이 필요하다.

첫 단계는 데이터의 표준화다. 사내 BIM 라이브러리를 구축하고 매개변수를 통일해야 한다. AI가 학습할 수 없는 지저분한 데이터는 무용지물이다. 이 단계의 목표는 2D CAD에서 3D BIM으로 전환하는 것이며, 6개월에서 1년 정도 소요된다. Revit 또는 ArchiCAD 중 하나를 선택하되, 신규 프로젝트부터 BIM을 적용한다. 기존 프로젝트를 억지로 전환하려는 시도는 금물이다. 공공건축 설계공모 프로젝트를 BIM 학습의 기회로 활용하고, 외주 협력사와 BIM 협업 체계를 구축한다. 예상 투자 비용은 소프트웨어 라이선스 300만 원에서 500만 원, 교육비 200만 원 정도다.

두 번째 단계는 지능형 연동이다. 정제된 BIM 데이터를 AI 알고리즘과 연결한다. 이때 API를 활용해 실시간으로 법규 위반 여부를 검토하거나 공사비를 산출하는 시스템을 구축한다. 이 단계의 목표는 BIM 모델을 단순 3D 도면이 아닌 데이터베이스로 활용하는 것이며, 1년에서 2년 정도 소요된다. 패밀리 라이브러리를 체계화하고, 자동 물량 산출 시스템을 구축하며, 과거 프로젝트 BIM 데이터를 아카이빙한다. 프로젝트별 BIM 실행계획을 수립하고, 협력업체와 BIM 데이터 교환 프로토콜을 확립하며, 클라우드 기반 협업 플랫폼을 도입한다.

세 번째 단계는 통합 플랫폼화다. 설계 단계의 데이터가 시공과 유지관리 단계까지 끊김 없이 이어지도록 클라우드 기반의 협업 환경을 조성해야 한다. 이 단계의 목표는 반복 업무 자동화 및 AI 협업 체계 구축이며, 2년 이후부터 본격화된다. Dynamo나 Grasshopper를 활용한 파라메트릭 설계 자동화, AI 기반 평면 최적화 및 대안 생성, 설계공모 요구사항 자동 분석 및 검증 등이 가능해진다. Python 기반 BIM 자동화 스크립트를 개발하고, ChatGPT나 Claude 같은 대형 언어 모델을 활용한 업무 프로세스 혁신을 추구하며, 자체 개발과 솔루션 도입의 균형을 유지한다.

성남 사송 수소충전소, 그 여정의 기록

현장에서 느끼는 AX의 파괴력은 정교함에서 온다.

과거 제곱미터당 공사비 산출이 경험치에 의존했다면, 이제는 BIM 데이터와 과거 공사비 빅데이터를 AI가 대조하여 오차범위 5퍼센트 이내의 정밀한 예측을 가능케 한다.

성남 사송 수소충전소 프로젝트는 BIM AWARDS 2025 우수상을 수상한 사례로, BIM-AI-AX 연계 실무 프로세스를 구체적으로 보여준다. 용도는 수소 충전 인프라 시설, 연면적은 500제곱미터, BIM 업무 기간은 2025년 3월부터 8월까지 6개월이었으며, 기획부터 설계, BIM 납품까지 전 과정에 DX를 적용했다.

기획 단계에서는 AI 기반 요구사항 분석을 진행했다. 지침서 PDF 150페이지를 입력으로 하여, Claude와 ChatGPT에 자체 개발 프롬프트를 적용했다. 출력 결과는 핵심 조건 요약 A4 3페이지, 법규 체크리스트 35개 항목, 평가 배점표 분석 및 전략 제안이었다. 시간은 8시간에서 1시간 반으로 단축되었다. 또한 국내외 수소 충전소 60개 프로젝트를 자동 수집하고 분석하여 주요 디자인 트렌드, 기술 사양, 공간 구성 패턴을 도출했다. 리서치 시간은 80퍼센트 단축되어 10일에서 2일로 줄었다.

계획설계 단계에서는 BIM 기반 매스 스터디를 진행했다. 상용 AI 기반 툴을 활용하여 건폐율, 용적률, 높이, 일조권을 실시간 검증하고 20가지 매스 대안을 자동 생성했으며, 에너지 시뮬레이션 결과를 비교했다. 기존 방식 대비 효율은 3주에서 5일로 개선되었다. 수작업 검토 시 발생하는 오류는 최소화되었고, 설계 변경 시 즉각 재검토가 가능해져 기존 3일이 4시간으로 단축되었다.

기본설계 단계에서는 생성형 AI를 활용한 디자인 개발을 진행했다. Midjourney로 외관 디자인 콘셉트 이미지 30장을 생성했다. 프롬프트는 "eco-friendly hydrogen station, parametric facade, Korea, daylight"였다. 클라이언트 선호도 조사 후 3개 안으로 압축했고, BIM 모델링 시 디자인 의도가 명확해져 재작업이 최소화되었다. 평면 계획에서는 AI에게 수소충전소 동선 최적화 방안을 질의했고, 제안된 5가지 대안을 BIM 모델로 구현한 후 시뮬레이션 결과 기반으로 최종안을 선정했다.

실시설계 단계에서는 BIM-AI 협업 문서화를 진행했다. BIM 모델 기반으로 도면을 자동 생성하고, Revit 명세표로 물량을 자동 추출했다. 설계설명서는 AI 기반 초안 작성 후 건축사가 검토하고 보완했으며, 법규 검토는 자동 체크리스트 시스템을 활용했다. 품질 관리는 간섭 체크를 자동화했다. BIM 모델에서 자동 추출한 데이터는 면적표, 마감표, 창호표, 설비 일람표, 물량 산출 내역서 초안이었다. Claude로 설계설명서 초안을 작성했는데, BIM 데이터와 설계 의도 메모를 입력하면 설계 개요, 공간 구성 설명, 주요 설계 포인트, 친환경 계획이 출력되었다. 건축사의 역할은 전문적 표현 다듬기와 법규 근거 보강이었다. 문서 작성 시간은 70퍼센트 단축되어 7일에서 2일로 줄었다.

BIM 납품 단계에서는 품질 관리를 자동화했다. Revit Model Checker를 활용하여 모델링 규칙 준수 여부를 자동 검증하고, 간섭 체크를 자동 실행했으며, IFC 변환 품질을 검증했다. 발주처 BIM 가이드라인을 100퍼센트 충족했고, 검수 과정에서 지적 사항은 제로였다.

정량적 성과를 보면, 설계 기간은 기존 8개월에서 6개월로 25퍼센트 단축되었고, 재작업 시간은 전체 설계 시간의 30퍼센트에서 10퍼센트로 감소했다. 법규 검토 오류는 6건에서 2건이 되었고, 물량 산출 정확도는 70퍼센트에서 82퍼센트로 향상되었다. BIM AWARDS 수상으로 사무소 브랜드 가치도 향상되었다.

도입 시 주의할 점들

과도한 기대는 금물이다. DX는 마법이 아니다. 기본기가 탄탄한 조직에서 효과가 극대화된다. 초기 6개월에서 1년은 오히려 생산성이 떨어질 수 있음을 인정해야 한다. 선택과 집중도 필요하다. 모든 프로젝트에 최신 기술을 적용하려 하지 말고, 공공건축 등 BIM 제출이 요구되는 프로젝트부터 시작해야 한다.

무엇보다 중요한 것은 사람 중심 전환이다. 기술 도입보다 중요한 것은 구성원의 마인드셋 변화다. "AI가 내 일자리를 빼앗는다"가 아니라 "AI가 잡무를 줄여준다"는 관점 전환이 필수다. 기술은 거울이다. 우리가 어떤 마음으로 기술을 대하느냐에 따라 그 결과물은 차가운 금속이 될 수도, 따뜻한 안식처가 될 수도 있다.

건축설계 프로세스의 AX 전환과 업무 재구성 사례
단순 반복의 늪에서 벗어날 때

단순 반복의 늪에서 벗어날 때, 인간은 비로소 사유의 자유를 얻는다. 건축가의 시간은 법규 검토나 면적 산출 같은 반복적인 계산이 아니라, 공간의 서사를 고민하는 데 쓰여야 한다. AX는 단순 반복 업무의 자동화를 넘어, AI 기술을 활용해 업무 프로세스 자체를 재구성하는 것이다.

건축설계에서 AX는 세 단계로 이해할 수 있다.

레벨 1은 단순 자동화다. 기존 업무를 그대로 두고 일부를 자동화한다. 도면 레이아웃 자동 배치, 치수선 자동 기입 등이 해당한다.

레벨 2는 프로세스 최적화다. 업무 순서와 방법을 재설계하여 자동화한다. BIM 모델에서 도면, 물량으로 순차 자동 생성하는 방식이다.

레벨 3은 업무 재정의다. AI와의 협업을 전제로 업무 역할 자체를 재구성한다. 설계자는 옵션 큐레이션을, AI는 대안 생성을 담당하는 식이다.

프로세스별 AX 적용, 그 생생한 현장

사업 기획 단계에서는 시장 분석을 자동화한다. 전통적 방식으로는 유사 프로젝트를 수동 검색하는 데 2일, 엑셀에 데이터를 정리하는 데 1일, 트렌드 분석 보고서를 작성하는 데 2일이 소요되어 총 5일이 걸렸다. AX 적용 후에는 AI 웹 검색 도구로 유사 프로젝트를 자동 수집하는 데 2시간, 프롬프트 스크립트로 데이터를 정리하고 시각화하는 데 1시간, LLM 기반 트렌드 분석 초안을 생성하는 데 30분, 건축사가 검토하고 전문가적 해석을 추가하는 데 4시간이 소요되어 총 1일로 단축되었으며 품질은 오히려 향상되었다. 핵심 도구는 AI 작성을 위한 ChatGPT Custom GPT 이다.

설계공모 대응 단계에서는 요구사항 분석을 자동화한다. 전통적 방식으로는 지침서를 정독하고 수작업으로 정리하는 데 8시간, 팀원 간 정보 공유 회의에 2시간, 누락 사항 발견 시 재작업에 4시간이 소요되었다. AX 적용 후에는 지침서 PDF를 AI에 입력하고 커스텀 프롬프트로 구조화된 분석 결과를 생성하는 데 1시간 반, 건축사 검토에 1시간이 소요된다. 출력 결과는 대지 조건 요약, 설계 요구사항 체크리스트, 평가 기준별 배점 및 전략, 과거 당선작 분석, 예상 질의응답 리스트다.

실제로 사용한 프롬프트를 예시로 들면 다음과 같다.

"당신은 20년 경력의 건축사입니다. 첨부된 설계공모 지침서를 분석하여 다음을 작성하세요.
첫째, 핵심 설계 조건, 즉 대지, 용도, 면적, 법규를 정리하세요.
둘째, 설계 요구사항 35개 항목 체크리스트를 만드세요.
셋째, 평가 배점표를 분석하고 고배점 항목 전략을 제시하세요.
넷째, 예상 질의 10가지와 모범 답변 초안을 작성하세요.
출력 형식은 마크다운이며 A4 5페이지 이내로 작성하세요."

기본설계 단계에서는 대안 비교를 자동화한다. 전통적 방식으로는 설계자가 3개에서 5개 대안을 수동 작성하는 데 2주, 각 대안별 물량과 공사비를 산출하는 데 3일, 성능 분석을 수행하는 데 1주, 의사결정 회의에 1일이 소요되었다. AX 적용 후에는 Midjourney나 Nanobanana로 프롬프트 기반 50개 대안을 생성하는 데 2일, 결과 비교에 1일, AI 기반 대안 추천 및 의사결정 지원에 반나절, 건축사 최종 선택 및 정교화에 3일이 소요되었다.

실시설계 단계에서는 도면화 및 문서 작성을 자동화한다. 전통적 방식으로는 BIM 모델에서 도면을 수동 배치하는 데 1주, 치수와 주석, 범례를 수작업으로 처리하는 데 3일, 설계설명서를 작성하는 데 5일, 산출내역서를 작성하는 데 3일이 소요되었다. AX 적용 후에는 BIM에서 도면을 자동 생성하는 데 1일, AI 기반 설계 설명서 초안을 생성하는 데 2시간이 걸리며 건축사 검토 및 전문성 보완에 2일, BIM 명세표에서 산출내역서로 자동 변환하는 데 반나절이 소요된다. BIM 데이터를 추출하여 LLM에 입력하면 초안이 생성되고, 건축사는 검토와 전문성 보완에 집중한다.

실제로 최근 진행한 경남 하동 공공건축 설계공모 프로젝트에서 AI 기반 자동화는 놀라운 효율을 보여주었다. 지형 분석 및 배치 단계에서는 복잡한 경사지를 AI 알고리즘으로 분석하여 토공량을 최소화하는 최적의 배치안을 도출했다. 수동 작업 시 3일이 소요되던 작업이 단 2시간으로 단축되었다. 법규 자동 검토에서는 층수 제한, 이격 거리, 주차 대수 산정 등 물리적 검토 과정을 자동화하여 설계 오류를 최소화 하고 기존 대비 업무량이 약 70% 가깝게 줄였다. 실시간 공사비 피드백에서는 설계 변경 시마다 실시간으로 변동되는 자재량과 공사비를 확인하며 발주처와 신속하게 의사결정을 내릴 수 있었다.

건축사의 시간, 그 재배치

업무 재구성이란 결국, 기계에게 기계적인 일을 맡기고 인간에게 인간적인 일을 돌려주는 과정이다. 우리는 이제 작업자가 아닌 설계 조정자로서의 위치를 공고히 해야 한다.

AX 도입 후 건축사의 시간 배분은 다음과 같이 변화했다. 도입 전에는 주 50시간 기준으로 도면, 물량, 문서 같은 단순 작업에 30시간으로 60퍼센트, 설계 고민 및 의사결정에 15시간으로 30퍼센트, 학습 및 리서치에 5시간으로 10퍼센트를 할애했다. 도입 후에는 주 45시간 기준으로 AI와 자동화 검토에 10시간으로 22퍼센트, 설계 고민 및 의사결정에 25시간으로 56퍼센트, 학습 및 리서치에 10시간으로 22퍼센트를 할애한다.

건축사는 작업자에서 판단자로, 실행자에서 기획자로 역할이 전환되었다. 이것이 바로 AX가 추구하는 진정한 업무 재구성이다. 단순 반복의 늪에서 벗어날 때 우리는 비로소 창조의 자유를 얻는다.

공공건축 및 설계공모를 중심으로 본 Smart Construction DX 적용 사례

공공의 가치를 담는 그릇

공공의 가치를 담는 그릇은 더욱 투명하고 정교해야 한다. 설계공모에서 DX의 적용은 설득력의 차이를 만든다. 단순히 예쁜 이미지를 보여주는 것을 넘어, 데이터로 증명하는 설계가 힘을 얻는 시대다.

공공건축 설계공모는 중소 건축사사무소에게 DX 역량을 시험하고 발전시킬 최적의 기회다. 설계공모 프로세스별로 DX를 어떻게 활용할 수 있는지 체크리스트 형태로 정리하면 다음과 같다.

1주차는 공모 지침서 발표부터 참가 결정까지다. AI로 지침서를 분석하는 데 1시간 반, 과거 당선작을 웹 검색하고 패턴을 분석하는 데 3시간, 예상 공사비를 자동 산정하고 BIM 개략 모델을 만든다. 참가 여부를 의사결정할 때는 수익성, 승산, 포트폴리오 가치를 고려한다.

2주차에서 3주차는 기획 및 콘셉트 개발 단계다. BIM 기반 대지 모델링으로 지형, 법규, 인접 환경을 구축하고, AI로 법규 자동 검토 시스템을 구축한다. 생성형 AI로 콘셉트 이미지를 50장에서 100장 탐색하고, 참조 프로젝트 데이터베이스를 구축한다. 자동 수집과 수동 큐레이션을 병행한다.

4주차에서 6주차는 계획안 발전 단계다. 생성형 디자인으로 평면 대안을 20개 이상 생성하고, 성능 시뮬레이션으로 에너지, 일조, 조망을 자동 비교한다. AI 협업으로 설계설명서 논리 구조를 개발하고, 주 1회 내부 검토회의를 AI 생성 자료 기반으로 진행한다.

7주차에서 8주차는 최종안 확정 및 제출 단계다. BIM 모델에서 프레젠테이션 보드를 자동 생성하고, 물량 및 공사비를 최종 검증한다. AI 기반 설계설명서를 최종 보완하고, 제출 서류 체크리스트를 자동 검증한다.

제출 후에는 결과 분석 및 피드백을 진행한다. 당락 결과를 데이터베이스에 축적하고, 당선작을 분석하여 자사 제안과 비교한다. DX 프로세스 개선점을 도출한다.

BIM AWARDS가 말해주는 것

BIM AWARDS 수상 사례들은 기술이 어떻게 건축가의 진정성을 전달하는지 잘 보여준다. 시각적 신뢰도 측면에서는 복잡한 공공시설의 동선을 시뮬레이션하고, 이용객의 체류 시간을 AI로 예측하여 평면의 타당성을 입증한다. 환경 성능 분석 측면에서는 일조권, 바람길, 에너지 효율을 데이터로 시각화하여 이 설계안이 왜 친환경적인지를 과학적으로 증명한다. 디지털 트윈 연계 측면에서는 준공 후 유지관리 단계에서 시설물 교체 시기를 예측할 수 있는 데이터 기반을 공모 단계에서부터 제안함으로써 공공의 관리 예산 절감 가능성을 제시한다.

기술은 경쟁력이 아니라, 우리가 짓고자 하는 공간의 진정성을 보호하는 갑옷과 같다. 성남 사송 수소충전소가 BIM AWARDS 2025 우수상을 받을 수 있었던 것도 기술 자체가 아니라, 그 기술을 통해 수소 에너지 시대의 새로운 공공 인프라가 어떻게 도시와 조화를 이룰 수 있는지를 설득력 있게 보여주었기 때문이다.

공공건축 BIM 납품의 현실

2023년 이후 공공건축 설계용역에서 BIM 납품이 사실상 필수화되었다. 일반적 BIM 납품 요구사항은 LOD 300에서 400 수준 모델, IFC 파일 제출, 간섭 체크 보고서, BIM 실행계획서, 4D와 5D 시뮬레이션을 포함한다.

효율적 대응 전략은 다섯 가지다.

> 첫째, 템플릿을 활용한다. 프로젝트 시작 시 사전 설정된 BIM 템플릿을 사용한다.
> 둘째, 패밀리 라이브러리를 구축한다. 창호, 구조재 등 표준 구성 요소를 미리 구축한다.
> 셋째, 협업 프로토콜을 수립한다. 협력업체와 BIM 데이터 교환 방식을 표준화한다.
> 넷째, 품질 관리를 자동화한다. Revit Add-in으로 모델 검증을 자동화한나.
> 다섯째, AI를 활용하여 문서화한다. BEP, 간섭 보고서 등을 AI 기반으로 초안을 작성한다.

발주처 BIM 가이드라인을 100퍼센트 충족하고 검수 과정에서 지적 사항을 제로로 만드는 것. 이것이 중소 건축사사무소가 공공건축 시장에서 생존하는 전략이다.

AI·DX 시대 건축설계자의 역할 변화와 스마트 건설 생태계의 발전 방향

기계가 흉내 낼 수 없는 것

기계가 흉내 낼 수 없는 것은 삶에 대한 애정과 공간에 담긴 서사다. AI가 아무리 정교한 도면을 그려내도, 그 집에서 살 사람의 미소를 상상하며 창문의 위치를 결정하는 것은 결국 건축가다.

AI와 DX 시대에도 건축가의 불변하는 핵심 가치는 변하지 않는다.

첫째, 공간 경험의 큐레이터다. AI는 효율적 평면을 제안할 수 있지만, 그 공간에서 사람이 느낄 감동은 예측하지 못한다. 빛의 움직임, 재료의 촉감, 소리의 울림, 시간의 흐름이 만드는 서사. 이것은 인간 건축가만이 상상하고 조율할 수 있는 영역이다.

둘째, 맥락의 해석자다. AI는 데이터를 분석하지만, 대지가 품은 역사와 문화는 해석하지 못한다. 지역 주민의 삶, 도시의 기억, 사회적 가치와의 연결. 건축가는 건물이 아니라 관계를 설계하는 사람이다.

셋째, 윤리적 의사결정자다. AI는 최적화할 수 있지만, 무엇을 최적화할지는 결정하지 못한다. 환경, 공공성, 지속가능성, 형평성 등 가치 판단. 건축가는 기술적 전문가이면서 동시에 사회적 책임자다.

건축사에서 오케스트레이터로

우리의 역할은 건축사에서 오케스트라의 지휘자로 변하고 있다. 건축가의 진화하는 역할은 세 가지로 정리된다.

첫째, 건축사에서 오케스트레이터로 전환된다. 과거에는 모든 것을 직접 그리는 사람이었다면, 현재는 AI, BIM, 협업 툴을 지휘하는 사람이다. 마치 오케스트라 지휘자가 악기를 연주하지 않지만 음악을 창조하듯이.

둘째, 전문가에서 평생 학습자로 전환된다. DX 기술은 매년 진화한다. 5년 전 지식으로는 현재 프로젝트를 수행할 수 없다. 건축가는 기술 학습을 일상화해야 한다. 주 2시간에서 3시간 투자를 권장한다.

셋째, 개인에서 네트워크 노드로 전환된다. 1인 건축사도 클라우드를 통해 글로벌 협업이 가능하다. AI는 언어 장벽을 낮추고, BIM은 도면 표준을 통일한다. AI 독립 1인 유니콘 건축가가 현실이 되는 시대다.

데이터 큐레이터로서 수만 개의 AI 제안 중 최적의 가치를 추출하는 안목이 필요하다. 기술의 통합자로서 시공, 구조, 설비 등 파편화된 정보를 하나의 디지털 모델로 융합하는 능력이 요구된다. 윤리적 설계자로서 AI가 놓칠 수 있는 인간적 가치와 안전, 환경에 대한 책임감을 가져야 한다.

세대별 적응 전략

20대와 30대 디지털 네이티브 건축가의 강점은 기술 학습 속도와 새로운 툴에 대한 거부감이 없다는 것이다. 과제는 기술에 매몰되지 않고 건축 본질을 탐구하는 것이다. 전략은 AI와 BIM 전문성을 무기로 빠른 커리어 성장을 도모하는 것이다.

40대와 50대 전환기 건축가는 이 글의 핵심 타겟이다. 강점은 축적된 설계 경험과 프로젝트 네트워크다. 과제는 새로운 기술 학습에 대한 심리적 장벽이다. 전략은 다음과 같다. AI가 나를 대체한다가 아니라 AI가 내 경력을 증폭한다는 관점 전환이 필요하다. 완벽주의를 버리고 80퍼센트 완성도로 시작하여 프로젝트마다 개선한다. 스터디 그룹에 참여하여 동년배와 함께 학습한다. 강점을 활용한다. 20년 경험에 AI를 더하면 신입 100명이 못 따라올 통찰력을 갖게 된다.

60대 이상 현역 연장 건축가의 강점은 건축계 네트워크와 대형 프로젝트 수주력이다. 과제는 기술 학습보다 조직 전환이 관건이다. 전략은 직접 실무보다 젊은 인재를 영입하고 DX 환경을 조성하는 것이다. 기술은 팀원에게, 전략과 관계는 본인이 담당한다. AI를 보조자로 활용하되 음성 대화형 AI를 선호한다.

스마트 건설 생태계의 미래

스마트 건설 생태계는 이제 설계와 시공의 벽을 허물고 있다. IPD 즉 통합 프로젝트 수행 모델이 보편화되면서 설계자는 시공 단계의 데이터까지 핸들링해야 한다. 5060 세대의 베테랑 건축가들이 가진 풍부한 현장 통찰력에 AI라는 두 번째 뇌를 장착한다면, 우리는 이전 세대가 보지 못한 새로운 건축의 전성기를 맞이할 것이다.

2026년부터 2027년 전환기에는 BIM 납품 의무화가 확대되어 중소 건축사사무소의 BIM 전환이 가속화된다. AI 협업 툴이 대중화되고, 클라우드 기반 협업이 표준이 되는 시기다.

2028년부터 2030년 성숙기에는 설계-시공-유지관리 통합 플랫폼이 구축 될것이다. 디지털 트윈 기반 건물 생애주기 관리가 본격화되고, BIM과 AI 활용 능력이 필수 사항이 될것으로 생각한다.

2031년 이후 혁신기에는 생성형 AI가 실시설계 수준 도면을 자동 생성한다. VR과 AR 기반 설계 검토가 표준화되고, 건축가의 정의 자체가 재편되는 시기다. Architecture Curator, Space Experience Designer 등 새 직군도 등장예정 이다.

한국 건축계의 과제

한국 건축계가 해결해야 할 과제는 세 가지다.

첫째, 교육 혁신이다. 대학 건축교육에서 손도면 교육을 축소하고 BIM과 AI 교육을 확대해야 한다. 건축사 자격시험에 DX 역량 평가 항목을 신설하고, 현역 건축사 대상 DX 재교육 프로그램을 강화해야 한다.

둘째, 제도 정비다. 설계비 산정 기준에서 BIM 설계 품셈을 현실화해야 한다. 저작권 및 책임 측면에서 AI 협업 설계의 법적 책임 소재를 명확화해야 한다. 공정 경쟁 측면에서 대형사와 중소사 간 DX 격차 해소를 지원해야 한다.

셋째, 문화 전환이다. 야근 미덕 문화에서 효율 미덕 문화로 바뀌어야 한다. AI 사용을 편법이 아니라 역량으로 인정해야 한다. 실패를 용인하는 실험 문화를 조성해야 한다.

결언: 다시, 인간을 위한 건축으로

김치를 담글 때 가장 중요한 것은 재료도, 양념도 아니다. 시간이다. 그리고 기다림이다. 건축설계 분야의 DX도 마찬가지다.

나는 첫 BIM 프로젝트에서 수없이 좌절했다. Revit은 내게 익숙한 CAD가 아니었고, 모든 것이 느리고 복잡했다. 하지만 6개월, 1년이 지나면서 BIM 모델은 단순한 3D 도면이 아니라 살아있는 데이터베이스가 되었다. AI와의 협업도 처음엔 어색했다. 이게 정말 내 설계인가 하는 의구심도 들었다. 하지만 점차 AI는 나의 생각을 증폭시키는 도구가 되었다.

변화는 어제와 다른 나를 발견하는 일이다. DX는 우리에게 어제와 다른 건축가가 될 기회를 준다. 더 창의적이고, 더 효율적이며, 더 통찰력 있는 건축가로.

20년 넘게 쌓아온 건축가로서의 정체성이 흔들릴 때가 있다. AI가 내가 하던 일을 더 빠르게 해낼 때, 나는 무엇을 해야 하나. 하지만 곧 깨달았다. AI는 나를 대체하는 것이 아니라, 내가 정말 하고 싶었던 일에 집중할

시간을 주는 것이다. 도면 그리는 시간을 줄이고, 사람을 만나고, 대지를 걸으며, 공간을 상상하는 시간을 늘리는 것.

기술은 거울이다. 우리가 어떤 마음으로 기술을 대하느냐에 따라 그 결과물은 차가운 금속이 될 수도, 따뜻한 안식처가 될 수도 있다. DX와 AX라는 거창한 이름 뒤에 숨은 본질은 결국 더 나은 세상을 짓는 일이다.

이 글을 읽는 동료 건축가들에게 전하고 싶다. DX는 두려워할 대상이 아니다. 우리가 더 나은 건축가가 되기 위한 도구다. 그리고 그 도구를 다루는 법은 어렵지 않다. 다만 시작하고, 실패하고, 배우고, 다시 시도하면 된다.

발효는 변화가 아니라 성숙이다. 우리의 건축도, 우리 자신도 천천히 익어가고 있다. 그 과정을 즐기자. 그리고 함께 배우자. 우리는 길을 잃지 않을 것이다. 우리에겐 20년의 경험이라는 북극성과 AI라는 새로운 나침반이 있기 때문이다. 이제 다시, 즐겁게 선을 그을 시간이다. 기술의 정점에서 우리가 발견해야 할 것은 결국 다시 사람이다.

참고문헌

1. BIM AWARDS 2025 수상작 자료집
2. 국토교통부, 「건축분야 BIM 적용 가이드」 (2024)
3. Autodesk, "The Future of Making: Generative design and generative AI " (2024)
4. McKinsey, "Technology and AI are top of mind for CEOs" (2024)
5. 구본형, 「익숙한 것과의 결별」 (2007)

문진영 대표/건축사
포치건축사사무소
https://www.youtube.com/@
Dream_Incubator

스마트 건설 DX, 기술 도입을 넘어 산업 구조를 바꾸다

디지털 전환(DX)은 더 이상 건설산업에서 새로운 화두가 아니다. BIM 도입과 협업 툴의 확산, 현장 디지털화는 지난 10여 년간 건설 프로젝트의 생산성과 효율성을 일정 수준 끌어올렸다. 그러나 최근 업계가 마주한 변화는 단순히 도구의 디지털화가 아니라, 데이터와 업무 방식 전반을 재구성하는 구조적 전환에 가깝다. 스마트 건설 DX는 이제 '기술 도입'의 문제가 아니라, 어떤 방식으로 데이터를 축적하고 연결하며 활용할 것인가라는 질문으로 진화하고 있다.

오토데스크의 '2025 State of Design & Make' 보고서에 따르면, 디지털 성숙도가 높은 건설 리더 그룹은 이미 통합 데이터 환경을 기반으로 프로젝트 관리 효율성과 재무 성과에서 뚜렷한 우위를 확보하고 있다. 이들의 성공 요인을 분석해 보면, 단순한 시스템 도입을 넘어 데이터의 생성·관리·활용 전 과정을 재정의한 노력이 공통적으로 발견된다.

프로젝트 단위 DX의 한계와 구조적 문제

국내 건설업계에서도 BIM, 클라우드, 현장 관리 솔루션 등 다양한 DX 기술이 프로젝트 단위로 도입되고 있다. 하지만 여전히 많은 경우 개별 프로젝트의 효율 개선에 머물러 있다. 프로젝트가 종료되면 데이터는 흩어지고 다음 프로젝트로 이어지지 못한다. 이로 인해 건설사는 반복되는 과제를 매번 새롭게 해결해야 하고, 축적된 경험이 조직 차원의 자산으로 전환되지 못하는 구조적 한계를 안고 있다.

또한 프로젝트별 로컬 환경과 단절된 시스템은 데이터 사일로(Data Silo)를 심화시킨다. 설계, 시공, 품질, 안전, 원가 데이터가 각기 다른 형식과 시스템에 저장되면서, 프로젝트 전반을 관통하는 통합적 시야를 확보하기 어렵다. 이러한 환경에서는 데이터 기반 의사결정은 물론, 이후 AI와 같은 고도화 기술을 적용하는 데에도 분명한 제약이 발생한다.

스마트 건설 DX의 핵심: 데이터의 구조화와 연결

스마트 건설 DX의 출발점은 기술 자체가 아니라 데이터다. BIM은 단순한 3D 모델을 넘어, 공정·자재·원가·안전 등 시공 단계 전반에서 사업 관리 정보를 담는 '정보 모델'로 확장되어야 한다. 자재 반입 일정, 품질 검사 결과, 변경 물량 정보, 안전 점검 데이터 등 현장에서 생성되는 데이터가 BIM 모델과 연계될 때, 비로소 데이터는 분석과 예측이 가능한 자산으로 전환된다.

중요한 것은 데이터의 양이 아니라 구조와 품질이다. AI를 포함한 고도화 기술이 의미 있는 결과를 도출하기 위해서는 깨끗하고(Clean), 정제되며(Curated), 서로 연결된(Connected) 데이터가 필요하다. 파편화된 파일과 비정형 문서 중심의 데이터 환경에서는 이러한 조건을 충족하기 어렵다. 스마트 건설 DX의 성공은 결국 데이터를 최소 단위까지 구조화하고, 전 프로젝트에 걸쳐 일관된 방식으로 축적하는 과정에 달려있다고 볼 수 있다.

클라우드 기반 CDE, DX를 산업 수준으로 확장하다

이러한 DX를 가능하게 하는 핵심 인프라는 클라우드 기반 CDE(Common Data Environment)다. 건설 프로젝트는 기간이 길고 참여 주체가 많으며, 현장은 지리적으로 분산되어 있다. 이 환경에서 각 주체가 서로 다른 버전의 데이터를 참조한다면, 협업 효율은 물론 품질과 안전 리스크도 커질 수밖에 없다.

개별 프로젝트마다 별도의 클라우드 환경을 구축하는 수준을 넘어, 모든 프로젝트의 데이터를 하나의 통합 플랫폼에 축적·관리하는 구조가 필요하다. 이를 통해 설계-시공-운영 전 단계의 데이터가 단일한 기준과 구조로 관리되고, 조직 전체가 '싱글 소스 오브 트루스(Single Source of Truth)'에 기반한 의사결정을 내릴 수 있다. 이러한 전사적 데이터 통합은 DX를 프로젝트 차원의 개선에서 기업과 산업 차원의 경쟁력으로 확장시키는 핵심 조건이다.

DX 위에서 확장되는 기술

최근 스마트 건설 트렌드는 DX 위에서 점진적으로 고도화되는 방향으로 나타난다. 클라우드 기반 협업 환경과 구조화된 BIM 데이터가 축적되면서, 설계 검토 자동화, 공정·원가 시뮬레이션, 리스크 사전 예측 등 보다 정교한 활용이 가능해지고 있다. 일부 영역에서는 산업 특화 지식을 학습한 AI가 반복적이고 고위험인 업무를 보조하는 사례도 등장하고 있다.

다만 중요한 점은, 이러한 기술이 DX를 대체하는 것이 아니라 DX의 성숙도를 전제로 확장된다는 사실이다. 데이터가 연결되지 않은 상태에서의 AI 도입은 오히려 새로운 비효율과 리스크를 낳을 수 있다. 스마트 건설 기술은 언제나 데이터 기반 DX 위에서 단계적으로

진화한다.

건설산업을 위한 DX

한국 건설산업이 스마트 건설 DX를 통해 실질적인 경쟁력을 확보하기 위해서는 몇 가지 시사점을 짚어볼 필요가 있다.

첫째, BIM과 현장 데이터를 연계해 프로젝트 경험을 조직 자산으로 축적해야 한다. 둘째, 프로젝트 단위를 넘어 전사적 데이터 통합을 가능하게 하는 클라우드 기반 CDE를 전략 인프라로 인식해야 한다. 셋째, DX 성숙도를 높인 이후에야 고도화 기술을 단계적으로 적용하는 접근이 필요하다.

스마트 건설 DX는 단기간에 완성되는 프로젝트가 아니다. 이미 진행 중인 디지털 전환의 흐름을 어떻게 구조화하고 확장하느냐에 따라, 건설사의 생산성과 지속가능성, 그리고 미래 경쟁력이 결정된다. 기술은 도구일 뿐이며, 그 도구를 통해 데이터를 연결하고 산업의 일하는 방식을 바꾸는 전략이야말로 스마트 건설 DX의 본질이다.

나재훈 상무
오토데스크코리아 건축/건설부문 기술팀장

데이터 사일로를 해결하기 위한 BIM 코디네이터의 역할

오늘날 건설 산업이 직면한 위기는 기술의 부재가 아니다. 바로 정보의 단절, 즉 '데이터 사일로(Data Silo)' 현상에서 오는 구조적인 비효율이다. 현장에서는 매일 테라바이트급의 데이터가 생성되지만, 이 정보들은 각기 다른 부서와 소프트웨어라는 벽에 가로막혀 고립되어 있다.

이러한 단절은 현장에서 치명적인 결과를 초래한다. 건축팀은 마감을 고민하고 구조팀은 안전을 계산하지만, 서로의 데이터가 실시간으로 연동되지 않아 도면의 불일치가 발생한다. 본사의 설계 변경 사항이 현장 작업자에게 즉시 도달하지 않아, 이미 시공된 벽체를 헐고 다시 짓는 재작업이 반복된다. 데이터가 흐르지 않으니 현장은 '사실(Fact)'이 아닌 작업자의 경험과 감에 의존하게 되고, 이는 곧 공기 지연과 원가 상승이라는 리스크로 직결된다.

이 상황은 '지휘자 없는 오케스트라가 내는 불협화음'에 비유할 수 있다. 아무리 뛰어난 연주자(전문가)들이 모여 있어도, 서로의 소리를 듣지 않고 각자의 악보만 고집한다면 그 결과는 소음일 뿐이다. 정합되지 않은 데이터가 현장에서 충돌할 때 발생하는 혼란, 그것이 우리 산업이 해결해야 할 가장 시급한 과제이다.

이 지점에서 BIM 코디네이터의 존재 이유는 명확해진

다. 우리는 견고한 데이터 사일로를 허물고, 서로 다른 악기들의 소리를 하나로 조율하는 '데이터의 마에스트로'이다. 계획된 설계 정보와 시시각각 변하는 현장의 스캔 데이터를 하나의 플랫폼 위에서 정합(Coordination)시킬 때, 비로소 현장의 소음은 질서 정연한 화음으로 변모한다.

이 글에서는 BIM 코디네이터인 저자가 복잡한 현장이라는 무대 위에서 어떻게 시공 디지털 트윈이라는 교향곡을 완성해 나가는지 그 치열한 지휘의 과정을 이야기하고자 한다.

계획된 정보의 통합 (The As-Planned) – 100만 개의 음표를 조율하다

BIM 코디네이터의 작업 화면에는 현장의 모든 '계획'이 층층이 쌓여 있다. 건축의 마감선과 구조의 골조가 만나고, 그 위에 특화 설계의 까다로운 입면 디테일이 덧입혀진다. 하지만 진정한 코디네이션의 깊이는 구조체 내부, 보이지 않는 곳에서 치열해진다.

우리는 대부분의 현장에서는 100만 개가 쉽게 넘는 철근 객체를 LOD 350 수준으로 모델링 하여 관리한다. 이는 단순한 3D 형상 구현이 아니다. 배근 기준과 시방서가 규정하는 이음 위치, 정착 길이, 피복 두께가 실제 공간 안에서 구조적 간섭 없이 구현 가능한지를 검증하는 '가상의 시공' 과정이다.

마치 100만 개의 음표가 적힌 악보를 검수하듯, BIM 코디네이터는 이 방대한 데이터 속에서 철근이 설비 배관을 가로막지는 않는지, 시공 불가능한 과밀 배근 구역은 없는지를 찾아낸다. 2D 도면만으로는 이러한 '품질 문제'를 자동으로 탐지할 수 없다. 강력한 BIM 표준을 수립하고 건축, 구조, 샵(Shop) 도면을 하나로 통합할 때, 비로소 도면은 평면을 벗어나 입체적인 시공 시나리오로 기능하게 된다.

현실 정보의 결합 (The As-Is) – 드론이 보여준 적나라한 진실

하지만 아무리 완벽한 악보(계획)도 실제 연주(시공)가 엉망이면 소용이 없다. 현장은 매일 변하고, 2D 도면과 수동 검측에만 의존하면 오류는 건물이 올라간 뒤에야 발견된다. 여기서 BIM 코디네이터의 지휘봉은 가상을 넘어 현장의 실체를 향한다.

현장에서는 매주 드론 스캐닝 데이터를 BIM 모델 및 2D 도면과 통합(Overlay)한다. 이 과정에서 설계 의도와 현장의 괴리는 단일 화면(Single View) 위에서 명백하게 드러난다.

실제로 이 통합 과정을 통해 우리는 설계된 옹벽이 계획대로 시공되었는지, 지상의 소방도로를 침범하지는 않는지, 보행로와 만나는 레벨이 정확한지를 사전에 검증할 수 있었다. 과거라면 줄자를 들고 추측과 불안 속에 확인해야 했을 문제들이, 이제는 드론 데이터와 BIM이 결합된 화면 속에서 '시공 오차 없음' 혹은 '수정 필요'라는 명확한 데이터 값으로 치환된다. 불확실했던 현장의 긴장감이 데이터에 의해 해소되는 순간이다.

시공 디지털 트윈의 심장, CDE에서 완성되는 '신뢰의 데이터'

앞서 언급한 계획된 정보(도면, BIM)의 Digital Plan과 현장의 현황(스캔 데이터)의 Reality가 만나는 디지털 공간, 바로 시공의 디지털 트윈이라고 생각한다. 이곳은 단순한 파일 저장소가 아니라, 프로젝트의 잠재적 리스크를 사전에 예측하고 검증이 가능한 시뮬레이션 공간이고, 협업의 중심이되는 CDE다.

CDE 안에서 건축, 구조, 설비 모델과 현장 스캔 데이터가 정합(Coordination)되는 순간, 도면상으로는 보이지 않던 문제들이 수면 위로 떠오른다. 중요한 것은

그 다음이다. 우리는 파편화된 이메일이나 전화 대신, CDE라는 단일 협업 채널(Single Channel) 안에서 이슈를 생성하고 해결 과정을 투명하게 공유한다.

이 검증 과정을 통과한 정보만이 비로소 '단일 진실 공급원(Single Source of Truth)'의 자격을 얻는다. 수많은 수정이 반복되는 건설 현장이지만, CDE를 통해 검증된 데이터는 "이것이 최신 버전인가?"라는 의심이 필요 없는, 가장 믿을 수 있는 기준이 된다. 결국 데이터 사일로를 해결하는 열쇠는 시스템 자체가 아니다. 흩어진 정보를 한곳에 모아 검증하고, 그 검증된 '신뢰의 데이터'를 최종 시공 현장으로 내려보내는 일련의 과정이야말로 현장 엔지니어들이 수행해야 할 진정한 의미의 '데이터 코디네이션'이다.

복잡성을 넘어, 데이터의 지휘자가 만드는 화음

오늘날의 시공 현장은 전례 없이 쏟아지는 방대한 데이터의 홍수 속에 있다. 드론, 스캐너, BIM, IoT 센서 등 다양한 기술이 뿜어내는 데이터의 복잡성은, 제대로 관리되지 않을 경우 그 자체가 거대한 리스크가 되어 현장을 혼란에 빠뜨리는 새로운 데이터 사일로를 형성하기도 한다.

하지만 이 복잡함이 더 이상 두려움이 아닌 이유는, CDE라는 견고한 지휘대 위에서 데이터를 조율하는 성숙된 BIM 코디네이터들이 존재하기 때문이다. 우리는 홍수처럼 밀려드는 정보를 선별하고 검증하여 '신뢰할 수 있는 정보'로 정제해 낸다.

BIM 코디네이터가 중심을 잡고 데이터를 지휘할 때, 단절되었던 정보(Silo)는 연결되고 현장의 리스크는 통제 가능한 범위로 들어온다. 이것이 바로 우리가 만드는 스마트 건설의 본질이다.

데이터의 불협화음을 걷어내고, 시공 디지털 트윈이라는 완성된 화음을 만들어내는 것. BIM 코디네이터는 오늘도 현장이라는 무대 위에서 데이터를 지휘한다.

박승 부장
호반건설
bigbox0000@gmail.com

EPC 산업의 디지털 트윈 적용 전략

EPC(Engineering, Procurement and Construction, 설계·조달·시공 일괄 방식) 산업은 주로 플랜트 및 에너지 분야에서 설계/조달/시공을 통합 계약하여 일괄 책임 계약으로 사업이 이루어지는 특수한 형태의 건설 산업이다.

EPC 산업을 포함하여 건설 분야의 디지털 트윈은 제조 분야와 비교하면, 현 세계를 가상세계로 구현하기 위한 공간적 범위나 데이터 양이 방대하며, 구현된 디지털 트윈을 실시간으로 동기화하고, 유의미한 분석 데이터를 도출하여 활용하는 사례 또한 상대적으로 부족하다.

이 글에서는 디지털 트윈 솔루션을 통하여 EPC 산업의 경쟁력을 향상시킬 수 있는 전략을 솔루션과 매핑하여 제시하고자 한다. 이를 위해 다음과 같이 4개의 영역에 솔루션을 적용하였다.

- ■ 디지털 트윈 플랫폼
- ■ 시뮬레이션 엔진
- ■ Open Source PLM
- ■ 3D 디지털 콘텐츠 관리

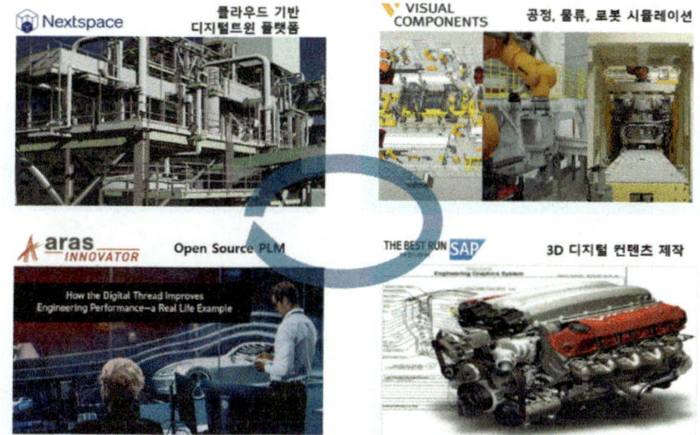

그림 1. 알씨케이의 디지털 트윈 관련 솔루션

EPC 산업에서의 디지털 트윈 정의

디지털 트윈의 일반적인 정의는 물리적 자산, 프로세스 및 시스템에 대한 디지털 복제본으로서, 현실 세계 대상 물체의 구성요소 및 동작특성을 표현하는 디지털 시뮬레이션 모델이라고 할 수 있다.

EPC 산업의 디지털 트윈은 실제 플랜트나 자산의 물리적 상태, 동작, 성능을 반영하는 가상 모델이라고 정의할 수 있으며, 핵심 특징과 목적은 다음과 같다.

- ■ **핵심 특징** : BIM · CAD · IoT · 센서, ERP · 운영데이터 등 다양한 소스를 통합하여 설계~운영에 이르는 전 생애주기를 지원
- ■ **목적** : 운영 최적화, 예측 유지보수, 리스크 관리, 원격 협업, 시뮬레이션 기반 의사 결정

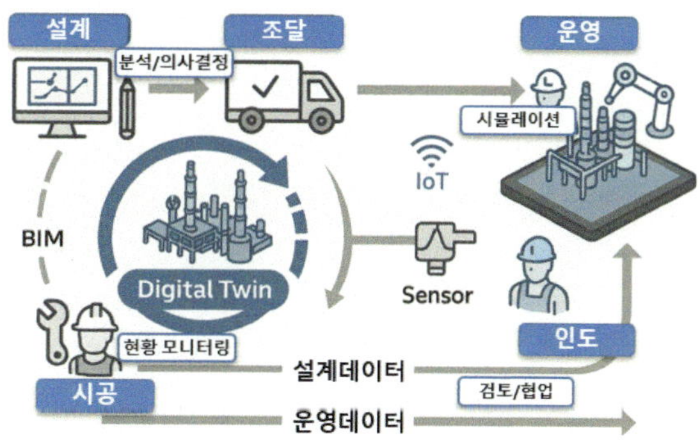

그림 2. EPC 산업에서의 디지털 트윈 운용 개념도

EPC 산업의 과제 및 동향

EPC 산업의 도전 과제

최근 EPC 산업이 직면한 과제는 프로젝트 대형화 및 복잡화로 야기되는 다양한 리스크를 관리하고 일정/품

질/원가 경쟁력을 통한 지속가능한 수익성 확보가 될 것이다.

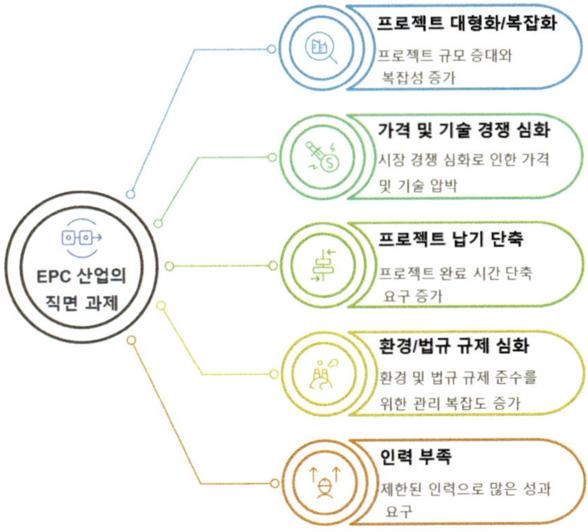

그림 3. EPC 산업의 도전과제

EPC 산업의 동향

위와 같은 과제를 극복하기 위한 국내외 EPC 회사들의 최신 활동은 다음과 같다.

프로젝트 대형화 · 복잡화 → 디지털화/통합 관리

- BIM과 디지털 트윈 활용 통해 설계~시공~운영 데이터를 통합 관리
- 리스크 관리: 4D/5D 시뮬레이션으로 일정/비용/리스크를 사전 검증
- AI 기반 예측 분석으로 공정 지연 및 비용 초과 예방

가격/기술 경쟁 심화 차별화 전략

- 친환경 · 탄소중립 프로젝트 확대: 해상풍력, 태양광, LNG 등 재생에너지 EPC 사업 강화
- 첨단기술 적용: 모듈러 건설, 자동화 장비, 로봇 시공으로 생산성 향상
- 글로벌 협력: 해외 EPC 기업과 합작, 기술 교류로 경쟁력 확보

프로젝트 기간 단축 스마트 시공

- 프리팹 · 모듈러 공법: 현장 시공 시간을 줄이고 품질을 표준화
- IoT · LiDAR: 실시간 현장 데이터 수집으로 공정관리 속도 향상
- 클라우드 기반 협업 플랫폼: 발주처~설계~시공~운영자 간 실시간 협업 강화

환경 · 법규 규제 강화 ESG · 세밀 관리

- ESG 경영: 환경 · 사회 · 지배구조 기준을 충족하는 프로젝트 수행
- 규제 대응: 탄소중립 정책 등 법규 준수 시스템 강화
- 친환경 소재 · 기술 적용: 저탄소 콘크리트, 재활용 자재, 에너지 효율 설비

제한된 인력 자동화 · AI · 글로벌 인재 확보

- AI 기반 설계 자동화: 반복 업무를 줄여 엔지니어 효율 극대화
- 데이터 재사용 확대: 통합관리 통해 엔지니어링 데이터 재사용율 향상
- 예측 정비 · 자동화 운영: 운영 · 유지보수 인력 부담 감소

그림 4. 도전 과제 극복을 위한 EPC 산업의 활동

EPC 분야의 디지털 트윈 적용 방안

EPC 산업의 생애주기별 주요 활동

EPC 산업의 생애 주기는 설계→조달→시공→인도→운영 단계로 이루어지며 EPC 회사들의 도전 과제 극복

과제＼단계	설계	조달	시공	인도	운영
대형/복잡	**Feed 강화, BIM/디지털트윈**으로 Clash 방지, **모듈화 설계**	**AI**로 ITB·계약 리스크 검출, **장납기** 장비 조기 발주	CCPM·Lean으로 병목 최소화, **디지털 현장 모니터링** (QHSE 실시간)	디지털 인수인계 (BIM as-built), **체크리스트** 자동화	예측보전, 데이터 기반 O&M
가격/기술 경쟁심화	**VE**·모듈 표준화로 CAPEX 절감	전자입찰·블록체인 추적성으로 **단가 경쟁력** 확보	**프리팹·현장 자동화**로 인건비 절약	디지털 문서화·교육비용 절감	예측 유지보수로 OPEX 절감
납기단축	프런트로딩 의사결정, **모듈화** 설계 병렬제작	조달·설계 동시화, 장비 얼리커미트 (LOI)	프리어셈블리·CCPM 버퍼 관리	디지털 펀치리스트·**자동 커미셔닝**, 원격지원	조기 O&M 참여·교육 병행
환경/법규	환경영향·인허가 요구사항 **FEED/BIM**에 통합, 디지털 규제 **체크리스트**	**ESG·컴플라이언스** 기반 공급자 실사	PHSE 디지털 모니터링·실시간 보고	규제 문서 패키지 자동화·**데이터 인수**, 준공·인허가 데이터 패키지 표준화	배출·에너지 **데이터 모니터링**, 데이터 기반 보고·감사 대비
인력부족	설계자동화·**재활용, 모듈화**·디지털설계 플랫폼	RPA·전자조달로 **반복업무 자동화**	프리팹·모듈화로 현장 숙련도 의존줄임	디지털 인수·교육 (전자교범)	**예측보전·원격 모니터링** 통한 운영인력 최소화

표 1. EPC 생애 주기별 도전과제 극복 활동

을 위한 활동을 각 단계별로 구체화 하면 〈표 1〉과 같다.

〈표 1〉의 각 활동을 EPC 기업의 생애주기 별 주요 활동으로 요약하면 〈그림 5〉와 같다.

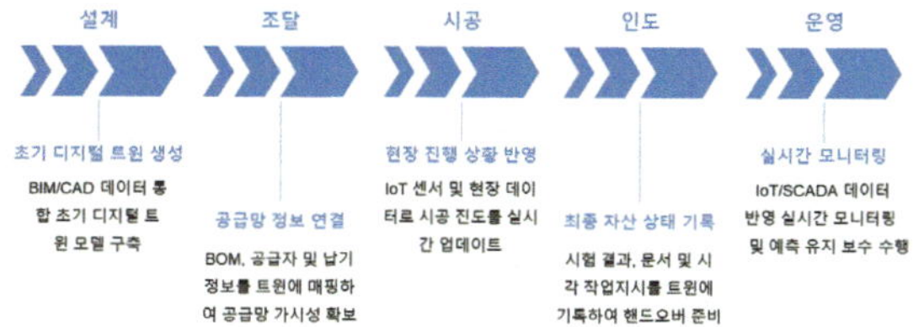

그림 5. EPC 단계별 디지털 트윈 전개

EPC 산업의 도전과제별 생애주기별 솔루션 매핑

위에서 언급한 EPC 산업의 도전 과제를 해결하기 위한 EPC 프로젝트 생애주기별 활동을 지원하기 위한 디지털 트윈 관련 솔루션을 매핑하고자 한다. 소개하는 솔루션은 다음 4가지이다.

■ **Nextspace** : 2D/3D/BIM/GIS/포인트클라우드/IoT/도면·문서 등 이기종 데이터 통합 디지털 트윈 플랫폼. 3D기반 시각화(Omniverse/Unreal/Cesium 뷰어), 자

산·현장 데이터의 온톨로지 기반 디지털 스레드 제공
■ **Visual Components:** 3D 공정/물류/로봇 시뮬레이션, 레이아웃/공정 모델링, 가상 커미셔닝(PLC 연계), 로봇 OLP, eCatalog, CAD Data 가져오기 등으로 납기단축·리스크 감소
■ **Aras PLM:** 요구사항·변경·구성관리, 디지털스레드/추적성, 규제/컴플라이언스 보고, 템플릿·표준 라이브러리 (모듈화 지원), 오픈소스 PLM 으로 EPC/AEC 산업 특화 구성 유리
■ **SAP Visual Enterprise:** CAD 경량화, 3D 애니메이션 기반 디지털 메뉴얼·부품 피킹, EAM/PM 연동하여 인도·운영 단계의 작업지시/정비에 시각화 제공

추진 로드맵 예시

EPC 산업에서 복잡한 설계·조달·시공 데이터를 하나의 체계로 연결해 투자효과를 극대화 하기 위해 디지털 트윈 구축 로드맵의 예시를 다음과 같이 제시한다.

■ 전략수립 및 목표정의
– 디지털 트윈 적용 목적 설정:

과제 \ 단계 / 솔루션	단계	핵심 활동	Nextspace	Visual Components	Aras PLM	SAP Visual Enterprise
대형/복잡	설계	Feed, 모듈화 설계, 인터페이스 관리	BIM/GIS/IoT 통합 디지털 트윈, 3D/4D 시각화	3D 레이아웃·공정 시뮬레이션, 가상 커미셔닝	요구사항·변경·구성관리, 규제 추적성	CAD 경량화, 디지털 작업지시·애니메이션
	조달	공급망 리스크 분석, 사양 일치 검토	자산·문서·공급사 데이터 통합 뷰	자재 흐름·운송 제약 시뮬레이션	BOM/AVL 관리, 컴플라이언스 워크플로우	부품 호환성 시각 검증
	시공	병목·충돌·안전 리스크 예방	타임라인 기반 현장·공장 병렬 진행 뷰	설치·물류 시뮬레이션, 안전 시나리오 검증	구성 베이스라인·변경 및 승인 관리	시각 작업 지시로 오류 방지
	인도	검증·승인·문서 일관성	시험·펀치리스트 맥락화	시운전 시뮬레이션	인도 기준선 확정, 승인 프로세스 자동화	시각 지침·부품 핫 스폿팅
	운영	상태·예측·변경 리스크 관리	센서·작업 지시 맥락화	운영 변경 영향 시뮬레이션	변경 영향·규제 추적	시각 작업 지시·모바일 뷰어
가격/기술 경쟁 심화	설계/조달	표준화·TCO 최적화	대안 설계·자산 비교 뷰	대안 시뮬레이션으로 비용·성능 분석	모듈 표준·BOM 관리	CAD 경량화로 검토 속도 향상
	시공/운영	재작업·비용 절감	공정·현장 데이터 통합 뷰	가상 커미셔닝·물류 최적화	스페어·서비스 BOM 관리	시각 작업지시로 OPEX 절감
납기단축	설계	병렬 의사결정·가상검증	통합 트윈으로 프런트로딩	레이아웃·자원 시뮬, 가상 커미셔닝	승인·변경 워크플로 자동화	경량 3D 공유로 검토 속도↑
	시공/인도	설치 순서 최적화·핸드오버 가속	타임라인·지리 맥락 동기화	AGV·동선 시뮬레이션 공기 단축	인도 문서 자동화	시각 지침으로 교육·커미셔닝 단축
환경/법규	전 단계	규제·환경 데이터 관리·감사 대응	규제·환경 데이터 트윈 통합	안전·품질 시나리오 시뮬레이션	요구사항·시험·운영 트레이스	EAM 연계 시각정보로 준수 실증
인력부족	운영	자동화·지식화·원격 협업	브라우저 기반 트윈 협업	운영 변경 영향 시뮬레이션		

표 2. EPC 과제별 & 단계별 활동과 솔루션 매핑

예) 공정 최적화, 시공 생산성 향상, 장비 유지보수 예측 (PdM), 안전관리 등

– 조직의 디지털 역량 평가

우선적용 범위를 선정하여 해당 조직의 디지털 현황 분석 선행

예) 플랜트, 공정라인, 특정 설비 등

■ 데이터수집 및 표준화 기반 구축

초기 데이터 확보 및 데이터 품질 정비

CAD/BIM/GIS/IoT/문서 등 디지털 트윈 기반 데이터 표준화

데이터 통합 및 정보모델링

디지털 트윈의 SSOT(Single Source of Truth) 기반 구축

Entity/자산/설비 관계 정의

EPC 전 주기를 연결하는 디지털 스레드 기반 모델 완성

시뮬레이션 및 검증

■ 디지털 트윈 동작 검증

시공/공정/운영 시나리오의 가상 시험

리스크 사전 제거 및 최적화

■ 플랫폼 구축 및 운영 시스템 통합

실제 운영환경과 통합된 디지털 트윈 플랫폼 구성

EAM/ERP/SCADA/IoT/CMMS/PLM 등 전사 시스템 연계

운영자 · 관리자 · 엔지니어 역할별 통합 관제 체계 구축

위와 같은 단계별 & 로드맵 활동별 소개된 솔루션들의 역할은 〈표 3〉과 같다.

KPI 및 성과지표

〈표 4〉는 디지털 트윈 구축 관점에서 활용할 수 있는 핵심 KPI 와 성과지표 예시이다.

솔루션 \ 단계	Nextspace	Visual Components	Aras PLM	SAP Visual Enterprise
1) 데이터 수집/표준화	온톨로지 기반 멀티 데이터 정규화	CAD/공정 데이터 정형화	엔지니어링 마스터 데이터 정형화	멀티 CAD 데이터 경량화
2) 통합·정보 모델링	단일 정보모델·Entity 구조 구성	공정·설비 동작/흐름 모델링	디지털 스레드·구성정보 모델링	3D 구성 ~ 문서 연계
3) 시뮬레이션·검증	실데이터·모델 동기 검증	공장 레이아웃 시뮬레이션, 로봇/물류 가상 검증	변경영향 분석 Workflow 검증	시각화 기반 검증
4) 플랫폼 구축·연동	레거시 시스템 통합·관제 구축	PLC & MES 연동	ERP/EAM ~ PLM 연계	SAP 시스템과 3D 통합
5) 운영·고도화	실시간 IoT 연계 지능형 트윈 운영, 예측 분석	운영 최적화 시뮬레이션	수명주기 변경 관리	3D 정비·AR/VR 교육

표 3. 디지털 트윈 구축 로드맵 단계별 솔루션 역할

KPI \ 단계	주요 KPI	성과지표 예시
1) 데이터 수집/표준화	데이터 품질, 정확도, 표준화	데이터 정합성 %, 중복 감소율
2) 통합·정보 모델링	단일모델 완성도, 디지털 스레드 연결성	통합 소스 수, 매핑률 %, 구조변경 감소율
3) 시뮬레이션·검증	시나리오 검증 정확도, 리스크 제거	시뮬레이션 정확도, 리스크 감소 율 %, 시운전 단축 시간
4) 플랫폼 구축·연동	연동성, 안정성, 활용도	운영데이터 용량, 사용자 활용도
5) 운영·고도화	예지보전 정확도, 운영 효율	MTBF/MTTR, OPEX 절감률, 생산성 향상률

표 4. 디지털 트윈 구축 관련 KPI 및 성과지표

결론

디지털 트윈은 EPC 산업의 지속 가능한 경쟁력을 결정짓는 핵심 인프라이다. 이 글에서는 EPC 전 생애주기에 걸친 디지털 트윈 구축의 단계적 전개 전략을 관련 솔루션을 매핑하여 제시하였다. EPC 산업의 디지털 전환을 추진하는 독자에게 좋은 참고가 되기를 기대한다.

김창근 전무
알씨케이
ckkim@rckorea.net

AX 시대 건설 BIM과 DX 도입의 필요조건

데이터의 중요성

최근 화두가 되고 있는 두 개의 단어가 있다. 바로 인더스트리 4.0(Industry 4.0)과 인공지능(Artificial Intelligence; AI)이다. 인더스트리 4.0, 즉 제4차 산업혁명은 2011년 하노버 메세(Hannover Messe)에서 최초 공식 제창되었으며, 2016년 세계경제포럼(다보스 포럼)에서 클라우스 슈밥(Klaus Schwab) 회장에 의해 구체화되었다.

인공지능의 시초는 1950년대로 거슬러 올라가며, 제2차 세계대전에서 연합군 승리의 숨은 주역인 앨런 튜링(Alan Turing)이 기계의 사고 가능성을 제시하고, 1956년 다트머스 회의에서 '인공지능'이라는 용어가 처음 사용된 것을 공식적인 시작으로 본다.

그런데 이 두 개의 개념의 공통점이 있다. 바로 데이터이다. 인더스트리 4.0은 개체 간의 데이터 교환, 인공지능은 막대한 데이터에 의해 구현된다. 모든 산업 영역이 전산화가 되면서 데이터가 본격적으로 생산되었다. 영국의 컴퓨터 과학자인 팀 버너스리(Tim Berners-Lee)에 의해 WWW, URL, HTTP 등의 프로토콜이 고안되면서 일반적인 컴퓨터 간 통신, 인터넷이 보편화되어 이제 데이터는 서랍 속에 들어 있는 정체된 것이 아닌 물이 흐르듯이 여러 장치를 통해 각 개체가 소통하는 매개체가 되었다. 지금 이 순간에도 공기가 흐르듯 전 세계에서 데이터는 지속적으로 흐르고 있다.

데이터는 주지하다시피 가공되지 않은 정보이다. 수많은 애플리케이션에 의해 데이터는 필요에 맞게 가공되며 우리에게 정보로써 중요한 역할을 한다. 더욱이 스마트폰이나 사물인터넷(Internet Of Things, IoT)의 급속한 확산으로 개인간은 물론이고 개인과 사물간 데이터의 유통과 가공이 쉬워져 빠르게 정보가 확산되며, 때로는 우리에게 유익한, 때로는 우리를 위협하는 존재로 다가오고 있다. 그만큼 데이터는 이제 디지털 시대의 석유라고 불릴 만큼 현대 사회에서의 필수불가결한 요소로 자리 잡았다.

최근 모든 산업계에 불고 있는 디지털 전환(Digital Transformation, DX)도 이런 견고한 데이터 바탕 위에 가능한 것이다. 이젠 기계 제조분야에도 DX가 더욱 가속화되어 자동차, 항공기, 선박 등에 필수적인 최첨단 전기/전자장치도 이러한 데이터 없이는 기계를 제어하는 등의 조작이 불가능한 수준에 이르렀다.

다른 산업분야보다 뒤처진 건설업의 DX

건설업 분야에 DX중의 일부가 BIM(Building Information Modeling)이라 할 수 있다. 이 개념은 1970년대 美 조지아텍 척 이스트만(Chuck Eastman) 교수가 최초로 정립했으며, 국내에는 2010년대 초부터 본격적으로 적용되었다. 지난 약 15년여 동안 정부는 건설기술진흥기본계획을 발표하고 건설산업 BIM기본지침 및 시행지침을 발간하는 등 강한 드라이브를 걸어 추진하고 있지만, 아직까지 업계에서는 디지털 전환에 대해 체감하는 바가 매우 낮다. 혹자는 농업보다도 더 DX가 되지 못한 분야가 건설업이라고 자조하며, 건축보다 토목이 더 심각하다고 지적한다. 그 이유는 무엇인가?

첫째, 건설업 자체가 다른 산업분야보다 규모가 크다. 특히 토목은 지도를 바꾸는 일이다. 즉, 산업 규모 자체가 너무 커서 요소적으로는 디지털화 될 수는 있지만 아직 체감하는 수준까지는 이르지 못하고 있다. 또한 표준화 및 모듈화 부족, 불분명한 직무 구분, 비효율적인 작업 방식 등으로 인해 전산화가 되기 힘들다.

둘째, 최근 계속된 경기침체로 인해 건설업계의 낮은 수익성 및 하도급의 영세한 산업 구조로 추가 비용이 발생하는 BIM은 필수가 아닌 안해도 되는, 추가적인 요소로 생각하는 경우가 많아 도급내역에 들어 있지 않는 한 스스로 적용하지 않고 있다. 최근 공공공사 입찰안내서에 BIM 적용을 의무화하고 있지만 단지 수주를 하기 위해 금액을 적게 책정해 시늉만 하는 경우가 많고, 그마저도 적은 도급액의 100%가 하도급으로 가는 경우가 드물다. 때문에 BIM 전문업체들이 고사위기에 빠지고 관련 숙련된 인력들도 다른 분야로 이탈하고 있다.

마지막으로 데이터 생산, 축적 및 관리가 절대적으로 빈약하다. 건설의 생애주기, 즉 계획, 설계, 시공, 유지관리에 이르기까지 수많은 데이터가 쏟아져 나오는데 산업 자체가 워낙 크고 분야도 다양하고 표준화되어 있지 않다 보니 활용되지 못한 채 사장되고 버려진 데이터를 다시 만들기 위해 나중에 재작업을 하는 경우가 비일비재하다.

데이터 표준의 중요성을 설명하기 위해 예를 들면, 도로, 철도, 단지 등에 있는 교량은 물리적으로 똑같은 형식이지만 현재 발주기관의 BIM 적용지침에 나타난 건설 데이터 구조를 살펴보면, 도로의 교량은 7자리, 철도의 교량은 11자리, 단지의 교량은 7자리(자릿수는 같지만 내용은 도로와 상이)로 되어 있다. 이는 마치 경기도는 주민번호를 7자리 쓰는데 충청도는 11자리를 쓰면 전국민의 데이터는 절대 통합될 수 없을 뿐더러 데이터 가공 및 활용에 있어 커다란 장애요소가 되는 것과 같은 이치다.

궁극적으로 데이터 표준이 확립되면 자연스럽게 건설업의 업무 자체가 표준화/모듈화가 되어 생산성이 향상되며, 이는 결국 높은 수익성으로 연결되어 젊은 우수 인재 유입이 가능해진다. 결국 표준만 확립되면 나머지 문제는 자연스럽게 해결될 것으로 판단된다.

건설 데이터 표준 제안

따라서 이 글에서는 건설업의 효율적이고 빠른 DX를 위해 건설 데이터 표준안을 제시한다. BIM은 3차원 객체를 기반으로 하지만 이는 겉으로 드러나는 표현 방식일 뿐 그 이면에는 논리적이고 확고한 데이터 체계가 필요하다. BIM의 'I'가 Information(정보)라는 것이 이를 방증한다. 극단적으로 말한다면 3차원 객체보다 정보가 더 우선시되는 것이 바로 BIM이다. 제안할 체계는 〈그림 1〉과 같이 구성된다.

먼저 WBS(작업분류체계)는 건설정보 분류체계 매뉴얼(건기연, 1996)을 따랐으며 총 7단계로 구성되며 모든 건축이나 토목의 건설 객체는 이 체계를 따라야 한다. 통일된 체계를 따르지 않으면, 前述하였듯이 지금처럼 발주기관마다 같은 구조물(예를 들어 교량)임에도 불구하고 WBS코드체계가 상이하게 된다. OBS(객체분류체계)는 시스템 구축시 컴퓨터가 기계적으로 3D모델의 기하구조를 파악하기 위한 것으로 데이터 체계의 중심이 된다. 현재 정부가 명확한 OBS 체계를 정의하지 않아 업계에 큰 혼란이 오고 있고, 심지어 어떤 발주처

그림 1. 데이터 표준체계

그림 2. 데이터 플랫폼 구성도

에서는 OBS에 대한 개념이 전혀 없는 경우도 있다. 시급히 OBS에 대한 명확한 기준을 마련해야 한다.

CBS(비용분류체계)는 내역서 일위대가에 대한 체계로서 현재 서로 다른 견적프로그램에 따라 코드 자체가 통일이 되지 않아 논란은 많지만 공신력 있는 조달청 표준공사코드로 통일함이 바람직한 것으로 판단된다. Pset(속성정보)은 여러 가지 정보가 포함된 텍스트 또는 비텍스트 데이터이다. 라이브러리(Library)는 정형화, 규격화되고 빠른 모델링을 위해 자주 사용하는 단일

객체에 상기 데이터들을 사전에 연결한 것으로서 이 라이브러리가 쌓일수록 귀중한 정보자산이 된다.

이제 데이터 표준이 확립되었다면 이를 담는 그릇, 즉 플랫폼이 필요하다. 〈그림 2〉와 같이 ISO19650에 입각한 CDE(공통데이터환경)를 기반으로 위에 언급된 데이터 표준체계에 따라 전 생애주기 건설단계에서의 모든 작업단계가 반영되어야 하고 이에 수반하여 생성되는 데이터 관리 및 활용이 가능해야 한다. 각 발주기관별로 이러한 플랫폼을 구축하고 국토부 등 정부기관에서

는 이러한 플랫폼들을 포괄하는 최상위 플랫폼 구축이 필수이다. 통합민원처리를 위해 모든 개인 데이터가 통합된 정부24라는 시스템을 구축한 것과 같은 원리이다.

건설 데이터 표준 확립의 효과

건설 데이터 표준이 확립되어 진정한 DX가 실현된다면 누가 가장 이익을 볼 것인가? 바로 데이터를 갖고 있는 주체, 즉 주인이 가장 유리할 것이다. 그렇다면 건설 데이터의 주인은 누구인가? 바로 건설단계에서 비용을 투입한 주체다. 건축인 경우는 건축주가 될 것이고 토목에서는 발주기관이 될 것이다. 비용을 투입하는 이유 중 하나는 경제적인 효과를 얻기 위함이 기본적인 상식일 것이다. 이를 위해 정부에서는 추상적이고 구호성 정책만 낼 것이 아니라 시급히 모든 건설분야의 구체적인 데이터 표준을 제정하고 플랫폼을 구축해야 할 것으로 보인다.

현재 세계적으로 국가기관이나 일반회사나 데이터 확보에 사활을 걸고 있다. 최근 개인정보 유출사태에서 나타났듯이 데이터는 국가나 회사의 명운을 좌우할 만큼 현대사회에서, 사람으로 따지면 피와 같은 존재로 중요하게 부각되고 있는데 지금처럼 자본만 투입하고 귀중한 데이터가 버려지는 등의 효과를 거두지 못하는 우를 더 이상은 범하지 말아야 할 것이다.

북유럽을 위시하여 싱가포르 정부에서도 이미 CORENET-X이라는 시스템을 도입하여 BIM 협업 및 데이터 납품시스템을 가동하고 있으며, 라이브러리 등 상당한 양의 데이터가 지속적으로 축적 및 활용되고 있다. 일회성으로 BIM 용역만 하고 나면 귀중한 데이터가 버려지는 한국과 대조적이다.

최근 발생한 무안공항 제주항공 참사에서 핵심 원인으로 지목된 로컬라이저 콘크리트 둔덕이 언제, 누가 설계하고 시공했는지 기록이나 상세도면조차 없고 이를

승인한 감독관도 누구인지도 모르는, 어처구니 없는 일이 21세기 디지털 강국 대한민국에서 벌어졌다는 사실은 매우 안타깝고 부끄러운 일이 아닐 수 없다. 만약 제시된 데이터 표준 체계에 의해 유지관리 데이터가 철저히 축적되고 관리되었다면 이러한 콘크리트 둔덕 존재에 대한 정보가 항공기 기장에게 비행전에 전달되었을 것이고, 기장이 적어도 그 방향으로 기수를 틀지 않게 되어 이런 큰 인명피해는 막을 수 있지 않았을까 추측된다.

결론적으로 이렇게 데이터가 건설정보 표준 프레임워크에 의해 차곡차곡 체계적으로 쌓인다면, 이런 양질의 데이터를 바탕으로 진정한 건설업의 AX(AI Transformation)가 실현될 것이다. 또한 불확실한 지반, 공사비나 공기에 대한 예측 또는 안전관리 등에 대해 현재 일회성이나 단편적으로 수행되는 단계로부터, 모든 건설 데이터가 총체적으로 융합되고 재가공 및 분석되어, 영화 마이너리티 리포트에서 등장했던 범죄를 정확하게 예측하는 최첨단 시스템인 프리크라임과 같은, 정부 및 발주기관 주도의 최첨단 인공지능 건설정보 시스템이 머지않아 실현될 수 있을 것으로 기대해 본다.

참고자료

1. 한국건설기술연구원, "건설정보 분류체계 매뉴얼", 1996. https://www.codil.or.kr/viewDtlConRpt.do;jsessionid=ntP8Uoh09vRLT2acWnX7w7bd9UrWZQVwr0RxSO9dQ3J8a9H6pIa2Kx1Pol2Oejiz.codil_servlet_engine1?pMetaCode=OTKCMA500184&gubun=rpt

김한도 이사
고려소프트웨어 솔루션개발부
klavier511@naver.com

실무자가 직접 만드는 BIM-AI Solution

– Generative AI + Revit API로 '우리 방식'을 자동화하는 시대

기본 Revit 기능만으로는 어려운 실무의 현실

BIM 프로젝트를 실제로 수행해보면, Revit(레빗)의 기본 기능만으로 끝까지 납품하기가 쉽지 않다. 모델을 만드는 것보다, 프로젝트가 진행되면서 반복되는 정리·검증·산출·도면화·데이터 관리 업무가 점점 늘어나기 때문이다. 특히 일정이 촉박해질수록 일은 한꺼번에 몰리고, 예외 상황은 늘어난다. 그 순간부터 실무는 '모델링'보다 '반복되는 수정과 정리'라는 업무 과부하가 발생한다.

그래서 현장에서는 반복 작업을 줄이기 위해 Dynamo(다이나모)를 활용하거나, 기본 기능을 보완하기 위해 Revit 애드인을 사용한다. 추가기능의 사용은 선택이라기 보다 필수에 가깝다. 기본 기능만으로는 팀 전체의 속도와 품질을 일정하게 유지하기가 어렵기 때문이다.

시중 Revit 애드인의 장단점

시중 애드인의 가장 큰 장점은 도입 속도다. 설치하면 바로 쓸 수 있고, 버튼 하나로 실무가 편해지는 기능이 많다. 팀 안에서 코딩을 할 줄 모르는 사람도 동일한 방식으로 사용할 수 있다는 점도 크다. '지금 당장' 업무 과부하를 줄여야 할 때, 시중 애드인은 가장 빠른 해답이 된다.

다만 프로젝트가 늘어나고 단계가 진행될수록 한계도

분명해진다. 회사마다 모델링 방식과 데이터 기준이 다르고, 프로젝트마다 예외가 쏟아지기 때문이다. 링크 모델을 어떻게 다루는지, 워크셋을 어떻게 나누는지, 어떤 파라미터 체계를 쓰는지, 발주처 납품 규칙에 따라 이용성이 달라진다. 결국 "기능은 좋은데 우리 프로젝트에 사용하기에는 늘 어딘가 애매하다"는 지점이 생긴다.

또 오류가 나거나 불편한 부분이 있어도, 실무자가 그 자리에서 고쳐 쓰기 어렵다는 점도 현실적인 단점이다. 업데이트를 기다리거나, 사용을 포기하고, 결국 수작업으로 하나하나 작업을 하게 된다. 빠르게 시작할 수 있는 도구인 만큼, 프로젝트가 복잡해질수록 마지막 조정이 실무자의 몫으로 남는 경우가 발생한다.

Dynamo의 장단점

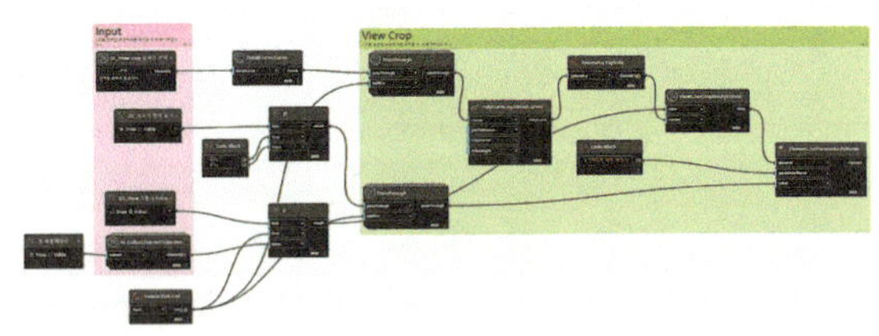

그림 1. 기존 Dynamo의 복잡한 구성

Dynamo는 실무 자동화의 좋은 출발점이다. 시각적으로 로직을 만들 수 있어 접근성이 높고, "우리 프로젝트는 이렇게 해야 한다" 같은 규칙을 빠르게 실험해 볼 수 있다. Python(파이썬)을 붙이면 더 강력해지고, 작

은 자동화부터 시작해 점점 확장할 수도 있다. 특히 한 명 또는 소규모 팀이 반복 작업을 줄이기 위해 쓰기에는 Dynamo만큼 즉각적인 도구도 드물다.

하지만 프로젝트 규모가 커지고 팀에 배포해서 쓰기 시작하면, Dynamo는 운영 측면에서 부담이 발생한다. 파일(.dyn)이 어디에 있는지, 누가 어떤 버전을 쓰는지, 실행 순서가 어떻게 되는지 같은 관리가 생각보다 어렵다. 사람마다 실행 방식이 조금씩 달라지면 결과도 달라질 수 있고, 예외 상황에서 멈췄을 때 복구나 로그 기록 같은 요소를 찾아보며 수정하기도 어렵다.

즉, Dynamo는 '만드는 속도'는 빠르지만, 일정 단계 이상에서는 '팀이 안정적으로 계속 쓰는 도구'로 유지하기 위해 추가적인 고민이 필요해진다.

물론 누군가는 코딩까지는 아니더라도 사용법을 익히고, 프로그래밍을 하고, 디버깅을 해야 하는 것은 덤이다.

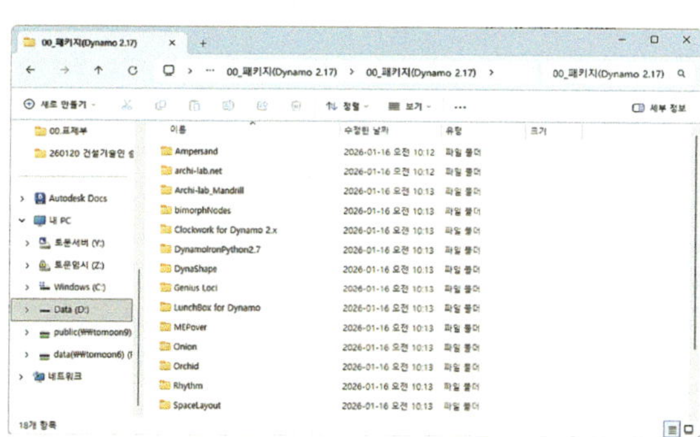

그림 2. 사용되는 여러 Dynamo Package

결국 남는 문제: 예외와 유지보수

시중 애드인은 빠르고 편하지만 우리 방식과 어긋나는 순간이 생긴다. Dynamo는 유연하지만 팀 운영 단계에서 관리와 안정성이 부담이 될 수 있다. 결국 두 도구 모두 프로젝트가 진행되고, 다양해질수록 비슷한 벽을 만나게 된다. 예외가 늘어나고, 오류가 생기고, 그때마다 실무는 다시 사람 손으로 메우는 방향으로 돌아가게 된다.

특히 코딩을 모르는 실무자라면 선택지는 더 좁아진다. 불편함을 감수하고 계속 쓰거나, 아예 사용을 포기하거나. 중요한 순간에는 수작업으로 수행하는 방식이 반복된다. 그리고 이 '남는 일'이 프로젝트 후반부에 업무 과부하로 이어진다.

이 지점에서 실무자는 도구를 '쓰는 사람'일 뿐, '고치는 사람'이 되기 어려웠다.

전환점: AI가 준 새로운 선택지 – 실무자가 직접 수정하는 방법

최근 Generative AI가 확산되면서 실무 자동화의 환경이 바뀌었다. 핵심은 "AI가 코드를 대신 작성한다"가 아니라, 실무자가 불편함과 오류를 발견했을 때 직접 수정할 수 있는 길이 열렸다는 점이다.

예전에는 애드인이 우리 방식과 안 맞거나 버그가 나면 참고 사용하거나 사용을 포기했다면, 지금은 문제 상황을 자연어로 정리하고, 원하는 작업 순서와 예외 조건을 설명하면 AI가 Revit API 기반 코드 구조를 제안해 준다. Visual Studio에서 빌드하고 Revit에서 테스트한 뒤, 다시 수정한다. 이 반복이 가능해지면서 실무자는 애드인을 단순히 쓰는 사람이 아니라, 우리 프로젝트에 맞게 '완성해가는 사람'이 된다.

회사마다 방식이 다르기 때문에 완벽히 맞는 도구를 밖에서 찾기는 어렵다. 그 마지막을 내부에서 채울 수 있게 된 것, 그게 AI가 만든 변화다.

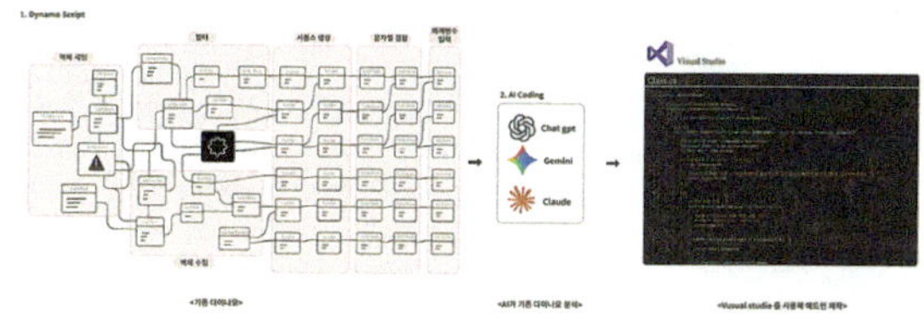

그림 3. 복잡한 Dynamo를 AI를 이용해 ADDIN으로 변환

사례: 실무 과부하를 줄이기 위한 '유형별 애드인' TMate

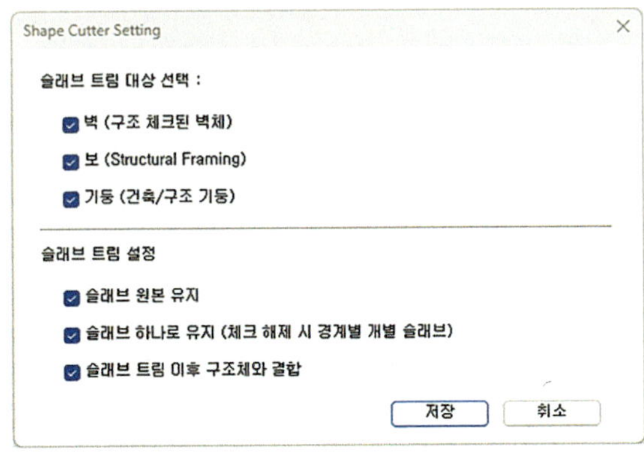

그림 4. 회사에서 사용중인 애드인

토문에서는 Revit API 기반 애드인을 유형별로 나눠 개발하고 있다. 자동화는 한 번에 완성되는 게 아니라, 일이 몰리는 지점을 여러 갈래로 나눠서 꾸준히 줄여야 효과가 커진다고 느꼈기 때문이다. 무엇보다 유형을 분리해 두면, 개발과 유지보수, 배포와 교육까지 훨씬 수월해진다.

모델링 균일화 / 정교화를 위한 체크(품질 안정화)

모델 품질이 균일하지 않다면 도면·산출·간섭검토가 연쇄적으로 문제가 발생한다. 그래서 체크 기능은 마지막에 한 번 보는 검토가 아니라, 작업 중간중간 모델품질을 통일해 주는 장치가 된다. 예를 들어 콘크리트 구조체의 레벨 제약, 두께, 접합, 간섭 같은 기준을 점검하거나, 도면 단계에서 치수에 문제를 만드는 원인(정렬 문제, 미세한 틈, 불필요한 분절)을 찾아 정리하는 방식이다.

결과적으로 '사람이 기억하던 체크리스트'를 '도구가 수행하는 규칙'으로 바꿔 주는 영역이다.

모델링 단순작업을 줄여주는 애드인(생산성)

모델링 단계에서 일이 과부하로 쏠리는 이유는 '어려운 모델링'보다 '많이 반복하는 작업' 때문이다. 인방보 자르기, 슬래브 자르기, 단열재 모델링, 룸 작성 및 데이터화 같은 기능은 반복이 많고 예외가 잦다. 특히 링크 모델, 템플릿, 패밀리에 따라 처리 방식이 달라져서, 시중 도구 하나로 완벽히 맞추기 어렵다. 그래서 실무자가 직접 옵션과 예외 처리를 붙여가며 작성하는 방식이 적합하다.

이 영역은 모델러의 시간을 '반복 작업'에서 '판단이 필요한 작업'으로 돌려준다.

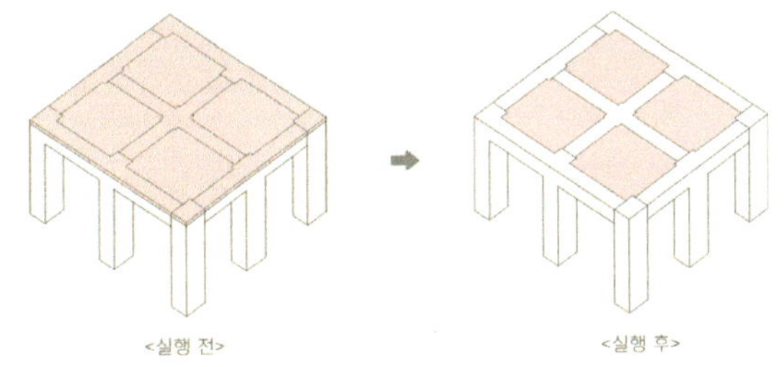

그림 4. 모델링 애드인 UI

그림 5. 슬래브 자르기 애드인의 사용 전후

도면화 단순작업을 줄여주는 애드인(도면 품질 + 속도)

도면 단계는 프로젝트 후반에 일이 몰리기 쉬운 대표적인 단계이다. 이때 반복 정리 작업을 줄이면 품질과 속도가 동시에 올라간다. 뷰 범위를 자르고 크롭을 정리하는 작업, 뷰를 시트에 일정한 기준으로 배치하는 작업, 글꼴과 텍스트 스타일을 표준으로 맞추는 작업, 치수를 규칙 기반으로 생성하는 작업이 여기에 해당한다. 도면 기준은 발주처와 회사마다 다르기 때문에, AI를 통해 규칙을 빠르게 반영해 프리셋화해 두는 방식이 효과적이다.

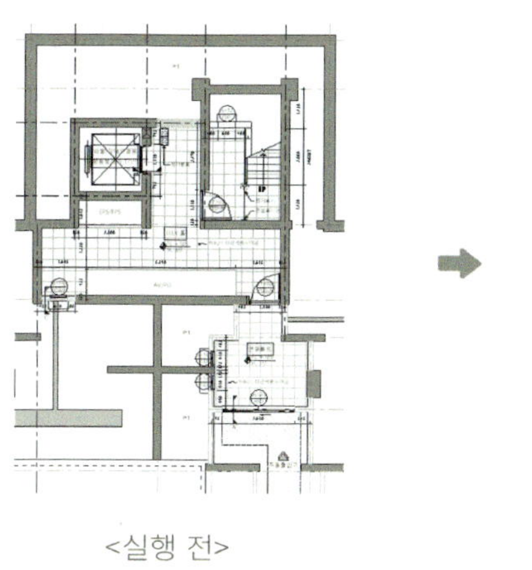
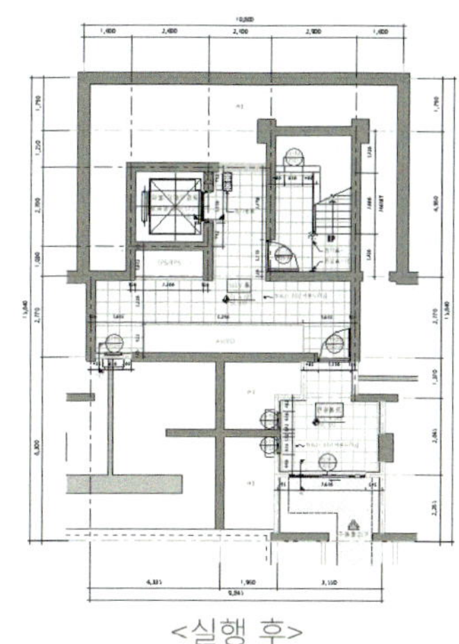

그림 6. 자동치수 애드인의 사용 전후

결과적으로 프로젝트 후반에 몰리는 도면 작업량을 분산시키고, 작업자간의 표현 편차를 줄여준다.

데이터 관리(엑셀 연동·유형화·표준 유지)

프로젝트 규모가 커질수록 마감 종류, 창호, 문, 구조부재 종류는 관리하기 어렵게 늘어난다.

토문에서는 이런 항목들을 엑셀에서 관리하고, 이 엑셀을 기반으로 Revit에 유형을 만드는 방식을 채택하고 있다. 창·문·구조부재·마감 같은 요소를 엑셀 데이터와 연동해 유형화하면, 입력 오류가 줄고 변경 반영 속도가 빨라진다. 여러 링크 파일에서도 동일한 부재 유형을 만들 수 있어 모델링 균일화에도 도움이 된다.

이 영역은 엑셀을 단일 소스로 유지하면서, 모델의 타입 체계를 흔들리지 않게 만드는 역할을 한다.

맺음말: BIM-AI Solution의 방향

BIM 실무의 고충은 대부분 반복과 예외에서 온다. 그 반복과 예외가 쌓일수록 업무는 과부하가 되고, 품질은 떨어진다. 그래서 Dynamo나 애드인은 이제 선택이 아니라 필수에 가깝다.

다만 시중 애드인과 Dynamo는 각각 장단점이 있고, 예전에는 그 단점을 감수하며 사용해야 했다면, 지금은 AI 덕분에 새로운 선택지가 생겼다. 실무자가 직접 요구사항을 정리하고, 코드를 수정하고, 회사의 기준에 맞추어 도구를 완성할 수 있게 되었다.

결국 '실무자가 직접 만드는 BIM-AI Solution'은 거창한 선언이 아니라, 설계현장에서 일이 몰리는 지점을 하나씩 줄이는 작은 애드인을 만들고, 그것을 팀 표준으로 쌓아가는 과정이다. 이제 실무자는 도구를 선택하는 사람을 넘어, 도구를 완성해 프로젝트를 운영하는 사람이 될 수 있다.

윤종덕 본부장
토문건축사사무소
jdyoon@tomoon..co.kr

최보라 실장
토문건축사사무소
brchoi@tomoon.co.kr

BIM과 DX – '모델 중심' 접근의 한계와 DB 중심 전환 전략

BIM은 왜 DX로 넘어가지 못하고 있는가?

지난 10여 년간 국내 건설·엔지니어링 산업에서 BIM은 꾸준히 확산되어 왔다. 공공 발주를 중심으로 BIM 적용이 의무화되었고, 설계·시공 단계에서 3D 모델을 활용한 검토, 간섭 체크, 수량 산출 등은 이제 낯설지 않은 풍경이 되었다. 표면적으로 보면 업계는 이미 디지털화(Digitalization)를 상당 부분 달성한 것처럼 보인다.

그러나 질문을 바꿔보면 전혀 다른 답이 나온다. "우리는 과연 DX(Digital Transformation)를 하고 있는가?"

DX는 단순히 디지털 도구를 사용하는 것이 아니다. DX란 데이터가 조직의 의사결정 방식과 업무 구조 자체를 바꾸는 단계를 의미한다. 이 관점에서 보면, 현재의 BIM 활용은 여전히 '도구 활용' 혹은 '산출물 제작' 단계에 머물러 있는 경우가 대부분이다. BIM 모델은 존재하지만, 그 모델이 남긴 데이터는 축적되지 않고, 비교되지 않으며, 다음 프로젝트의 의사결정을 바꾸지 못한다. 결국 우리는 다음과 같은 모순적인 상황에 직면한

다. "BIM은 분명 도입되었으나 DX로 이어지는 구조적 전환은 이루어지지 않았다."

이 기고는 기고자의 경험을 토대로 이 간극이 왜 발생하는지, 그리고 왜 '모델 중심 BIM'에서 'DB 중심 DX로의 전환'이 불가피한지를 짚어보고자 한다.

BIM 결과물은 데이터가 아닌 문서로 남는다

현재 대부분의 BIM 프로젝트에서 최종 결과물은 여전히 다음과 같은 형태로 귀결된다.

> 3D 모델 파일, 도면(PDF, DWG), 수량 산출서(엑셀, 보고서), 검토 의견서(PDF, PPT)

문제는 이 결과물들이 데이터가 아닌 문서로 전달된다는 점이다. 프로젝트가 종료되는 순간, 이 산출물들은 읽히고 저장된 뒤 사실상 활용이 멈춘다. 이후 유사한 프로젝트가 시작되더라도, 이전 BIM 결과물은 참고 자료 수준에 머물 뿐 체계적인 재사용이나 비교 분석의 기반이 되지 않는다. BIM 결과물의 더 근본적인 문제는

데이터의 수준(level)이 다음과 같은 조건들을 충족하지 못하는 부분이다.

> 첫째, 구조화되어 있지 않다.
> 둘째, 기준이 통일되어 있지 않다.
> 셋째, 프로젝트 간 비교가 불가능하다.
> 넷째, 정량적 분석을 전제로 만들어지지 않았다.

즉, DX 이전에 '데이터화' 자체가 완결되지 않은 상태에서 DX를 논하고 있는 셈이다. 데이터가 누적되지 않는데, 추세 분석이나 의사결정 고도화가 가능할 리 없다.

비용을 지불하는 주체는 DX를 원하는가? 그리고 그게 도움이 되는가?

DX가 BIM 단계에서 정체되는 이유는 기술의 문제가 아니라 비용과 가치가 연결되는 방식에 있다. BIM 용역에서 비용은 프로젝트 단위의 결과물을 기준으로 책정되며, 계약상 요구되는 것은 모델 납품과 검토, 물량 산출과 같은 가시적인 산출물이다. 이 구조에서 데이터 축적이나 비교, 장기적인 의사결정 고도화는 계약의 목적에 포함되지 않는다. 따라서 DX가 요구되지 않는 것은 인식 부족의 문제가 아니라, 현재 비용 구조 안에서는 합리적인 선택에 가깝다.

그러나 DX가 도움이 되지 않는 것은 아니다. 다만 그 효과는 단일 프로젝트가 아니라, 여러 프로젝트가 누적되는 과정에서 나타난다. 기준이 동일된 데이터가 축적될수록 설계 리스크는 감소하고, 물량 예측의 정확도와 의사결정 속도는 점진적으로 개선된다. 즉, DX는 개별 프로젝트의 효율을 높이는 기술이 아니라, 프로젝트를 반복 수행하는 조직의 판단 구조를 바꾸는 투자다.

문제는 이러한 가치가 현재의 발주·계약 구조 안에서는 비용으로 설명되기 어렵다는 점이다. 비용을 지불하는 주체와 DX의 장기적 가치를 회수하는 주체가 일치하지 않는 한, DX는 자연스럽게 수행 범위 밖으로 밀려난다. 결국 DX가 확산되지 않는 이유는 그것이 도움이 되지 않아서가 아니라, 도움이 되는 방식으로 비용을 지불하도록 설계되어 있지 않기 때문이다.

BIM은 반드시 DX로 넘어가야 한다

현재의 BIM 프로젝트 단위 결과물을 생산하는 데에는 효과적이지만, 그 결과가 조직의 자산으로 축적되지 않는 구조적 한계를 지닌다.

모델 중심 BIM에서는 프로젝트가 종료되는 순간 데이터의 가치가 함께 소멸되며, 기준이 통일되지 않은 결과물은 현장 간 비교나 성과 분석으로 이어지기 어렵다. 이로 인해 동일한 문제와 판단이 반복되고, BIM은 점점 비용 대비 효율이 낮아지는 보조 수단으로 전락할 위험에 놓인다.

반면 DX는 BIM에서 생성된 정보를 공통 기준의 데이터로 정규화·누적함으로써, 과거의 결과가 다음 프로젝트의 의사결정을 직접적으로 변화시키는 구조를 만든다. 나아가 이러한 데이터 기반이 갖춰져야만 AI를 통한 예측·추천·자동화, 즉 AX 역시 의미를 가질 수 있다. DX가 선행되지 않은 상태에서의 AI 적용은 개별 업무 보조에 머물 뿐, 의사결정 구조를 바꾸는 단계로 발전하기 어렵다. 따라서 DX로의 전환은 단순한 BIM 고도화가 아니라, BIM을 지속 가능한 경쟁력으로 유지하고 향후 AX로 확장하기 위한 필수적인 전환 단계라고 할 수 있다.

모델에서 DX로, 그리고 AX로

BIM이 DX로 이어지기 위해서는 모델을 중심에 둔 기존 구조에서 벗어나, BIM 수행 과정에서 생성되는 정

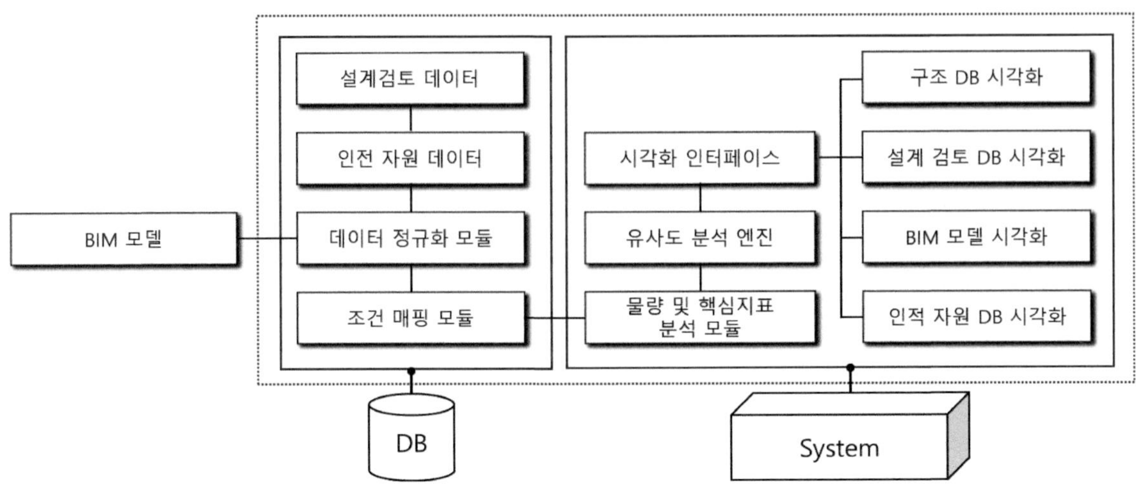

그림 1. BIM 작업 결과물 데이터를 통한 DX시스템 설계

보를 데이터 자산으로 재구성하는 접근이 필요하다. 이는 단순히 결과물을 정리하는 수준이 아니라, 설계·검토·물량·인적 투입 등 프로젝트 전반에서 어떤 정보가 축적·비교·분석되어야 하는지를 사전에 정의하고, 이를 공통 기준의 데이터로 누적하는 구조를 만드는 일이다. 이러한 DB 중심 전환이 이루어질 때 비로소 개별 프로젝트에서는 보이지 않던 패턴과 차이가 드러나고, 경험과 감각에 의존하던 판단을 데이터 기반으로 전환할 수 있다.

이 과정에서 중요한 점은 DX가 사후적인 정리 작업이나 일회성 시스템 구축으로는 완성될 수 없다는 사실이다. 프로젝트 단위로 단절된 데이터를 연결하고, 기준이 다른 결과물을 비교 가능한 형태로 정규화하며, 반복 가능한 분석 환경을 유지하는 일은 장기적인 관점에서의 지속적인 노력이 필요하다. 우리 회사는 이러한 문제의식을 바탕으로, BIM 수행 단계부터 데이터 활용을 전제로 정보 구조를 설계하고, 프로젝트가 종료된 이후에도 해당 정보가 조직 차원의 자산으로 남도록 관리하는 방향으로 업무 방식을 재구성해 왔다.

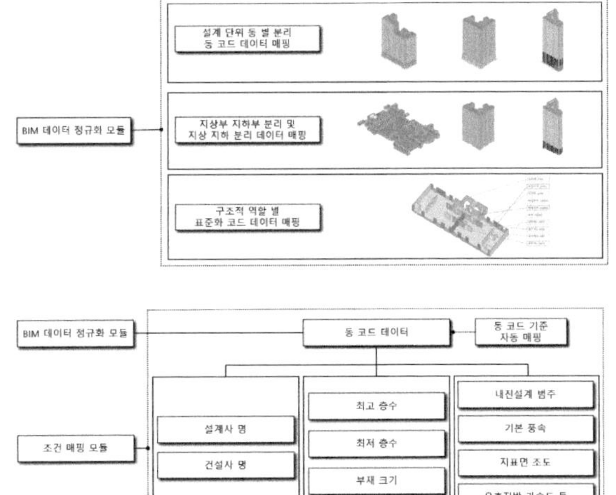

그림 2. 데이터 활용을 전제로한 정보 구조 설계

이와 같은 DB 중심 DX는 단순한 효율 개선을 넘어, AX로 확장되기 위한 필수적인 관문이기도 하다. AI가 의미 있는 예측이나 추천을 수행하기 위해서는 누적된 데이터와 통일된 기준, 그리고 결과를 검증할 수 있는 이력이 전제되어야 한다. DX가 선행되지 않은 상태에서의 AI 적용은 개별 업무 보조나 자동화 수준에 머물 뿐, 의사결정 구조를 바꾸는 단계로 발전하기 어렵다.

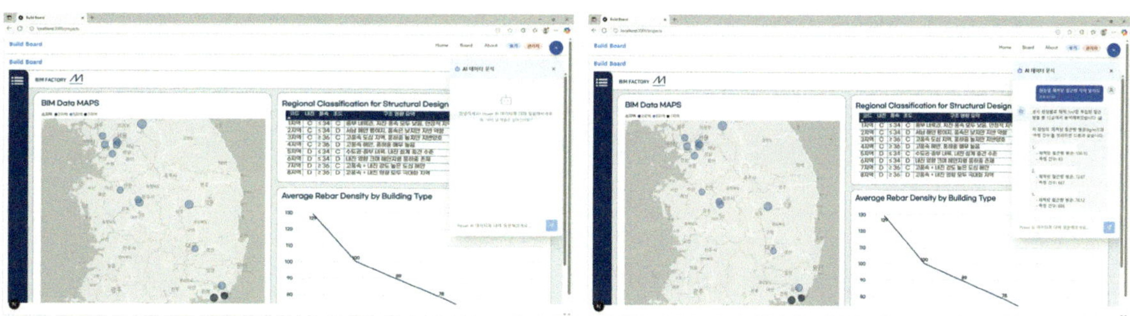

그림 3. BIM 데이터 DB와 AI 분석 인터페이스를 결합한 의사결정 지원 화면

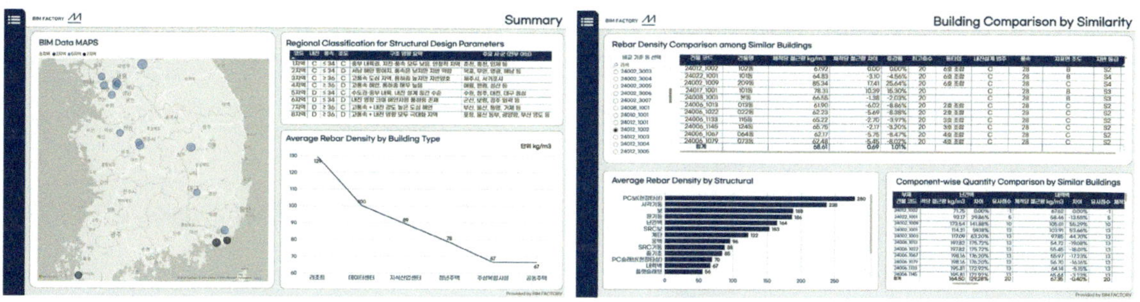

그림 4. 빌드보드(Buildboard) BIM 구조 DB 시각화 웹, 유사 조건의 타 프로젝트와 자동 비교

반대로, 프로젝트 간 데이터가 축적되고 비교 가능한 구조가 형성되면, 설계 조건에 따른 물량 변화 예측, 유사 사례 기반 리스크 탐지, 인력 투입 최적화와 같은 AX 단계의 활용이 현실적인 목표가 된다.

이러한 전환을 실제 업무 환경에서 구현하기 위해 BIM FACTORY에서 개발한 하나의 사례가 '빌드보드(Buildboard)'와 같은 DB 중심 플랫폼이다. 중요한 것은 특정 솔루션의 존재가 아니라, BIM을 정보 생성 수단으로 재배치하고 데이터를 중심에 두는 구조적 전환 자체다. DX를 거치지 않은 AX는 일회성 기술 시연에 그칠 수밖에 없지만, DB 중심의 DX가 축적된 환경에서는 AI가 조직의 판단을 실질적으로 보조하고 대체하는 단계로 확장될 수 있다. 결국 지금 이루어지고 있는 DB 구축과 데이터 정규화의 노력은, BIM-DX-AX로 이어지는 전환을 현실화하기 위한 가장 현실적이고 필수적인 준비 과정이라고 할 수 있다.

이두희

비아이엠팩토리 구조팀 팀장으로 재직중이며, BIM을 통한 현장 지원 확대에 목표를 두고 업무를 진행하고 있다.

duhee.lee@bimfactory.co.kr

BIMIL이 제시하는 디지털 전환 로드맵

건설, 디지털 전환은 왜 제자리처럼 느껴질까?

오늘날 전 세계 건설 산업은 유례없는 전환점에 서 있다. 지난 20년간 타 산업이 기술 혁신을 통해 비약적인 생산성 향상을 이룬 것과 대조적으로, 건설업의 생산성 증가율은 연평균 1.0% 수준에 머물러 있다. 디지털화 수준 또한 약 6%에 불과해 제조업과의 격차는 날로 벌어지는 실정이다.

그동안 건설 산업은 CAD에서 BIM(Building Information Modeling)으로의 패러다임 전환을 위해 노력해 왔다. 그러나 방대한 모델링 작업량과 수동적인 데이터 관리 체계는 BIM을 활용한 디지털 전환(Digital Transformation)의 흐름을 가로막는 병목 현상이 되어, 우리를 여전히 'BIM 정체기'에 머물고 있다.

단순히 데이터를 구축하고 쌓아두는 '정보의 창고'로서의 BIM은 이제 한계에 도달했다. 지금 우리에게 필요한 것은 정적인 데이터를 넘어, 데이터를 스스로 인식하고 최적의 프로세스를 찾아내는 지능형 시스템으로의 진화가 필요하다.

이러한 시대적 요구 속에서 탄생한 BIMIL(BIM Integrated Lab.)의 여정을 통해, 기존 도구가 가진 생태계의 한계를 넘어 복잡한 워크플로우를 지능적으로 최적화하는 새로운 혁신 로드맵을 제안하고자 한다.

'BIMIL'이 그리는 미래: 자유로운 엔지니어를 꿈꾸며

본문에 앞서, BIMIL이 제시하는 건설 산업의 패러다임 전환을 네 가지 핵심 단계로 나누어 소개하고자 한다. 살펴볼 네 단계는 단순히 기술과 기능의 나열이 아니다. 각 단계는 서로 긴밀히 연결되어 시너지를 창출하며, 다음 단계로의 진화를 위한 환경을 완성해 나가는 유기적인 로드맵이다. 이 글에서 제시하는 네 가지 이정표에 따라, 수동적 도구에 머물렀던 BIM이 어떻게 지능형 파트너로 진화하는지 구체적인 여정을 시작한다.

건축 고민은 내가, 단순 반복은 기계에게

BIMIL은 단순한 소프트웨어를 넘어 엔지니어의 업무 방식을 재정의하는 철학적 도구이다. '업무용 비밀 열쇠' 모티브로 만들어진 BIMIL 플랫폼은 새로운 애드인을 지속적으로 추가하는 확장형 구조를 가지고 있다. 이는 고정된 기능에 사용자가 맞추는 것이 아니라, 설계자의 고충에 맞춰 도구가 진화함을 의미한다.

실제로 맥킨지의 보고서에 따르면, 건설 산업은 지난 수십 년간 타 산업 대비 생산성 향상이 가장 더딘 분야로 꼽힌다. 그 원인 중 하나는 숙련된 엔지니어가 설계 업무보다 방대한 데이터를 입력하고 수정하는 단순 모델링에 업무 시간의 40% 이상을 빼앗기고 있기 때문이다.

우리는 설계 단계에서 수백 개의 실(Room)에 치수를 기입하거나, 층별로 수십 장씩 쏟아지는 도면의 뷰 영역(Crop View)을 조정하는 데 엄청난 에너지와 시간을 쏟곤 한다. BIMIL은 이러한 소모적인 시간을 단축하기위한 기능을 제공한다.

이러한 자동화 도구들은 단순한 편의성을 넘어 설계의 본질을 되찾아준다. 설계자와 엔지니어가 단순 모델링의 늪에서 벗어날 때, 설계안의 품질, 공간의 효율성, 시공성 확보와 같은 본연의 창의적 가치에 집중할 수 있는 여유가 생긴다.

결국 기술의 발전은 인간을 대체하기 위한 것이 아니다. 기계적인 반복 업무는 알고리즘에게 맡기고, 인간은 인간다운 일에 집중할 수 있도록 돕는 것이 BIMIL이 추구하는 진정한 자동화의 철학이다.

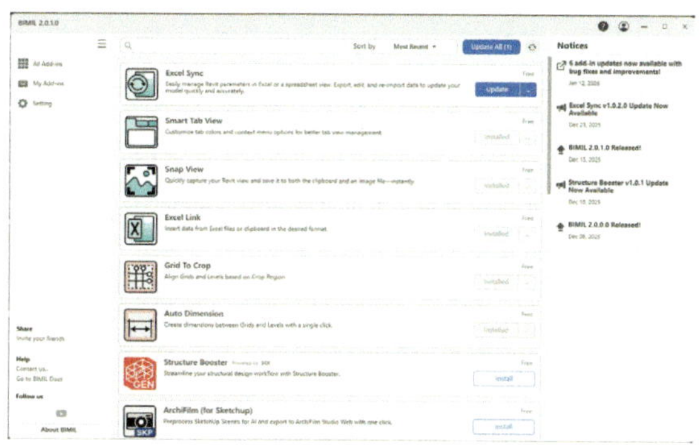

그림 1. 엔지니어의 고충을 덜어주고, 창의적인 시간을 만들어주려는 BIMIL 플랫폼과 BIMIL 저작도구 확장 프로그램들

대화로 움직이는 BIM 데이터

최근 IT 업계의 최대 화두는 '에이전틱 AI'와 '피지컬 AI'이다. 이중 에이전틱 AI는 지정한 목표를 달성하기 위해 스스로 수단을 결정하고 실행하는 자율적인 AI이다. 이러한 흐름에 발 맞춰 BIMIL은 대규모 언어 모델(LLM)과 Revit API를 결합하여, BIMIL AI Helper를 선보였다. 이는 단순히 물어보면 답하는 챗봇AI를 넘어, 사용자의 의도를 실행에 옮기는 지능형 에이전트로서 사용자가 복잡한 메뉴 조작 없이 대화로 BIM 모델을 제어할 수 있게 한다.

우리가 사용하는 BIM 저작 도구들은 수천 개의 메뉴와 복잡한 설정창으로 가득 차 있다. 숙련된 엔지니어조차 특정 분야를 벗어난 기능은 실행해 보지 않았을 정도로 많은 기능을 탑재하고 있다. BIMIL AI Helper는

이러한 물리적, 인지적 장벽을 허물어 BIM 저작 도구의 기능 조작법을 익히는 대신, 원하는 요구사항에 대한 대화로 모델을 제어할 수 있게 된다.

예를 들어, "벽체 중 내화구조 속성이 누락된 객체를 찾아줘"라는 명령 한마디를 던지게 되면, AI는 모델 전체 객체의 속성을 조회한 후 사용자에게 내화구조 속성이 누락된 객체 목록을 표시한다. 단순히 목록을 사용자에게 표시하는 것에 그치지 않고, 누락된 객체들을 화면에 강조하거나 속성을 입력할 수 있도록 다음 행동에 대한 방향 제시까지 해줄 수 있다.

이러한 오케스트레이션 능력은 건설 프로젝트의 고질적인 문제인 데이터 무결성을 확보하는 핵심 열쇠가 될 수 있다. 설계 변경이 잦은 건설 현장에서 수동 검토는 늘 휴먼 에러의 위험을 동반하며, 과도한 시간이 소요된다. 하지만 AI는 아무리 반복적인 전수 조사가 될지라도 지치지 않고 정확하게 수행할 수 있다.

수동으로 작업했을 때 소요되는 시간을 단 몇 분 만에 완결되는 과정은 단순히 빠르다는 의미를 넘어선다. 언제든 부담 없이 데이터를 점검할 수 있다는 확인은 엔지니어가 추측이 아닌 근거에 기반한 의사결정을 내리게 하며, 이는 곧 건축물의 품질과 안전 확보, 비용과 시간 절약의 가치에 직결된다. 결국, 대화로 움직이는 BIM 데이터는 도구를 다루는 기술이 아닌, 데이터를 다루는 혁신을 의미한다.

CG는 AI에게 맡기고, 디자인에 집중해볼까?

과거의 시각화(CG, Computer Graphic) 작업은 건축 설계과정에서 가장 화려하지만, 동시에 가장 고통스러운 '인내의 영역'이었다. 고가의 하드웨어 성능에 의존해 시간을 단축해야 했고, 실사 같은 결과물을 얻기 위해 텍스처와 반사율, 조명 등 수천 번의 시행착오

를 겪으며 밤새워 결과물을 얻어내는 것이 당연시되었다. 하지만 생성형 AI의 등장은 이러한 진입 장벽을 단숨에 허물어 버리고 있다. 이제 전문적인 CG 지식 없이도 누구나 사진 같은 이미지를 얻을 수 있는 시대가 된 것이다.

ArchiFilm Studio는 이 거대한 변화의 흐름을 실무 흐름에 녹여내었다. 기존에는 Revit이나 SketchUp 모델을 별도로 추출하고, 무거운 렌더링 소프트웨어로 옮겨 재질을 입히고, 미세 조정하는 번거로운 절차를 거쳐야 했다. 하지만 ArchiFilm Studio는 파편화된 워크플로우를 단순화하였다.

설계자가 모델 저작도구에서 보고있는 카메라 각도와 원근감을 그대로 유지한 채, AI는 사용자의 의도를 파악해 자연어 프롬프트 하나만으로 빛의 특성과 재질의 질감까지 계산하여 실사 이상의 결과물을 몇 초~몇 분만에 생성해낸다.

이러한 혁신이 가져다주는 가장 큰 선물은 의사소통의 속도이다. 초기 계획단계에서 건축주와 대화할 때, "나무 재질의 마감을 하면 이런 느낌일 겁니다"라고 말로 길게 설명하거나, 하루 뒤에 CG 이미지를 보내주며 상의하는 시대는 끝났다. 회의 현장에서 즉석으로 형태와 분위기를 바꿔가며 디자인을 제안하는 것은 건축주

의 신뢰도를 높이는 가장 강력한 도구가 될 수 있다.

결국, 더 이상 CG 작업 때문에 밤을 지새울 필요가 없고, 의사소통 과정을 단축할 수 있다는 뜻이다. 복잡한 기술적 문제는 AI에게 넘겨주고, 설계자는 '어떤 공간이 더 좋을까?'라는 본질적인 고민에 에너지를 쏟을 수 있다.

말만 하면 만들어지는 자동화 프로그램

그동안 건설 엔지니어에게 '자동화'는 가깝고도 먼 영역이었다. C#이나 Python(파이썬)과 같은 프로그래밍 언어를 익히는 것은 물론, 소프트웨어 내부의 복잡한 시스템 메커니즘을 완벽히 이해해야만 비로소 쓸 만한 자동화 도구를 만들고 운영할 수 있었기 때문이다. 이를 해결하기 위해 '다이나모(Dynamo)'와 같은 비주얼 프로그래밍 도구가 등장하며 자동화의 문턱을 낮추려 노력했으나, 이 역시 한계는 명확했다. 사용자는 여전히 논리 구조를 직접 설계해야 했고, 요구사항이 고도화될수록 거미줄처럼 엉킨 노드(Spaghetti Nodes)의 관리 난이도는 기하급수적으로 높아졌다. 결국 효율을 위해 도입한 도구가 오히려 관리를 위해 더 많은 시간을 쓰게 만들거나, 결국 다시 Python 스크립트 노드에 의

그림 2. ArchiFilm Studio를 활용해 복잡한 설정 없이 자연어로 이미지를 생성하고, 생성된 이미지를 관리할 수 있다.

그림 3. CODExBIM 실행 화면, 엔지니어의 요청에 따라 생성된 스크립트를 Revit에서 바로 실행할 수 있다.

존하게 되는 기술적 회귀 현상을 초래하기도 했다.

BIMIL의 CODExBIM은 이러한 프로그래밍의 마지막 장벽을 완전히 무너뜨리기 위한 발걸음을 시작했다. CODExBIM은 C# 및 Python 언어로 작성된 스크립트를 Revit(레빗) 내부에서 즉시 실행하는 엔진이다. 이제 사용자는 코딩 지식이 전혀 없어도 상관없다. "원하는 내용을 말하기만 하면" AI가 사용자의 의도를 파악한 후 최적의 스크립트를 생성하고, 이를 CODExBIM이 즉각 실행한다.

이것은 단순히 도구의 변화가 아닌 논리의 자동화를 의미한다. 프로그래밍 언어라는 '외국어'를 학습하는데 에너지를 쏟는 대신, 숙련된 엔지니어의 '모국어'로 시스템과 직접 대화하며 나만의 자동화 기능을 실시간으로 구축하는 시대가 열린 것이다. 이제 기술은 배우는 대상이 아니라, 엔지니어의 지시를 이행하는 대리인이 되는 것이다.

도구가 아닌 파트너와 함께

지금까지 살펴본 BIMIL의 여정은 단순히 생산성을 높이는 도구 중 하나를 소개하는 것이 그치지 않는다. 이는 건설 산업의 고질적인 한계였던 반복 노동의 굴레와 기술적 진입 장벽을 동시에 허물고, 엔지니어가 오직 건설 엔지니어 본연의 가치에 집중할 수 있는 환경을 구축하는 과정이다.

BIMIL은 단순 반복 업무들 알고리즘에게 위임히는 자동화의 철학에서 출발하여, 자연어로 모델을 제어하는 데이터 지능화를 거쳐, 생성형 AI를 통해 복잡한 시각화 장벽을 낮추는 소통의 혁신을 이루었다. 이제는 CODExBIM을 통해 자연어를 즉시 실행가능한 스크립트로 전환하는 논리의 자동화를 완성하기에 이르렀다. 프로그래밍 언어라는 높은 벽에 막혀 상상만 했던

아이디어들이, 이제는 소통하는 것만으로 실현되는 시대가 온 것이다.

BIMIL에서 말하는 혁신은 이미 전 세계적인 공감을 얻어가고 있다. 2026년 1월 말 BIMIL 플랫폼은 20개 이상의 BIM 저작 도구(Revit, SketchUp 등)의 확장 프로그램을 배포하고 있다. 또한, 세계 104개국에서 2,400명이 넘는 엔지니어와 함께하고 있으며, 매월 150명 이상의 새로운 회원들이 생태계에 합류하고 있다.

이러한 환경 구축은 단순한 비용 절감을 넘어, 건설 산업이 더 이상 노동 집약적 산업이 아닌 기술 집약적 첨단 산업으로 재탄생하는 이정표가 될 것이다. 국토교통부의 2030년 공공 공사 BIM 전면 의무화라는 거대한 파도 앞에서, BIMIL은 변화에 수동적으로 끌려가는 차원을 넘어 선도적으로 패러다임을 바꿔가는 엔진이 될 것이다.

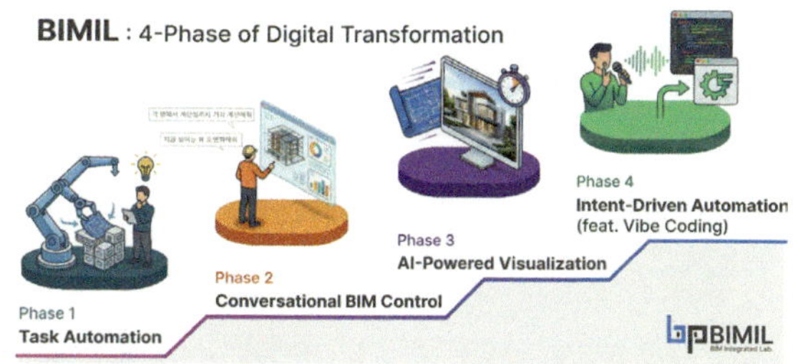

그림 4. BIMIL이 그리고 있는 4단계 디지털전환 로드맵

김용하 과장
빔피어스 기술연구소
yhkim@bimpeers.com

스마트 건설 DX/AX, 시스템 도입이 아닌 '데이터 구조'가 본질이다

문제 인식 : 스마트 건설 DX가 체감되지 않는 이유

스마트 건설과 스마트 빌딩 현장에서 우리는 공통된 문제를 반복적으로 마주한다. 건물 센서와 관리 시스템은 지속적으로 늘어나고, 건물 운영 데이터는 과거와 비교할 수 없을 만큼 풍부해졌지만, 그 데이터가 실제 운영 판단과 의사결정으로 자연스럽게 이어지지 않는다는 점이다.

현장에는 수많은 대시보드와 지표가 존재하지만, 운영자는 여전히 경험과 직관에 의존해 결정을 내린다. 데이터가 실시간으로 수집됨에도 불구하고 "현 문제의 원인이 무엇이며, 어떻게 개선해야 하는가"에 대한 답을 즉각적으로 제공하지 못하기 때문이다. 이로 인해 스마트 건설 DX(디지털 전환) 투자에 대한 효용성(ROI) 의문은 지속적으로 제기되고 있다. 핵심은 기술 도입 여부가 아니다. 현재의 스마트 건설 DX는 여전히 '보여주는 디지털화', 즉 모니터링 단계에 머물러 있다. 운영 최적화를 위한 판단과 실행을 지원하는 구조로까지는 진화하지 못한 상태다.

원인 분석: 기능 중심 구조가 만든 데이터 사일로

이에이트는 이러한 한계의 원인을 개별 솔루션의 성능 문제로 보지 않는다. 본질은 건물 관리 시스템이 각 기능과 설비 단위로 파편화되어 발전해 온 구조적 결함에 있다.

공조(HVAC), 조명, 에너지 관리, 보안 시스템은 각자의 목적에 따라 독립적으로 구축되어 왔다. 시스템 간 연동이 부분적으로는 가능해졌을지 몰라도, 데이터는 여전히 기능 단위로 고립된 채 서로 다른 기준과 구조로 관리된다.

특히 '맥락(Context)'의 부재가 치명적이다. 특정 설비의 에너지 사용량이나 이상 상태는 감지할 수 있지만, 그 데이터가 어떤 용도의 공간에서, 어떤 점유 상태와 운영 조건 하에 발생했는지에 대한 정보는 연결되지 않는다. 결국 데이터는 개별 시스템 내부에 갇히게 되며, 건물 전체 관점의 통합 분석이나 시나리오 기반 시뮬레이션은 구조적으로 불가능해진다.

많은 이들이 이 지점에서 "AI를 당장 도입하면 수집된 데이터에서 스스로 정답을 찾아내지 않을까?"라는 기대를 한다. 하지만 이는 AI에 대한 엄청난 오해다. AI는 데이터 사이의 통계적 패턴은 읽어낼 수 있지만, 데이터가 담고 있는 '물리적 의미'나 '운영적 인과관계'는 스스로 깨우치지 못하기 때문이다. 맥락이 없는 데이터는 AI에게 노이즈에 불과하다. 결국 DX가 모은 수많은 데이터가 AX(AI 전환)라는 지능으로 진화하지 못하고 정체되는 결정적 이유는 바로 이 '데이터 맥락의 부재'에 있다.

온톨로지, 데이터에 '지능의 뼈대'를 세우다

이에이트가 제시하는 문제 해결의 본질은 데이터의 단순 수집이 아닌 '구조적 관리'에 있다. 데이터 간의 관계를 정의하고 맥락을 부여하는 과정이 스마트 건설 DX의 실질적인 성과를 좌우한다.

■ 의미(What) — 데이터가 무엇을 지칭하는지 명확히 정의되어야 한다.

■ 관계(How) — 설비, 공간, 사람, 운영 요소 간의 상호작용이 구조적으로 연결되어야 한다.

■ 맥락(Why) — 특정 이벤트나 변화가 왜 발생했는지를 설명할 수 있어야 한다.

이러한 전제가 없는 상태에서 DX/AX를 무작정 도입하면 효과 및 결과는 제한적일 수밖에 없다. 결국 스마트 건설 DX/AX의 본질은 기술의 추가가 아니라 '데이터 구조의 전환'에 있다. 온톨로지를 통해 데이터의 관계와 맥락이 구조화된 환경에서만 AI는 정의된 지식 위에서 '상황에 맞는 지능적 판단'을 수행할 수 있다.

사례 : 중·대형 업무용 빌딩에서 동일한 온도 센서 값(26℃)이 감지되는 상황을 가정해 보자. 일반 사무실과 서버실 인접 공간의 수치는 동일하지만, 운영 관점에서의 의미는 전혀 다르다. 사무 공간에서는 '적정 온도'일 수 있지만, 서버실에서는 '장비 위험 신호'가 된다. 이 차이는 단순 데이터 수집 및 모니터링만으로는 설명되

지 않는다. 공간의 용도, 운영 정책 등을 온톨로지로 정의해두어야만 AI가 이를 인식하고 "현재 상태가 적절한가?"를 판단할 수 있다. 즉, 온톨로지라는 신경망이 깔려 있어야만 DX로 얻은 감각 데이터가 AI라는 두뇌의 판단으로 연결되는 것이다.

데이터에서 지능으로: 스마트 건설을 완성하는 3단계 흐름

온톨로지를 통해 공간, 설비, 운영 규칙이 정교하게 구조화된 환경에서는 단순한 모니터링을 넘어 다음과 같은 지능형 자율 운영의 흐름이 완성된다.

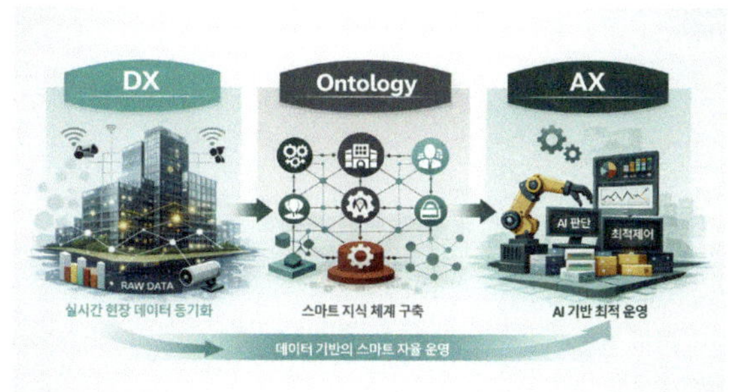

• DX : 물리 세계의 데이터 동기화 단순한 데이터 수집을 넘어, 실제 현장의 모든 동적 변화를 디지털 환경에 실시간으로 투영한다. 센서와 설비에서 쏟아지는 방대한 로우 데이터(Raw Data)를 디지털 트윈 모델에 동기화하여, 건물의 모든 상태를 가상 세계에서 가시화하고 추적할 수 있는 토대를 마련한다.

• Ontology(온톨로지) : 데이터의 의미적 해석과 연결 디지털화된 데이터에 '지능'을 입히는 핵심 단계다. 수집된 데이터를 공간의 용도, 설비의 인과관계, 운영 가이드라인과 결합하여 의미론적(Semantic) 맥락을 부여한다.

• AX : 자율적 판단과 최적 제어 맥락이 부여된 지식 체계 위에서 AI는 비로소 지능적 판단을 수행한다. 과거의 유사 상황, 현재의 운영 규칙, 그리고 시뮬레이션 결과를 실시간으로 비교 분석하여 최적의 운영 대안을 도출한다.

이러한 단계별 결합을 통해 디지털 트윈은 단순히 '눈

에 보이는' 시각화 도구에서 벗어나, 데이터 중심의 운영 판단과 사전 시뮬레이션을 가능케 하는 핵심 데이터 인프라로 진화한다.

스마트 건물의 미래, 데이터 구조화가 설계하는 '자율 운영 OS

이에이트가 바라보는 스마트 건설 DX의 궁극적인 방향은 분명하다. DX는 일회성 프로젝트가 아니라 건물의 수명 주기 전반을 고도화하는 운영 인프라, 즉 건물의 '운영체제(OS)'로 기능해야 한다.

의미와 맥락이 포함된 데이터 구조가 구축될 때 에너지 최적화와 탄소 관리의 정밀도는 향상되며, 경험 중심 운영에서 데이터 중심 운영으로의 본질적인 전환이 이루어진다. 이제 경영진의 핵심 질문은 "무엇을 더 도입할 것인가"가 아니라, "보유한 데이터를 어떤 구조로 이해하고 판단으로 연결할 것인가"로 바뀌어야 한다. 이에이트는 단순한 기술 도입을 넘어, 데이터 구조화와 AX의 유기적 결합을 통해 스마트 건설의 진정한 성패를 결정짓는 '지능형 데이터 인프라'의 해답을 제시해 나간다는 계획이다.

류제형 부사장
이에이트
jehyoung.ryu@e8ight.co.kr

CAE 가이드 V1

이해와 트렌드
제품 및 업체 소개
분야별 인터뷰 / 제품리스트

■ 캐드앤그래픽스 엮음

■ 페이지 : 390쪽

■ 정가 : 33,000원

■ 구입문의 : 02-333-6900, www.cadgraphics.co.kr

CAE 가이드 V1의 구성

PART **1** CAE의 이해와 트렌드

PART **2** 분야별 CAE 동향 인터뷰

PART **3** 주요 CAE 소프트웨어 소개

PART **4** CAE 관련 기기 소개

PART **5** CAE 관련 업체 디렉토리

PART **6** 업체별 주요 CAE 소프트웨어 공급 제품 리스트

※ 70여 업체, 200여개 솔루션 소개 수록

BIM 기술 트렌드 – 스마트 건설과 BIM 기술 동향

2025년 글로벌 건설 산업은 생성형 AI와 AI 전환(AX)을 통해 지능화 단계로 본격 진입하고 있다. 과거 수십 년간 도입된 클라우드, 사물인터넷(IoT), 초기 AI 기술들이 융합되고 고도화되어 건설 생애주기 전반의 워크플로우를 근본적으로 재편하고 있다. 이 변화의 핵심에는 BIM(Building Information Modeling, 건설정보모델링) 데이터와 생성형 AI의 결합이 자리 잡고 있다. 전통적인 건설 방식이 직면한 낮은 생산성, 공기지연, 높은 안전사고율, 노동력 부족 문제를 해결할 가장 유력한 대안으로 AI와 로보틱스 기술이 부상하고 있다. 특히 거대 언어 모델(LLM. Large Language Model)의 등장은 계약서, 시방서 등 비정형 데이터의 활용 가능성을 열어 AI 전환을 가속하는 기폭제가 되고 있다. 본 보고서는 2025년 해외 스마트 건설 동향을 BIM 관점에서 심층 분석하고, 시장, 기술, 소프트웨어, 혁신 기업 사례를 통해 국내 건설 산업이 나아가야 할 방향에 대한 전략적 시사점을 도출하고자 한다.

세계 시장 규모 및 성장 전망

2025년 스마트 건설 관련 시장은 AI 기술을 핵심 동력으로 하여 전례 없는 성장세를 보이고 있다 (Market Research Future). 스마트 건설 시장은 2025년 1,930억 달러에 이를 전망이며, 2034년까지 연평균 23.5%로 성장할 것으로 예측된다.

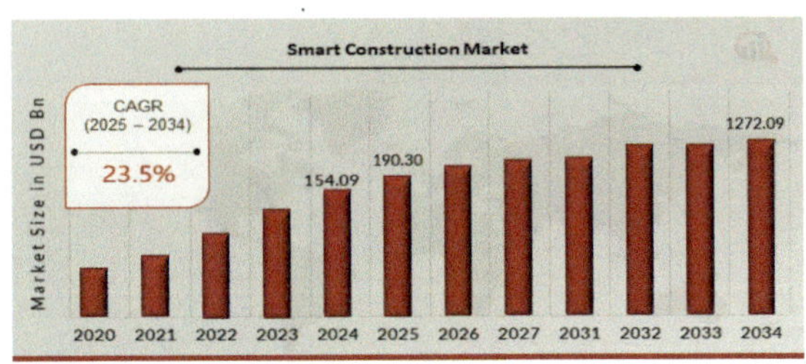

그림 1. Global Smart Construction Market Overview(Market Research Futur)

ConTech 시장은 2025년 70억 3000만 달러 규모에 도달하고, 2034년까지 연평균 17.5%로 성장할 전망이다(Dimension Market Research). 건설 시장 규모의 AI는 최근 몇 년 동안 기하급수적으로 성장했다. 2024년 17억 6,000만 달러에서 2025년 22억 9,000만 달러로 연평균 성장률(CAGR) 33.2%로 성장할 것이다.(The Business Research Company).

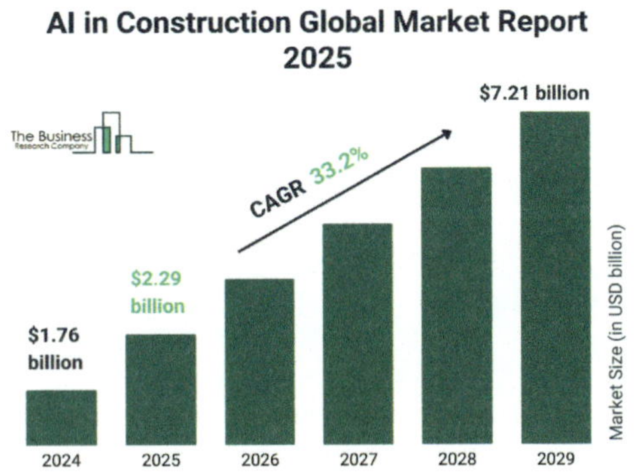

그림 2. 건설AI 글로벌 시장 규모 예상(The Business Research Company)

세계 스마트 건설 시장 규모 역시 2025년 1,115억 1,000만 달러로 추산되며 2034년까지 약 2,779억 2,000만 달러에 이를 것으로 예상되며, 2025년부터 2034년까지 CAGR 10.70%로 확장될 것이다. 북미 스마트 건설 시장 규모는 2024년에 352억 달러에 달했으며, 예측 기간 동안 10.72%의 CAGR로 확장되고 있다.(Precedence Research)

지역별 시장 동향

북미는 현재 가장 큰 시장 점유율을 차지하며 시장을 지배하고 있다. 아시아-태평양 지역은 급속한 도시화와 대규모 인프라 건설 수요로 인해 향후 가장 빠른 성장률을 보일 것으로 예상된다. 유럽은 북미에 이어 두 번째로 큰 시장을 형성하며, 특히 지속가능성과 친환경 건축에 대한 강한 요구가 시장을 견인하고 있다.

시장의 성장은 복합적인 요인에 의해 발전될 것이다.

첫째, COVID 이후로 건설 노동력 문제가 심화되고 있어, AI 기반 공정 최적화 등을 통한 생산성 및 효율성 향상 요구가 크다.

둘째, AI 영상 분석, 웨어러블 센서 등을 통한 건설 현장 안전 관리 강화이다.

셋째, 에너지 효율 설계, 폐기물 최소화 등 지속가능성 및 친환경 건축에 대한 요구가 거세지고 있다.

넷째, 만성적인 노동력 부족 문제를 해결하기 위한 건설 로봇 및 자동화 장비 도입이 필수가 되고 있다.

BIM과 AI의 융합 : 생성형 디자인과 워크플로우 혁신

생성형 AI 기반 설계 최적화 (Generative Design)

생성형 디자인은 건축가가 설정한 목표와 제약 조건

내에서 AI가 수천 개의 설계 대안을 자율적으로 탐색하고 최적화하는 기술이다. 2025년의 생성형 디자인은 일조량, 에너지 효율 등 다양한 성능 요소를 실시간으로 분석하는 '상황 인지적(Context-Aware)' 설계 도구로 진화하고 있다.(Novatr, 2025) 예를 들어, Autodesk Forma와 같은 솔루션은 최적의 건물 배치, 동선 등을 포함한 여러 부지 계획안을 즉시 생성하고 성능을 비교 분석해준다.

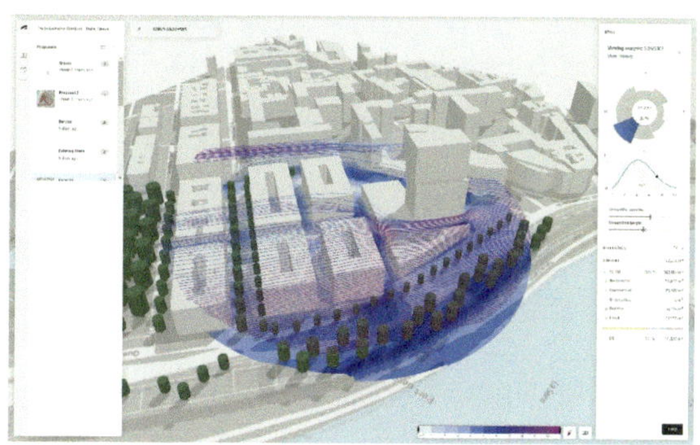

그림 3. AI 기반 설계대안 분석 진화(Autodesk Forma)

AI를 통한 BIM 워크플로우 자동화

AI는 BIM 기반 워크플로우를 자동화하여 생산성을 향상시킨다. AI 기반 충돌 감지는 과거 데이터를 학습하여 충돌 가능성을 사전에 경고한다. Togal.AI와 같은 솔루션은 도면을 분석하여 물량을 자동으로 산출한다. AI-BIM 통합은 인지 자동화, 상호 운용성, 지속 가능성 통합과 같은 주요 동향에 의해 추진되고 있다.

2024년 산업 설문조사 결과, AEC 기업의 많은 수가 이미 AI가 강화된 BIM 도구를 사용하고 있으며, 이는 프로젝트 지연을 줄이는 데 크게 기여한다. 기계 학습, GAN(Generative Adversarial Networks), 디지털 트윈과 같은 AI 기술은 설계 최적화, 충돌 감지, 실시간 구조 건전성 모니터링을 개선하는 데 활용된다. (OpenAsset)

AI-BIM 도입을 통해 설계 반복 속도 향상, 건설 비용 오류 감소, 정보 요청(RFI) 해결 시간 단축과 같은 상당한 효율성 증대가 이루어지고 있다. 특히 AI 기반의 충돌 감지 시스템은 프로젝트 초기 단계에서 문제를 식별하여 재작업 및 비용 초과를 방지하는 데 도움을 준다. 또한 AI 도구는 탄소 점수 계산 및 HVAC(냉난방공조) 레이아웃 최적화를 통해 지속 가능성 및 규제 준수를 강화한다. 이는 환경 발자국을 줄이고 에너지 효율적인 건물을 설계하는 데 필수적인 요소이다.

ALICE Technologies는 수백만 가지 시공 시나리오를 시뮬레이션하여 최적의 공정 계획을 도출한다. ALICE Technologies는 계약업체가 수천 개의 프로젝트 일정을 자동으로 생성하고 테스트할 수 있도록 지원한다. 특히 복잡한 건설 프로젝트의 경우 ALICE는 '건설 시뮬레이터'의 역할을 하여 리소스 가용성, 자재 납품 및 작업 종속성과 같은 제약 조건을 분석한다.

그림 4. ALICE Technologies

Procore와 같은 도구는 시방서를 분석하여 제출물 목록을 자동으로 생성하는 등 문서 작업을 자동화한다.

디지털 트윈의 진화와 자산 관리

디지털 트윈은 물리적 자산을 가상 공간에 복제하고 실시간 데이터를 연동하여 자산 상태를 모니터링, 분석, 예측하는 기술이다(Prototech Solutions). BIM과 디지털 트윈 기술의 융합은 주목해야 할 또 다른 트렌드이다. 디지털 트윈은 실시간 모니터링 및 관리를 가능하게 하는 물리적 자산의 가상 복제본이다.

IoT 센서를 BIM 모델과 통합함으로써 이해 관계자는 자산 상태, 에너지 사용량 및 점유 패턴에 대한 데이터를 지속적으로 수집할 수 있다. 이 실시간 피드백 루프는 건물의 수명 주기 전반에 걸쳐 예측 유지 관리와 더 스마트한 리소스 할당을 가능하게 한다.

디지털 트윈을 통해 건설 팀은 설계 단계에서 다양한 시나리오를 시뮬레이션하여 에너지 사용을 최적화하고 시공 후 자산 성능을 향상시킬 수 있다. 이 기능은 운영 효율성을 향상시킬 뿐만 아니라 폐기물과 에너지 소비를 최소화하여 지속 가능성 목표에 기여한다.

Bentley Systems(벤틀리시스템즈)의 iTwin 플랫폼은 다양한 포맷의 데이터를 통합하여 포괄적인 디지털 트윈을 구축하는 개방형 플랫폼으로 주목받고 있다. iTwin 플랫폼은 인프라 자산의 디지털 트윈을 생성, 시각화 및 분석하는 디지털 트윈 애플리케이션을 위해 특별히 제작된 개방형 API 및 라이브러리를 기반으로 구축되었다. iTwin Platform은 백엔드 보안, 인프라, 데

그림 5. Bentley iTwin with Unreal Engine(싱가폴 SMRT 사례)

이터 통합 요구 사항과 같은 나머지를 처리한다. 고객 또는 조직에 가치를 제공하는 응용 프로그램에 중점을 둔다. iTwin 플랫폼은 기술 스택을 구축하고 유지 관리하는 데 필요한 오버헤드를 줄이는 데 도움이 된다. (Bentley Systems).

차세대 기술 동향: LLM, AI 에이전트, 그리고 건설 로보틱스

건설 산업의 AI 전환(AX)과 LLM의 활용

LLM은 BIM 데이터에 대한 접근성을 민주화한다. (SummarizePaper) 'BIM-GPT'와 같은 연구는 자연어 질의를 통해 비전문가도 BIM 데이터에 쉽게 접근할 수 있는 가능성을 보여준다. 프롬프트 관리자 및 동적 템플릿은 GPT 모델에 대한 프롬프트를 생성하여 자연어 쿼리를 해석하고, 검색된 정보를 요약하고, BIM 관련 질문에 답변할 수 있도록 한다. 이 사례는 병원 건물 프로토타입을 통해 BIM-GPT의 기능을 제공한다.

Document Crunch와 같은 솔루션은 LLM을 활용해 계약서, 시방서 등 비정형 문서를 분석하여 리스크를 관리하고 정보 검색 시간을 단축시킨다. 프로젝트 관리자, 법무 팀 및 하청업체가 복잡한 문서를 검토할 때 위험을 줄이고 시간을 절약하는 데 도움이 된다.

또한 이 플랫폼에는 사전 로드된 산업 표준 및 교육

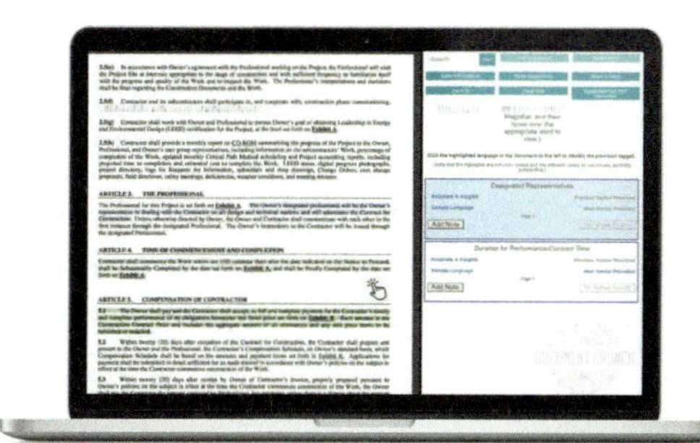

그림 6. Document Crunch

모듈이 포함되어 있어 법률이 아닌 사용자가 계약 언어에 더 쉽게 액세스할 수 있다. 이를 통해 기본적인 레드라이닝에 대한 변호사에 대한 의존도를 줄이고 팀 전체의 계약 이해력을 향상시킬 수 있다.

지능형 AI 에이전트의 등장

AI 에이전트는 목표를 부여받으면 스스로 계획을 수립하고 필요한 도구를 자율적으로 사용하는 시스템이다 (Orq.ai). LLM 에이전트는 반응형 대규모 언어 모델에서 작업을 계획, 추론 및 실행할 수 있는 자율 시스템으로의 전환을 나타낸다. 표준 LLM 또는 챗봇과 달리 도구를 호출하고, 메모리를 유지하고, 반복 루프에서 작동할 수 있으므로 동적 문서 쿼리 또는 다단계 고객 지원과 같은 복잡한 워크플로에 이상적이다.

현재는 ChatGPT, Claude, Gemini가 에이전트 방식으로 동작하며, 검색 등 다양한 도구와 메모리를 사용하여 최소한의 인간 입력으로 작업을 완료하는 방법을 보여주었다. 이는 공식적인 LLM 에이전트 프레임워크를 구축하는 데 대한 관심을 불러일으켰다. 오늘날 기업들은 Copilot을 사용하든 다중 에이전트 LLM 시스템을 통해 워크플로를 조정하든, 에이전트식 AI를 사용하면 팀이 단순한 프롬프트를 넘어 오케스트레이션된 결과 기반 프로세스로 실무를 이동할 수 있다.

Autodesk(오토데스크)는 미래에 개별 소프트웨어 애드인이 지능형 에이전트로 대체될 것이라는 비전을 제시했다(The Building Coder, 2025). DevCon 2025 암스테르담 컨퍼런스에서 이런 트렌드가 대거 발표 공유되었다. Raji Arasu는 기존 애드인을 지능형 에이전트로 대체한다는 미래 지향적인 비전을 공유했다. LLM으로 구동되는 로우코드 및 노코드 도구는 이러한 시스템이 어떻게 기술 격차를 해소하고 복잡한 디자인

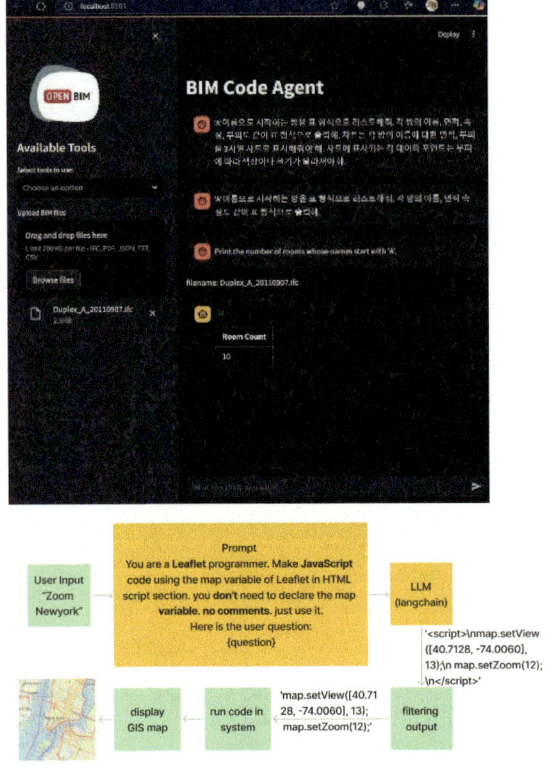

그림 7. BIM 기반 AI 에이전트 예시(강태욱, 2024)

워크플로우를 자동화할 수 있는지에 대해 설득력 있는 프레젠테이션을 제시했다. 관련 세션에서 챗봇이 모델 데이터를 자동 액세스하고, 시뮬레이션 계산을 시연하는 모습이 있었다. 특히 Autodesk Platform Services가 클라우드 네이티브 환경을 위해 구축되어, Autodesk Assistant를 통해 사용자가 자연어를 통해 캐드 데이터를 자연스럽게 액세스할 수 있다.

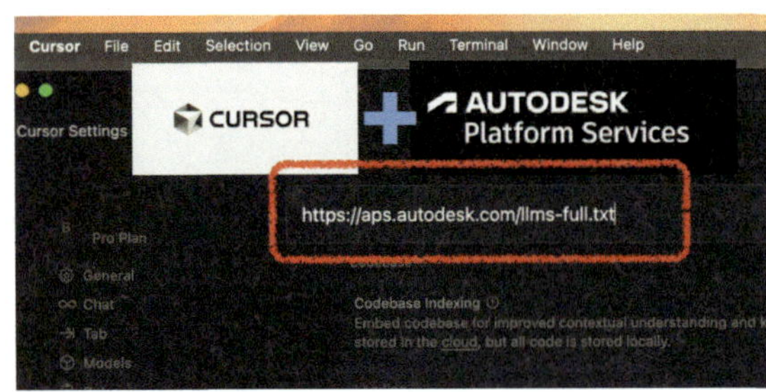

그림 8. LLM 에이전트와 APS의 접목(Autodesk)

BIMLOGIQ Copilot과 같은 도구는 코드 없는 자동화에 접근하는 방법에 특히 도움이 된다. Smart Annotation과 같은 AI 기반 도면 일치성 도구를 통해 다양한 도면 작업 및 연계에 관한 문제를 자동화할 수 있다.

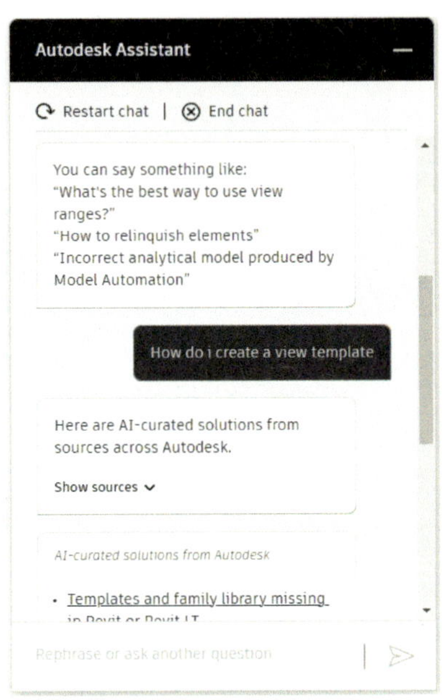

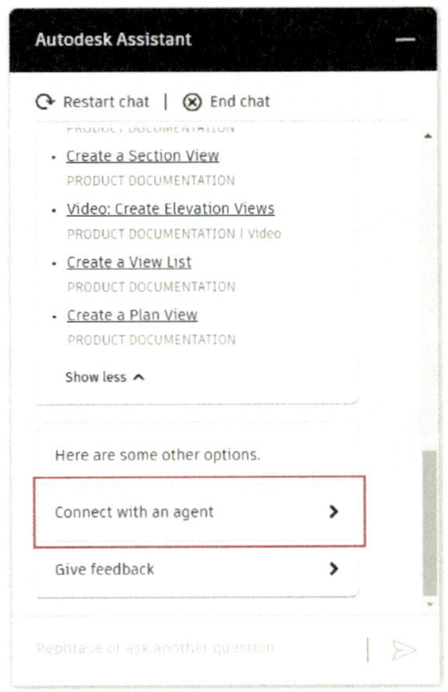

그림 9. Autodesk Assistant를 통한 Agent 기능 실행 (Autodesk)

Procore는 'Procore Helix'를 통해 RFI 초안 작성 등을 자동화하는 AI 에이전트 기능을 파일럿으로 제공하며 이러한 변화를 주도하고 있다. Procore Helix는 AI, 에이전트 워크플로, 분석 및 통찰력으로 구성된 인텔리전스 시스템이다. 이러한 기능은 건설 워크플로우를 가속화하고 확장할 수 있도록 플랫폼에 내장되어 있다. Helix는 일일 로그와 산출물에서 관찰할 수 있는 데이터를 가져와 팀이 당장 활용할 수 있는 동적 인텔리전스 정보모델로 변환한다.(Procore).

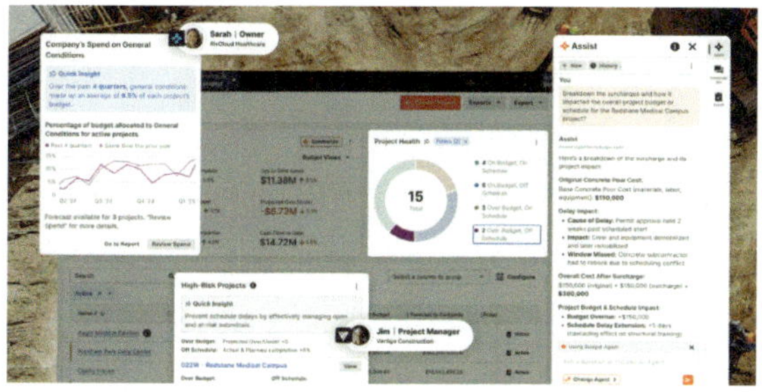

그림 10. Procore Helix

건설 로보틱스의 현재와 미래

건설 로봇은 전문 작업 로봇과 범용 휴머노이드 로봇으로 나뉘어 발전하고 있다. 로봇은 더 이상 건설 산업에서 먼 미래의 일이 아니며 이미 현장에 있다.

그림 11. Figure AI

현재 사용되고 있는 대부분의 로봇은 작업별 로봇 공학(granulaly robotics) 범주에 속하며, 이는 좁게 정의된 단일 작업을 수행하도록 설계된 기계이다. 현장 스캔 로봇, 로봇 벽돌공, 자율 현장 조사기 또는 벽 미장 기계를 생각해 보면, 이러한 도구는 통제된 환경에서 반복성과 효율성을 위해 제작되었으며, 건설 작업자에게 귀중한 요소가 되고 있다.(RoboticsTomorrow)

예를 들면, Hilti Jaibot(천장 드릴링), ACR의 TyBot(철근 결속)과 같은 전문 로봇은 특정 반복 작업을 자동화하여 즉각적인 ROI를 제공하며 현장에 활발히 도입되고 있다.

그림 12. Hilti 천장 드릴링 로봇

반면, Tesla(테슬라)의 Optimus와 같은 범용 휴머노이드 로봇은 아직 연구개발 단계에 있지만, 장기적으로 노동력 부족 문제를 해결할 혁신 기술로 주목받고 있다. 일반 지능을 갖춘 민첩한 이족 보행 로봇은 많은 사람들이 예상했던 것보다 빠르게 발전하고 있으며 경제적으로 빠르게 실현 가능해지고 있다. 5년 이내에 로봇은 인간의 노동에 필적하거나 능가하는 비용으로 광범위한 신체 작업을 수행할 수 있을 것이다. 채택은 제조에서 식품 서비스, 의료 및 건설에 이르기까지 산업 전반에 걸쳐 가속화될 가능성이 있다.

한국을 포함한 주요 선진국에서 인구 증가율이 둔화 혹은 감소하고 있으며, 은퇴 연령을 부양할 수 있는 노동 인구가 줄어들고 있다. 이러한 불균형으로 인해 2030년까지 전 세계적으로 약 800만 명의 제조업 근로자가 노동력 부족에 시달리게 될 수 있으며, 이로 인해 자동화에 대한 수요가 증가할 수 있다. 휴머노이드 로봇은 이러한 인구 통계학적 변화 동안 경제 성장을 유지하는 데 매우 중요할 수 있다.

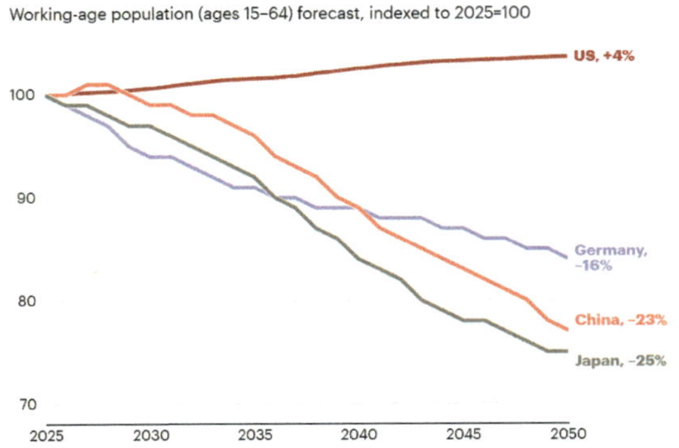

그림 13. 주요 선진국 노동 생산 인구 예측(UN World Population Estimates. Bain Macro Trends Group analysis)

예측은 다양하지만, 일반적으로 2030년까지 휴머노이드 로봇의 배치가 꾸준히 증가한 후 그 이후에는 급격히 증가할 것으로 예상된다. 시장 전망치는 2035년까지 380억 달러에서 2,000억 달러 이상이다. 휴머노이드 로봇 스타트업에 대한 글로벌 자금은 2020년 약 3억 800만 달러에서 2024년 11억 달러로 빠르게 증가하고 있다. 미국, 중국을 포함한 여러 글로벌 기술 리더와 전문 로봇 스타트업이 생산을 늘리고 있는 중이다.(Bain & Company)

	Headquarters	Planned unit production
Tesla	US	10,000 by 2025; 50,000–100,000 by 2026; more than 500,000 by 2027
Figure	US	12,000 by 2025; 100,000 over the next four years
Agility Robotics	US	10,000 (annual manufacturing capacity)
Galbot	China	10,000 by 2028
BYD	China	200,000 deployed in their factories by 2026
AgiBot	China	5,000 by 2025
UBTech	China	10,000 by 2027

그림 14. 주요 선진국 휴머노이드 로봇 생산 계획(PMorgan Chase; 회사 보고서; Bain Macro Trends 그룹 분석)

주요 상업용 소프트웨어 및 플랫폼 AI 전략

주요 벤더들은 자사의 플랫폼을 중심으로 데이터 생태계를 구축하고 AI 서비스를 고도화하여 시장 경쟁을 주도하고 있다. 주요 상업용 소프트웨어 및 플랫폼 AI 전략을 확인해 보자.

• **Autodesk** : AEC Collection과 Autodesk Construction Cloud(ACC) 전반에 AI를 통합하고 있다. Autodesk Forma는 생성형 디자인을 통한 설계 혁신을 주도하며, APS를 기반으로 LLM 에이전트를 연계해 플랫폼 전략으로 시장 확장하며, Construction IQ를 통해 축적된 데이터를 기반으로 프로젝트 리스크를 예측하고 관리한다.

• **Bentley Systems** : 'iTwin' 플랫폼을 중심으로 개방형 인프라 디지털 트윈 생태계 구축에 집중하고 있다. OpenSite+는 생성형 AI와 코파일럿 기능을 토목 부지 설계에 적용한 대표적인 애플리케이션이다. 건설 현장 기반 플랫폼과 솔루션을 AI 기술로 강화한다.

• **Trimble** : '연결된 건설(Connected Construction)' 전략을 통해 현장 하드웨어와 사무실 소프트웨어를 'Trimble Construction One' 플랫폼으로 통합한다. Tekla Structures는 AI 기반 제작 도면 생성 기능을 제공하며, ProjectSight는 AI를 활용해 도면 관리를 자동화한다. 3차원 라이다, 로봇, 스캔

그림 15. Trimble Construction One 기반 측량/스캔 로봇 (Trimble)

표 1. 주요 소프트웨어 벤더 AI 전략 비교

벤더 (Vendor)	핵심 AI 플랫폼/전략	생성형 디자인/설계 자동화	AI 기반 프로젝트 관리	디지털 트윈 전략
Autodesk	Autodesk Construction Cloud (Construction IQ)	Autodesk Forma (Site Automation)	ACC (리스크 예측, 품질/안전 관리)	설계-시공 데이터 통합
Bentley Systems	iTwin Platform (Open PaaS)	OpenSite+ (토목 부지 설계 최적화)	SYNCHRO (4D/5D 시뮬레이션)	개방형 인프라 디지털 트윈 생태계
Trimble	Trimble Construction One (Connected Construction)	SketchUp Diffusion (AI 렌더링)	ProjectSight (AI 도면 관리)	현장-사무실 데이터 선순환 루프
Procore	Procore Helix (Intelligence System)		AI 기반 안전/품질 관리, AI 에이전트	준공 데이터를 활용한 자산 관리

및 GPS 등 하드웨어 기술을 십분 활용하여, 현장에서 오피스까지 AI기반 데이터 파이프라인을 구축한다. Trimble Connect와 LLM을 연계해 플랫폼 경쟁력을 강화한다.

ConTech 혁신 기업 및 솔루션

혁신적인 스타트업들이 특정 문제 해결에 집중하며 시장의 변화를 주도하고 있다. 이들의 건설 DX(디지털 전환) 전략을 확인해보자.

.

• **AI 기반 공정 관리:** ALICE Technologies는 AI로 수백만 가지 시공 시나리오를 시뮬레이션하여 공정 계획을 최적화하고, Buildots는 컴퓨터 비전 기술로 현장 진행률을 BIM 모델과 비교하여 자동으로 추적한

다. 이스라엘의 인공지능 건설 소프트웨어 스타트업 Buildots는 인텔 캐피털(Intel Capital)이 주도하고 OG 테크 파트너스(OG Tech Partners)와 이전 투자자들의 참여로 1,500만 달러의 투자를 유치했다. BuildOps는 HVAC 등 상업용 전문 건설업체에 특화된 수직적 SaaS 플랫폼으로, 2025년 유니콘 기업으로 성장했다.

• **건설 로보틱스:** Dusty Robotics는 BIM 도면을 현장 바닥에 1:1로 인쇄하여 먹매김 오류를 방지하고, Hilti의 Jaibot은 BIM 데이터를 기반으로 천장 드릴링을 자동화하였다. ACR의 TyBot은 철근 결속 작업을 자동화하여 공기를 단축시킨다.

그림 16. Builddots

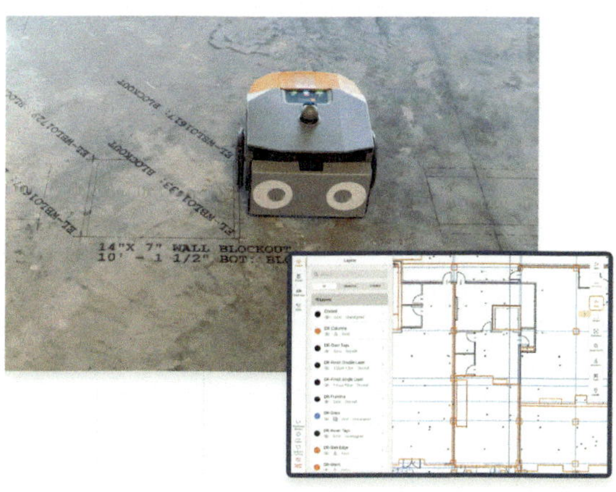

그림 17. Dusty Robotics

- **지속가능성:** Brimstone은 CO2 배출 없는 시멘트 생산 기술을 개발하여 미국 에너지부(DOE)의 대규모 자금 지원 대상으로 선정되었다.(Business Wire) 이 최초의 상업 공장은 업계 표준의 일반 포틀랜드 시멘트를 생산하는 동시에 120,000미터톤의 CO를 감축한다. 미국 에너지부(DOE) 청정에너지 시범국(OCED)은 탈탄소화의 선두주자인 브림스톤(Brimstone)이 시멘트 생산을 위한 브림스톤의 심층적인 탈탄소화 공정을 도입하는 최초의 상업용 공장 건설 자금을 조달하기 위한 1억 8,900만 달러의 연방 협상 대상으로 선정되었다고 발표했다. 이 공장은 전 세계 거의 모든 건설에 사용되는 시멘트인 산업 표준 일반 포틀랜드 시멘트를 연간 최대 140,000미터톤 생산하는 동시에 연간 120,000미터톤 이산화탄소 배출을 방지한다.

- **B2B 마켓플레이스:** 인도의 Infra.Market은 파편화된 자재 공급망을 기술 기반의 통합 플랫폼으로 혁신하여 빠르게 성장하고 있다. 건축 자재 산업은 오랫동안 파편화되어 있었고 기술 혁신에 저항해 왔다. 건축 자재 플랫폼인 Infra.Market에서 유통, 제조 및 소비자 구매를 통합하는 기술을 활용하여 이를 혁신한다. 이 플랫폼은 투명성과 편의성을 모두 제공하도록 설계되었으며, 콘크리트 및 AAC 블록에서 세라믹, MDF, 페인트 등에 이르기까지 다양한 건축 자재를 한 플랫폼 안에서 제공한다.

그림 17. Infra.market (The CEO Magazine)

결론 및 시사점

해외 스마트 건설 시장은 AI 기술이 BIM과 결합하여 '자율적 최적화' 단계로 진입하는 변곡점에 서 있다. 핵심 트렌드는 생성형 AI를 통한 기술의 지능화, 데이터 패권 경쟁 심화에 따른 시장의 플랫폼화, 그리고 즉각적인 ROI를 중시하는 투자의 실용화이다.

국내 건설 산업은 LLM 기반 BIM 데이터 활용, AI 에이전트를 통한 워크플로우 자동화, 전문 건설 로봇 도입과 같은 기술에 전략적으로 주목해야 한다. 또한, BuildOps와 같은 특정 공종에 특화된 수직적 플랫폼 모델과 서비스형 로봇(RaaS) 모델의 가능성을 적극적으로 탐색해야 한다.

마지막으로, 성공적인 AI 전환(AX)을 위해서는 기술 도입을 넘어 인재와 조직 문화의 근본적인 혁신이 필수적이다. 건설 공학과 AI 기술을 모두 이해하는 전문가를 양성하고, 데이터 기반의 애자일(Agile)한 조직 문화를 구축하여 변화를 수용하는 기업만이 미래 건설 시장의 주도권을 확보하게 될 것이다.

강태욱 전문위원
한국건설기술연구원
laputa99999@gmail.com

국내 BIM 시장동향과 정부 정책 및 전망

국내에서 BIM(Building Information Modeling, 건설 정보 모델링)이 본격적으로 논의되기 시작한 것은 1990년대 후반이다.

1998년 IAI(International Alliance for Interoperability) 코리아로 출범한 빌딩스마트협회(buildingSMART Korea, www.buildingsmart.or.kr)는 2008년 사단법인 빌딩스마트협회로 이름을 바꾸고 국토해양부 산하 단체로 등록했다. 이와 함께 건설 실무 분야에서 BIM 및 첨단 건설 IT 연구, 보급 및 적용을 촉진하기 위한 표준화와 교육 등 다양한 활동들이 이루어졌다. 한편, 2010년 창립된 한국BIM학회는 BIM을 학문적 영역으로 끌어올려 건설 IT 융복합 기술의 이론적 토대를 마련했다.

BIM은 초기에는 동대문디자인플라자(DDP)와 같은 비정형 건축물의 설계를 구현하기 위한 기술로 주목받았다. 또한 빌딩스마트협회가 주도한 'BIM 적용 가이드라인'과 'BIM Awards'는 민간 영역에서 BIM 기술의 확산과 수준 향상을 이끄는 계기가 되었다.

이후 2010년 조달청의 'BIM 적용 기본지침' 발간을 기점으로 공공 주도의 확산기에 접어들었다. 공공 프로젝트를 중심으로 BIM 적용 경험이 축적되었고, 2020년 '2030 건축 BIM 활성화 로드맵'이 발표되면서 BIM은 단순한 시각화 도구를 넘어 데이터 중심의 스마트 건설 DX(디지털 전환, Digital Transformation) 핵심 기술로 자리잡기 시작했다.

과거의 BIM이 2D 도면 보완을 위한 선택적 도구였다면, 현재는 전면 BIM 의무화와 디지털 트윈 결합을 통해 건설 전 생애주기를 혁신하는 필수 인프라로 인식되고 있다.

국내 BIM 시장 동향

국내 BIM 시장은 공공 부문의 단계적 의무화와 민간 확산을 축으로 빠르게 성장하고 있다. 정부는 2030년까지 공공 건설 프로젝트 전반에 BIM 활용을 목표로 강력한 정책을 추진 중이며, 이에 따라 공공 발주 프로젝트에서 BIM 적용 사례도 꾸준히 증가하는 추세다.

최근에는 대형 건설사뿐 아니라 설계사무소, 엔지니어링 기업, 건설 IT 기업까지 BIM 기반 협업 체계를 구축하면서 시장 생태계가 빠르게 확대되고 있다.

민관 협력의 중심: 스마트건설 얼라이언스

'스마트건설 얼라이언스'(www.smartcona.co.kr)는 2023년 출범되었으며, 민간 기업이 주도하고 정부가 지원하는 민관 협력 플랫폼이다. 대형 건설사와 중소 기술업체가 협력하여 현장의 기술적 문제를 해결하고 제도 개선을 제안하는 역할을 하고 있다. 최근에는 기술 변화에 대응하기 위해 위원회 체계를 재편하고 스마트 건설 관련 핵심 기술 분야 중심으로 활동을 확대하고 있다.

■ OSC 위원회: 탈현장 건설 및 모듈러 공법 활성화
■ 건설 로봇 위원회: 현장 자동화 및 로봇 투입 기술 실증

■ 데이터 인프라 위원회: 스마트 건설 데이터 표준화 및 관리
■ Vision AI 위원회: 영상 인식 기반의 현장 관리 및 분석
■ Agent AI 위원회: 지능형 업무 보조 및 최적화 솔루션

공공·민간 부문에서의 BIM 확대

공공 부문에서는 한국도로공사, 국가철도공단, LH(한국토지주택공사), SH(서울주택도시공사) 등이 BIM 발주를 주도하고 있다.

BIM의 실질적인 현장 안착과 발주 체계의 표준화를 위해 'BIM 발주자 협의회'가 스마트건설 얼라이언스 내에 조직되어 중추적인 역할을 수행하고 있다. 협의회에는 국토교통부 및 10개 주요 발주기관(한국공항공사, 국가철도공단, 국토안전관리원, 서울시, 서울주택도시공사, 조달청, 한국농어촌공사, 한국도로공사, 한국수자원공사, 한국토지주택공사)이 참여하고 있다.

특히 LH는 2024년부터 신규 주택 설계 공모에 BIM을 100% 적용하는 정책을 시행하여 공공 주거 부문의 디지털 전환을 이끌고 있다.

민간 건설사 역시 BIM을 설계·시공 협업의 핵심 도구로 활용하고 있으며, 대형 건설사 대부분이 BIM 전담 조직을 운영하고 있다. 최근에는 주거·상업시설분 아니라 반도체 및 하이테크 플랜트, 모듈러 건축 등 정밀한 공정 관리가 필요한 분야에서 BIM 기반 설계·시공 수요가 빠르게 증가하고 있다.

정부 BIM 정책 및 로드맵

국토교통부는 2020년 '건설산업 BIM 기본지침'과 '2030 건축 BIM 활성화 로드맵'을 통해 건설 전 생애주기 디지털화의 기틀을 마련했다. 이후 2022년 발표된 '스마트 건설 활성화 방안(S-Construction 2030)'을 통해 공공 건설 사업을 중심으로 BIM 적용을 단계적으로 확대하는 정책을 추진하고 있다.

표 1. 공공 공사 BIM 의무화 단계별 로드맵

적용 시점	대상 및 규모	주요 내용
2023년	1,000억 원 이상 철도·건축	대형 공공 프로젝트 대상 의무화 개시
2024년	1,000억 원 이상 하천·항만 등 SOC	SOC 전 공종으로 의무화 확대
2026년	500억 원 이상 공사	중견 규모 공사까지 적용 대상 하향
2028년	300억 원 이상 공사	중소형 공공 공사까지 본격 확대
2030년	모든 공공 공사	공공 전 영역 BIM 전면 도입 완성

정부 지원 정책 및 제도 변화

정부는 BIM 데이터 표준화와 함께 'BIM 시행지침'을 제정하여 현장의 혼란을 최소화하고 있다. 특히 시공능력평가에 스마트 건설기술 활용 실적을 반영하여 기업의 참여를 독려하고 있으며, BIM 설계에 따른 적정 대가 산정 기준을 SOC 분야별로 마련해 나가고 있다. 또한, 클라우드 기반의 건축행정시스템인 세움터를 통해 BIM 인허가 체계를 구축함으로써 행정 절차의 디지털 전환도 병행하고 있다.

2030 건축 BIM 활성화 로드맵 주요 과제

'2030 건축 BIM 활성화 로드맵'은 건축 산업 전반의 디지털 전환을 목표로 한 국가 전략이다.

정부는 2025년까지 '전면 BIM 설계' 기반을 구축하고, 이를 발판 삼아 2030년에는 디지털 건축 서비스를 전 생애주기에 걸쳐 구현한다는 목표를 수립했다.

이를 실현하기 위한 첫 번째 단추는 실질적인 제도 개선이다. 한국토지주택공사(LH)가 발주하는 공동주택에 대해 전면 BIM 의무화를 조기에 완료함으로써 공공 부문의 마중물 역할을 강화한다. 동시에 민간 프로젝트의

표 2. 주요 주체별 BIM 도입 타임라인

구분	1단계 (~2023)	2단계 (~2026)	3단계 (~2030)
발주자	1,000억원 이상 의무화 및 지침 마련	500억원 이상 확대 및 인허가 연계	전 공공 공사 의무화 및 상용화
설계·시공사	전담 조직 구축 및 시범 적용	표준 프로세스 확립 및 협업 강화	전 공정 BIM 기반 DX 완성

자발적인 참여를 이끌어내기 위해 입찰 가산점 부여, 건축 인허가 기간 단축 등 실효성 있는 인센티브 제도를 대폭 확대할 방침이다.

기술적 도약 또한 로드맵의 핵심 축을 담당한다. 단순한 3D 모델링을 넘어 인공지능(AI) 기반의 설계 자동화 기술을 확보하고, 시간(4D)과 비용(5D) 정보가 결합된 가상 시공 시뮬레이션 기술을 고도화한다. 나아가 준공 이후에도 디지털 트윈을 활용해 건축물을 효율적으로 관리할 수 있는 지능형 유지관리 R&D 지원에 역량을 집중할 계획이다.

마지막으로, 발주자와 설계자, 시공자 간의 정보 단절을 해소하기 위한 협업 기반 강화에 주력한다. 공통 데이터 환경(CDE)을 활용한 표준 협업 프로세스를 업계 전반에 정착시킴으로써, 프로젝트 참여자들이 실시간으로 정확한 정보를 공유하고 소통할 수 있는 디지털 생태계를 조성해 나갈 전망이다.

국내 BIM 활성화 과제와 해결 방향

국내 건설 산업에 BIM이 도입된 지는 30여년이 흘렀지만 아직까지 해결해야 할 많은 과제를 안고 있다.

공공 의무화와 2030 로드맵 등 정부 주도의 강력한 정책에도 불구하고 현장에서는 형식적 적용이나 외주 의존, 이중 성과품 제출 등의 문제가 제기되고 있다. 또한 BIM 업무에 대한 적정 대가 기준이 충분히 반영되지 않아 업무량을 가중시키고 외면받는 문제가 발생하고 있다. 이와 함께 BIM 활성화를 뒷받침할 정량적 근거가 부족하다는 점도 핵심 문제로 제기되고 있다.

이러한 문제를 해결하기 위해서는 BIM을 단순한 3D 모델링 도구가 아닌 건설 데이터를 관리하는 핵심 프로세스로 인식하는 것이 필요하다.

최근 AI 기술의 발전과 함께 BIM은 단순한 정보의 저장소를 넘어 지능형 건설 데이터 플랫폼으로 진화하고 있다. 향후 BIM, AI, 로봇, 드론, OSC, DfMA 등 기술이 결합될 경우 건설 산업은 생산성과 안전성이 크게 향상되는 새로운 산업 구조로 변화할 것으로 전망된다.

미래의 스마트 건설은 '자율형 건설(Autonomous Construction)' 시대로 나아갈 것으로 전망된다.

BIM이 건설 프로젝트의 데이터 기반을 담당하고, AI가 이를 분석·판단하며, 로봇과 자동화 장비가 BIM 데이터를 실시간으로 수신하여 현장에서 시공하는 단계에 이르면, 건설업은 전통적인 수주 산업에서 하이테크 제조 서비스업으로 탈바꿈하게 될 것이다.

BIM이 의무나 보여주기식 허례허식에서 벗어나 AI 기술과 결합하여 비용과 공기를 줄이는 필수 비즈니스 프로세스로 정착되고, 전문 인력 양성과 제도적 지원을 통해 스마트 건설 디지털 전환이 본격적으로 이루어지길 기대해본다.

최경화 국장
캐드앤그래픽스
kwchoi@cadgraphics.co.kr

스마트 건설을 위한 안전 기술 동향

스마트 건설과 안전의 진화

건설산업과 안전

건설 산업은 국가 경제의 핵심적인 인프라를 구축하는 기간산업임에도 불구하고, 전통적으로 '3D(Dirty, Difficult, Dangerous)' 업종이라는 인식이 지배적이었다. 특히 타 산업 대비 현저히 높은 재해율은 건설업의 지속 가능성을 저해하는 고질적인 문제로 지적되어 왔다. 그러나 2020년대 중반에 접어들며 건설 안전 분야는 거대한 패러다임의 전환을 맞이하고 있다. 이는 4차 산업혁명의 핵심 기술인 인공지능(AI), 사물인터넷(IoT), 로보틱스, 디지털 트윈(Digital Twin) 등이 현장에 본격적으로 도입되기 시작했기 때문이다. 과거의 안전 관리가 사고 발생 후의 대응과 법적 규제 준수에 초점을 맞춘 '규제 중심'의 접근이었다면, 현재는 데이터에 기반하여 위험을 사전에 예측하고 예방(Predictive & Proactive)하는 '기술 중심'의 스마트 안전 관리로 진화하고 있다.

건설 안전 관리의 진화

건설 현장의 안전 관리는 시대적 요구와 기술의 발전에 따라 단계적으로 진화해 왔다. 초기 단계인 Safety 1.0은 단순한 법적 의무 이행과 안전모, 안전화 등 기본적인 개인 보호구(PPE) 착용을 강조하는 수준에 머물렀다. 이후 도입된 Safety 2.0은 ISO 45001, KOSHA-MS와 같은 안전보건경영시스템(SMS)의 구축을 통해 절차와 매뉴얼에 기반한 체계적 관리를 시

도하였다. Safety 3.0 단계에서는 근로자의 심리적 요인과 안전 문화의 중요성이 부각되면서 '감성 안전'과 '참여형 안전'이 강조되었다.

현재 우리가 주목해야 할 단계는 Safety 4.0이다. 이는 4차 산업혁명 기술을 안전 관리에 융합한 형태로, 사람의 개입을 최소화하고 기술적 솔루션을 통해 위험 요인을 원천적으로 제거하거나 통제하는 것을 목표로 한다. Safety 4.0의 핵심은 '연결(Connectivity)'과 '지능(Intelligence)'이다. 현장의 모든 사물과 사람이 네트워크로 연결되어 실시간으로 데이터를 주고받으며, AI는 이 데이터를 분석하여 위험을 판단하고 즉각적인 제어 명령을 내린다. 이는 노동 인구의 감소와 숙련공의 고령화, 갈수록 복잡해지는 건설환경에 대응하기 위한 중요한 전략 중 하나로 주목받고 있다.

스마트 건설 안전 기술 환경

스마트 안전장비 의무화 및 재정 지원 확대

2026년 건설 현장에서 가장 큰 변화는 스마트 안전 기술 도입을 위한 법적·재정적 지원이 대폭 강화된 것이다. 국토교통부와 고용노동부는 스마트 안전 장비가 대형 건설 현장 뿐 아니라 모든 현장에 균형있게 적용될 수 있게 관련 제도를 정비하였다.

산업안전보건관리비 제도의 개편

과거에는 스마트 안전 장비 구입 및 임대 비용을 산업안전보건관리비(산안비)로 사용하는 데 제약이 따랐으

나, 2026년 1월부터 스마트 안전 장비 비용의 100%까지 산안비로 계상할 수 있도록 허용하고 있다. 고용노동부 고시 '건설업 산업안전보건관리비 계상 및 사용기준'의 부칙 제4조에서 스마트 안전 장비의 구입 및 임대 비용을 산안비 한도 내에서 100% 전액 인정받을 수 있게 규정하였다. 이는 AI CCTV, 스마트 태그, 붕괴 감지 센서 등 고가 장비 도입에 대한 건설사의 비용 부담을 대폭 완화하는 조치로, 특히 중소형 건설사의 기술 도입을 촉진할 것으로 전망된다.

소규모 현장 대상 맞춤형 지원

정부는 상대적으로 사고 발생 빈도가 높은 300억 원 미만의 소규모 건설 현장을 대상으로 '스마트 안전 장비 지원 사업'을 대폭 확대하고 있다. 국토안전관리원과 안전보건공단은 추락 및 협착 사고 예방에 효과적인 스마트 안전 고리, 스마트 에어백, 이동형 CCTV 등을 무상으로 임대하거나 구입 비용을 보조한다. 이러한 지원 사업에 참여하는 기업은 시공능력평가 가점 부여, 재해공제료 할인 등 실질적인 인센티브를 제공받음으로써, 안전 투자가 기업의 경쟁력 강화로 이어지는 선순환 구조를 유도하고 있다.

건설안전특별법, 중대재해처벌법의 영향

최근 몇 년 동안 건설업계에서는 '건설안전특별법' 제정을 놓고 논의가 계속되고 있다. 이 법은 발주지, 설계자, 시공자, 감리자 등 건설에 참여하는 모든 주체가 권한에 맞는 안전 책임을 지게된다. 특히 발주자는 준공일정을 당기기위해 무리한 작업을 강요할 수 없으며, 비용을 과도하게 줄여 사고가 나지 않도록 적정한 공사 기간과 예산을 보장해야 한다. 만약 이를 지키지 않아 사고가 나면 매출의 최대 3%까지 과징금을 내게 하는 방안

도 담겨 있다.

이런 변화는 '공기를 무리하게 단축하는 관행'이나 '최저가 낙찰로 인한 안전비 부족' 같은 문제를 줄이고, 안전을 위한 시간과 비용을 법으로 보장하는 데 목적이 있다. 또한 지금까지는 주로 공공공사 중심으로 안전 규제가 적용됐지만, 최근에는 민간 건설공사로도 확대되고 있다. 예를 들어 민간 건축물도 착공 전에 안전관리 계획을 제출하고 승인을 받아야 하며, 일부 지자체는 중소 규모의 민간 공사장에도 CCTV를 설치하도록 조례로 의무화하고 있다.

한편, 중대재해처벌법(중처법) 역시 건설업계에 큰 영향을 미치고 있다. 이 법은 중대산업재해가 발생했을 때 사업주와 경영책임자가 안전보건 확보 의무를 제대로 이행하지 않은 경우 형사처벌을 받도록 규정하고 있다. 특히 건설 현장은 중대재해 발생 비중이 높아, 안전관리 체계를 제대로 갖추지 않으면 법적 리스크가 커진다. 이에 따라 기업들은 안전관리 조직 강화, 위험성평가 체계 정비, 스마트 안전장비 도입 확대 등 실질적인 안전 조치를 더욱 강화하고 있다.

스마트 건설 안전 기술 시장

시장 규모 전망

스마트 건설 시장은 전 세계적인 도시화, 디지털 전환 및 AI 대중화 트렌드와 맞물려 지속적으로 성장하고 있다. 2026년 글로벌 스마트 건설 시장 규모는 약 158억 1,000만 달러에 이를 것으로 전망되며, 2035년에는 564억 달러를 넘어설 것으로 예측된다. 특히 안전 분야는 스마트 건설 솔루션 시장에서 가장 큰 비중을 차지하는 영역 중 하나로, 2025년 기준 스마트 건설 시장 내에서도 가장 높은 점유율을 기록하고 있다. 이는 전 세계적으로 작업자 보호와 리스크 관리에 대한 요구가 증가하

고 있는 것을 보여준다. 국내 시장의 경우 2025년 스마트 건설 시장 규모는 약 222억 달러로 추산되며, 2035년까지 연평균 9.6% 성장하여 553억 달러에 이를 것으로 전망된다. 한국건설산업연구원 보고서에 따르면, 원자재 가격 상승과 글로벌 공급망 불안정이라는 악재 속에서도 건설 기업들은 AI 기술 도입을 통한 생산성 효율화와 안전 사고 예방에 투자를 아끼지 않고 있다.

시장 트렌드

현재 스마트 건설 시장을 관통하는 핵심 키워드는 '기술의 융합(Convergence)'과 '지능화(Intelligence)'이다.

■ **AI와 BIM의 결합** : 단순히 3D 모델링을 하는 것을 넘어, BIM 데이터에 AI 분석을 결합하여 설계 단계에서부터 잠재적인 위험 요소를 찾아내는 'Design for Safety (DfS)'가 보편화되고 있다.

■ **로보틱스의 상용화** : 과거 시범 사업 수준에 머물렀던 건설 로봇(벽돌 쌓기 로봇, 순찰 로봇 등)이 실제 현장에 투입되어 생산성을 높이고 있다. 건설 로보틱스 시장은 2025년 4억 4,200만 달러에서 2030년 9억 900만 달러로 연평균 15.5% 성장할 것으로 예상된다.

■ **데이터 기반 의사결정** : 직관과 경험에 의존하던 안전 관리가 데이터 기반의 정량적 관리로 전환되고 있다. 대형 프로젝트의 29%가 이미 AI 기반 분석을 통합하고 있으며, 이는 사고 예측의 정확도를 획기적으로 높이고 있다.

스마트 건설 안전 핵심 기술

AI 기반 컴퓨터 비전

기술 개요 및 메커니즘

AI 기반 컴퓨터 비전(Computer Vision)은 건설 현장에서 가장 보편적이고, 효과적으로 사용되는 기술이다. 현장 곳곳에 설치된 CCTV나 드론이 촬영한 영상을 인공지능이 실시간으로 분석하여 위험 상황을 감지한

다. 이 기술의 핵심은 딥러닝 기반의 '객체 탐지(Object Detection)'와 '행동 인식(Action Recognition)' 알고리즘이다. AI는 수백만 장의 건설 현장 이미지를 학습하여 작업자, 중장비, 자재 등을 구분하고, 안전모 미착용, 개구부 덮개 미설치, 불꽃 발생 등 구체적인 위험 요소를 식별한다.

그림 1. Viso Suite의 건설 현장 안전 구역 모니터링(viso.ai)

그림 2. 현장의 자재 흐름 및 취급 과정에 관한 포인트를 포착하고 분석하는 IoT 센서(Turner)

기술의 고도화

최근에는 단순한 객체 인식을 넘어, 작업자의 관절 포

인트를 추적하여 자세를 분석하는 '자세 추정(Pose Estimation)' 기술이 적용되고 있다. 이 기술은 작업자가 비계 위에서 불안정한 자세를 취하고 있거나, 쓰러지거나, 비정상적인 보행, 움직임 등을 감지하여 즉각적인 위험 신호를 보낸다. 또한, 고소 작업 시 안전 고리를 제대로 체결했는지를 영상만으로 판단하는 수준까지 기술이 진보하였다.

프라이버시 보호 기술

상시 감시에 대한 근로자들의 거부감을 해소하기 위해 '비식별화 기술'이 필수적으로 탑재되고 있다. 삼성물산은 작업자 프라이버시를 고려한 기술을 통해 영상 내 작업자의 얼굴이나 신체를 실시간으로 모자이크 처리하거나, 가상의 아바타 형태로 변환하여 출력한다. 이를 통해 개인정보 침해 논란을 원천적으로 차단하면서도 안전 관리의 목적을 달성하고 있다.

로보틱스와 무인화

4족 보행 로봇

보스턴 다이내믹스가 개발하고 현대건설, GS건설 등 국내 주요 건설사가 도입한 4족 보행 로봇 '스팟'은 사람이 접근하기 위험한 환경에서 진가를 발휘한다. 스팟은 라이다(LiDAR), 고해상도 카메라, 가스 센서 등을

그림 3. 건설현장에 투입된 4족 보행 로봇 '스팟'(GS건설)

탑재하고 터널 발파 직후의 막장, 유해가스 누출 의심 구역, 붕괴 위험이 있는 폐쇄 구역 등에 투입된다. 스팟이 수집한 데이터는 실시간으로 관제 센터로 전송되어, 관리자가 현장에 직접 들어가지 않고도 안전 여부를 판단할 수 있게 한다.

웨어러블 로봇

웨어러블 로봇은 근로자의 신체 능력을 보조하여 근골격계 질환을 예방하는 데 중점을 둔다. 현대자동차그룹 로보틱스랩이 개발한 '엑스블 숄더(X-ble Shoulder)'는 터널 락볼트(Rock Bolt) 시공이나 천장 배관 작업 등 팔을 계속 들고 있어야 하는 상향 작업 시 근력을 보조한다. 최대 40kg의 부하를 경감시켜 작업자의 피로도를 낮추고, 장기적으로는 산업 재해인 근골격계 질환 발생률을 현저히 낮추는 효과가 있다.

그림 4. 전력이 필요 없는 근력 보상 모듈 '엑스블 숄더'(현대자동차 그룹 Robotics LAB)

드론 및 무인 굴착기

드론은 광범위한 토목 현장의 측량과 안전 점검을 자동화한다. 한국도로공사는 드론을 활용해 3D 지형 모델링(Digital Mapping)을 수행하고, 이를 바탕으로 토공량을 자동 산출한다. 더 나아가 무인 굴착기와 연동하여, 위험 지역에서의 굴착 작업을 원격으로 수행하여 건설장비 전복으로 인한 운전자 사고 위험을 원천 차단하고 있다.

그림 5. 드론을 이용한 건설현장 안전관리(https://thebirmgroup.com/construction-industry-outlook-2026)

IoT 및 스마트 센서 네트워크
스마트 태그와 접근 경보 시스템

건설 현장의 대표적인 사고 유형인 '협착(끼임)'과 '충돌'을 방지하기 위해 UWB(Ultra-Wideband) 기반의 스마트 태그가 활용된다. 작업자의 안전모나 조끼에 부착된 태그와 중장비에 설치된 센서가 상호 통신하여, 설정된 위험 반경 내에 작업자가 진입하면 시스템이 알람을 발생한다. 현대건설은 IoT 기반의 센서를 터널 내부에 설치하여 붕괴 징후인 미세한 진동과 변위를 실시간으로 감지하고 경고하는 시스템을 구축했다.

스마트 세이프티 볼

밀폐 공간에서의 질식 사고 예방을 위해 개발된 '스마트 세이프티 볼(Smart Safety Ball)'은 야구공 크기의 투척형 가스 감지기이다. 작업자가 맨홀이나 탱크 내부에 들어가기 전 이 기기를 던져 넣으면, 산소 농도와 유해가스(일산화탄소, 황화수소 등) 수치를 스마트폰 앱으로 즉시 전송한다. 이는 별도의 회수 장치 없이도 안전하게 가스 농도를 측정할 수 있어 현장에서의 활용도가 매우 높다.

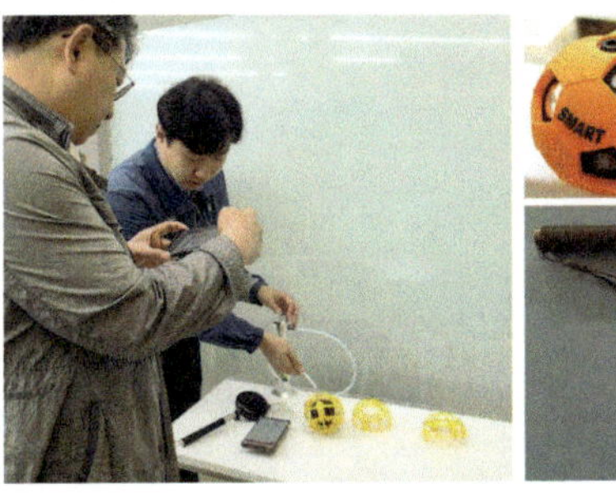

그림 6. 밀폐 공간 사전 가스 농도 검측을 위한 투척형 스마트 세이프티 볼(포스코이앤씨)

디지털 트윈과 생성형 AI
디지털 트윈 기반 가상 시뮬레이션

디지털 트윈 기술은 실제 현장과 동일한 가상 환경을 구축하여 위험 상황을 시뮬레이션한다. 삼성물산과 스칸스카(Skanska) 등은 이 기술을 활용하여 시공 순서에 따른 구조적 안전성을 미리 검증하고, 크레인 작업 반경이나 자재 야적 위치를 최적화하여 충돌 위험을 제거한다. 또한, 이렇게 축적된 시뮬레이션 데이터는 AI 모델을 학습시키는 데 사용되어 사고 예측의 정확도를 높인다.

생성형 AI 의 도입

2026년 현재 가장 주목받는 기술 트렌드는 생성형

AI의 도입이다. GS건설의 '자이 보이스', 디피니트의 '다비스(DARVIS)'와 같은 AI 시스템은 방대한 양의 시공 매뉴얼, 법규, 시방서를 학습한 대규모 언어 모델(LLM)이다. 현장 관리자가 "터널 굴착 시 안전 수칙이 뭐야?"라고 자연어로 질문하면, AI는 관련 법규와 사내 규정을 즉시 찾아 답변한다. 이는 복잡한 규정 준수 여부를 신속하게 확인하게 해주어 인적 오류를 줄이는 데 기여한다.

BIM·CAD 기반의 스마트 건설 안전 관리
CAD에서 BIM으로

전통적인 건설 현장의 안전 관리는 2D CAD 도면을 기반으로 위험 구간을 표기하고 인력에 의존해 현장을 점검하는 평면적 방식에 머물러 왔다. 그러나 건설 산업의 디지털 전환이 가속화됨에 따라 BIM(Building Information Modeling)은 단순한 설계 도구를 넘어 현장 안전을 혁신하는 핵심 인프라로 진화하고 있다.

BIM 기반의 스마트 안전 관리는 가상 공간에 실제와 동일한 건축물을 구축하는 디지털 트윈 기술을 통해, 공사 착공 전부터 준공 후 유지관리 단계에 이르기까지 전 생애주기에 걸친 안전 데이터를 통합 관리하는 체계를 제공한다. 2D CAD는 평면도 위에 안전시설물(난간, 낙하물 방지망)의 위치를 수기나 단순 심벌로 표기하여 공정 변화에 따른 위험 요소 파악이 어려움이 있다. 그에 비해 BIM은 가상 공간에 실제 구조물과 동일한 모델을 구축하여 작업자의 동선, 장비 간섭, 개구부 위치를 입체적으로 식별하여 '보이지 않던 위험'을 가시화할 수 있다.

설계 단계에서의 안전

BIM 데이터는 설계 단계에서 잠재적 위험 요소를 사전 제거하는 '설계 안전성 검토(Design for Safety)'의 실효성을 높이는 결정적인 도구이다. 2D 도면에서는 확인하기 어려운 구조적 간섭이나 고소 작업 구간의 위험성을 3D 모델링을 통해 입체적으로 시각화함으로써, 시공 단계에서 발생할 수 있는 사고를 설계 단계에서 미리 차단할 수 있다. 특히 시간 정보가 결합된 4D BIM 시뮬레이션을 활용하면 공정의 흐름에 따라 변화하는 가설 시설물의 배치와 장비의 이동 경로를 공정순으로 점검할 수 있으며, 이는 공정 간 충돌로 인한 대형 사고를 예방하는 데 기여한다. 나아가 현장의 IoT 센서와 스마트 안전 장비에서 수집되는 실시간 위치 데이터가 BIM 모델 상에 투영되면서, 관리자는 현장의 사각지대 없는 입체적인 안전 관제를 실현할 수 있게 된다. 결국 BIM과 CAD 기술의 고도화는 기술과 현장의 간극을 줄여 건설 노동자의 생명을 보호하는 가장 강력한 수단이 된다.

8D Safety로의 확대

건설 현장의 안전 관리는 단순한 시각화를 넘어 시간, 비용, 환경, 유지관리 등 각 차원의 데이터가 통합된 nD BIM 체계로 진화하고 있다. 3D 기반의 정교한 모델링을 통해 가상 공간에 현장을 구현하는 것을 시작으로, 시간(Time) 축이 결합된 4D Schedule 시뮬레이션은 공정 흐름에 따라 시시각각 변화하는 현장의 동적 위험 요소를 예측하게 한다. 여기에 공사비 정보인 5D Cost를 연동함으로써 안전 시설물 설치 및 스마트 장비 운용에 필요한 예산을 공정 계획과 연계하여, 전체 프로세스 내에서 공정과 예산에 따른 사고 리스크를 사전에 예방한다. 나아가 친환경 및 에너지 효율을 고려한 6D Eco, 준공 후 시설물의 생애주기를 관리하는 7D Management 데이터는 건물 운영단계의 장기적인 안전성을 보장하는 기초가 된다.

특히 최신 패러다임인 8D Safety는 이러한 모든 데이터를 집약하여 '3차원 가상현장 사전 안전관리'를 실현한다. 8D 기반의 시나리오를 통해 고위험 작업이나 장비 간 간섭 구간을 착공 전 가상 세계에서 미리 시연함으로써 최적화된 안전 대책을 수립할 수 있다. 이러한 다차원 시뮬레이션 데이터는 현장 근로자 대상의 맞춤형 VR 교육으로 이어져, 작업자가 투입될 환경의 위험 요인을 사전에 체험하고 숙지하게 함으로써 인적 오류를 줄여준다.

BIM 데이터와 현장 스마트 장비의 연동

BIM 모델은 현장에 설치된 IoT 센서 및 스마트 장비와 결합하여 실시간으로 연동되는 디지털 트윈(Digital Twin) 관제 시스템의 핵심 데이터로 활용된다. 현장 곳곳의 AI CCTV와 작업자 위치 추적 태그에서 수집된 동적 데이터는 3D BIM 모델 상에 실시간으로 매핑되어, 관리자가 복잡한 구조물 내부의 인원 현황과 장비 가동 상태를 입체적으로 파악하게 한다. 특히 BIM 상에 설정된 가상 울타리인 지오펜싱(Geo-Fencing) 기술을 활용하면, 인가되지 않은 작업자가 고위험 구역에 진입할 때 스마트 장비의 작동을 자동으로 멈추거나 경보를 울리는 즉각적인 자율 제어가 가능하다. 이처럼 정적 설계 정보인 BIM과 현장의 동적 데이터가 하나로 통합됨으로써, 건설 현장은 예측 가능하고 통제 가능한 지능형 안전 관리 체계로 진화한다.

스마트 건설 안전 기술 국내 사례

현대건설

현대건설은 스마트건설 분야에서 로보틱스와 AI 기술을 현장에 도입해 활용하고 있다. 특히 '남양주 왕숙 국도 47호선 지하화' 현장은 현대건설의 스마트 안전 기술이 집약된 테스트베드이자 성공 사례로 꼽힌다. 터널 공사의 가장 큰 난관인 통신 음영 구역 문제를 해결하기 위해, 국내 최초로 TV 유휴 대역 주파수(TVWS, TV White Space)를 활용한 무선 통신망을 구축했다. 기존 LTE나 Wi-Fi보다 전파 도달 거리가 길고 투과율이 좋아, 터널 깊은 곳에서도 CCTV 영상과 IoT 센서 데이터가 끊김 없이 전송된다. 이 통신망을 기반으로 작업자 위치 관제, 가스 농도 모니터링, AI CCTV 영상 분석, 드론 관제 등이 하나의 플랫폼에서 통합 관리된다. 이러한 통합 시스템 도입을 통해 터널 내 붕괴 징후 감지 시간을 획기적으로 단축하였으며, 사각지대 없는 모니터링 체계를 구축하여 무재해 현장을 달성하는 데 기여하고 있다.

삼성물산

삼성물산은 획일적인 기술 도입이 아닌, 현장 특성에 맞춘 '커스터마이징(Customizing)' 전략을 구사한다. 리모델링 현장, 초고층 빌딩, 플랜트 등 각 현장의 환경이 다르다는 점에 착안하여, 현장별로 수집된 데이터를 바탕으로 AI 모델을 재학습시킨다. 예를 들어, 리모델링 현장에서는 철거 중 발생할 수 있는 비산먼지나 특정 구조물 붕괴 패턴을 중점적으로 학습하여 탐지율을 높인다. 엘리베이터, 타워크레인, 슬라이딩 폼 등 고위험 장비에 특화된 센서와 모니터링 시스템을 적용한다. 구조물의 비정상적인 기울어짐이나 진동을 조기에 감지하여 대형 사고로 이어지기 전에 위험 요인을 신속히 경고한다. 건설 단계뿐만 아니라 준공 후 입주민의 안전까지 고려한다. '래미안 송도역 센트리폴'에는 AI 주차장 안전 시스템과 얼굴인식 보안 시스템이 적용되어, 입주민의 생활 안전을 지키는 '래미안 AI' 솔루션을 제공한다.

한국토지주택공사(LH)

한국토지주택공사(LH)는 공공 부문의 스마트 안전 도입을 선도하며, 데이터 표준화와 통합 관리에 주력하고 있다. 전국의 LH 건설 현장에 설치된 스마트 안전 장비(지능형 CCTV, 스마트 태그 등) 데이터를 클라우드 서버로 전송하여 본사 상황실에서 통합 관제한다. 이를 통해 현장별 위험도를 지수화하고, 고위험 현장에 대한 선제적인 지도 점검을 실시한다. LH는 노후화된 임대주택 옹벽의 안전 관리를 위해 AI 기반 스마트 계측 시스템을 2025년에 도입했다. 기존에는 사람이 육안으로 점검하던 것을, IoT 센서가 24시간 계측하고 AI가 균열의 진행 속도와 패턴을 분석하여 붕괴 위험을 예측한다. 이는 기후 변화로 인한 집중 호우 시 옹벽 붕괴 사고를 예방하는 데 결정적인 역할을 한다. 또한, 유지보수 업무의 효율성과 안전을 위해 메타버스 기술을 활용한다. 실제 주택 내부를 가상현실로 구현하여, 상담원과 작업자가 현장에 가지 않고도 시설물의 상태를 진단하고 수리 방법을 훈련할 수 있는 시스템을 구축했다.

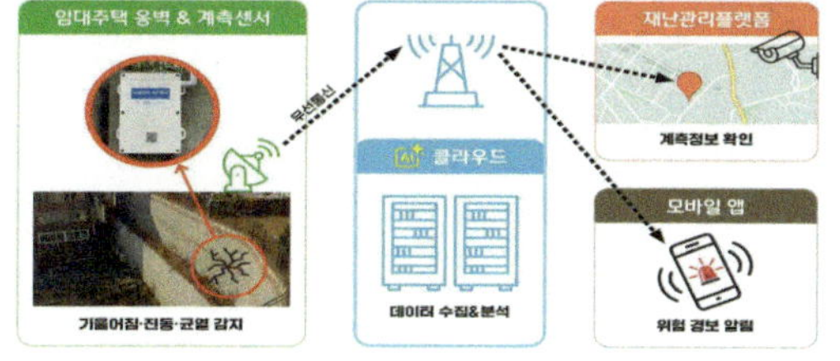

그림 7. 스마트 계측관리시스템(LH)

한국도로공사(EX)

한국도로공사(EX)는 도로 건설의 특성상 작업 구간이 길고 교통이 혼재되어 있다는 점을 고려하여 드론과 자동화 장비를 적극 활용한다. 스마트 안전 장비 도입 프로젝트를 통해 현장 사고율을 도입 전 대비 약 23%

감소시키는 실질적인 성과를 거두었다.(국토교통부, 국토안전관리원의 지원 사업 분석 결과) 이는 데이터 기반 안전 관리의 효용성을 입증하는 중요한 지표이다. 한국도로공사는 '스마트 건설 기술 시연회'를 통해 측량부터 토공, 다짐 작업까지 전 과정을 무인화하는 기술을 선보였다. 드론이 지형을 스캔하고, AI가 최적의 작업 경로를 생성하면, 무인 굴착기와 롤러가 자동으로 작업을 수행한다. 이는 중장비 전복이나 작업자 충돌 사고를 원천적으로 방지하는 효과가 있다. 광범위한 고속도로 건설 현장에서 심정지 환자 발생 시 골든타임을 확보하기 위해, 응급 제세동기(AED)를 탑재한 드론을 급파하는 시스템을 도입할 계획이다.

그림 8. 스마트 건설 기술 시연회 – 가상 울타리 스마트 펜스(한국도로공사)

스마트 건설 안전 기술 해외 사례

Turner Construction

미국 최대 건설사 중 하나인 Turner Construction(터너 컨스트럭션)은 안전 기술이 곧 생산성 향상 기술임을 증명하고 있다. Turner는 스타트업 Versatile과 협력하여 크레인 훅에 IoT 센서와 카메라가 달린 'CraneView' 장치를 도입했다. 이 장치는 크레인이 들어 올리는 자재의 종류, 무게, 이동 시간, 경로 등을 AI로 분석한다. 이 시스템은 크레인이 사전에 설정된 '위험 작업 구역' 위를 지나거나, 과적 상태일 때 즉시 경고를 보낸다. 맨체스터 퍼시픽 게이트웨이 프로젝트

(Manchester Pacific Gateway)에서 이 기술을 적용한 결과 2,000회 이상의 양중 작업 중 안전 사고 0건을 기록했을 뿐만 아니라, 작업 프로세스 최적화를 통해 전체 공기를 24일 단축하는 성과를 올렸다. 이는 안전 기술이 비용이 아니라 '수익을 창출하는 투자'임을 보여주는 사례다.

VINCI Construction

프랑스 기반의 글로벌 건설 그룹 VINCI Construction(빈치 컨스트럭션)은 자회사 HDI를 통해 AI 컴퓨터 비전 기술을 대규모로 전개하고 있다. VINCI는 수많은 위험 요소 중 가장 치명적인 5가지를 선정하여 AI 모델을 최적화했다. ①양중물 하부 작업자 감지 ②사람과 중장비의 근접 ③현장 정리정돈 불량 ④개인보호구 미착용 ⑤출입 제한 구역 침범 등이 그것이다. 이 시스템 도입 후 '아차 사고(Near-misses)' 보고가 활성화되었으며, 관리자가 놓치기 쉬운 사각지대의 위험 행동을 데이터화하여 안전 교육에 활용함으로써 현장의 안전 문화를 근본적으로 개선했다.

Skanska

스웨덴의 다국적 건설사 Skanska(스칸스카)는 디지털 기술을 활용해 정보의 접근성을 높이는 데 주력한다. 미국 법인에서는 생성형 AI 기반의 챗봇 'Safety Sidekick'을 런칭했다. 작업자가 현장에서 스마트폰으로 "이 작업 시 필요한 안전 장비는 뭐야?"라고 물으면, AI가 방대한 OSHA 규정과 사내 안전 매뉴얼을 분석하여 즉시 답변해 준다. 이는 작업자가 복잡한 규정을 찾아보는 시간을 줄이고, 규정 준수율을 높이는 데 기여한다. 드론과 360도 카메라를 활용해 현장을 3D로 매핑하고, 이를 본사 전문가들과 공유하여 원격으로 안전 점검을 수행한다. 교량 공사 등 접근이 어려운 현장의 위험 요소를 사전에 시각화하여 제거하는 프로세스를 정착시켰다.

Bechtel

Bechtel(벡텔)은 근로자의 건강 상태를 실시간으로 모니터링하는 '인간 중심' 기술에 집중한다. 작업자에게 스마트 밴드나 조끼를 착용시켜 심박수, 체온, 활동량 등을 실시간으로 측정한다. 이를 통해 고온 환경에서의 열사병 위험이나 과로로 인한 쓰러짐 징후를 사전에 포착하고 휴식을 권고한다. 이러한 데이터 기반의 건강 관리는 Bechtel이 업계 최저 수준의 재해율을 유지하는 비결 중 하나로 꼽힌다.

해결 과제

스마트 건설 안전 기술은 기술의 효용성에도 불구하고, 현장 확산을 가로막는 장애 요인들이 여전히 존재한다. 이를 해결하기 위한 기술적, 제도적 노력이 병행되어야 한다.

비용 및 예산 구조의 문제

중소형 건설사의 경우 수천만 원에 달하는 AI CCTV나 통합 관제 시스템 구축 비용이 큰 부담이다. 기존에는 안전관리비 총액 한도 내에서 이를 해결해야 했기에, 안전모 구입 등 기본 비용을 줄여야 하는 역설적인 상황이 발생하기도 했다.

2026년부터 시행되는 '스마트 안전장비 비용의 산안비 100% 계상' 제도가 핵심적인 해결책이 될 것이다. 또한, 정부의 소규모 현장 대상 무상 임대 지원 사업을 더욱 확대하고, 장비 구입 시 세제 혜택을 부여하는 방안도 고려되어야 한다.

안전 관련 업무 가중

스마트 안전 관리 시스템 도입 확산으로 안전관리자에게 과중한 업무가 집중될 수 있다. 기존 안전관리 업무에 시스템 운영·오류 대응까지 더해지면서 부담이 가중된다. 여기에 스마트 헬멧·워치·센서 등의 충전, 배포, 관리 업무도 추가 부담으로 작용한다. 따라서 시스템의 안정적 운영과 업무 과중 해소를 위해 운영·유지 주체를 별도로 지정하거나 현장 전담 인력을 배치하는 등 체계적인 역할 분담 방안을 마련해야 한다.

근로자의 신뢰성 부족과 거부감

현장의 먼지, 진동, 조도 변화로 인해 센서가 오작동(False Alarm)하는 경우가 잦다. 잦은 오경보는 작업자들이 경보를 무시하게 만드는 '양치기 소년 효과'를 낳는다. 위치 추적 태그나 CCTV 상시 감시에 대해 근로자들은 인권 침해나 감시 강화로 받아들여 장비 착용을 거부하거나 훼손하기도 한다. 또한, 스마트 장비 착용이 근로자의 안전을 지켜준다는 인식을 심어주기 위한 교육과, 장비 착용 우수 근로자에게 인센티브를 제공하는 등 '감성 안전' 접근이 필요하다.

결론

중대재해처벌법 등 강화된 법적 환경은 기업에게 무관용의 안전 책임을 요구하고 있으며, 인구 구조의 변화로 인한 인력난은 설계와 시공 전반의 자동화 및 무인화를 강제하고 있다. 현대건설, 삼성물산, LH, 한국도로공사 등 선도 기관들의 사례는 BIM과 스마트 기술의 결합이 사고율을 실질적으로 감소시키고, 생산성을 향상시키며, 기업의 리스크 관리 역량을 강화한다는 것을 입증하였다. 특히 2026년부터 본격화될 재정 지원 확대(산안비 100% 계상)는 그간 비용 문제로 도입을 주저했던 중소형 현장까지 BIM 기반의 스마트 안전 기술이 확산되는 기폭제가 될 것이다.

미래의 스마트 건설 안전은 다음과 같은 방향으로 진화할 것이다.

첫째, BIM 데이터를 기반으로 현장의 모든 객체가 초고속 통신망으로 연결되고, AI가 가상 세계와 현실 세계를 실시간으로 비교 분석하여 사고 발생 이전에 위험을 예측하고 기계를 멈추거나 작업자를 대피시키는 'BIM 기반 자율 안전 제어' 시스템으로 확장될것이다.

둘째, 설계부터 시공, 운영단계까지 축적된 BIM 기반 안전관리 데이터는 기업의 핵심 자산이 되어, 공사 입찰 시 안전 역량을 평가하는 정량적 척도로 활용되거나 데이터 기반 보험료 산정의 근거로 사용될 것이다.

셋째, 피지컬 AI 기술의 발전으로 현장 고위험 작업의 수행은 BIM 데이터와 연결된 로봇이 맡고, 사람은 데이터와 로봇을 관리하며 주요 의사결정을 담당하는 방식으로 변화할 것이다.

결국 스마트 건설 안전 기술과 BIM의 통합은 선택이 아닌 필수이다. 기업은 설계와 시공의 경계를 허무는 디지털 전환에 적극 나서야 하고, 정부는 이를 실질적으로 지원해야 한다. BIM 데이터와 스마트 기술, 그리고 안전 의식이 하나 될 때 비로소 온전한 무재해 건설 현장이 만들어지게 될 것이다.

양승규
한국전력공사 송변전건설단
건축사, ISO 45001 Auditor
me@yangkoon.com

CAD·BIM 데이터 활용 공간 DX 프로세스

– 설계에서 공간 운영까지, KOVI 플랫폼이 제시하는 통합 프로세스

DX 전환의 병목 현상: '데이터의 부재'가 아닌 '데이터의 단절'

오늘날 건설 및 건축 산업에서 CAD 및 BIM (Building Information Modeling, 건설정보모델링)은 설계와 시공 단계의 표준으로 자리 잡았다. 하지만 방대한 구조, 설비, 공간 정보가 담긴 이 데이터들은 준공 이후 활용되지 못한 채 사장되는 경우가 많다.

디지털 전환(DX)의 성패는 데이터의 생성 여부가 아니라 '연속성'에 달려 있다. 현재의 공간 DX는 ▲설계와 운영 데이터의 단절 ▲건축 BIM과 실내 인테리어 설계의 분리 ▲CAD·BIM 결과물과 VR·시뮬레이션 시각화 환경의 불일치라는 세 가지 벽에 가로막혀 있다. 진정한 스마트 건설 DX를 위해서는 CAD 및 BIM 데이터를 끝까지 활용할 수 있는 플랫폼 아키텍처가 필수적이다.

KOVI 플랫폼: BIM을 공간 DX의 '출발점 (Input)'으로 재정의

KOVI 플랫폼은 인테리어 설계 소프트웨어 '코비아키 (KOVI.Archi)'를 기반으로, 공간의 전 생애주기를 연결하는 시각화 기반의 DX 플랫폼을 지향한다. 여기서 BIM은 최종 산출물이 아니라, 모든 DX 프로세스의 핵심 입력값(Input Layer)으로 재구성된다.

> ■ **데이터 통합** : DXF, IFC, FBX, RVT 등 이기종 데이터를 수용하고 실공간 스캔 데이터와 정합한다.

> ■ **공통 데이터 모델** : 수집된 정보를 'KOVI 공통 공간 데이터 모델'로 변환하여 인테리어, VR, 운영 단계에서 즉시 재사용할 수 있는 자산(Asset)으로 만든다.

코비아키를 통한 인테리어 DX의 진화

건축 BIM과 실내 인테리어 설계의 분리는 도면 재작성과 시공 후 하자의 주된 원인이었다. KOVI 플랫폼은 이 간극을 '데이터 기반 설계'로 해결한다.

> ■ **BIM 구조 자동 반영** : 벽체, 기둥, 설비 영역 등 건축 구조를 자동 반영하여 설계 오류를 최소화한다.
> ■ **28년의 노하우, 실전형 라이브러리** : 단순한 3D 오브젝트를 넘어, 지난 28년간 축적된 실제 프로젝트 기반의 공간 구성 데이터와 레이아웃 패턴을 제공한다.
> ■ **지식의 자산화** : 매번 새로 만드는 작업에서 벗어나, 검증된 인테리어 패턴과 설계 이력을 활용하는 '축적의 DX'를 실현한다.

사전 검증과 체험: 시뮬레이션 및 멀티 VR 엔진 전략

KOVI 플랫폼은 설계된 공간을 단순히 '보여주는 것'에 그치지 않고, 데이터 기반의 의사결정 도구로 활용한다.

> ■ **KOVI.Sim(사전 검증)** : 동선, 공간 활용도, 사용자 행동 시나리오를 시뮬레이션하여 설계 단계에서 문제를 예측하고 수정한다.
> ■ **엔진 독립적 시각화(Output Layer)** : 특정 VR 엔진에 종속되지 않고 목적에 따라 엔진을 선택 활용한다.
> • Unreal Engine : 고품질 렌더링을 통한 몰입형 프레젠

테이션 및 마케팅.

• Unity : 사용자 인터랙션 기반의 교육 및 운영 시나리오 구현.

그림 1. KOVI.Sim의 BIM 시각화 사례(H엔지니어링社)

운영 단계로의 확장: KOVI.Ops와 KOVI. Twin을 통한 데이터 기반 관리

설계와 인테리어 단계에서 완성된 디지털 데이터는 KOVI.Ops를 통해 운영 단계의 핵심 자산으로 전환된다. 인테리어 자산 관리, 공간 변경 시뮬레이션, 향후 리모델링을 위한 기준 데이터로 활용됨으로써 공간 데이터에 '생명력'을 불어넣는다.

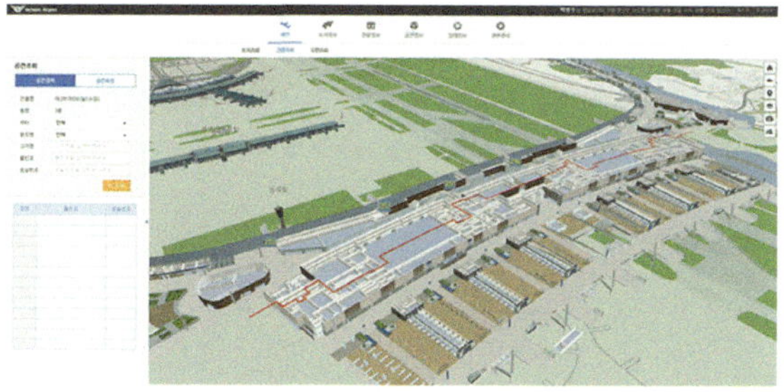

그림 2. KOVI.Ops 사례(인천공항)

또한 Vision AI 및 IoT기기 연계가 가능한 KOVI.Twin를 통해 공간 Grid에 실시간 데이터를 매핑하여 대형 전시 공간의 공간안전 통합관리가 가능하도록 확장한다.

설계/시공 중심에서 공간 데이터 중심으로의 패러다임 전환

공간 DX 전환의 핵심은 새로운 기술의 도입 자체가 아니라, 이미 축적되어 있는 CAD와 BIM 데이터를 얼마나 연속적으로 연결하고 활용하느냐에 달려 있다. 설계와 시공 단계에서 생성된 데이터가 운영 단계까지 이어질 때 비로소 공간은 지속적으로 진화하는 디지털 자산이 된다.

KOVI 플랫폼은 건축 BIM과 인테리어 설계 데이터를 통합하고, 시뮬레이션과 XR 시각화를 통해 설계 데이터를 검증·체험 가능한 환경으로 확장한다. 또한 운영 단계에서는 공간 자산 관리와 디지털 트윈 기반 분석을 통해 설계 데이터를 장기적으로 활용할 수 있는 기반을 제공한다.

이제 CAD와 BIM은 설계와 시공을 위한 산출물을 넘어, 공간 기획부터 운영 관리까지 전 과정을 연결하는 공간 DX의 핵심 데이터 자산으로 확장되고 있다. 이러한 데이터 기반 통합 프로세스는 스마트 건설 환경에서 공간을 보다 효율적이고 지속가능하게 운영할 수 있는 새로운 기준이 될 것이다.

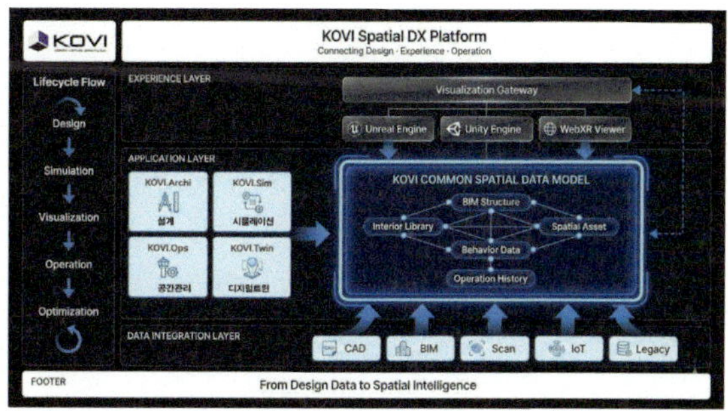

그림 3. KOVI 공간 DX 플랫폼 Layer 구성도(KOVI Spatial DX Platform)

이승평 팀장
한국가상현실 솔루션사업팀
https://corp.kovi.vom
splee@kovi.com

스마트 건설 DX 기술 – BIM5D 구현을 통한 디지털 변환의 선두에 서다

스마트 건설 DX에서 BIM의 역할

스마트 건설의 주요 요소 기술 4개는 인공지능, 사물인터넷, 빅데이터, 클라우드 기반 협업 시스템으로 볼 수 있다. 이러한 기술들은 건설 현장의 업무 효율성을 획기적으로 향상시킬 수 있을 것으로 전망되나, 다양한 데이터들이 발생하는 건설현장에서 이를 통합하기란 쉬운 일이 아니다. 특히 2D 도면 위주의 국내 현장에 비해 국외의 경우, 3D, 4D를 넘어 6D(Sustainable), 7D(Facility Management)까지 고도화를 위한 기반 기술이 개발되고 있다. 그리고 이러한 기술의 통합을 가능케 하는 것이 바로 BIM(Building Information Modeling, 건설정보모델링)이다.

BIM은 건물의 생애주기에서 발생하는 정보를 끊임없이 전산화하고자 다양한 데이터를 통합할 수 있는 기술들을 일컫는 말이다. 흔히 하는 오해 중 하나는, 단순히 레빗(Revit)이나 아키캐드(ArchiCAD) 등과 같은 상용 모델링 툴로 모델을 구축하는 것이 끝이 아니라, 해당 모델에 추가적인 데이터를 꾸준히 업데이트 하면서 그 범위를 점점 확장해 나가는 의미에서 모델링(Modeling)이라는 표현을 쓴다. 따라서 다양한 정보를 어떻게 취합하고 제공할 것인가는 항상 화두에 오르며, KBIMS(한국형 BIM 표준), OmniClass, IFC(Industry Foundation Classes) 등과 같은 다양한 표준이 제정되고 배포되어 데이터 통합의 길을 마련하고 있다.

다가오는 2030 BIM 활성화 로드맵에 따라서 현재 국내의 중·소규모의 설계사, 건설사, CM사 등이 BIM 도입을 위해 단순한 소프트웨어 기술의 습득을 넘어 설계와 시공 전 과정의 디지털 전환(DX)이라는 근본적인 체질 개선에 역량을 집중하며, 다가올 스마트 건설 시대의 생존 전력을 고심하고 있다. 이러한 상황과 맞물려 현재 BIM을 활용할 수 있는 다양한 솔루션들이 상용화되고 현업에 적용되고 있다. 예를 들어, 유럽의 Bexel 사에서 개발한 Bexel Manager는 국제 표준 BIM 포맷인 IFC 데이터를 활용하여 7D까지 솔루션을 구현하여 Cost Engineering, 안전관리, 에너지 평가 등과 같이 다방면으로 BIM 데이터의 활용 범위를 확장하였다. 이 외에도, Vico Office, Dprofilier 등과 같은 솔루션들이 4D·5D 기술로서 다양한 현장에서 활용되고 있다.

NaviQ : 스마트 건설의 5D BIM 솔루션

글로텍이 개발한 NaviQ(나비큐)는 Navisworks(나비스웍스) 기반의 공정·공사비 산출 자동화 솔루션으로 다양한 상용 BIM 툴 환경에 구애받지 않기 위해 중립 데이터 포맷인 Navisworks 포맷(.nwd)으로 구축된 SW이다. Revit, ArchiCAD, MicroStation(마이크로스테이션) 등과 같은 상용 저작 툴의 데이터를 가져와

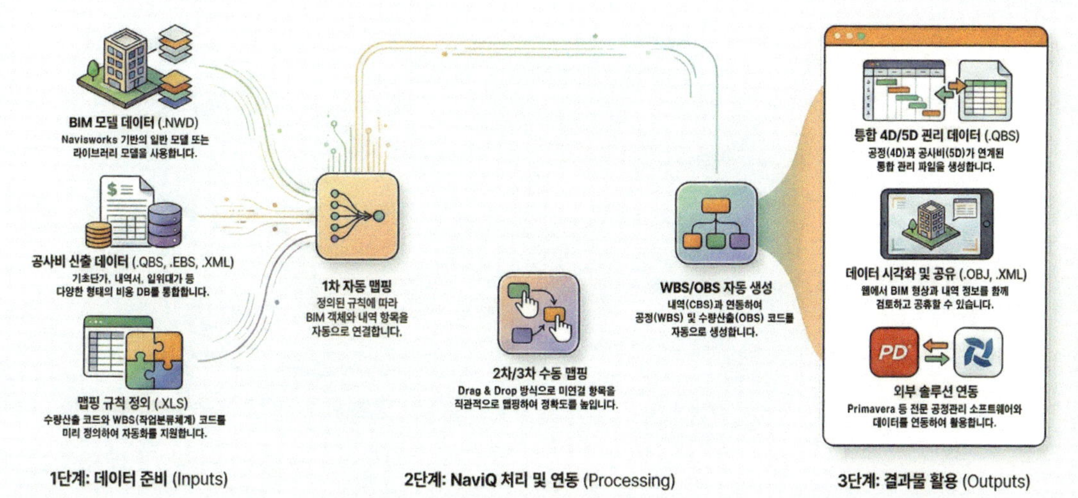

그림 1. NaviQ의 5D 자동화 프로세스

비교적 가볍고 신속한 데이터 열람이 가능하다. 복잡한 BIM 저작 소프트웨어를 능숙하게 다루지 못하는 엔지니어나 관리자도 직관적으로 모델을 검토하고 내역 업무를 수행할 수 있는 사용자 친화적인 환경을 제공한다.

그동안 현장에서는 BIM 모델 따로, 엑셀 내역서 따로 관리되는 '데이터 단절' 문제가 발생했다. NaviQ는 BIM 모델로부터 수량 정보를 가져와 일위대가 DB와 연결하여 실시간 연동을 통해 해당 문제를 해결했다. 설계가 변경되어 모델이 수정되면, 해당 모델을 통한 즉각적인 내역서 산출이 가능하다. 이를 통해 견적 담당자는 단순 반복 작업, 휴먼 에러에서 벗어나, 정확한 물량 검증과 원가 관리라는 본연의 업무에 집중할 수 있다.

나아가 NaviQ는 공정(Time)과 공사비(Cost) 데이터를 유기적으로 결합하여 프로젝트의 예측 가능성을 높인다. 산출된 내역 정보를 공정표와 연계함으로써, 전체 공사 기간에 걸친 자금 투입 계획(Cash Flow)을 수립하고 정확한 기성고를 산출할 수 있는 데이터 기반을 제공한다. 이를 통해 관리자는 '언제, 얼마만큼'의 예산이 투입되어야 하는지를 명확히 파악할 수 있으며, 계획 대비 실적을 정량적으로 비교·분석하는 과학적인 공정-공사비 통합 관리를 수행할 수 있다.

핵심 기술 및 주요 기능

NaviQ의 핵심 기술은 단순한 물량 산출을 넘어, BIM 데이터의 기하학적 정보와 내역 정보 논리적으로 결합하는 데 있다. 모델 내 객체가 가진 속성 정보를 정밀하게 분석하여, BIM 표준 분류체계인 OBS(Object Breakdown Structure) 및 WBS(Work Breakdown Structure)에 따라 자동으로 매칭된다. 이 과정을 통해 추출되는 수량 데이터는 일위대가 DB와 즉각적으로 매칭되어 설계 변경 시 물량과 공사비 변

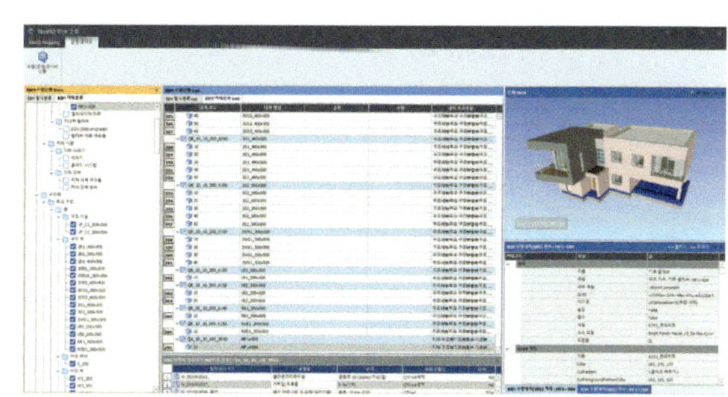

그림 3. AI 기반 설계대안 분석 진화(Autodesk Forma)

동 내역을 실시간으로 추적·관리할 수 있는 공사비 산출 자동화 알고리즘을 구현했다.

NaviQ는 완벽한 5D BIM 구현을 위해, 5가지의 핵심 기능을 제공한다. 단순 수량·공사비 산출부터 공정 연계까지, 견적 업무의 전 과정을 빈틈없이 지원한다.

■ BIM 기반 물량 산출
- 객체 속성 자동인식: 길이, 면적, 체적 등의 속성 정보를 기반으로 정밀한 물량산출
- 산출식 커스터마이징: 프로젝트 특성에 맞는 산출 기준(ex. 단위, 거푸집 면적 등) 적용 가능

■ 물량분개 및 수동물량 연계
- 객체 단위 분개: 단일 객체의 WBS 단위로 분계 가능
- 비(非)모델 객체 반영: 모델링되지 않은 자재나 공정도 수동 입력 기능을 통해 누락 없는 내역 완성

■ EBS(내역 산출 프로그램) 기반 일위대가 DB
- CBS기반 표준 내역 체계 연동: EBS를 기반으로 자재/노무/경비 단가 자동 적용
- DB 자산화: 축적된 공사비 데이터를 자산화하여 향후 프로젝트에 활용 가능

■ 통합 내역서 산출
- 원클릭 내역서 생성: 산출된 물량과 단가를 합산하여 최종 내역서(BOQ)자동 생성
- 호환성 확보: Excel, XML 및 상용 내역 프로그램(EBS)과의 완벽한 데이터 연동

■ 비용-일정 통합관리
- 상용 공정 SW 연동:Primavera(프리마베라, P6)와 데이터 연동을 통한 공정-공사비 내역 제공
- 기성/Cash Flow 예측: 시간 흐름(공정)에 따른 투입 공사비 시뮬레이션 및 기성 관리 지원

기대효과 및 향후 로드맵

단기 : 건설 생산성 극대화 및 리스크 최소화

NaviQ 도입의 가장 즉각적인 효과는 견적 및 공무 업무의 생산성 혁신이다. 기존 2D 기반 수작업 대비 산출 시간을 획기적으로 단축하고, 잦은 설계 변경에도 유연하게 대처하여 업무 피로도를 낮춘다. 무엇보다 휴먼 에러를 최소화하여 공사비 데이터의 신뢰성을 확보함으로써, 불필요한 예산 낭비를 막고 발주처와 시공사 간의 분쟁을 최소화하여 프로젝트의 수익성을 보전하는 데 기여한다.

중기 : 데이터 자산화 및 디지털 전환(DX) 가속화

중장기적으로는 건설 프로세스의 디지털 전환을 주도한다. 개인의 경험과 엑셀, 도면 등의 형태로 파편화되어 있던 공사비 데이터를 BIM 이라는 매체로 중앙화함으로써, 회사의 기술력이 개인의 암묵지가 아닌 시스템이라는 무형의 자산으로 축적된다. 이렇게 축적된 실적 데이터는 향후 유사 프로젝트 수행 시 예측 정확도를 높이고, 전사적인 공사 관리 역량을 상향평준화하는 강력한 경쟁력이 된다.

장기 : 유지관리 연계를 통한 고부가가치 창출

향후 NaviQ는 시공 단계를 넘어 유지관리(O&M) 단계까지 데이터의 가치를 확장하는 로드맵을 추진 중이다. 준공 모델에 포함된 자재 규격, 내구연한, 비용 등의 정보를 시설물 유지관리 시스템(FMS)와 유기적으로 연계하여, 건물의 생애주기비용(LCC)을 최적화하는 통합 플랫폼으로 도약하고자 한다. 이러한 시공-유지관리 데이터의 연결성은 단순한 시공 엔지니어링을 넘어, 건물의 전체 수명주기 가치를 높이는 고부가가치 핵심 기술력을 확보하는 기반이 될 것이다.

이용하 대리
글로텍
stays1006@mjsoft.com

PART 4

스마트 건설 DX 적용 사례

비정형 건축 3대 난제와 DfMA 솔루션

한울본부 복합문화센터 파사드 구현 사례

경상북도 울진, 동해의 푸른 물결 곁에 거대한 조개껍데기 혹은 역동적인 파도를 형상화한 '한울본부 복합문화센터'가 그 위용을 드러내고 있다. 2026년 하반기 완공을 목표로 하는 이 프로젝트는 지역 주민을 위한 랜드마크로서 유려한 곡선미를 자랑한다. 그러나 건축물의 아름다운 비정형 외관(Double Curved Surface) 이면에는 이를 실현하기 위한 치열한 엔지니어링 난제가 존재한다.

그림 1. 동해의 파도를 형상화한 한울본부 복합문화센터 조감도. 유려한 곡선 디자인이 돋보인다.

비정형 건축 프로젝트에서 시공 품질을 저해하고 프로젝트의 성공을 위협하는 3대 요소로 꼽히는 누수(Leakage), 곡률(Curvature) 제어의 어려움, 그리고 시공 오차(Tolerance)는 디자인 단계의 비전을 현장에서 구현하는 데 있어 가장 큰 걸림돌이다. 위드웍스(WITHWORKS)는 이번 프로젝트에서 이러한 난제를 해결하기 위해 디지털 패브리케이션(Digital Fabrication) 기반의 DfMA(Design for Manufacture and Assembly) 방법론을 적용했다.

도전 과제: 비정형 구현의 난제

난제 1: 클로즈 조인트의 한계와 외피 오염

비정형 건물의 가장 큰 적(敵)은 바로 '누수'와 '오염'이다. 당초 원설계에 제안된 알루미늄 복합패널(Composite Panel) 시스템은 패널과 패널 사이를 실리콘(Silicone Sealant)으로 메우는 일명 '클로즈 조인트(Close Joint)' 방식이었다. 그러나 이는 3차원 곡면 건물에서 치명적인 약점이 된다.

실제로 복합패널과 실리콘 코킹을 적용한 국내외 유사 비정형 건축 사례들을 분석해보면, 시간이 지남에 따라 실리콘의 유분이 흘러내려 외벽이 검게 변하는 심각한 오염(Staining) 문제가 빈번하게 발생한다. '건물이 흘리는 검은 눈물'이라 불리는 이 현상은 건물의 미관을 훼손할 뿐만 아니라, 실리콘의 노후화로 인한 박리와 균열로 이어져 지붕 구간의 누수를 유발한다. 일부 현장에서는 이를 막기 위해 흉물스러운 방수 테이핑 처리를 하기도 하는데, 한울본부 복합문화센터가 이러한 전철을 밟게 할 수 없었다.

그림 2. 기존 복합패널 공법 적용 시 발생하는 실리콘 오염과 누수 사례

난제 2: 기하학적 형상과 복합패널의 한계

더욱 심각한 문제는 기하학적 정밀도의 저하다. 비정형 건축의 외피는 X축과 Y축, 즉 두 방향으로 동시에 휘어지는 '이중 곡면(Double Curvature)'으로 이루어지는 경우가 대부분이다. 그러나 알루미늄 복합패널은 샌드위치 구조의 소재 특성상, 벤딩 가공(Bending)을 통해 한쪽 방향으로만 곡률을 주는 '단곡면(Single Curvature)' 가공만 용이하다.

이러한 소재를 3차원 비정형 형상에 적용하려면 수많은 곡률값을 적용해서 패널을 가공해야 하는데, 이 과정에서 설계된 곡률값(Radius)을 정확히 구현하기 어렵다. 곡률의 정도에 따라 곡면이 꺾이거나 표면이 우는 현상(Buckling)이 발생할 수 있으며, 이는 패널 간의 라인을 불규칙하게 만들어 건물의 전반적인 마감 품질과 정밀도를 현저히 떨어뜨리는 원인이 된다.

이러한 복합적인 문제들을 근본적으로 해결하기 위해서는 코킹에 의존하지 않는 오픈 조인트 방식과, 이중 곡면을 자유롭게 구현할 수 있는 재료 및 공법의 변경이 필요하다. 이는 단순한 자재 변경이 아닌, 건물의 수명과 가치를 결정짓는 중요한 엔지니어링적 판단이었다.

기하학적 형상(Geometry)의 복잡성

한울본부 복합문화센터의 전체 형상은 구형(Spherical)이지만, 패널링(Paneling)의 방향은 구의 중심축(Center Axis)을 따르지 않고 수평으로 회전하며 분할되도록 디자인되었다.

만약 구의 중심을 따르는 일반적인 패널링이라면 일정한 곡률을 가진 패널의 반복 생산이 가능했을 것이다. 하지만 디자인 의도를 살리기 위해 적용된 수평 회전 패널링은 모든 패널이 각기 다른 곡률(Curvature)과 뒤틀림(Twist)을 갖게 됨을 의미한다. 이는 수천 장의 패널 중 단 하나도 같은 것이 없는 완전한 '비정형화(Free-form)' 상황을 의미한다. 따라서 이를 실현하기 위해서는 비정형 패널의 개별 특성에 적합하도록 정

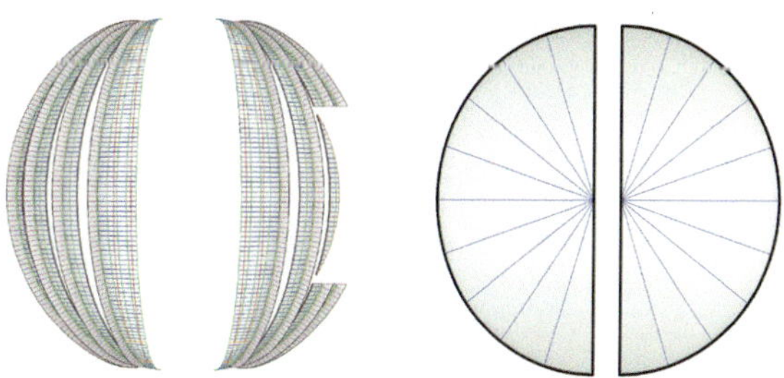

그림 3. 중심축 방향 패널링(우)과 수평 회전 패널링(좌)의 기하학적 차이.

밀하게 형상을 제어하고 데이터화할 수 있는 고도의 3D 설계 엔지니어링 역량이 필수적으로 요구된다.

왜 기존 '벤딩(Bending)' 공법은 실패하는가?

이러한 복잡한 곡면을 구현하기 위해 현장에서는 관습적으로 파이프 트러스나 각파이프를 벤딩하여 하지철물을 제작해왔다. 그러나 위드윅스는 이 방식이 본질적인 한계를 지니고 있다고 판단했다.

설령 전문 공장에서 벤딩 가공을 수행한다 하더라도, 비정형 건축물의 특성상 위치마다 연속적으로 변화하는 곡률(Varying Curvature)을 완벽히 구현하기는 물리적으로 불가능하다. 롤 벤딩(Roll Bending) 장비는 일정한 반지름(Radius)을 가진 원호(Arc)를 만드는 데 최적화되어 있을 뿐, 3차원으로 비틀리거나 곡률이 변하는 자유 곡면(Free-form Surface)을 정밀하게 만들어내지 못한다.

> "벤딩은 정확한 비정형 곡률이 완성되는 것이 아니라, '근사치(Approximation)'로 가공되는 제조방법이다. 비정형 건축에서 근사치는 곧 오차의 시작이다."

때문에 필연적으로 설계값과 다른 '근사 곡률(Approximated Curvature)'로 가공될 수밖에 없으며, 이렇게 제작된 부재들은 현장 설치 시 설계된 3차원 좌표값과의 정합성(Geometric Conformity)을 확보하기 어렵다. 결국 현장에서 작업자가 임의적인 판단에 의해 부재를 강제로 휘거나, 현장 용접으로 길이를 맞추는 2차 가공이 불가피해진다. 이는 누적 오차(Accumulated Tolerance) 발생과 전반적인 시공 품질 저하라는 악순환으로 이어지며, 최종 마감재인 패널의 단차와 면 품질을 떨어뜨리는 주원인이 된다. 이처럼 기존의 대량 생산 및 벤딩 방식으로는 대응이 불가능

하다는 점이, 위드윅스가 발주처에 'CNC T-bar 시스템'으로의 변경을 요청했던 가장 결정적인 이유였다.

핵심 솔루션: File to Factory

File to Factory: CNC T-bar 시스템

위드윅스는 이러한 벤딩 공법의 한계를 극복하기 위해 'CNC T-bar 시스템'을 핵심 솔루션으로 도입했다. 이는 3D 설계 데이터를 공작기계가 읽을 수 있는 코드로 변환하여 부재를 가공하는 'File to Factory' 프로세스의 정점이다. 이 방식은 설계 단계에서 생성된 정밀한 디지털 형상 정보가 생산 라인으로 직접 전송되어 물리적 부재로 구현되는 것을 의미한다.

5축 레이저 용접과 로봇암 기술

CNC T-bar 방식은 직선 T-Bar를 2차원적으로 벤딩하는 것이 아니다. 3D 비정형 곡선을 정밀하게 제조하기 위해 T-bar를 구성하는 플랜지(Flange)와 웹(Web)을 각각 CNC 레이저로 정밀 컷팅한 후, 분리되어 가공된 플랜지와 웹은 로봇암(Robot Arm)을 이용한 5축 레이저 용접 기술을 통해 하나의 부재로 일체화(Integration)된다.

로봇암은 3차원 공간 상에서 복잡한 궤적을 그리며 움직일 수 있어, 비틀림(Twist)이 있거나 곡률이 급격하게 변하는 One-way 및 Multi-way 곡선 부재를 정밀하게 용접할 수 있다.

이러한 첨단 제조 방식은 각 부재가 가져야 할 정확한 3차원 곡률과 형상을 사전에 완벽하게 정의한다. 사람의 손기술이나 벤딩 기계의 물리적 탄성에 의존하는 불확실성을 제거하고, 디지털 데이터(Digital Data)를 오차 없이 물리적 부재로 치환하는 것이 바로 위드윅스 DfMA 솔루션의 핵심이다.

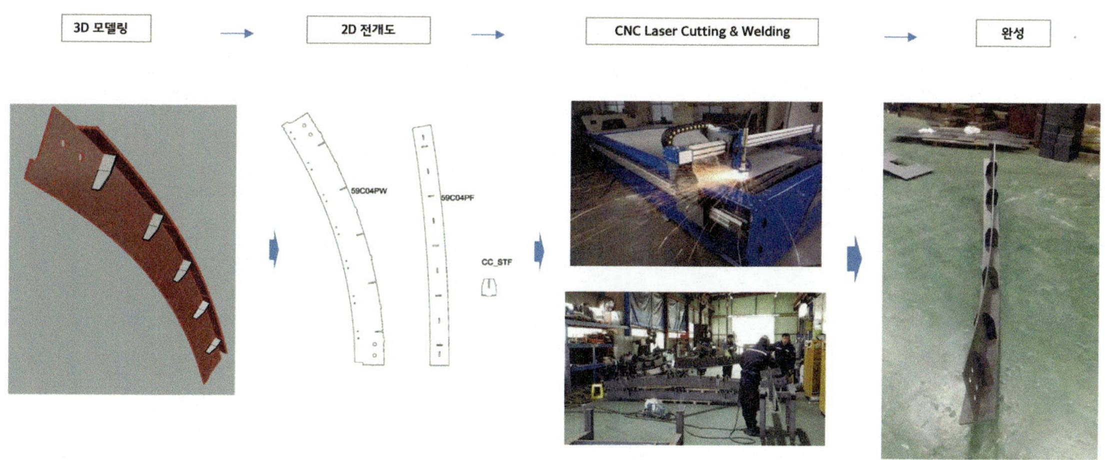

그림 4. CNC 가공을 통해 3차원 데이터를 정밀하게 구현한 T-bar

디지털 지그(Jig)로서의 T-bar와 Pre-cut

CNC T-bar 시스템의 가장 혁신적인 점은 단순히 곡률만 맞추는 것이 아니다. 위드웍스는 패널 고정을 위한 PAD 브라켓의 체결 위치(Hole)까지 CNC 레이저 가공을 통해 미리 홀을 가공(Pre-cut)하여 좌표를 확정했다. 기존 공법에서는 하지 철물을 설치한 후, 현장에서 패널을 대보고 작업자가 드릴로 구멍을 뚫어 고정해야 했다. 이 과정에서 작업자의 숙련도에 따라 오차가 발생하고, 패널 조인트(Joint)의 간격이 불균일해지거나 시공 정밀도(Precision)가 저하되는 문제가 빈번했다. 하지만 CNC T-bar 시스템에서는 모든 홀의 위치가 0.1mm 단위의 정밀도로 이미 가공되어 현장에 반입된다.

> "CNC T-bar 자체가 구조재이면서 패널 시공을 가이드하는 정밀한 지그(Jig) 역할을 동시에 수행한다."

이로 인해 현장에서는 T-bar들을 볼트로 체결하여 조립하기만 하면, 수천 장의 각기 다른 곡률을 가진 비정형 패널들이 별도의 복잡한 조정(Adjustment) 과정 없이 설계된 3차원 좌표에 정밀하게 체결(Fastening)될 수 있다. 이는 별도의 현장 측량이나 위치 잡기(Setting out) 과정을 대폭 축소시켜, 공기 단축은 물론 시공 정밀도를 획기적으로 높이는 결과를 가져온다.

실행: 정밀 시공과 품질 확보
오픈 조인트와 3중 방수 시스템

앞서 언급한 실리콘 오염 문제를 해결하기 위해, 위드웍스는 3mm AL.Solid Sheet와 오픈 조인트(Open Joint) 방식을 요청하였다. 패널 사이를 밀폐하지 않아 등압 이론(Equal Pressure Principle)에 의해 빗물의 침투를 억제하고, 내부로 유입된 물은 자연스럽게 EPDM 방수층을 통해 배수되도록 유도한다.

여기에 더해 [EPDM 방수 시트 + PDA 브라켓]으로 구성된 3중 방수 시스템을 구축했다. 특히 브라켓이 방수층을 관통하는 부위에 특수 실리콘 패드(PAD)를 적용하여, 나사 결합 부위의 미세한 틈새까지 완벽하게 수밀성을 확보했다. 이는 반영구적인 방수 성능을 보장하며 유지보수의 효율성을 극대화한다.

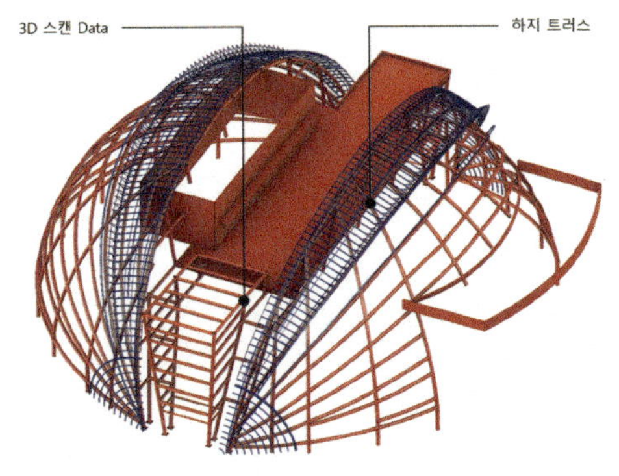
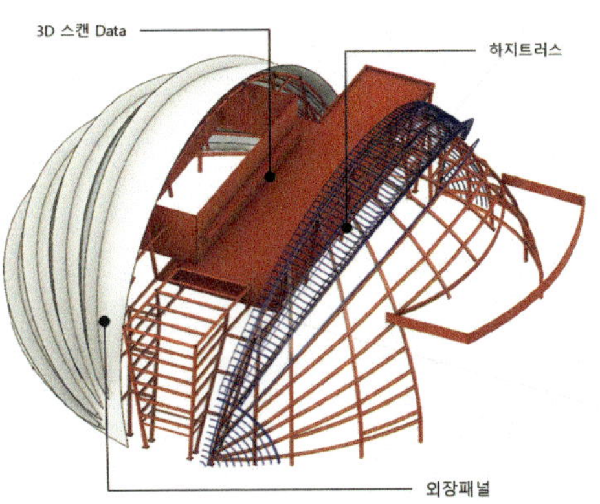

그림 5. 3D 스캐닝 데이터(Red)와 원설계 모델의 정합성 검토

난제 3: 구조체 시공 오차의 제어

아무리 외장재를 정밀하게 제작해도, 이를 지지하는 철골 구조체에 오차가 있다면 무용지물이다. 가장 까다로운 난관이었던 철골 구조체의 시공 오차는 3D 스캐닝(3D Scanning) 기술과 역설계(Reverse Engineering)를 통해 극복되었다.

위드웍스는 현장에 설치된 철골 구조체 전체를 3D 레이저 스캐너로 정밀 측량하여 포인트 클라우드(Point Cloud) 데이터를 확보했다. 이후 원설계 BIM 모델과 실제 시공된 스캔 데이터를 중첩(Superimposition)하여 편차를 정밀 분석하고, CNC T-bar 제작 설계에 이 3D 스캐닝 역설계 데이터를 반영함으로써 메인 철골의 현황을 정확하게 반영하여 정밀 시공이 가능하도록 하였다.

기술의 증명과 미래

위드웍스 주요 포트폴리오

한울본부 복합문화센터에 적용된 솔루션은 위드웍스가 축적해 온 기술적 노하우의 결정체다. CNC T-bar와 AL. Solid Sheet 패널 오픈조인트 시스템은 이미 국내 유수의 랜드마크 프로젝트에 적용되어, 복합패널로는 불가능했던 3차원 곡면의 정밀도와 내구성을 실증적으로 입증해왔다. 다음의 사례들은 위드웍스의 엔지니어링이 어떻게 비정형 건축의 난제들을 해결하고 새로운 표준을 만들어왔는지 보여주는 기술적 타당성을 입증하는 검증된 사례이다.

세종 클로버 (Sejong Clover), 3차원 곡면 패널의 정교한 결합

서울 로봇인공지능과학관, 구형(Sphere) 비정형 외피 성공 사례

그림 6. 위드웍스의 CNC T-bar & AL.Solid Sheet 기술이 적용된 주요 랜드마크

이들 프로젝트는 공통적으로 "왜 복합패널이 아닌 AL.Solid Sheet여야 하는가?"에 대한 명확한 해답을 제시한다. 위드웍스의 DfMA 솔루션은 비정형 건축물이 시간이 지나도 변치 않는 아름다움을 유지할 수 있도록 하는 기술적 정합성과 장기적 내구성을 확보하는 최적의 엔지니어링 솔루션이다.

그림 7. 한울본부 복합문화센터 현장에 정밀하게 설치되고 있는 CNC T-bar 시스템 전경

결론: 피지컬 AI(Physical AI) 시대를 준비하는 데이터의 힘

한울본부 복합문화센터 프로젝트는 비정형 건축이 더 이상 '불확실한 도전'이 아님을 증명한다. 위드웍스의 엔지니어링 솔루션은 디자인의 심미성을 해치지 않으면서도 누수, 기하학적 복잡성, 시공 오차라는 현실적인 문제들을 기술적으로 완벽하게 제어했다. 하지만 이 프로젝트가 갖는 진정한 의의는 바로 '데이터의 연속성(Data Continuity)'에 있다.

다가오는 '피지컬 AI(Physical AI)' 시대에는 인공지능이 로봇과 결합하여 물리적 세계를 직접 제어하게 될 것이다. 이때 가장 중요한 핵심 자산은 바로 '정제된 시공 데이터'다. 위드웍스는 이미 3D 설계 데이터가

CNC 장비를 통한 정밀 가공(Fabrication)과 현장 조립(Assembly)까지 끊김 없이 이어지는 완전한 DfMA 프로세스를 실현하고 있다. 이는 단순한 시공 과정을 넘어, 설계 의도가 물리적 실체로 변환되는 전 과정이 디지털 데이터로 축적되고 있음을 의미한다.

수많은 랜드마크 프로젝트를 통해 위드웍스가 쌓아온 방대한 고정밀 3D 데이터와 엔지니어링 노하우는 향후 AI 기반의 자동화 건설 시대의 강력한 경쟁력이 될 것이다.

건축개요

사업명 : 한울본부 복합문화센터 신축공사

대지위치 : 경상북도 울진군 북면 나곡리 산 84-1외

대지면적 : 16,691.0 m²

용도 : 문화 및 집회시설

연면적 : 6,927.39 m²

건축규모 : 지하 1층, 지상 4층

건축설계 : 디앤비건축사사무소

파사드 엔지니어링 : 위드웍스 A & E

김성진 대표이사
위드웍스 A&E
http://withworks.kr

비정형 공공건축에서 BIM 기반 정합성을 확보하는 스마트 건설 DX

비정형 건축이나 조건이 복잡한 공공 프로젝트를 진행하다 보면, 설계가 진척될수록 도면은 늘어나지만 판단은 오히려 어려워지는 순간을 자주 마주하게 된다. 무엇을 기준으로 설계와 구조를 판단해야 하는지, 그리고 그 판단이 실제로 구현 가능한지에 대한 확신을 갖기 쉽지 않다. 스마트 건설 DX는 이러한 상황에서 새로운 기술의 도입과 함께, 설계 판단과 의사결정을 어떤 기준 위에서 공유하고 검증할 것인가에 대한 방식의 변화로도 기능한다.

특히 규모가 크거나 설계 조건이 복잡한 건축물일수록, 설계 의도와 구조적 판단, 시공 가능성을 하나의 기준 안에서 함께 관리하는 일이 중요해진다. 이 글에서는 충남 예술의전당 프로젝트를 사례로, BIM 기반 디지털 모델이 복잡한 설계 과정 속에서 어떻게 설계 판단의 기준으로 활용되었는지를 살펴보고자 한다.

이러한 접근이 실제 설계 과정에서 작동하기 위해서는 조직 차원의 운영 방식 또한 중요하다. 시아플랜 건축사사무소는 2D 도면 중심의 방식만으로는 설계 정합성을 확보하기 어려운 고난도 프로젝트를 중심으로 BIM 기반 협업을 지속해 왔다. 사내 Technical Session(TS) 팀은 설계팀과 함께 BIM 모델을 매개로 건축, 구조, 시스템 간의 관계를 통합적으로 검토하고 조율하는 역할을 맡고 있다. 이 과정에서 BIM 모델은 단순한 표현 수단이 아니라, 서로 다른 판단을 하나로 정리하는 공통의 기준으로 기능한다.

이러한 BIM기반 협업 구조가 실제 설계 과정에서 어떻게 작동했는지를 보여주는 사례가 최근 실시설계를 완료한 충남 예술의전당 프로젝트다. 본 프로젝트는 충청남도 내포신도시 문화시설지구에 위치한 공공 공연시설로, 지하 1층, 지상 3층 규모에 연면적 약 14,398㎡

그림 1. 외부 투시도

그림 2. 내부 투시도

로 계획되었다. 공연장과 전시시설, 공공 공간이 복합된 이 건물은 공간 구성과 구조 시스템이 긴밀하게 연동되는 설계 조건을 갖고 있었으며, 특히 비정형 지붕과 주요 공간에서 이러한 복합성이 두드러진다.

건물 전체가 비정형으로 계획된 이 프로젝트에서, 자유 곡면의 지붕 형상은 평면과 단면 도면만으로 전체 정합성을 판단하기 어려운 요소였다. 개별 도면을 통해 설계 의도를 이해할 수는 있었지만, 각 도면이 서로 일관된 상태로 구현되고 있는지에 대해서는 확신하기 어려웠다.

이러한 상황에서 설계와 구조를 각각의 도면으로 따라가기보다는, 하나의 기준 위에서 동시에 검토할 수 있는 방법이 필요해졌다. 이때 BIM 기반 디지털 모델은 형상을 구현하는 도구를 넘어, 설계 판단을 시작하기 위한 기준으로 선택되었다. 지붕 형상과 이에 연동된 구조

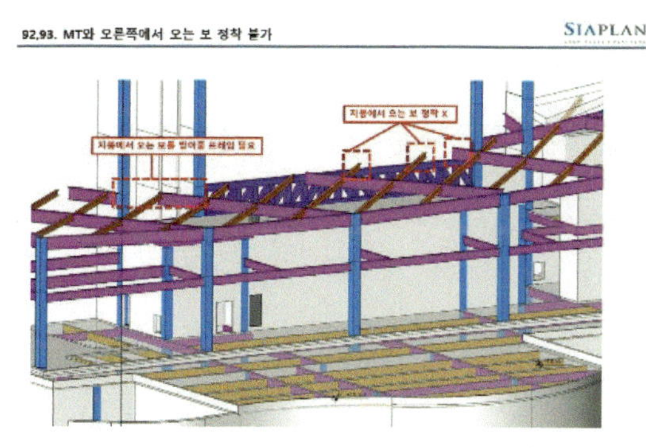

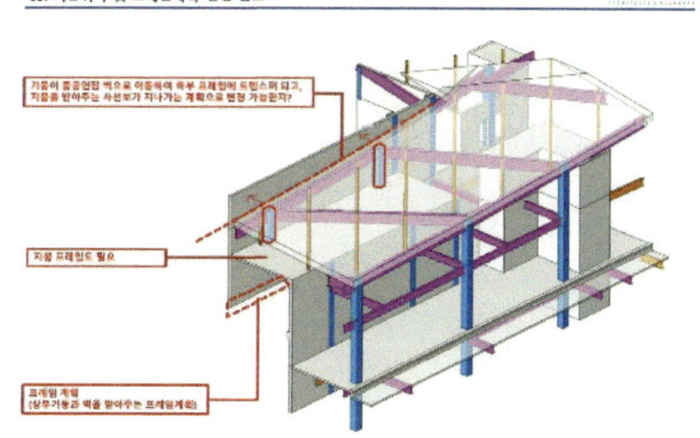

그림 3. 구조 협의 자료

조건, 공간 구성을 하나의 모델 안에서 함께 확인함으로써, 도면에서는 분리되어 보이던 관계들을 동시에 검토할 수 있게 되었다.

BIM 모델을 중심으로 검토가 이루어지자, 형상 변경이 구조에 미치는 영향이나 구조적 보완이 공간 구성에 어느 정도까지 영향을 미치는지 보다 명확하게 드러났다. 이전에는 도면을 오가며 짐작해야 했던 판단들이 모델 안에서 바로 확인되었고, 설계 수정 역시 단순한 형태 조정이 아니라 구조와 시공 조건을 함께 고려한 선택으로 이어졌다. 이 과정에서 BIM 모델은 설계안을 보여주는 결과물이 아니라, 설계와 구조 판단이 출발하는 공통의 기준으로 자리 잡게 되었다.

비정형 지붕과 외피 형상을 구현하는 과정에서는 레빗 단독 환경만으로는 형상 제어와 반복적인 수정에 한계가 있었다. 이에 비정형 외피는 라이노에서 형상을 먼저 정리한 뒤, 이를 레빗과 연동하는 방식을 선택했다. 라이노에서 구축된 외피 모델은 레빗으로 가져와 구조, 공간, 시스템 요소와 함께 통합적으로 검토되었고, 이를 통해 형상 변경이 전체 설계에 미치는 영향을 보다 입체적으로 파악할 수 있었다.

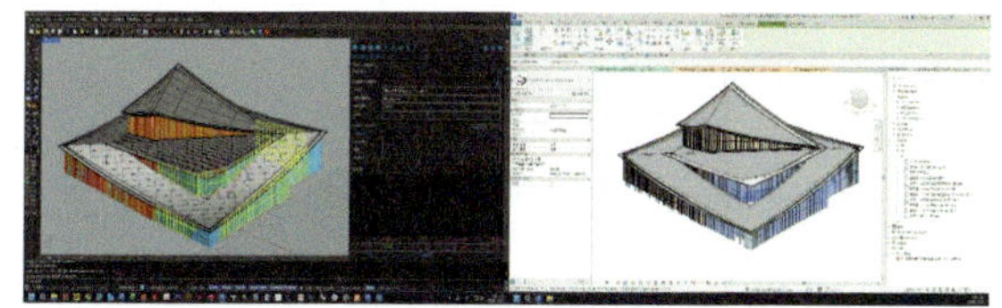

그림 4. 외피 라이노 모델링

구조 계획 과정에서도 기존의 접근 방식을 다시 검토할 필요가 있었다. 초기에는 일반적인 건축물과 유사하게 수직·수평 그리드를 기준으로 구조 프레임을 계획했지만, 이를 비정형 지붕 형상에 그대로 적용할 경우 각 프레임의 조건이 달라지면서 구조적 합리성과 공사비, 물량 관리 측면에서 부담이 커지는 문제가 드러났다. 이

에 따라 구조를 개별 부재의 집합이 아닌 하나의 체계로 정리할 필요성이 제기되었고, 그 대안으로 다이아그리드(DIAGRID) 구조 방식을 검토하게 되었다. 이후 BIM 기반 구조 모델을 통해 프레임의 배치와 형상 대응, 부재 간 관계를 입체적으로 검토하며 구조적 합리성과 시공성을 함께 고려한 판단이 이루어졌다.

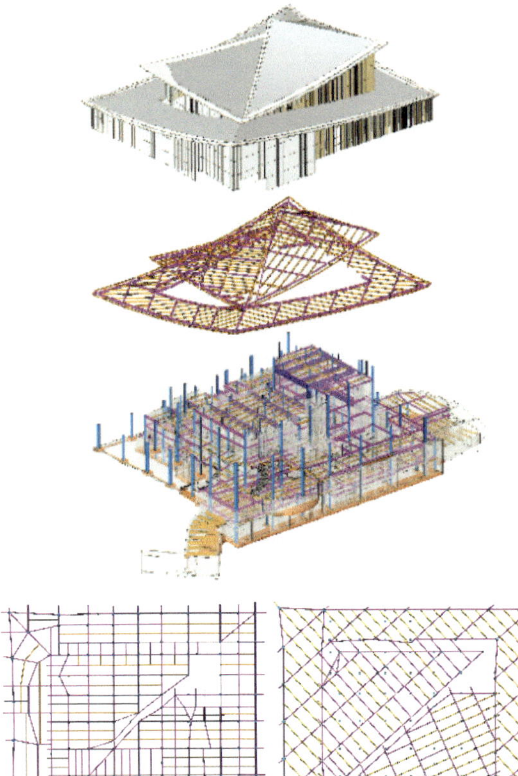

그림 5. 구조 EXPLODE DIAGRAM과.구조 BEFORE & AFTER

설계가 구체화되는 단계에서는 BIM 모델을 중심으로 건축과 구조 도서를 일관되게 정리하는 작업이 이어졌다. 모델에서 정리된 형상과 구조 정보는 도면으로 전환되는 과정에서도 일관된 기준으로 작동했고, 이를 통해 평면, 단면, 상세 간의 불일치를 최소화할 수 있었다. 도면 작성은 모델링 이후에 따라붙는 작업이 아니라, 설

계 판단을 구체화하는 과정의 연장선으로 이어졌다.

충남 예술의전당 사례에서 스마트 건설 DX는 새로운 기술을 추가하는 일이 아니라, 복잡한 설계 조건을 하나의 기준 위에서 함께 판단하고 공유하는 방식으로 작동했다. BIM 기반 디지털 모델은 형상을 표현하는 도구를 넘어, 설계의 정확성을 확보하고 구조적 판단을 정리해 나가는 중심적인 역할을 했다. 이러한 경험은 비정형 공공건축에 국한된 이야기가 아니라, 2D 설계 방식만으로는 정합성을 확보하기 어려운 다양한 프로젝트에서 BIM이 설계 실무에 어떻게 활용될 수 있는지를 보여주는 하나의 사례라 할 수 있다.

그림 6. 조감도

손원영 리더
시아플랜건축사사무소 SID본부
wonyoung.son@siaplan.com

해외 설계사와의 BIM 기술 협업

– 노들글로벌예술섬과 포스코글로벌센터 사례를 중심으로

국내 대형 건축 프로젝트에서 해외 설계사와의 협업은 이제 보편적이다. 특히 비정형 건축이나 초대형 복합시설은 설계 초기부터 기술 협업이 필수다. 다수의 해외 설계사는 BIM을 통한 설계를 필수이자 보편적인 업무로 빠르게 내재화했으며, 이에 국내사와의 BIM 협업을 선호하며 권장하는 추세다. 최근 수행한 노들 글로벌 예술섬과 포스코 글로벌센터 프로젝트에서 국내 설계사가 단순히 해외의 디자인을 수용하던 역할에서 벗어나, 기술 기반의 협업을 어떻게 주도하고 변화시켰는지 소개하고자 한다.

개념 중심 협업의 한계와 패러다임의 전환

과거 해외 설계사와의 협업은 주로 개념 디자인(Concept Design) 중심으로 이루어졌다. 해외사가 공간 개념과 조형을 제안하면, 국내 설계사는 이를 국내 법규와 시공 환경에 맞춰 조정했다. 이 방식은 일정 규모 이하 프로젝트에서는 효과적이었으나, 비정형 구조나 복합 프로그램을 포함한 대형 프로젝트에서는 한계를 보였다.

설계 변경이 빈번하고 구조·외피·시공 조건을 동시에 검토해야 하는 상황에서 도면과 이미지 중심의 소통은 의사결정을 늦추고 정보 불일치를 초래했다. 이에 최근 프로젝트들은 설계 정보를 실시간으로 공유하고 검토할 수 있는 '기술 기반 협업'으로 전환되고 있다.

사례1 : 노들 글로벌 예술섬 프로젝트 – 비정형 건축의 기술적 정합성 확보

노들섬 프로젝트는 비선형 형태와 기존 건축물과의 복합 연계적인 공간 구성으로 인해 고난도의 설계 관리가 요구되었다. 이 프로젝트의 핵심 과제는 해외 설계사가 구현하고자 한 조형적 완결성과, 국내 시공 환경에서 실현 가능한 기술적 해법 사이의 간극을 좁히는 것이었다. 단순히 디자인을 조정하는 것이 아니라, 설계 개념을 유지하면서 기술적으로 성립하는 대안을 제시해야 했다.

이를 해결하기 위해 설계 초기부터 BIM 기반 협업 환경을 구축했다. 해외 설계사가 개념 모델로 설계 의도를 전달하면, 국내 설계팀은 이를 바탕으로 법규와 시공 조건을 반영해 BIM 모델을 단계적으로 발전시켰다. 설계 단계별로 역할을 나눠 모델링을 통해 일관성을 지키고자 했고 참여자의 역할과 업무 영역을 명확히 했다. 해외사는 외피 및 상부 조경 디자인을 전담했다. 국내 구조분야는 통상적으로 구조해석만 수행하지만, 본 프로젝트에서는 구조 모델링과 도면 작성까지 담당했다. 설계자는 이를 바탕으로 외피, 구조, 조경을 조율하며 설계를 진행했다.

이 과정을 공통 데이터 환경(CDE, Common Data Environment)상에서 실시간으로 공유하여 시간과 장소의 한계를 극복하고자 노력하였다. 이런 과정

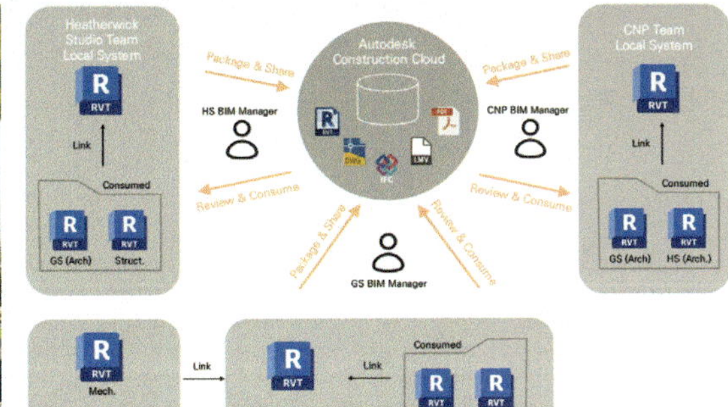

그림 1. 노들글로벌예술섬/CDE(공통데이터환경) 조직구성

을 통해 BIM은 단순한 모델링 도구가 아니라, 의사결정을 빠르게 공유하고 조율하는 매개체 역할을 수행했다.

사례2: 포스코 글로벌센터 – 대규모 프로젝트에서의 기술 통합

포스코 글로벌센터는 대규모의 복합 프로그램이 포함된 프로젝트로, 다수의 해외 설계사, 컨설턴트 및 엔지니어링 조직이 참여했다. 방대하고 복잡한 설계 데이터로 인해 설계 변경 시 발생하는 영향 분석과 체계적인 정보 관리가 무엇보다 중요했다.

이 프로젝트는 BIM 중심으로 설계 정보를 통합 관리했다. 해외 설계사의 디자인 의도와 국내 엔지니어링 기준을 공통 데이터 환경(CDE, Common Data Environment)에서 검토함으로써, 변경 사항을 실시간으로 명확히 공유하며 의사결정을 진행하였다. 또한 구조, 외피 간 간섭 검토를 초기 단계에 수행해 후속 단계에서 발생할 수 있는 잠재적 충돌과 비용 손실을 줄이고자 했다.

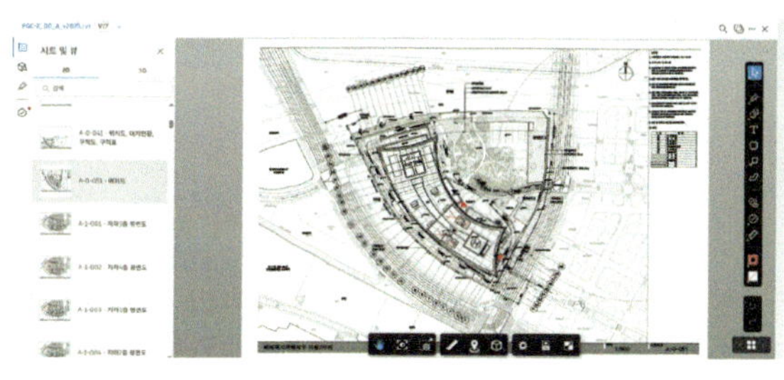

그림 2. CDE(공통데이터환경)을 통한 정보공유

해외 협업에서 변화하는 국내 설계사의 역할

두 사례는 해외 설계사와의 협업에서 국내 설계사의 역할이 확대되었음을 보여준다. 국내 설계사는 단순히 해외 설계를 국내 기준에 맞추는 '조정자(Coordinator)'를 넘어, 전체 기술의 협업 흐름을 설계하고 조율하는 중심 역할을 수행해야 한다.

이런 변화에 대응하기 위해 국내 설계 조직은 BIM 협업 경험, 설계 의도 해석 능력, 국내외 기준을 연결하는 기술적 이해를 갖춰야 한다. 특히 BIM Manager와 Coordinator의 역할은 모델 관리뿐만 아니라 설계 과정 전반의 기술적 의사결정과 업무 프로세스에 관여하는 역할로 확대되고 있다.

기술 협업의 조건과 한계

물론 기술 기반 협업이 모든 프로젝트에 동일하게 적용될 수 있는 것은 아니다. BIM 협업 환경 구축에는 초기 투자 비용과 학습 곡선이 수반되며, 프로젝트 규모와 복잡도에 따라 효용이 달라진다. 또한 해외 설계사와의 협업에서는 모델 표준, 작업 시간대 차이, 의사결정 권

한 등 기술 외적인 조율이 여전히 중요하다. 두 프로젝트에서도 이러한 비기술적 협의가 병행되었으며, BIM은 이 과정을 대체한 것이 아니라 효율화한 것이다.

맺음말

노들섬과 포스코 글로벌센터 프로젝트는 해외 설계사와의 협업 방식이 기술 중심으로 이동되었음을 보여준다. BIM 기반 협업 환경은 정보 공유 방식을 바꾸고, 프로젝트 수행 방식을 혁신하고 있다.

두 프로젝트의 경험은 다음과 같은 기술 기반 협업의 핵심 원칙을 시사한다.

첫째, 설계 단계별로 모델 책임 주체와 활용 범위를 명확히 정의해야 한다.

둘째, CDE와 같은 공유 환경을 통해 빠르게 참여자들에게 정보 공유가 필요하다.

셋째, 간섭 검토와 시공성 분석을 설계 초기에 동시 수행해 후속 단계의 리스크를 줄여야 한다.

앞으로 협업의 핵심은 도구 자체가 아니라, 설계 정보를 어떻게 체계적으로 공유하고 조율하느냐에 달려있다. 국내 설계사는 단순히 BIM 기술을 보유하는 것이 아니라 협업 프로세스 전체를 기획하고 조율하는 역할로 진화해야 한다.

김용수 선임건축가
간삼건축 BIM팀
yongsoo.kim@gansam.com

AI 기반 건설산업 패러다임 전환 방향

토목 엔지니어링 업계는 지금 '퍼펙트 스톰(Perfect Storm)'을 정면으로 마주하고 있다. 토목 기피 현상으로 신규 인력 유입은 줄고 숙련된 엔지니어의 고령화는 심화되는 가운데, 발주처들은 전면 BIM 도입을 선언하며 프로젝트의 복잡성을 가중시키고 있다. 여기에 생산성 향상에 대한 거센 압박까지 더해지며, 여러 악재가 동시에 몰아치고 있는 형국이다.

이는 과거의 노동집약적 방식만으로는 더 이상 생존을 담보할 수 없는 한계 상황을 만들었다. 이제 토목 엔지니어에게 전통적인 공학 지식은 기본이며, 디지털 기술에 대한 깊이 있는 이해와 활용 능력 없이는 생존마저 위협받는 시대가 된 것이다.

이러한 위기감은 역설적으로 거대한 변화의 동력이 되고 있다. 불과 몇 년 전까지만 해도 실무자들 사이에서 Visual Coding(비주얼 코딩)에 대한 거부감이 적지 않았으나, 현재는 대부분의 설계사에서 BIM 프로젝트 수행을 위해 Visual Coding이 선택이 아닌 필수 요소로 자리 잡았다.

이러한 변화는 국내 인프라 산업 전반에서 뚜렷하게 나타나고 있다. 한국도로공사는 'BIM 기술나눔 플랫폼'을 통해 엑셀과 Visual Coding 기반의 자동화 설계 라이브러리를 배포하며 기술 표준화와 확산을 주도하고 있으며, 건화는 작년에 'KH-AI·BIM Conference'를 개최하여 실제 설계 업무에 적용된 AI 기술 사례와 미래 전략을 발표했다.

이는 AI가 더 이상 실험적 기술이 아닌, 설계의 생산성과 품질을 결정하는 핵심 역량으로 인정받고 있음을 보여준다. 이제 AI 도입 여부는 논쟁의 대상이 아니며, 누가 먼저 기술의 가치를 이해하고 실제 업무에 효과적으로 적용하느냐가 중요하다는 것으로 이해할 수 있다. 인프라 산업은 기술검토 단계를 지나 실행과 확산의 단계에 진입한 것이다. 이러한 거대한 도전 과제에 직면한 상황에서, 벤틀리시스템즈(Bentley Systems)는 'Vertical AI'와 '인프라 디지털 트윈'의 융합을 가장 강력한 해법으로 제시한다. Vertical AI는 특정 산업의 고유한 문제를 해결하기 위해 설계된 산업 특화형 AI이다. 인프라 분야에서의 Vertical AI는 공학 원리를 이해하고, 복잡한 설계 기준을 분석하며, 나아가 물리적 자산의 전 생애주기를 종합적으로 파악하는 전문화된 지능을 의미한다.

정확한 디지털 트윈 구축의 성패는 현실 세계를 얼마나 정밀하고 의미 있는 데이터로 전환하는지에 달려있다. 기존 방식은 드론이나 3D 스캐너로 수집한 방대한 포인트 클라우드 데이터를 사람이 직접 분류하고 모델링해야 했기에 많은 시간과 노력이 소요되었다. 벤틀리시스템즈는 Cesium(세슘) 인수를 통해 확보한 기술과, 최근 고도화된 AI Detector 기능을 바탕으로 이 과정을 혁신한다. 수집된 대용량 포인트 클라우드 데이터를 'Cesium ion'에 업로드하면, 사전 학습된 AI 감지기(Detector)가 가로등, 표지판, 맨홀, 식생 등 수많은 도시 시설물과 자산을 자동으로 식별하고 객체화한다. 이는 단순한 형상 인식을 넘어, 각각의 객체에 속

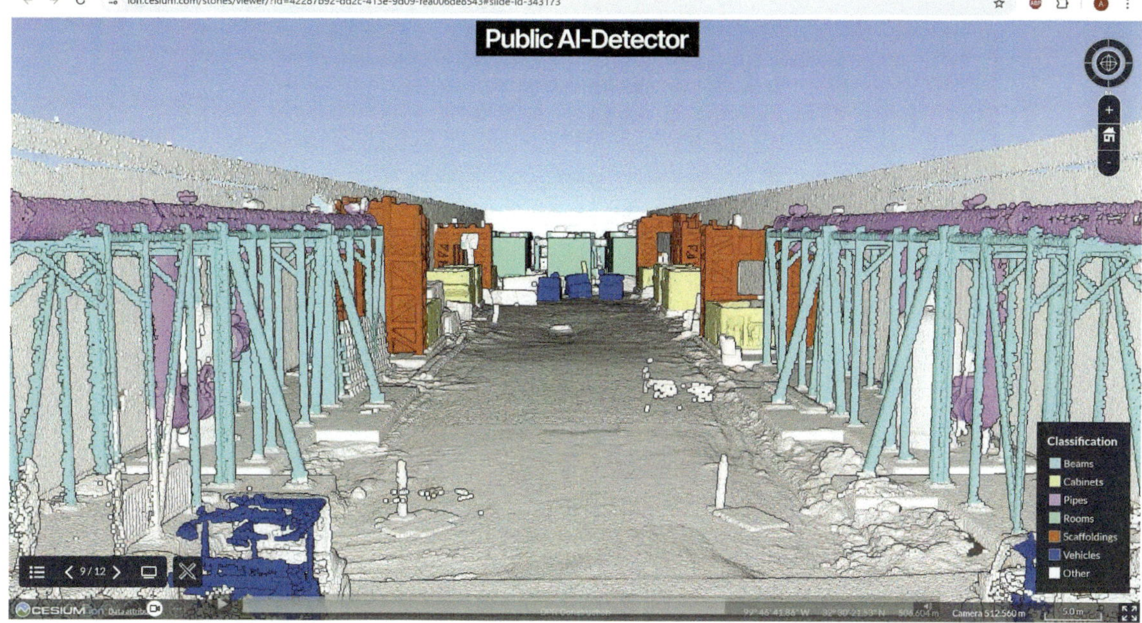

그림 1. Cesium AI Detector

성 정보를 부여하는 '시맨틱(semantic) 분류'를 의미한다. 이를 통해 무의미했던 점의 집합을 '지능형 3D 자산'으로 재탄생시키며, 후속 설계 및 분석 단계의 기반이 되는 정확한 3D 모델을 며칠이 걸리던 작업에서 단 몇 시간 만에 생성할 수 있다.

설계 단계에서 AI는 반복적인 작업을 자동화하는 수준을 넘어, 인간 설계자가 미처 탐색하지 못하는 광범위한 가능성을 제시하는 창의적 파트너 역할을 수행한다. Bentley Copilot(벤틀리 코파일럿)은 MicroStation(마이크로스테이션), OpenRoads(오픈로드) 등 다양한 벤틀리 애플리케이션에 내장된 AI 어시스턴트이다.

사용자가 "도로의 설계 속도를 시속 80km로 변경하고, 관련 규정에 맞게 곡선반경을 수정해줘"와 같이 자연어로 명령하면, AI가 이를 이해하고 관련 기술 문서를 찾아 제시한다. 이는 엔지니어가 소프트웨어 조작법 습득이 아닌, 설계 의사결정과 창의적인 문제 해결에 집중할 수 있는 환경을 제공한다.

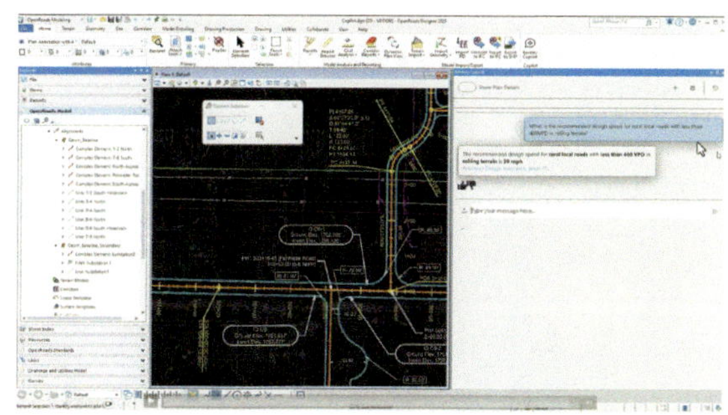

그림 2. Bentley Copilot in OpenRoads Designer

OpenSite+(오픈사이트 플러스)는 부지 설계 분야에서 AI의 잠재력을 명확히 보여준다. 설계 초기 단계에서 주차대수, 건축 연면적 등 핵심 설계 요건을 입력하면, AI 생성형 알고리즘이 수천 가지의 설계 시나리오를 즉시 생성하고 평가한다. 이 과정에서 토공량을 최소화하거나 일조권을 확보하는 등 특정 목표에 가장 부합하는 최적의 부지 레이아웃을 제안한다. 또한, 주석같은 반복적인 도면화 작업을 자동화하여 설계 시간을 최대 10배까지 단축시킨다.

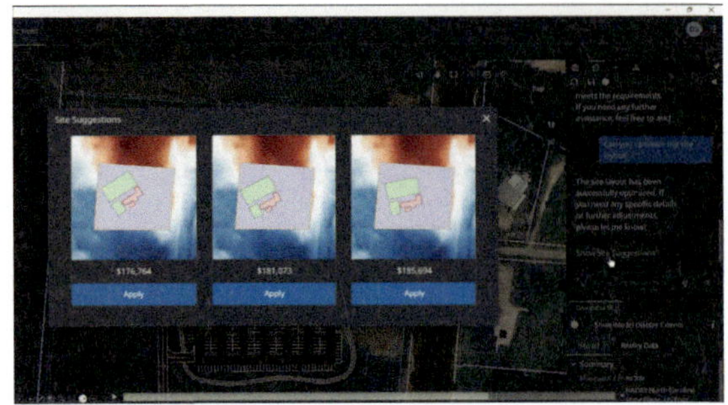

그림 3. Layout Optimization in OpenSite+

OpenUtilities Substation+는 고도의 정밀성과 안전성이 요구되는 변전소 설계에 특화된 솔루션이다. AI는 복잡한 국제 설계 표준(IEC, IEEE)과 엔지니어링 규칙을 내재하고 있어, 설계 과정에서 발생할 수 있는 잠재적 오류를 실시간으로 검증하고 방지한다. 이를 통해 설계 품질의 일관성을 확보하고, 값비싼 재작업 비용을 원천적으로 차단하는 지능형 3D 모델 구축을 가능하게 한다.

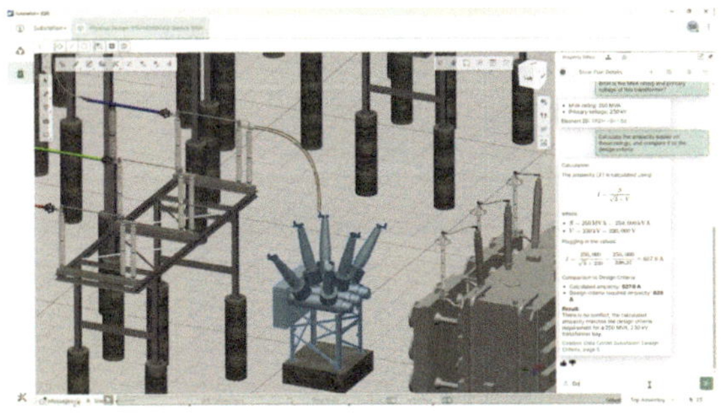

그림 4. AI Features in OpenUtilities Substation+

시공 단계의 가장 큰 어려움은 설계, 조달, 현장 등 여러 팀과 공정 간의 데이터 단절에서 비롯된다. SYNCHRO+(싱크로 플러스)는 iTwin 플랫폼과 Bentley Infrastructure Cloud(BIC)를 기반으로 모든 이해관계자가 실시간으로 동일한 최신 모델에 접근하는 '데이터 중심'의 협업 환경을 제공한다. 특히, 건설 과정에서 매일 촬영되는 수많은 사진과 비디오는 체계적으로 관리되지 않으면 단순한 파일 더미에 그치기 쉽다. 벤틀리의 SYNCHRO Media Index는 AI를 이용해 이 미디어들을 자동으로 분석한다. "오늘 촬영된 3층 철근 배근 사진"과 같이 내용, 날짜, 지리적 위치 정보를 기반으로 태그를 지정하여 검색 가능한 지식 데이터베이스로 변환하는 것이다. 이를 통해 현장에 가지 않고도 특정 공정이나 위치의 진행 상황을 시각적으로 명확하게 확인할 수 있으며, 공정 지연의 원인을 분석하거나 분쟁 발생 시 객관적인 증거 자료로 활용하는 등 그 가치가 무궁무진하다.

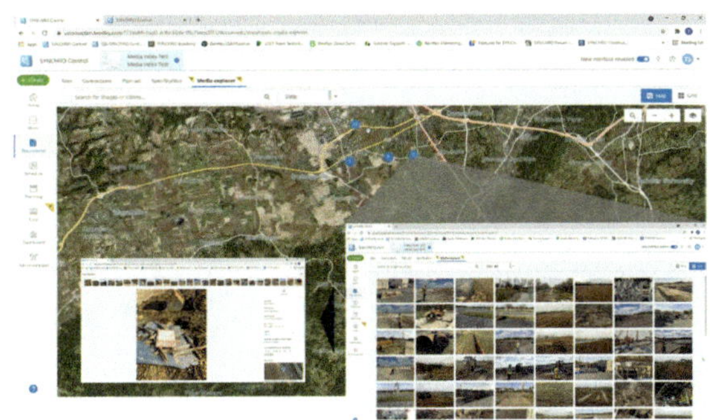

그림 5. Synchro Media Ex

토목 분야에서는 신규 프로젝트 수요가 점차 감소하고 이미 완공된 구조물이 증가함에 따라, 기존 시설물의 안전 확보와 생애주기 비용(LCC) 절감을 위한 유지관리의 중요성이 더욱 커지고 있다. iTwin Capture는 기존의 위험하고 주관적인 육안 점검 및 수작업 중심의 조사 방식에 근본적인 변화를 가져온다. 드론이나 스마트폰으로 촬영한 이미지와 포인트 클라우드 데이터를 AI 딥러닝 알고리즘으로 분석하여, 교량 상부 슬래브, 터널 라이닝, 댐 등 주요 구조물에서 발생하는 미세 균열, 부식, 변형과 같은 이상 징후를 90% 이상의 정확도로 자동 식별한다. 탐지된 결함은 단순한 이미지 마킹에 그치지 않고, 3D 모델 상에 정확한 위치 정보와 함께 길이, 너비, 면적 등 정량적 데이터로 시각적으로 매핑된다.

더 나아가, 기존에 엔지니어가 수작업으로 작성하던 조사망도(균열도)를 자동으로 생성하고, 이를 DGN 및 CAD파일 형태로 추출할 수 있어, 점검 결과를 설계·유지관리 도면과 즉시 연계할 수 있다. 이러한 데이터가 지속적으로 축적되면 특정 결함의 진행 속도를 정량적으로 추적하고 향후 상태를 예측할 수 있어, 경험 중심의 사후 점검에서 벗어나 데이터 기반의 예방적 유지관리 체계로의 전환이 가능해진다.

그림 6. iTwin Capture

이처럼 벤틀리시스템즈의 Vertical AI 솔루션은 인프라 생애주기 전반에 걸쳐 엔지니어의 생산성을 극대

화하고, 데이터 기반의 더 나은 의사결정을 지원하는 구체적인 해법을 제시하고 있다. 이는 인프라 산업이 직면한 퍼펙트 스톰을 극복하고 지속가능한 미래로 나아가기 위한 가장 현석적이고 실행 가능한 대안이 될 것이다.

김영휘
벤틀리시스템즈
상무/공학박사

참고문헌

1. McKinsey & Company, The next normal in construction: How disruption is reshaping the world's largest ecosystem, 2020, https://www.mckinsey.com/capabilities/operations/our-insights/the-next-normal-in-construction-how-disruption-is-reshaping-the-worlds-largest-ecosystem

2. 한국도로공사, "BIM 기술나눔 플랫폼", http://koryosoft.synology.me:8887/kaceLib/

3. 한국지능정보사회진흥원(NIA), "버티컬 AI로의 변화 및 과제", 2024, https://eiec.kdi.re.kr/policy/domesticView.do?ac=0000188350

4. D. Anastasopoulos et al., "Agentic Systems: A Guide to Transforming Industries with Vertical AI Agents", arXiv, 2025., https://arxiv.org/html/2501.00881v1
Bentley Systems Blog (2024.11.15). Applying AI detectors in iTwin Capture, https://blog.bentley.com/software/applying-ai-detectors-in-itwin-capture/

5. Laszlo Gyory, Vertical AI and Generative Intelligence: Driving Data Insights with Digital Workers,2025.10, https://doi.org/10.5281/zenodo.17380230

지능형 준공 도면이 이끄는 건설 워크플로우 혁신

건설 산업은 설계, 시공, 측량, 관리 등 다양한 역할과 이해관계자가 동시에 참여하는 고도로 파편화된 환경 속에서 운영된다. 각 단계의 우선순위는 다르지만, 모든 프로젝트가 지향하는 목표는 분명하다. 정해진 기간 안에(On Time), 예산 범위 내에서(On Budget), 안정적인 품질로 프로젝트를 완수하는 것이다.

그러나 현실에서는 예산 초과와 공기 지연, 반복되는 품질 이슈가 빈번하게 발생한다. 매킨지(McKinsey) 보고서(Reinventing construction: A route to higher productivity(2017), The next normal in construction(2020))에 따르면, 예산이 초과되는 프로젝트는 85%, 공기 초과되는 프로젝트는 92%에 달하며 시공 품질 이슈가 발생하는 프로젝트도 63%에 이르는 것으로 나타났다. 여기에 숙련 인력 부족과 건설 현장 환경의 복잡성 증가는 기존 업무 방식의 한계를 더욱 분명하게 드러내고 있다. 이러한 상황에서 프로젝트 성과를 개선하기 위한 핵심 요소로 '데이터 기반 업무 방식'의 중요성이 점점 커지고 있다.

파편화된 건설 현장에서 커넥티드 컨스트럭션이 필요한 이유

기존 건설 프로젝트에서는 설계 데이터, 현장 측량 데이터, 시공 정보, 준공 데이터가 서로 다른 형태로 관리돼 왔다. 종이 도면이나 개별 파일 중심의 방식은 정보의 최신성을 보장하기 어렵고, 이해관계자 간 데이터 불일치로 인해 설계와 시공 변경 등의 의사결정 지연을 초래한다. 아울러 시공 중 재작업이 많이 발생하게 되는 원인이 돼 왔다. 특히 준공 단계에서 작성되는 도면은 단순히 프로젝트 종료 이후의 기록물로 활용되는 경우가 많았다.

하지만 최근에는 준공 데이터가 단순한 결과물이 아니라, 시공 중 검증과 품질 관리, 원격 감독까지 지원하는 핵심 자산으로 활용되고 있다. 트림블(Trimble)은 이러한 변화에 대응해 디지털 설계에서 디지털 시공, 디지털 건설 관리로 이어지는 연속된 워크플로우를 제시하고 있으며, 그 중심에는 모든 건설 단계에서 필요한 공통된 지능형 데이터가 있다.

커넥티드 컨스트럭션과 공통 데이터 환경(CDE)

트림블의 건설 솔루션은 '커넥티드 컨스트럭션(Connected Construction)'이라는 개념을 기반으로 한다. 이는 프로젝트 전 단계와 모든 참여자를 하나로 연결해, 항상 동일한 최신 데이터를 바탕으로 협업할 수 있도록 하는 접근 방식이다.

이를 구현하는 핵심은 공통 데이터 환경(CDE :

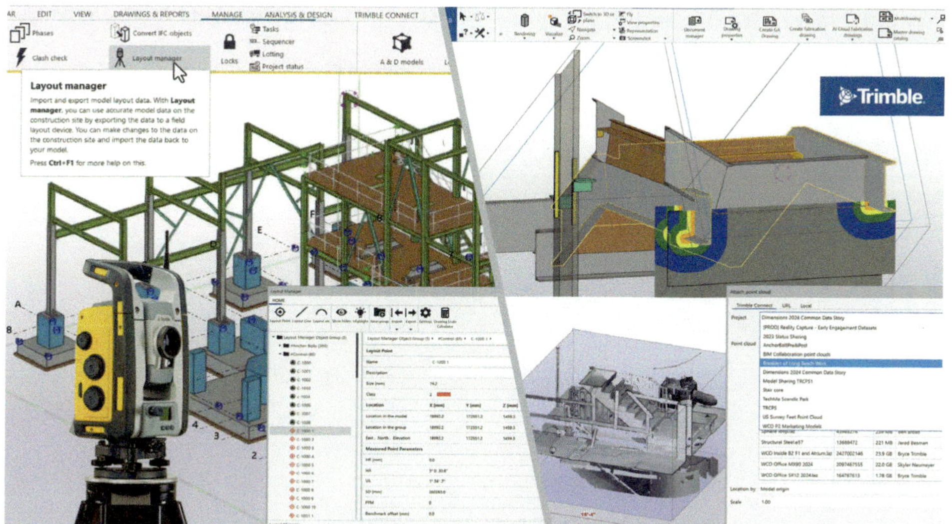

Common Data Environment)이다. 트림블 커넥트 (Trimble Connect)는 건설 산업을 위해 설계된 클라우드 기반 CDE 협업 플랫폼으로, 프로젝트 전반의 데이터를 중앙에서 통합 관리하며, 이해관계자 간 원활한 정보 공유를 지원한다.

자세히 설명하자면, 트림블은 공통 데이터 환경을 구축하기 위해 클라우드 기반의 트림블 커넥트를 활용하며 필요시 BIM 협업 플랫폼인 쿼드리(Quadri)를 활용해 하나의 중앙 모델에서 실시간 협업을 가능하게 하고, 변경 사항 추적과 BIM 모델에 언제 어디서나 원활하게 접근할 수 있도록 지원한다. 이는 특히 도로, 철도 등 인프라 프로젝트를 위한 협력적 협업 플랫폼에서 잘 활용된다.

뿐만 아니라 건설, 측량, 장비 제어를 위해 정확하고 통합된 3D 구축 모델을 빠르고 쉽게 생성할 수 있도록 돕는 강력한 건설 소프트웨어인 트림블 비즈니스 센터 (Trimble Business Center)를 통해 쉽고 간단하게 현장 시공에 필요한 3D 모델로 변환한다. 이러한 모델은 이후 현장 시공의 기준이 되며, 디지털 설계와 물리적 시공을 연결하는 역할을 수행한다.

현장에서 활용되는 디지털 데이터

현장에서는 디지털 데이터가 실제 생산성과 안전성 향상으로 이어진다. 트림블 사이트웍스(Trimble Siteworks)를 통해 테클라 스트럭쳐스(Tekla Structures) 등에서 생성된 3D BIM 모델을 현장에서 직접 확인하고 활용할 수 있다. 또한 트림블 어스웍스(Trimble Earthworks)를 활용해 3D 시공 데이터 기반의 원격/무인 시공까지 확대함으로써 재작업 없는 정확한 시공을 보장한다.

트림블 액세스(Trimble Access)는 도로, 터널, 파이프라인 등 인프라 환경에 특화된 모바일 측량 플랫폼으로, 측량과 검사 업무를 디지털화한다. 웍스매니저 (WorksManager)는 최신 설계 모델을 원격으로 현장 장비에 전송해 항상 최신 기준에 맞춘 시공을 가능하게 하며, 웍스OS(WorksOS)는 실시간 진행 상황 모니터링을 통해 프로젝트 관리자의 데이터 기반 의사결정을 지원한다.

일본 히로시마 SABO 댐 프로젝트 사례

커넥티드 컨스트럭션의 효과는 일본 히로시마 지역의

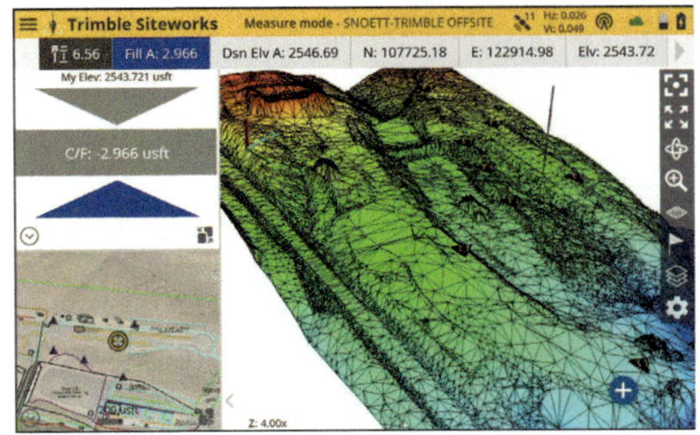

SABO 댐 프로젝트에서 확인할 수 있다. 히로시마 일대는 산사태 위험 지역과 주거지가 인접해 있어, 현장의 안전성과 신속한 판단이 중요한 환경이다.

해당 프로젝트에서는 트림블 하드웨어 솔루션과 소프트웨어 솔루션이 활용됐다. 여기에는 레이저 스캐너(X7, X9), GNSS 시스템(R12i, R780), 머신 컨트롤(어스웍스), 머신 가이던스(사이트웍스) 등이 포함된다. 또한, 설계, 측량, 시공, 품질 관련 데이터는 트림블 커넥트를 통해 관리·공유됐으며, 프로젝트 전 과정이 디지털 데이터로 연결됐다.

디지털 데이터를 통한 원격 감독

이 프로젝트의 핵심은 디지털 데이터를 활용한 원격 감독, 즉 '보다 스마트한 현장 관리(Smarter Site Management)'다. 약 680km 떨어진 도쿄에서 일본 국토교통성(MLIT) 기술 연구 부서와 함께 원격 인스펙션이 진행됐다.

현장 담당자는 트림블 액세스의 AR(증강현실) 기능과 트림블 SX 스캐닝 토탈 스테이션을 활용해 실제 현장 위에 3D 설계 모델을 중첩해 확인했고, 해당 정보는 실시간으로 공유됐다. 이를 통해 도쿄에 위치한 전문가들은 현장을 직접 방문하지 않고도 원격으로 시공 상태를 검증하고 의사결정을 내릴 수 있었다.

지능형 준공 도면으로 완성되는 디지털 인계

원격 검사와 디지털 검증을 거친 후, 프로젝트는 3D 지능형 준공 도면을 기반으로 승인과 인계가 이루어졌다. 이러한 시공과 측량 업무의 디지털화와 자동화를 통해 해당 프로젝트에서는 기존 방식 대비 약 50% 수준의 생산성 향상 효과를 거둘 수 있었다. 기존의 종이 도면과 수동 검사 방식에서는 수주가 소요되던 준공 도면 작성과 인계 과정이 디지털 모델 기반으로 보다 정확하고 신속하게 완료됐다.

지능형 준공 도면은 3D 모델 위에 치수와 좌표 등 핵심 정보를 함께 담아, 발주처와 시공사 간 데이터 기반의 투명한 인계를 가능하게 한다.

연결된 데이터가 만드는 건설의 미래

히로시마 SABO 댐 프로젝트는 디지털 설계, 시공, 준공 데이터가 하나로 연결될 때 건설 현장의 운영 방식이 어떻게 변화하는지를 보여준다. 지능형 준공 도면은 더 이상 프로젝트 종료 이후의 기록물이 아니라, 시공 중 관리와 원격 감독, 최종 인계를 아우르는 핵심 데이터 자산이다.

커넥티드 컨스트럭션 기반의 디지털 건설 관리는 안전성, 생산성, 품질을 동시에 향상시킬 수 있는 현실적인 대안을 제시한다.

앞으로 건설 산업의 경쟁력은 기술 도입의 속도가 아니라, 디지털 데이터를 성과로 연결하는 실행력에 의해 결정될 것이다.

한종한 한국총괄본부장
트림블코리아
jonghan_han@trimble.com

레이저스캔 도입사례를 통한 인테리어 DX 첫걸음

인테리어 산업은 최근 국민소득과 공간문화 수준 등의 향상으로 인해 디자인과 고객 요구사항 수준이 높아지는 추세이다. 이는 제한된 시간 내에서 기존보다 더 복잡하고 정밀한 작업이 요구되어 프로젝트 수행 난이도와 품질기준이 높아지는 것을 의미한다.

대표적인 까다로운 요소로는 곡면체, 비정형, 공간내 신설계단, 고품질 마감 구간 등이 있으며, 기존의 실측 및 현장 관리 방식만으로는 예측과 검증이 난해하여 반복적인 품질 저하를 야기하였다.

그림 1. 최근 증가하는 곡면체, 비정형 공간

인테리어와 리모델링에 대한 디자인, 시공, 가구 등의 공간관련업을 수행하는 국보디자인 또한 이와 같은 고민에서 디지털 전환을 준비하게 되었다.

여러 사례에서 기업이 디지털 전환을 고민하는 시점은 다음과 같이 정의된다.

> "사업체의 주 고객에게 제공하는 서비스, 상품이 산업 패러다임 등의 변화로 인해 기존의 방식만으로는 그 품질과 가치를 지키는데 한계가 오는 시점"

국보디자인은 이러한 문제를 해결하기 위한 솔루션을 고민하였고, 대상 공간 전체를 디지털 전환하는 방식에서 그 해법을 찾을 수 있었다.

고난도 부위의 형태와 제약조건에 관한 정확한 공간정보와 이를 활용한 자료를 통해 사업 참여인들 간의 의사결정을 위해서는 새로운 방법이 필요했기 때문이다.

이에 따라 인테리어 디지털 전환의 첫 단계로, 현장의 공간현황을 데이터로 확보할 수 있는 3D 레이저 스캐너를 2016년 도입 및 현재까지 활용하고 있다.

레이저 스캐너 도입 사례데이터 기반의 정밀한 공사 기준 설정

국보디자인에서 레이저 스캐너를 이용, 다양한 노하우를 축적한 대표적인 사례를 소개하면 다음과 같다.

첫째, 건물 리모델링 시 내외부 공사를 위한 기준을 일관되게 설정할 수 있다. 리모델링은 철거 후 골조 컨디션이 도면과 상이한 경우가 잦아 공사의 기준을 두기 모호하다. 그러나 건물 전체를 스캔하여 실제 치수와 도면 간의 오차를 미리 확인하고 간극을 줄일 수 있는 최적화된 기준을 설정할 수 있다.

그 결과, 마감 높이 정의나 제작 치수와 관련된 공정 간 이슈가 감소하였고, 재시공 및 일정 지연에 따른 리스크가 효과적으로 줄어드는 것을 확인할 수 있었다.

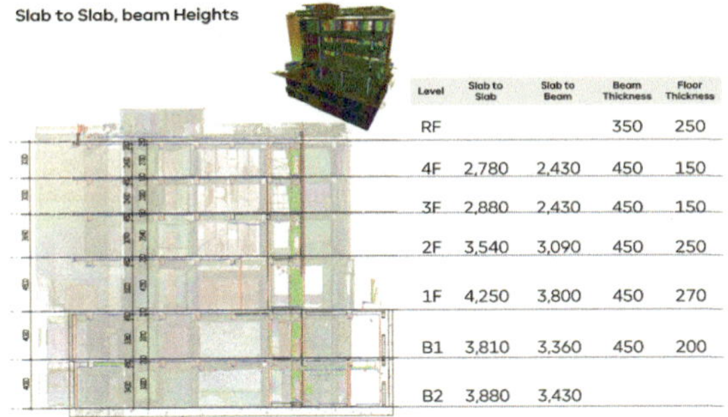

Level	Slab to Slab	Slab to Beam	Beam Thickness	Floor Thickness
RF			350	250
4F	2,780	2,430	450	150
3F	2,880	2,430	450	150
2F	3,540	3,090	450	250
1F	4,250	3,800	450	270
B1	3,810	3,360	450	200
B2	3,880	3,430		

그림 2. 레이저 스캔 기반 공사기준 설정

둘째, 공간 전체를 대량 분석하는데 활용할 수 있다. 실측을 통해 전체를 분석하는 것은 현실적 제약이 따르기 때문이다. 또한 높은 천장고, 접근제한 공간, 레이아웃이 복잡하게 반복되는 공간 등 부분적인 실측이나 육안으로 파악하는 것이 한계이다. 이로 인해 예측할 수 없는 곳에서 문제가 발생한다.

그림 3. 정리되지 않은 천장 속 최저점 확인 불가

레이저 스캔 데이터는 공사 착수 전 공간 전체를 분석할 수 있으며, 바닥 평활도, 마감 간섭 검토, 레이아웃 정합성 검토 등에 활용하는데 용이하다.

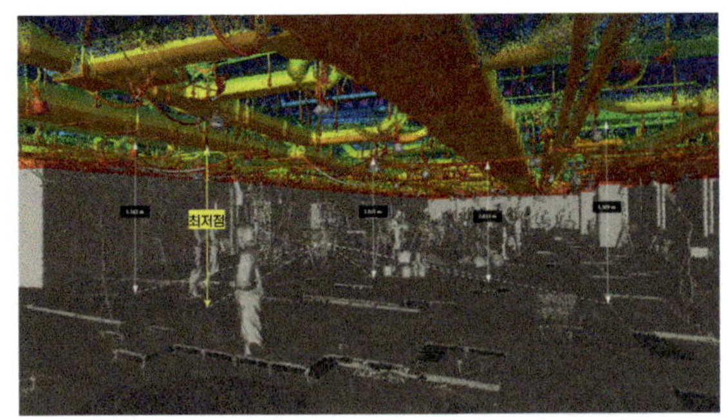

그림 4. 대규모 공간 데이터(스펙트럼) 분석을 통한 가능 층고 확인

이를 통해 현장에서 발견하기 어려운 변수를 가시화한 후 공사 중 돌발적으로 발생할 수 있는 문제를 사전에 예방할 수 있었고, 추가 공사와 공기 지연을 최소화할 수 있었다.

셋째, 곡면체, 비정형 구조물과 같은 요소는 기존 방식으로는 정확한 형상 제작이 어려운 영역이다. 이러한 항목을 현장 제작에 의존할 경우, 시공 품질에 대한 기대를 하기 어렵다.

따라서 스캔 촬영을 통해 확보한 데이터를 기반으로, 역설계한 후 3D 모델로 구축하였다. 디지털 환경에서

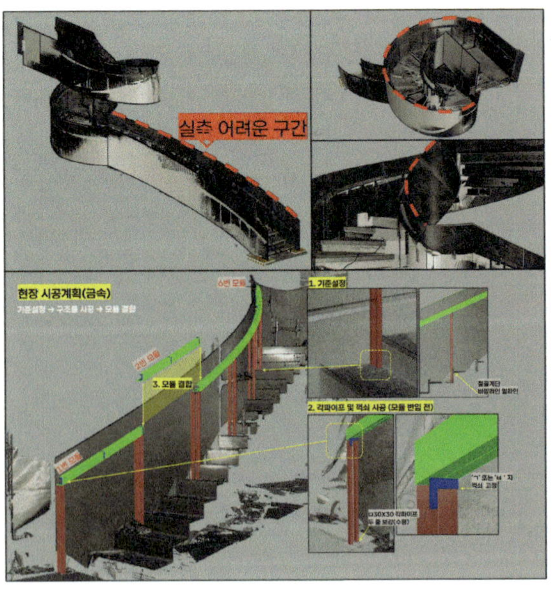

그림 5. 곡면구간 치수 발췌/시뮬레이션

형상을 사전에 검토하고 제작 과정을 시뮬레이션함으로써, 실제 시공 시 발생할 수 있는 문제를 미리 확인하고 조정할 수 있도록 했다.

결과적으로 구축된 3D 모델은 제작이 가능한 도서로 정리되었으며, 이를 바탕으로 공사를 원활히 수행할 수 있었다.

마지막으로, 공간 내 신설계단이 설치되는 경우로, 골조부터 정치수로 제작과 시공이 선행되어야 마감품질을 확보할 수 있다. 골조부터 관리를 하지 않을 경우 품질을 보장할 수 없다.

3D스캔 데이터를 통해 제작 치수 및 설치 위치를 검토하고, 후 공정이 허용 오차범위 내에 있음을 확인하였다.

인테리어에서의 디지털 전환과 성공의 지름길

인테리어에서의 디지털 전환은 스캔이라는 공간 기록 디지털로 전환하는 것부터 시작되었다. 공간을 스캔하고, 그 데이터를 기준으로 공사기준을 정의하며, 현황을 대규모로 분석하고 제작 및 시공가능한 자료로 활용하는 것으로도 품질은 크게 개선되었다.

작은 범위에서 단계적으로 적용해 나가는 것이 현실적으로 디지털 전환에 성공할 수 있는 지름길이다.

국보디자인은 레이저 스캔을 인테리어 현장에서 디지털 전환을 통해 개선 효과를 볼 수 있는 첫 걸음으로 추천한다.

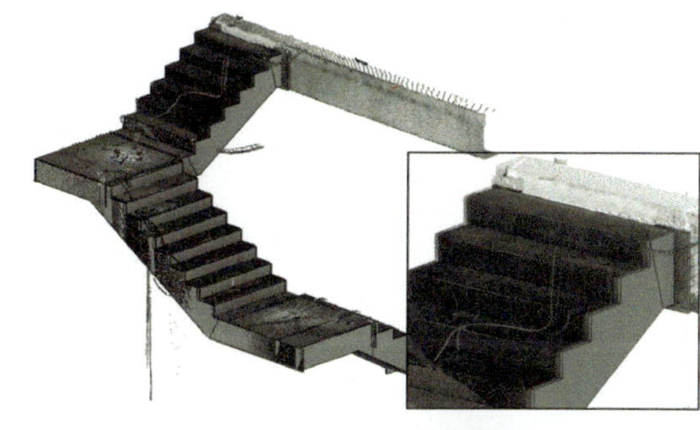

그림 6. 레이저 스캔 기반 골조/마감 품질 검토

결론적으로 사전계획대로 차질 없이 진행하기 위해 추적 관리함으로써 품질을 확보할 수 있었다.

손석희 주임
국보디자인
sukhee.son@ikukbo.com

화공플랜트 BIM의 실무적 접근

– 사우디 아람코 ○○ 프로젝트를 통해 본 현실과 과제

산업 환경 플랜트가 아닌 전통적인 화공플랜트 분야에서 BIM(Building Information Modeling) 적용 사례는 아직 국내에서 흔하지 않다. 대부분의 화공플랜트 프로젝트는 여전히 S3D(Smart 3D), E3D(Everything3D), PDS(Plant Design System) 중심의 설계 프로세스를 유지하고 있으며, Revit(레빗)을 활용한 BIM은 선택 사항이거나 제한적인 범위에서만 적용되고 있다.

이러한 상황에서 화공플랜트 BIM의 대표적인 공식 발주 사례로 언급되는 프로젝트가 사우디 아람코(Saudi Aramco)의 ○○ 프로젝트다. 본 프로젝트에서는 Aramco 표준 문서인 SAES-A-202 Appendix H를 통해 BIM Specification이 별도로 정의되어 있으며, 화공플랜트 프로젝트 수행 시 각 단계별 과업, 역할, 산출물에 대한 내용이 비교적 상세히 기술되어 있다. 비록 모든 요구사항이 정량적으로 명시되어 있지는 않지만, 국내 플랜트 프로젝트에서 통상적으로 작성되는 BIM 관련 문서 수준을 크게 상회한다고 평가할 수 있다.

이 글에서는 사우디 아람코 ○○ 프로젝트 기준 중 빌딩 영역 플랜트를 대상으로, BIM 적용 과정에서 경험한 현실적인 문제와 그 시사점을 중심으로 살펴보고자 한다.

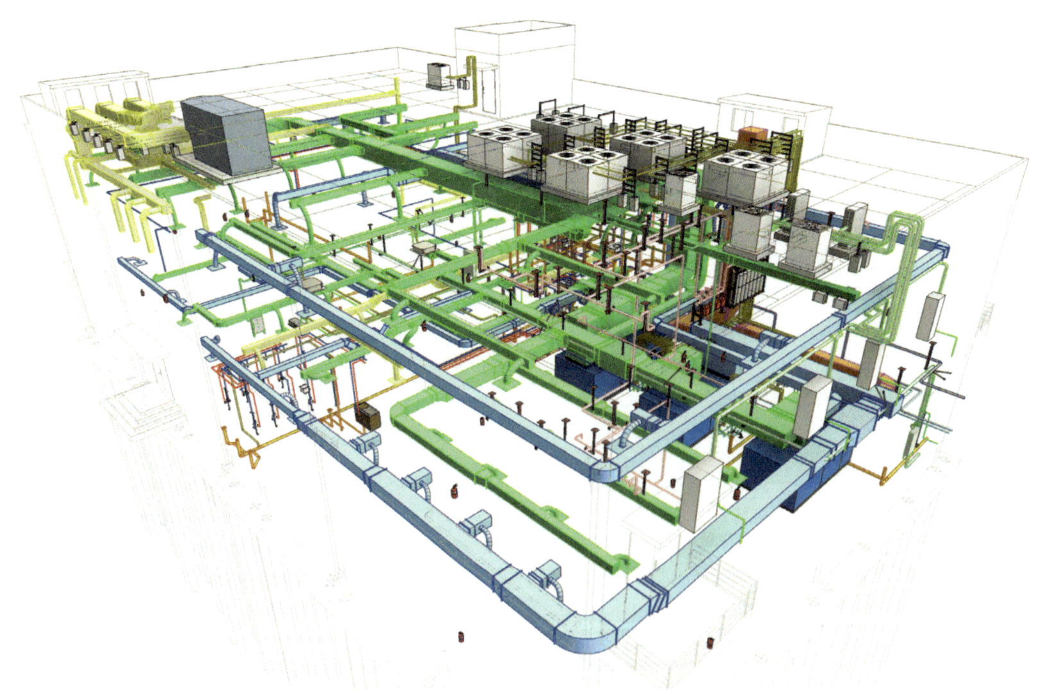

프로젝트 개요와 적용 범위

이 프로젝트는 EPC(Engineering, Procurement, Construction 전반에 걸쳐 BIM이 적용되었으며, 현재 IFC 단계까지 진행되었다. 일부 빌딩은 이미 시공 단계에 진입하였고, 해당 구간에 대해서는 시공 사항을 모델에 반영하며 지속적인 업데이트가 이루어지고 있다.

모델링 소프트웨어로는 Autodesk Revit(오토데스크 레빗), 모델 검토 및 조정에는 Autodesk Navisworks(오토데스크 나비스웍스)를 사용하였다. 이 글에서는 전체 분야 중 MEP(Mechanical, Electrical, Plumbing) 분야에 한정하여 BIM 적용 사례를 다루고자 한다.

BIM 기준은 존재하지만, 해석은 동일하지 않다

Aramco의 BIM 기준은 문서로 명확히 존재하지만, 실제 프로젝트 수행 과정에서는 발주처, EPC, BIM 수행사 간 동일 기준에 대한 해석 차이가 발생한다. 동일한 모델에 대해 각 참여 주체가 기대하는 수준이 서로 다르며, 이는 BIM 적용 과정에서 새로운 리스크 요인으로 작용한다.

기준은 존재하지만, 어디까지가 필수이고 어디까지가 권장 사항인지, 어느 수준까지 모델에 반영해야 하는지에 대한 합의가 프로젝트 초기에 충분히 이루어지지 않으면 BIM은 효율을 높이기보다는 부담 요소로 작용할 수 있다.

사전 준비의 핵심 – 템플릿과 매개변수 정의

프로젝트 수행 과정에서 가장 먼저 직면한 문제는 템플릿과 라이브러리의 부재였다. Revit은 화공플랜트 프로젝트 수행에 필요한 표준 라이브러리나 템플릿을 제공하지 않으며, 이에 대한 공식 가이드 또한 존재하지 않는다.

기본적인 모델링에 필요한 표준 패밀리조차 없는 상황에서, 모델링에 사용될 형상, 규격, 치수, 매개변수는 전적으로 프로젝트 수행자의 판단에 맡겨질 수밖에 없었다. 어떤 매개변수를 어떤 용도로 사용할 것인지, 어떤 형식으로 값을 입력할 것인지에 대한 기준이 없는 상태에서 프로젝트가 시작되었으며, 당사는 과거 국내 플랜트 프로젝트 수행 경험을 바탕으로 우선적인 매개변수 체계를 정의하여 모델링을 진행하였다.

당사는 Process Area 배관에 대해서는 Globe Standard 표준 라이브러리와 매개변수와 속성 입력 체계를 보유하고 있었으나, 빌딩 영역의 HVAC, 전기, 계장, 소방은 또 다른 영역으로, 프로젝트마다 서로 다른 기준을 설정하여 수행할 수밖에 없는 현실적인 한계가 있다.

COBie 요구사항과 속성 관리의 현실

본 프로젝트에서는 모델 속성 중 COBie 데이터 입력을 요구하고 있다. COBie 가이드를 분석하여 내부 가이드를 작성하였으나, 이미 도면 작성과 BOM 산출을 위해 입력된 속성과 COBie에서 요구하는 속성이 의미적으로 동일함에도 불구하고 서로 다른 이름의 매개변수로 존재하는 경우가 다수 확인되었다.

현재까지 COBie 속성 입력은 본격적으로 진행되지 않았으며, 어떤 속성을 최종 기준으로 사용할 것인지에 대한 명확한 합의도 이루어지지 않은 상태다. 이로 인해 향후 엑셀 데이터 연계나 대량 데이터 입력 과정에서 상당한 혼선이 예상된다. 특히 속성 중복 입력은 모델 변경 시 일부 속성만 갱신되고 일부는 이전 상태로 남는 휴먼 에러를 유발할 가능성이 크다.

오토데스크에서 제공하는 Autodesk COBie Extension for Revit은 COBie 데이터를 입력·추출하는 도구이지만, 기존 프로젝트 매개변수 체계를 존중

하지 않는다는 한계를 가지고 있다. 이미 입력된 엔지니어링 속성을 활용하지 않고 COBie 전용 매개변수를 새로 요구함으로써, 속성 중복과 유지관리가 불가능한 구조를 만들기 쉽다.

COBie는 입력 대상이 아니라 결과물로 정의되어야 하며, 모델에는 엔지니어링 기준 속성만 실제 값으로 입력하고 COBie는 매핑 규칙을 통해 자동 생성하는 방식이 바람직하다.

단순한 3D 모델링을 넘어선 엔지니어링 요구

화공플랜트 프로젝트를 수행하며 느낀 점은, BIM이 단순히 2D 도면을 3D로 전환하는 작업이 아니라는 것이다. 국내 프로젝트에서는 명시적으로 요구되지 않았던 엔지니어링 검토 항목들이 Aramco 기준에서는 분명하게 요구되고 있었다.

이는 해당 요구사항이 존재하지 않았던 것이 아니라, 그동안 요구되지 않았을 뿐이라는 점을 시사한다. 요구 여부와 관계없이, 엔지니어라면 기본적으로 고려해야 할 사항들이 BIM을 통해 보다 명확히 드러난다.

패밀리 작성과 모델링 기준의 선택

패밀리 작성 과정에서는 모델링 작업 효율보다 도면과 BOM 산출 가능 여부를 우선 기준으로 삼았다. 가능한 한 Nested Family 사용은 지양하였으며, 단순히 형상을 표시하거나 숨김 처리하는 목적에 한해서만 제한적으로 Nested Family 방식을 적용하였다. 특히 BOM 산출과 직접적으로 연관된 항목은 모델링 효율을 일부 포기하더라도 단순 패밀리 구성을 유지함으로써, 물량 산출 과정에서 발생할 수 있는 불확실성을 최소화하고자 했다.

기존 S3D, E3D 환경에서는 오랜 기간 축적된 라이브러리와 적용 사례가 존재하여, 어떤 아이템에 어떤 규격과 치수를 적용해야 하는지에 대한 기준이 비교적 명확했다. 반면 Revit 기반 화공플랜트 BIM에서는 이러한 기준이 마련되지 않은 상태에서 프로젝트를 시작해야 했으며, 특히 빌딩 영역의 MEP 분야는 글로벌 표준 규격이 없는 Maker Standard 아이템이 많아 설계 단계에서 제조사가 확정되지 않은 상태로 모델링을 진행해야 하는 한계가 있었다. 이로 인해 설계 단계에서는 불가피하게 자체적인 임시 기준을 설정하여 모델링을 수행할 수밖에 없었다.

현재는 시공 단계에 진입하면서 제조사와 실제 장비 모델이 확정되고 있으며, 이에 따라 Vendor Print를 전달받아 기존 모델을 단계적으로 업데이트하는 작업이 이루어지고 있다. 이러한 경험을 통해 화공플랜트 BIM에서는 초기 설계 단계부터 완결된 패밀리를 구성하기보다는, 프로젝트 진행 단계에 따라 점진적으로 구체화되는 모델링 전략이 보다 현실적이고 합리적이라는 점을 확인할 수 있었다.

UG 배관의 Slop 배관 모델링의 한계

모델링 과정에서 가장 큰 어려움은 UG 배관의 Slop 배관 모델링이었다. 레빗은 건축·빌딩 중심으로 발전해온 도구로, 플랜트 배관의 특수한 조건을 그대로 적용하기에는 기능적 한계가 존재한다.

Slop가 설정된 배관에서 45도 엘보와 45도 Y 피팅을 사용하는 경우, 레빗 기본 기능만으로는 모델링이 거의 불가능하다. 특히 도면에 표시된 Elevation 기준으로 모델링할 경우 배관마다 Slop 값이 달라 레빗이 모델링을 거부하는 상황이 빈번히 발생하였다.

이에 대한 임시방편으로 지그(Jig) 패밀리를 제작하여 모델링을 진행하였으나, 정확한 연결이 어려워 단락 현상이 발생하였다. 향후 UG 배관 ISO 도면 추출을 고려하여, 단락 없는 Slop 배관 모델링을 목표로 Add-in을 개발 중이다.

모델 검증(QA/QC)과 협업의 문제

동일한 ○○ 프로젝트라도 발주처에 따라 빌딩 전체를 Revit으로 수행하거나, 일부 공종은 SP3D로 작업하는 등 혼합된 환경에서 프로젝트가 진행되었다. MEP 모델은 건축·구조 모델을 Link 기능으로 참조하여 작성하였으며, Revit이 아닌 프로그램으로 작성된 모델은 Navisworks를 활용하여 통합 검토를 수행하였다.

BIM 수행사는 Revit 환경에 익숙하지만, 발주처는 라이선스 및 사용 환경 문제로 Revit을 직접 활용하기 어려운 경우가 많다. 이로 인해 Navisworks를 통한 모델 검토가 현실적인 대안이 되었으며, 단순한 Clash Check를 넘어 주요 속성 누락 여부와 모델링 기준 준수 여부까지 검토 범위를 확장하였다.

도면과 BOM 산출 – 자동화의 필요성

본 프로젝트의 주요 산출물은 도면과 BOM이다. 도면은 CAD와 PDF 형식으로 추출하였으며, Revit에서 추출한 CAD 도면은 기존 CTB 기반 출력 환경과의 차이로 인해 추가적인 가공이 필요했다. ChatGPT의 도움을 받아 LISP을 작성하여 True Color 방식으로 일괄 변경하여 제출하였다.

BOM 산출 역시 기존 스케줄(Schedule) 방식만으로는 요구 형식을 만족하기 어려웠다. 이에 따라 패밀리 단계에서 계산용 속성을 추가하고, 다이나모(Dynamo)와 엑셀(Excel) Power Query를 활용하여 모델 변경 시에도 자동으로 BOM이 갱신되도록 프로세스를 구축하였다. 초기 개발에는 많은 시간이 소요되었지만, 이후에는 반복 작업과 휴먼 에러를 크게 줄일 수 있었다.

LOD에 대한 오해와 재정의

플랜트뿐 아니라 일반 건축물 BIM 프로젝트에서도 LOD(Level of Development)는 여전히 형상의 상세 수준으로 오해되는 경우가 많다. 그러나 LOD는 모델이 어떤 목적을 위해 사용되는지를 전제로, 그 목적을 충족하기 위해 어느 수준의 정보가 포함되어야 하는지를 정의하는 개념이다.

"IFC 단계니까 LOD400", "As-built니까 LOD500"과 같은 단순한 해석은 모든 객체에 동일한 수준의 모델링을 요구하는 결과를 낳는다. 특히 MEP 분야에서 장비, Support, Hanger는 LOD 오해의 대표적인 사례다. 중요한 것은 형상의 정교함이 아니라, 충돌 검토, 물량 산출, 유지보수 검토 등 사용 목적을 충족하는지 여부다.

LOD는 숫자가 아니라 질문으로 정의되어야 한다. "이 모델은 무엇을 위해 사용하는가?"

맺음말

이번 사우디 아람코 ○○ 프로젝트를 통해 초기에는 많은 시행착오가 있었지만, 최종 As-built 단계까지 진행된다면 그동안 전무했던 템플릿, 라이브러리, 매개변수 명명 규칙, 속성 입력 기준, 엔지니어링 검토 항목들이 축적되어 하나의 기준 체계로 정리될 것이다. 이를 기반으로 향후 발주되는 화공플랜트 프로젝트에도 BIM을 보다 체계적으로 적용할 수 있는 토대가 마련될 것으로 기대한다.

권방호 대표
엠티엠디지털컨스트럭션
mtmdc@mtmdc.co.kr

BIM 기반 설계 안전성 적용 방안과 기술 혁신

설계 단계에서의 안전성 검토는 건설산업 전반의 사고 예방과 시공·유지관리 단계의 리스크 최소화에 직접적인 영향을 미치는 핵심 요소이다.

최근 BIM(Building Information Modeling, 건설정보모델링), DT(Digital Twin, 디지털 트윈), AI(인공지능) 기반 자동화 기술이 빠르게 발전하면서 설계 안전 검토 방식에도 변화가 요구되고 있다. 기존의 문서 중심 검토를 넘어, 데이터 기반의 정량적·객관적 분석 체계로 전환할 수 있는 환경이 마련되고 있는 것이다.

이 글에서는 BIM 기술이 설계 안전 사전검토에서 수행할 수 있는 역할을 살펴보고, 상상진화가 보유한 REVIT API 기반 서드파티 솔루션 개발 역량, 다이나모(DYNAMO) 및 Generative Design 활용 기술, 그리고 BIM 컨설팅 사례 중 설계 안전과 연계되는 주요 성과를 정리한다. 이를 통해 BIM-AI 기반 Rule Engine과 자동화 시뮬레이션 기술이 설계 초기 의사결정의 품질을 어떻게 향상시킬 수 있는지 제시하고자 한다.

설계 안전의 제도적 배경과 기술적 전환

설계안전의 제도적 배경

건설 분야에서 설계 단계의 안전성 검토는 「건설기술 진흥법」 제62조에 근거하여 필수적으로 수행되어야 한다. 발주기관 및 설계사는 설계의 적정성과 더불어 위험요소의 사전 제거를 목표로 DFS(DESIGN FOR SAFETY) 체계를 운영해야 하며, 이는 산업 전반의 사고율 감소 및 안전관리 수준 향상에 중요한 역할을 해왔다.

하지만, 기존 설계안전 사전 검토의 기반은 종이문서와 2D도면이 전부이며, 일부 BIM모델을 활용한 구조물 안전진단을 위한 해석이 전부라 해도 과언이 아니다. 그나마 3차원 모델을 활용한 구조 해석분야는 역사도 깊고 BIM 확산에 따라 적용 범위도 넓어지고 있는 추세이다. 하지만 설계안전의 분야는 해석 외에 시공단계 및 유지관리단계 안전과, 품질의 범위까지 깊은 연관성이 있다.

그러므로 단순 문서 기반의 검토 방식만으로는 설계도면 및 설계변수의 복잡성을 충분히 반영하기 어려우며, 설계 단계에서 위험요소를 발견하더라도 시공 단계에서야 문제가 드러나는 경우가 많았다. 이러한 한계는 설계안전 업무와 BIM 기반의 디지털 정보기반 설계 기술의 결합 필요성을 보여주고 있다.

BIM·DT·AI와 설계안전의 연계성

BIM은 객체 단위의 정보 구조화 및 3차원 공간 모델링을 기반으로 설계정보의 시각화·정량화를 가능하게 하며, 위험요소 탐지 및 안전성 검토에 필수적인 데이터 신뢰도를 제공한다. 특히 다음의 특성은 DFS 활동과 매우 높은 연관성을 가진다.

■ 정확한 공간 인지
• 구조물 간 간섭·접촉 위험의 정량적 분석 가능
■ 시간 기반(4D) 공정·위험 시뮬레이션
• 특정 공정에서 발생할 수 있는 안전위험 사전 예측
■ 데이터 기반 규칙 자동 검토(RULE-BASED CHECKING)
• 안전거리 확보 여부, 피난 동선 확보 여부 등 자동 판정
■ 디지털 트윈 연계
• 운영단계의 안전관리까지 확장 가능
■ AI 기반 위험 패턴 분석 및 위험요소 예측
• 반복되는 안전사고의 패턴을 모델링하여 사전예측 가능

이러한 연계성은 설계안전 사전검토 업무들이 기존의 문서 중심 연구방식을 넘어서 BIM-AI 기반의 정량적·객관적 안전성 검토 체계로 확장할 수 있는 근거가 된다.

BIM 기반 설계 안전 기술 적용 사례

설계안전 검토 프로세스와 BIM의 역할

설계안전성 검토는 일반적으로 다음의 단계로 수행된다.(표 1)

상상진화의 핵심 기술력 및 설계안전 연계성 분석

REVIT API 기반 서드파티 개발 능력

상상진화는 지난 수년 동안 REVIT API를 활용한 다양한 전문 솔루션을 개발해 왔으며, 다음의 기술적 특징을 보유한다.

■ 충돌 및 위험요소 자동 탐지 엔진 개발

REVIT 모델 내 객체 간 간격·간섭을 정량적으로 계산하여

• 허용 최소이격거리 위반
• 구조-설비 충돌
• 작업 동선 간섭을 자동 탐지하는 엔진을 다음과 같이 구현하였다.

아래 구현된 서드파티 프로그램은 시공현장에서 중장비의 작업 ROUT와 장비운전 시나리오를 데이터화 하여 이를 기반으로 3D 모델내에서 자동으로 작동시킴으로써 이로인한 간섭결과를 일괄적으로 만들고 리뷰(REVIEW)해 볼 수 있는 기능을 구현한다.

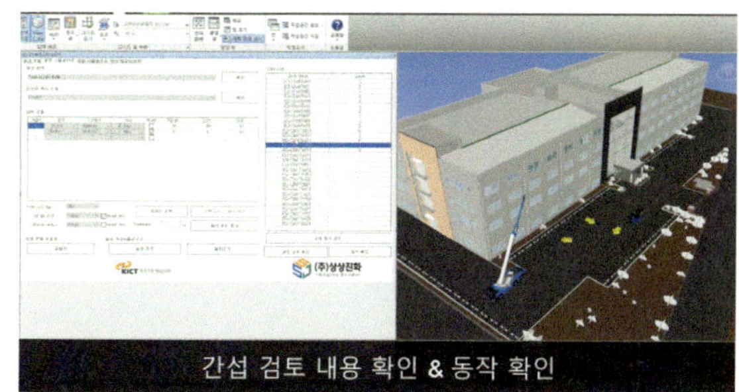

Generative Design을 활용한 공동주택 사업타당성 시뮬레이션

Generative Design은 다수의 설계 대안을 자동으로 생성하고 평가하는 알고리즘으로, 공동주택 사업 초기 사업타당성조사 단계에서 다음과 같이 기여할 수 있다.

표 1. 설계안전성 검토 절차와 BIM 적용 가능성

단계	주요 내용	BIM 적용 요소
위험요인 식별	구조, 설비, 공정상의 잠재 위험 분석	Clash Detection(간섭 체크), Visibility Analysis(가시성 분석)
위험성 평가	위험 발생 빈도, 강도, 영향도 정량화	모델 기반 위험 범위 자동 계산 및 데이터화
저감대책 수립	설계 변경 또는 보호 구조물 도입	GS(Generative Design) 기반 설계 대안 자동 생성
검토 및 승인	수정된 설계의 안전성 재검증	Rule Checking Engine(법규 및 안전 기준 자동 검토)

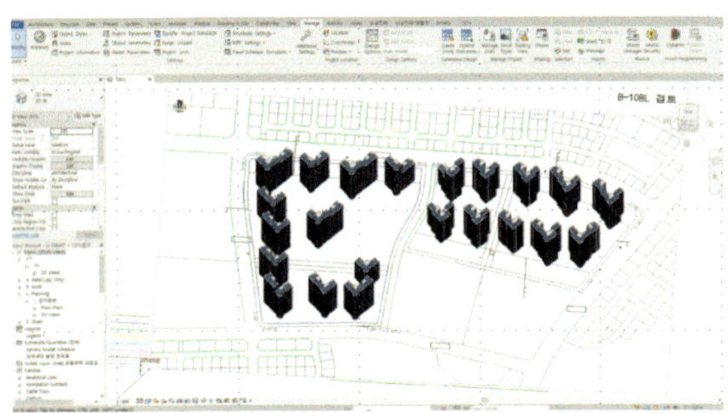

클라우드 협업 플랫폼을 활용한 시공검측 보고서 자동 생성

시공현장에서는 모든 공정이 진척됨에따라 각 공종별 검측활동이 뒤따르며, 이는 현장의 안전과 시설물의 품질을 확보하는 중요한 활동이며 이런 활동의 결과 보고서 작성 과정에서 인적 오류(HUMAN ERROR)나 낭비적인 소요시간은 현장의 전체적인 안전위협임과 동시에 품질저하의 요인이 분명하다.

다음 사례는 이러한 보고서 작성 시 보고서의 규격과 폼 그리고 그 내용물(체크리스트, 현장사진 등)이 보고서에 자동으로 배치되어 최종 보고서가 필요한 모든 사람에게 보고되고 승인을 받을 수 있는 프로세스로 결합되어 있다. 이 시스템은 오토데스크 CONSTRUCTION

CLOUD의 API를 이용하여 개발되었으며 해당 고객은 이를 점진적으로 각 현장에 확산 중이다.

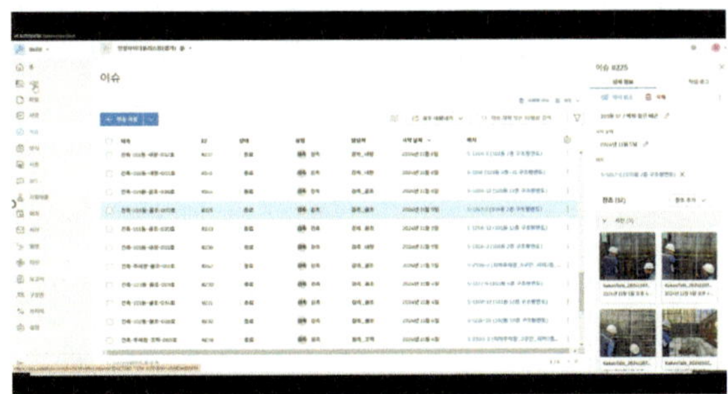

AI를 활용한 BIM 모델 정보분석

다음 사례는 국토부에서 진행한 2025년도 스마트건설 챌린지-시공부분에서 우수상을 수여한 경연작 내용 중, A(CLAUDE)를 활용하여 BIM 모델을 INPUT DATA로 다음과 같은 분석정보를 쉽고 빠르게 자동으로 취득한 사례이다.

이러한 결과는 실제 프로젝트에 적용하면서 나온 산출물이지만, 경진대회의 특성 상 검증의 단계를 거치지 않아, 신뢰성이 떨어지는 것은 사실이다.

하지만, 사람이 수작업으로 보편화된 프로세스로 수행해야 하는 작업들은 이미 AI에게 물려줘야만하는 시대가 되었고, 현장에서의 경쟁력은 이제 더 이상 사람이 아니라 자동화로 전환되었다 해도 과언이 아니라 생각된다.

이상 상상진화의 4가지 사례를 중심으로 설계 모델자동생성, 시뮬레이션, 및 AI를 활용한 BIM 모델분석.보

위험성분석

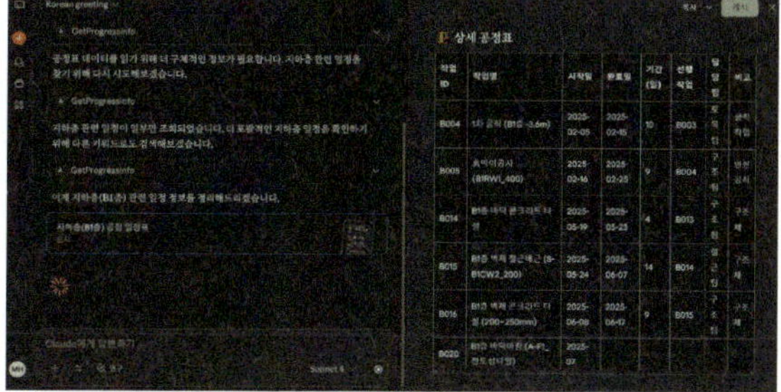

공정표 작성

층별슬라브 물량산출

고서 자동생성에 대해 살펴보았다.

이러한 개발 사례를 통해 유추하여 자동화가 가능한 설계안전성 검토업무는 다음과 같다.

■ 시공단계 직입 순시 기빈 위험 요소 자동 감지 ((중장비 동선 충돌, 고소작업 간섭, 작업 공간 부족 등)
■ 화재·연기 확산 시뮬레이션
■ 피난 동선 시뮬레이션 , 대피 시간 검증
■ 구조물 간 간격, 점검구, 유지보수 공간 자동 검토
■ 소화설비·비상구 최소거리 자동 확인

이 외에도 많은 CASE가 BIM과 AI를 접목하여 효과

적인 설계안전업무를 수행할 수 있는 것으로 판단되지만, 중요한 것은 실제 시공현장 및 설계단계 적용 타당성 및 연계성에 대한 연구가 활발하게 이루어지고 이를 근거로 법적, 제도적 사회 규범에 반영되는 절차가 마련되어야 한다는 점이다.

결론

설계 안전 사전검토 업무는 BIM, 디지털 트윈, ·AI 기술과 결합할 때 그 범위와 깊이가 크게 확장된다. 상상진화의 REVIT API 기반 개발 역량, DYNAMO 자동화, Generative Design 활용 사례는 설계 안전의 디지털 전환이 이미 현실화되고 있음을 보여준다.

BIM 기반 모델링 자동화와 Rule-Based Simulation 기술은 다음과 같은 효과를 기대할 수 있다.

1. 설계단계에서 위험요소를 조기에 제거
2. 설계 변경 시 실시간 안전성 재검토 가능
3. 시공단계 사고 가능성을 구조적으로 감소
4. 운영·유지관리 단계의 안전사고까지 예방 가능
5. 산업 전반의 안전문화 정착에 기여

설계 안전 사전 검토 활동은 첨단 DX 기술과 결합할 때 그 범위와 깊이가 크게 확장된다. 이러한 기술적 진보는 설계 단계에서 사고를 완벽히 예방하는 '제로 액시던트(Zero-Accident)'를 지향하는 설계 문화 정착의 핵심 기반이 될 것이다.

최융기 부사장
상상진화

스마트 건설 AX 성공 공식과 적용 사례

'문제'를 먼저 정의한 기업이 성과를 만든다

현장 PM이 공정 지연을 발견하는 순간, 이미 늦었다. 설계가 확정되고 발주가 나간 후, 낭비를 제거하려 해도 비용은 기하급수적으로 커진다. 주간 보고서가 2~3일 늦게 올라오는 동안 의사결정은 멈춰 있고, 그 사이 현장은 불확실성 속에서 움직인다.

건설 산업의 고질적 문제는 '기술 부족'이 아니라 '병목의 반복'이다. 그리고 스마트 건설 AX(AI Transformation)의 출발점은 바로 이 병목을 정확히 정의하고, AI로 끊는 것이다.

스마트 건설, AX의 출발점은 '기술'이 아니라 '병목'

건설 산업의 고질적 병목은 대체로 네 가지로 수렴된다.

> 1. 보고 지연으로 인한 의사결정 지연
> 2. 리스크가 '경험'에 묶여 사후 대응으로 흐르는 구조
> 3. 현장 진척이 "눈에 보이지 않는 상태"로 관리돼 공정·원가 통제가 늦어지는 문제
> 4. 설계·시공·조달·운영 데이터가 분절돼 반복 학습이 불가능한 상

이 병목이 반복되면 공기는 흔들리고, 원가는 누적되고, 품질은 재작업으로 갉아먹힌다.

이때 AX는 단순한 AI 도입이 아니라 '의사결정이 늦어지는 구조를 AI로 끊는 방식'이다. DX가 데이터를 '쌓는 것'에 무게를 둔다면, AX는 그 데이터를 '결정과 실행'에 연결해 속도를 올리는 데 초점이 있다.

현장 관점에서 AX는 다음의 형태로 구현된다. 보고 자동화로 '지연'을 줄이고, 리스크 예측으로 '선제 대응'을 만들고, 컴퓨터 비전과 실측 데이터로 '진척을 계량화'하고, 설계·자원 계획 최적화로 '초기 설계에서 낭비를 제거'하는 방식이다.

핵심은 기술 스택이 아니라 문제 정의의 순서다

"우리 회사는 생성형 AI를 쓴다"는 문장은 성과를 보장하지 않는다. 반대로 "주간 진척 보고가 2~3일 늦고, 그 사이 의사결정이 밀려 공정이 흔들린다"처럼 병목을 수치로 정의하면, 그 다음부터는 도구가 아니라 구조가 바뀐다. 실제 성공 사례는 대체로 같은 경로를 밟는다.

> 1. 병목을 KPI로 정의한다.
> 2. 데이터가 들어오는 길을 정리한다.
> 3. AI가 판단한 결과가 현장 업무 흐름에 '자동 반영'되도록 연결한다.
> 4. 사람의 승인·감사를 위한 로그 체계를 남긴다. 이 순서가 지켜질 때 AX는 유행어가 아니라 생산성 장치가 된다.

데이터 기반 AX를 가로막는 현실적 장애물도 분명하다. 건설 데이터는 비정형이 많고, 이해관계자마다 시스템이 다르며, 공정·원가·품질을 연결하는 공통 키가 부재한 경우가 흔하다. 그래서 선행 조건은 'AI 모델'이 아니라 데이터 관리 체계다. 보고서도 건설 데이터의 비정형성, 데이터 레이크 및 CDE 기반 관리, API 중심 연계의 필요성을 핵심 전제로 제시한다.

문제 1. 보고가 늦어 의사결정이 늦다 – '시각화·표준화'가 먼저다

대형 프로젝트에서 보고는 종종 '업무의 끝'이 아니라 '업무의 병목'이 된다. 엑셀과 개별 양식으로 취합된 보고서는 읽기 어렵고, 기준이 흔들리며, 담당자에 따라 품질이 달라진다. 결과적으로 경영진은 '문제가 커진 뒤'에야 파악하고, 현장은 뒤늦게 수정 지시를 받는다.

호주 마스트(Mastt)의 고객 사례인 뉴캐슬 공항(Newcastle Airport) 업그레이드 프로젝트는 이 전형을 정면으로 다뤘다. 수많은 프로젝트가 병렬로 돌아가는 환경에서 엑셀(Excel) 수기 보고가 최대 2일 지연되고, 시각 요소가 부족해 비기술 이해관계자가 빠르게 판단하기 어려운 문제가 발생했다. 이를 해결하기 위해 Mastt는 프로젝트 AI 대시보드로 엑셀을 대체하고 대시보드 기반의 시각화·중앙화·표준화를 적용했고, 예산·일정 데이터를 실시간으로 분석해 비용 초과와 일정 지연을 조기에 경고함으로써 결과 보고 지연을 줄이고 10% 이상의 행정 업무 시간을 단축하는 성과를 거뒀다.

이 사례가 주는 인사이트는 단순하다. 보고 자동화는 'AI로 문서를 쓰는 일'이 아니라, 의사결정이 필요한 정보를 '같은 형태, 같은 시간, 같은 의미'로 전달하는 체계를 만드는 일이다. 생성형 AI는 그 다음 단계에서 효율을 더한다. 예를 들어 표준 대시보드의 핵심 지표를 기반으로 경영진용 요약을 자동 생성하거나, 리스크 변화가 임계치를 넘는 순간 알림·회의 안건 생성까지 자동화하는 방식이 가능하다. 다만 그 전제는 표준화된 데이터 입력과 대시보드 구조다.

문제 2. 리스크가 '경험'에 묶인다 – 과거 프로젝트가 '집단 기억'이 되는 순간이 AX다

리스크 관리는 종종 '유능한 PM의 감'에 의존한다. 그러나 프로젝트 규모가 커지고 포트폴리오가 분산될수록 개인의 기억은 한계가 있고, 교훈은 문서로 남아도 재사용되지 않는다. AX가 개입하는 지점은 바로 여기다. 과거 프로젝트를 데이터로 묶어 '비교 가능한 지식'으로 만들면, 신규 프로젝트의 위험 신호를 초기 단계에서 계량적으로 제시할 수 있다.

유럽 최대 건설사 슈트라바그(STRABAG)의 사례는 이 구조를 명확히 보여준다. STRABAG는 마이크로소프트와 협력해 Azure와 OpenAI 기반 시스템을 구축해 수천여 개의 과거 프로젝트로 학습하고, 3개월치 초기 계획 데이터만으로도 프로젝트 초기 단계에서 지연 가능성이나 예산 초과 리스크 등 잠재 리스크를 80% 정확도로 리스크를 예측해 내었다.

이 성과는 마이크로소프트(Microsoft) 고객 사례에서 직접 인용되며, 이 기술 핵심은 '유사 프로젝트 검색(사례 기반 추론) + LLM 요약/설명 + 전통적 예측 모델'의 결합으로, LLM 자체가 아니라 '프로젝트 비교'라는 문제 구조다. 신규 프로젝트를 과거 데이터와 비교 가능한 형태로 만들고, 위험 요인을 분류·정규화해 의사결정 화면으로 밀어 넣었기 때문에 '조기 경보'가 가능해진다.

현장에서 재현 가능한 설계 포인트도 분명하다.

첫째, 리스크를 '사고·지연·원가 상승' 같은 결과 지표만으로 두지 않고, 설계 변경 빈도, 발주 지연, 하도급 생산성 변동 같은 선행 지표로 분해해야 한다.

둘째, 과거 프로젝트 데이터는 '문서 저장'이 아니라 '검색·비교 가능한 구조'로 정리돼야 한다.

셋째, 예측 결과가 이메일로 끝나면 AX가 아니다. 승인, 재계획, 예산 조정, 리스크 등록, 회의 안건화 같은 후속 업무로 자동 연결돼야 한다.

이때 생성형 AI의 역할은 '보고서 대필'이 아니라 '프로젝트 지식의 검색과 요약'에 가깝다. 도면·회의록·공문·RFI 같은 비정형 문서가 리스크 설명의 대부분을 차지하기 때문이다. 보고서가 데이터 레이크와 CDE 중심의 통합 관리 및 API 기반 연계를 강조하는 이유도 이 맥락에서 이해된다.

문제 3. 진척이 보이지 않는다 – '현장 실측+AI'로 보고의 시간차를 없앤다

공정 통제는 결국 "실제 진척을 얼마나 빨리, 얼마나 정확히 아느냐"의 싸움이다. 그러나 전통적인 진척 보고는 3~6주 늦고, 항목의 최대 30%가 부정확할 수 있다는 문제의식이 제시된다. 이 시간차가 커질수록 지연 만회는 비싸지고, 재작업은 늘어난다.

이 지점에서 Doxel(독셀)은 컴퓨터 비전과 3D 스캔 데이터를 활용해 '계획 대비 실적'을 자동 비교하고, 지연을 조기에 포착하고(plan 대비 work-in-place 비교) 문제를 늦기 전에 해결하는 방식을 제시한다. 한 헬스케어 프로젝트에서 벽체 골조 공정의 둔화를 Doxel이 포착했고, GC가 2개 팀을 투입해 3주 지연을 회피한 사례의 경우, 실무적 함의는 명확하다.

첫째, 공정 회복은 '원인 파악'이 아니라 '경보 시점'이 좌우한다. 둘째, 현장 사진·스캔이 단순 기록을 넘어, 설치율(install rate)과 획득가치(earned value) 판단의 근거 데이터가 된다. 셋째, 공정회의의 의제가 '느낌'이 아니라 '숫자'로 바뀌면서 하도급·발주·인력 재배치가 빨라진다.

문제 4. 초기 설계에서 낭비가 굳어진다 – '설계·자원 최적화'가 탄소와 비용을 동시에 줄인다

건설에서 가장 값싼 절감은 '시공 중 절감'이 아니라 '설계 단계 절감'이다. 한번 굳어진 물량과 공법은 변경 비용이 기하급수적으로 커진다. 그래서 AX의 중요한

전장은 착공 전이다.

프랑스 부이그(Bouygues) 건설사는 파리 생클루역(Saint-Cloud station) 15호선 지하철 역사의 옹벽 설계에 AI 기반 생성형 디자인(Generative Design)을 통해 옹벽의 구조적 안전성을 유지하면서도 철강 사용량을 140톤이나 절감할 수 있는 최적의 옹벽 설계를 찾아냈다.

이 사례의 경우, AX의 본질은 '대안 탐색'이 아니라 '제약 조건 내의 최적화'다. 설계의 목표는 단일 해답이 아니다. 비용, 공기, 안전, 시공성, 탄소, 조달 리스크가 동시에 걸린 다목적 문제다. AI는 이 다목적 문제를 사람의 직관에서 '검증 가능한 계산'으로 옮겨주는 도구로 기능한다. 이는 단순한 비용 절감을 넘어 건설업의 또 다른 숙제인 '탄소 중립'을 실현하는 구체적인 해법을 제시한 사례로 평가받는다.

AX 성공 공식

스마트 건설 AX는 거대한 플랫폼 구축부터 시작하지 않는다. 보고 지연, 리스크 사후 대응, 진척 불가시성, 설계 낭비 중 하나를 선택해 '단일 병목'을 끊는 것으로 시작하는 편이 현실적이다. 뉴캐슬 공항은 보고 병목을 끊었고, STRABAG는 리스크 예측을 업무 흐름에 넣었고, Doxel은 진척의 시간차를 줄였고, Bouygues는 설계 단계에서 물량 낭비를 줄였다. 이들은 공통적으로 'AI를 보여주는 것'이 아니라 '업무를 바꾸는 것'을 목표로 삼았다.

김진만 원장
한국디지털교육원
jm.kim@koreadigital.co.kr

부이그 건설 사례로 보는 건설사의 디지털 전환

디지털 트윈, BIM, AI 기반 설계 자동화는 이제 건설 산업에서도 낯선 개념이 아니다. 많은 건설사들이 파일럿 프로젝트를 통해 새로운 디지털 기술을 시험하고 있으며, 일부 프로젝트에서는 가시적인 성과도 확인된다. 그럼에도 이러한 시도가 기업 전반의 업무 방식으로 정착되는 경우는 여전히 드물다. 이는 디지털 전환이 여전히 기술 도입의 문제로 인식되고 있기 때문일 것이다.

실제 성공적인 디지털 전환 사례를 살펴보면 특정 솔루션이나 기능을 도입하는 데서 출발하지 않았음을 알 수 있다. 대신 조직 구조, 업무 프로세스, 그리고 건설사의 역할 자체를 재정의하는 방식으로 디지털 전환을 접근했다.

이 글에서는 글로벌 선도 건설사인 프랑스의 부이그 건설(Bouygues Construction)의 사례를 중심으로, 플랫폼 기반 디지털 전환의 방법론을 살펴보고, 이를 일본 니시마츠 건설(Nishimatsu Construction)의 사례와 함께 비교함으로써 국내 건설사에 주는 시사점에 대해 이야기하고자 한다.

플랫폼 기반의 디지털 전환 – 부이그 건설

부이그의 디지털 전환은 단순한 기술 도입 사례 그 이상이다. 이들의 접근은 BIM 고도화나 설계 자동화와 같은 개별 솔루션 중심의 개선이 아니라, 건설 업무 전반을 하나의 플랫폼 전략으로 재정의하는 데 있었다. 부이그는 건설 산업의 생산성 정체 원인을 기술 부족이 아닌, 프로젝트 중심으로 고착된 업무 구조에서 찾았다.

전통적인 건설 프로젝트에서는 설계와 시공 과정에서 축적된 경험과 노하우가 프로젝트 단위로 소멸되기 쉽다. 부이그 역시 BIM 중심의 디지털 협업 환경을 활용하고 있었지만, 프로젝트가 끝나면 지식이 조직 차원에 남지 않는 구조적 한계를 안고 있었다. 이들은 "이번 프로젝트를 얼마나 잘 수행했는가" 보다 "다음 프로젝트를 얼마나 더 쉽게 만들 수 있는가"라는 질문을 디지털 전환의 출발점으로 삼았다.

프로젝트에서 분리된 지식 생산 구조의 구축

부이그의 디지털 전환 전략의 첫 번째 특징은 프로젝트 조직과 분리된 조직(Off-cycle team)의 구성이다. 이 조직은 특정 현장의 일정이나 수익성과 직접 연결되지 않으며, 회사 전체 차원에서 반복적으로 활용 가능한 설계 자산과 업무 규칙을 정의하고 발전시키는 역할을 맡는다. 모듈 정의, 공종 간 인터페이스 정리, 설계 및 조립 규칙의 체계화, 그리고 이를 생산 라인(Product Line)과 포트폴리오로 관리하는 것이 이 조직의 핵심 업무다.

이러한 구조 변화는 프로젝트를 지식의 '생산 단위'에서 '활용 단위'로 전환시킨다. 프로젝트 팀은 축적된 설계 자산을 활용해 업무를 구성하고, Off-cycle team은 프로젝트와 무관하게 지식을 지속적으로 고도화한다. 부이그는 디지털 전환을 개별 프로젝트의 효율 개선이 아니라, 지식을 반복적으로 생성, 재사용되는 조직 구조의 문제로 정의했다는 점에서 기존 접근과 차별화된다.

형태가 아닌 규칙을 표준화하는 접근

부이그의 두 번째 전략적 특징은 표준화에 대한 관점이다. 이들은 특정 형태의 모듈이나 도면을 고정된 결과물로 표준화하지 않았다. 대신 모듈이 생성되고 결합되는 방식, 즉 규칙과 인터페이스를 표준화하는 것에 초점을 맞췄다. 이는 프로젝트마다 요구 조건과 형상이 달라질 수밖에 없다는 건설 산업의 특성을 전제로 한 선택이었다.

부이그가 정의한 모듈은 단일 공종 중심의 요소가 아닌 다공종 조립을 전제로 한 시스템 단위다. 이러한 모듈은 표준화된 인터페이스를 통해 결합되며, 설계 단계에서는 Generative Design과 Configure-to-Order 방식을 통해 프로젝트별 요구사항에 맞게 변형된다. 이를 통해 설계 자산은 재사용 가능해지고, 현장에서는 숙련 인력에 대한 의존도를 낮출 수 있었다.

BIM을 넘어선 Construction Virtual Twin

부이그는 BIM을 디지털 전환의 최종 목표로 보지 않았다. BIM은 설계 정보를 담는 출발점일 뿐, 진정한 전환은 설계 이후의 의사결정 과정까지 포괄해야 한다고 판단했다. 이에 따라 부이그는 설계, 조달, 시공, 운영 단계를 연결하는 Construction Virtual Twin 개념을 중심에 두었다.

이는 단순한 3D 모델이 아니라, 조립 순서와 공정, 물류 및 조달 계획을 사전에 검증하는 운영 모델에 가깝다. 이를 통해 현장에서 발생할 수 있는 충돌과 오류를 시공 이전에 식별하고, 의사결정을 앞당길 수 있다. 이 과정에서 부이그는 주 계약자(General contractor)의 역할을 공종 조정자에서 가상 모듈과, 공급망, 설치 프로세스를 통합적으로 설계하는 주 통합자(Prime Integrator)로 재정의했다. 디지털 전환은 기술 도입을 넘어 건설 관리 모델 자체의 변화로 이어졌다.

글로벌 전략의 현실적 전이 – 니시마츠 건설

부이그의 전략은 시사점이 크지만, 조직 규모와 현장 문화가 다른 모든 건설사가 이를 그대로 적용할 수는 없다. 일본의 중견 건설사인 니시마츠는 이러한 현실을 전제로, 글로벌 사례를 그대로 복제하기보다는 자사 환경에 맞게 전이 가능한 방식으로 재해석하는 전략을 선택했다.(그림 1)

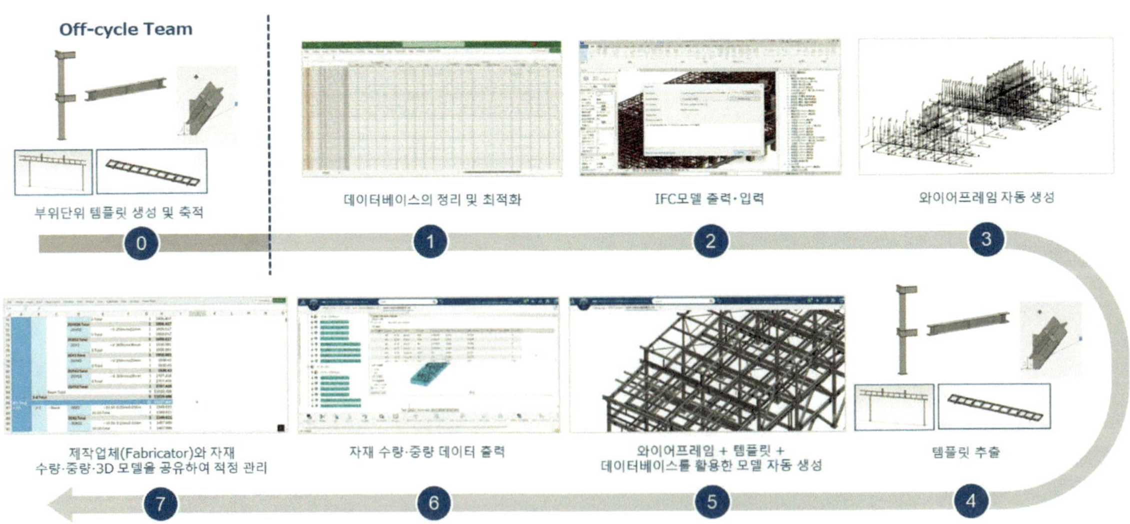

그림 1. 건설블록 운영 프로세스 예시

일본 건설 산업 전반의 고령화된 인력 구조와 숙련 기술자 의존은 니시마츠의 디지털 전환에 제약 조건으로 작용했다. 이들은 디지털 전환을 단기간에 완성해야 할 목표가 아니라, 단계적으로 검증해야 할 과정으로 인식했다.

단계적 실증과 구조적 접근

니시마츠는 PoC 기반의 단계적 실증을 통해 디지털 전환의 효과와 적용 가능성을 검증하고 있다. 일부 영역에서는 외부 파트너와 협력해 설계 자산과 노하우를 축적하며, 기존 조직 구조를 유지한 상태에서 디지털 적용 범위를 제한했다. 이는 급격한 전환에 따른 리스크를 최소화하면서 학습 효과를 극대화하기 위한 선택이었다.

건설블록과 프론트 로딩 전략

니시마츠 사례에서 주목할 부분은 건설블록(Construction Block) 개념과 프론트 로딩(Front loading) 전략이다. 이는 부이그의 모듈, 인터페이스 중심 사고를 현실적인 수준으로 단순화한 접근이다. 또한, 시공 이전 단계에서 가능한 많은 의사결정을 수행함으로써, 현장에서 발생할 수 있는 불확실성을 줄이고자 했다.

건설블록은 시공 관점에서 반복적으로 등장하는 복합 공종 단위를 의미하며, 이를 통해 설계 단계에서부터 시공성과 조립성을 검토할 수 있다. 이 접근은 부이그의 Product centric 사고와 동일한 방향성을 가지지만, 전사 차원의 Product Line 구축보다는 반복 가능한 구조를 만드는 데 초점을 맞췄다는 점에서 차이가 있다.

Off-cycle 개념의 제한적 도입과 스마트 현장 로드맵

니시마츠는 Off-cycle 개념을 조직이 아닌 사고방식으로 부분 도입했다. 프로젝트 일정에 종속되지 않는 데이터와 규칙을 남기되, 이를 기존 업무 흐름 속에서 점진적으로 구현한 것이다. 이러한 접근은 스마트 현장(Smart Site) 로드맵으로 구체화되었으며, 디지털 도입의 목적을 현장 생산성 향상과 인력 부담 완화에 두고 있다. 이는 부이그의 Construction Virtual Twin 개념을 일본 건설 현장의 현실에 맞게 축소, 변형한 사례로 볼 수 있다.

맺음말

부이그와 니시마츠의 사례는 서로 다른 환경에서 출발했지만 공통된 문제의식을 공유한다. 두 회사 모두 데이터 중심의 업무 체계를 구축하고 관리하기 위한 조직을 두었고, 프로젝트 단위를 넘어 재사용 가능한 구조를 지향했으며, 궁극적으로는 현장의 부담과 불확실성을 줄이기 위한 방향으로 디지털 전환을 추진했다.

국내 건설사가 부이그와 같은 전사적 플랫폼 전략을 단번에 도입하기는 쉽지 않다. 그러나 니시마츠처럼 재사용 가능한 구조를 남기는 방식으로 접근한다면 디지털 전환은 충분히 현실적인 선택지가 될 수 있다. 디지털 전환의 본질은 어떤 기술을 도입했는지가 아니라, 그 기술을 조직과 업무 방식 속에 어떻게 정착시키고 다음 프로젝트로 이어지게 만들었는가에 있다. 두 사례는 디지털 전환이 더 이상 추상적인 미래 담론이 아니라, 선택과 순서의 문제임을 분명히 보여준다.

김선중 파트너
다쏘시스템코리아
Sunjung.KIM@3ds.com

스마트 건설 DX를 가속하는 실시간 3D 엔진의 디지털 트윈 전략과 사례

건설 산업에서 디지털 전환(DX)은 이미 여러 해에 걸쳐 단계적으로 진행되어 왔다. BIM을 중심으로 한 설계 정보의 디지털화, IoT 기반 현장 모니터링, 드론을 활용한 측량, AI 기반 분석 기술까지 다양한 기술이 도입되었지만, 여전히 많은 프로젝트에서 의사결정은 보수적인 방식으로 진행되고 오랜 시간이 걸린다. 이는 개별 기술의 성숙도와 무관하게 해당 기술들이 하나의 유기적인 흐름으로 연결되지 못한 채 개별적으로 활용되고 있기 때문이다.

스마트 건설 DX의 본질은 새로운 기술을 하나 더 도입하는 것이 아니라, 현실 세계에서 생성되는 방대한 데이터를 실시간으로 다루고 연결해, 더 빠르고 정확한 의사결정을 진행하는데 있다. 핵심은 '실시간'이다. 설계, 시공, 운영의 각 단계에서 데이터가 따로 존재하는 것이 아니라 하나의 통합된 환경에서 지속적으로 갱신되고, 이해관계자들이 같은 맥락 위에서 판단할 수 있어야 한다. 이러한 구조적 통합의 중심에 있는 개념이 바로 실시간 디지털 트윈(Real-time Digital Twin)이다.

디지털 트윈을 위한 언리얼 엔진의 장점 및 핵심 기술

디지털 트윈은 물리적 자산과 환경을 3D 가상 세계로 정밀하게 복제하고, 여기에 설계 정보(BIM/CAD), 공간정보/3D자산(GIS/LiDAR), 운영 데이터(IoT, 재고/CRM, 공정 데이터 등)를 연동함으로써 현실에서 발생할 수 있는 상황을 사전에 시뮬레이션하고 검증할 수 있게 한다. 언리얼 엔진은 디지털 트윈 구현을 위해 리얼타임 렌더링, 대규모 데이터 처리, 인터랙션, 확장 가능한 생태계를 하나의 플랫폼으로 제공한다. 또한 레벨 1(시각화)에서 레벨 2(실시간 데이터 연동·분석), 레벨 3(AI·자율 시스템 기반 예측·자동화)로 이어지는 디지털 트윈 성숙도를 하나의 환경에서 확장할 수 있다는 점은 건설 DX에서 특히 중요한 의미를 갖는다.

리얼타임 3D 기반 디지털 트윈은 단순한 시각화를 넘어선다. 언리얼 엔진의 완전 다이내믹 글로벌 일루미네이션과 리플렉션 시스템인 루멘(Lumen)은 설계 변경에 따른 조명·반사 환경을 즉시 반영해, 현장 조건에 가까운 공간 판단을 가능하게 한다. 나나이트(Nanite)는 대규모 마이크로폴리곤 지오메트리를 실시간으로 처리해, 복잡한 구조물과 고정밀 설비를 별도의 최적화 작업 없이도 유지할 수 있게 한다. 월드 파티션(World Partition)과 레벨 스트리밍은 수 km 단위의 프로젝트 범위를 셀 단위로 분할하여 관리해, 방대한 데이터를 동시에 다루면서도 필요한 구역만 로딩하는 방식으로 성능과 협업 효율을 확보한다. 여기에 계층형 레벨 오브 디테일(Hierarchical Level of Detail)는 먼 거리의 오브젝트를 프록시 메시로 자동 통합해 드로 콜과 메모리 사용량을 줄이며, 대규모 인프라 도시 단위 디지털 트윈에서 안정적인 퍼포먼스를 뒷받침한다.

또한 언리얼 엔진은 디지털 트윈에서 중요한 '데이터 통합' 워크플로를 제공한다. 데이터스미스(Datasmith)와 데이터프랩(Dataprep)은 CAD/BIM·DCC 데이터의 가져오기, 정리, 규칙 기반 최적화를 지원해 반복 작업을 줄이고, 프로젝트의 데이터 일관성을 유지하는 데 기여한다. 레벨 지오레퍼런싱(Level Georeferencing)은 Cesium, ESRI 등 GIS 데이터와의 정합을 쉽게 만들어, 현실 좌표 기반의 정확한 배치를 가능하게 한다. 블루프린트(Blueprint) 비주얼 스크립팅과 에디터 확장(에디터 커스터마이징, 위젯 등)은 비개발자도 프로젝트에 맞는 인터랙션, 검증 도구, 시뮬레이션 로직을 빠르게 제작할 수 있도록 돕는다. 마지막으로 픽셀 스트리밍(Pixel Streaming)은 고성능 렌더링 결과를 클라우드에서 스트리밍해, 이해관계자가 로컬 장비 제약 없이 웹에서 동일한 품질로 디지털 트윈을 검토하도록 지원한다.

언리얼 엔진 활용 사례

이러한 기술적 기반이 현장에서 어떤 성과로 이어지는지는, 실제 사례를 통해 자세히 확인할 수 있다. 스마트 건설의 핵심 성과로 요구되는 공기 단축, 공공 인프라 의사결정 가속, 도시 재개발의 시뮬레이션 기반 합의 형성을 중심으로, 언리얼 엔진 기반 디지털 트윈이 어떤 기능의 조합으로 구현 가능한지 다음의 구체적인 사례들을 살펴보자.

공기 단축과 효율적인 공장 건설: BMW Group Plant Lydia

BMW 그룹의 중국 선양 공장 Plant Lydia는 디지털 트윈을 통해 공장 건설 방식을 근본적으로 재정의한 사례로 꼽힌다. Plant Lydia는 기획 초기 단계부터 공장 전체를 가상 환경에서 계획하고 시뮬레이션한 BMW 최초의 공장으로, 공장 건물, 설비, 생산 라인과 장비가 가상화 기술을 기반으로 계획되고 시운전되었다. 이 과정에서 언리얼 엔진은 공장 전반을 하나의 '통합 월드'로 구축하고, 이해관계자가 같은 맥락에서 설계와 운영을 검증할 수 있는 리얼타임 플랫폼 역할을 수행했다.

첫 번째 핵심은 '착공 이전의 검증'이다. 공장 설비와 라인은 구조가 복잡하고 상호 의존성이 높아, 작은 변경도 큰 재작업으로 이어질 수 있다. 언리얼 엔진의 리얼타임 렌더링 환경에서는 생산 라인 배치, 설비 간 간섭, 작업자 동선과 같은 문제를 가상 환경에서 반복적으로 검토할 수 있다. 특히 루멘의 다이나믹 라이팅은 조명 조건의 변경을 즉시 반영해 시야 확보, 안전 표지 가시성, 작업 구역의 밝기 수준과 같은 요소를 빠르게 점검하는 데 유리하다. 또한 나나이트 기반의 고정밀 지오메트리 처리는 공장 설비처럼 디테일이 높은 오브젝트를 시각적 손실 없이 유지해, '정밀한 판단'을 지원한다.

두 번째 핵심은 '협업 방식의 전환'이다. 가상 환경에서 공장을 미리 경험할 수 있기 때문에 설계자, 공정 엔지니어, 현장 운영 인력이 동일한 3D 환경을 기반으로 문제를 논의할 수 있다. 이는 문서 기반의 협업에서 발생하는 해석 차이를 줄이고, 변경 의사결정을 앞당긴다. 프로젝트 규모가 커질수록 이러한 '공유된 맥락'이 공사 기간을 좌우한다.

세 번째 핵심은 '운영 데이터 기반 확장'이다. Plant Lydia는 물류 영역에서도 가상화와 데이터 기반 운영을 결합했다. 부품 입고(인바운드) 측면에서는 실시간 물류 데이터와 3D 모델링을 결합해 컨테이너 야드 운영을 시뮬레이션하고, 히트맵 분석을 통해 병목 구간을 파악했다. 출고(아웃바운드)에서는 적재 시뮬레이션과 생산과 연동된 열차 스케줄링 같은 디지털 기술이 물류 최적화를 지원한다. 또한, 공장 운영 전반에서는 IIoT 플랫폼이 제품, 프로세스, 사람을 연결해 '항상 사용 가능한 투명한 데이터'를 제공하는 구조로 확장되고 있다. 즉, 디지털 트윈이 설계 검증을 넘어 운영 최적화로 이어지는 경로가 자연스럽게 열려 있다.

이러한 가상화 기반 접근은 공장 건설과 시운전 단계를 동시에 최적화하는 데 기여했으며, 결과적으로 전체 공기를 약 6개월 단축하고, 건설에서 양산까지의 기간을 2년 남짓으로 줄이는 성과로 이어졌다. 이 사례는 디지털 트윈이 공정을 단순히 빠르게 만드는 도구가 아니라, 착공 이전의 검증과 운영 데이터의 통합을 통해 불확실성을 제거하고 공기를 단축하는 구조임을 보여준다.

그림 1. 디지털 트윈을 통해 가상 환경에서 구축하여 착공 완료한 BMW Group Plant Lydia(BMW Group 제공)

도시 재개발과 환경·교통 시뮬레이션: 스웨덴 할름스타드 항만 및 철도 확장 프로젝트

스웨덴 할름스타드 항만 지역에서는 항만 보호와 교통 인프라 확장을 동시에 고려한 대규모 개발 프로젝트가 추진되었다. 새로운 철도 노선, 도로, 통신 인프라가 계획되었고, 인근 공원과 녹지, 주거 지역에 대한 영향이 중요한 쟁점이었다. 이처럼 환경, 경관, 소음 등 비정

량적 요소가 의사결정에 큰 영향을 미치는 프로젝트에서는 설명 가능한 시뮬레이션이 곧 사업 추진의 핵심 역량이 된다.

이 프로젝트에서 디지털 트윈은 BIM, GIS, LiDAR 등 방대한 공간정보/3D자산을 일관된 시각화로 통합하는 역할을 수행했다. 언리얼 엔진의 대규모 월드 처리 역량(월드 파티션, 레벨 스트리밍)과 레벨 지오레퍼런싱은 현실 좌표 기반의 정확한 배치를 지원하며, 데이터 레이어 개념을 활용하면 환경 요소(보호 구역), 설계 요소(철도, 도로, 방파제), 완화 조치(소음 차단벽, 시각적 장벽)를 목적에 맞게 토글하며 비교할 수 있다. 즉, 이해관계자는 어떤 설계가 어떤 영향을 줄이는지를 같은 화면에서 반복적으로 검증할 수 있다.

대규모 환경을 사실적으로 재현하는 과정에서는 나나이트 기반의 고정밀 에셋 활용과 HLOD 기반의 원거리 최적화가 함께 필요하다. 항만과 철도 환경처럼 오브젝트 수가 많고 범위가 넓은 경우, 수천 개의 오브젝트를 프록시 메시로 통합해 드로 콜을 줄이는 HLOD는 안정적 퍼포먼스 확보에 결정적인 역할을 한다. 루멘은 실감 나는 라이팅을 제공해, 경관 변화와 가시성, 야간 조건에서의 안전 요소를 검토하는 데 도움을 준다. 또한, 프로시저럴 콘텐츠 제너레이션(Procedural Content Generation, PCG)은 반복적인 환경 요소(식생, 주변 오브젝트)를 자동화해 제작 시간을 단축하고, 설계 변경 시에도 빠르게 갱신되는 환경을 제공할 수 있다.

해당 프로젝트는 AFRY와 같은 엔지니어링 조직이 수행에 참여했으며, 디지털 트윈 기반 시각화는 주민의 이해도를 높여 프로젝트에 대한 우려를 줄이고, 민원 감소 및 승인 절차 간소화에 기여했다. 이는 디지털 트윈이 스마트 건설에서 기술적 효율을 넘어 사회적 합의 비용을 줄이는 역할까지 수행할 수 있음을 보여준다.

그림 2. 할름스타드 항만이 새로운 인프라 확장으로 인한 잠재적 영향을 살펴보기 위해 활용한 디자인 애니메이션 영상(에픽게임즈 제공)

대규모 인프라 설계의 패러다임 시프트: CORYS의 철도 설계·시뮬레이션 솔루션 내재화

앞선 사례들이 이미 존재하거나 설계된 데이터를 실시간 환경으로 통k;' 합해 의사결정을 돕는 것에 집중했다면, 최근의 트렌드는 여기서 한 걸음 더 나아가고 있다. 프랑스의 시뮬레이션 전문 기업 CORYS는 언리얼 엔진의 개방된 소스코드를 활용해 자사만의 독자적인 설계 및 시뮬레이션 전용 솔루션을 구축하여 자사를 위한 철도 설계/시뮬레이션 소프트웨어를 내재화하며 언리얼 엔진을 통한 디지털 트랜스포메이션이 가져올 혁신과 미래를 명확히 보여준다.

CORYS 사례의 핵심은 언리얼 엔진을 커스터마이징하여 대규모 인프라(SOC) 설계 도구 자체를 소프트웨어화했다는 점에 있다. 이들은 기존의 파편화된 툴셋과 데이터 익스포트 방식에서 발생하는 비효율을 해소하기 위해 3D 콘텐츠 제작부터 시뮬레이션 로직, 검증까지 모든 과정을 언리얼 엔진이라는 단일 플랫폼으로 일원화했다. 특히 플러그인 기반의 커스텀 툴셋을 개발해 궤적 커브를 따라 선로와 전차선을 동적으로 생성하는 절차적 시스템을 구축함으로써 인프라 배치와 수정의 효율성을 극대화했다. 이는 단순히 데이터를 시각화하는 것을 넘어, 설계 단계에서부터 실제 운영 환경과 동일한 메커니즘을 적용해 인프라의 타당성을 실시간으로 검토할 수 있는 환경을 의미한다.

이러한 설계 솔루션화가 가져오는 기술적 성취는 데이터의 압도적인 처리 능력과 정밀도에서 증명된다. 월드 파티션 기능을 통해 수천 킬로미터에 달하는 방대한 지형을 셀 단위로 관리하며, 나나이트의 클러스터 기반 LOD 시스템을 활용해 정교한 선로 인프라와 복잡한 전차선 시스템을 별도의 수동 최적화 없이 실시간으로 처리한다. 또한, 하이어라키컬 레벨 오브 디테일(HLOD) 기술은 원거리 오브젝트를 메시로 통합해 메모리 사용량을 최대 80%까지 절감함으로써 대규모 SOC 프로젝트에서도 안정적인 퍼포먼스를 확보해 준다.

이러한 혁신이 가져오는 가장 결정적인 가치는 결국 데이터의 연속성에서 드러난다. 에디터 커스터마이징을 통해 구축된 정밀한 시뮬레이션 환경은 이해관계자들이 신호 배치나 연동 로직을 즉각적으로 검증하게 함으로써 재작업에 소요되는 비용과 주기를 획기적으로 줄여준다. 이는 루멘을 통한 정확한 라이팅 환경 속에서 운전자의 시야나 신호 인식 가능성까지 안전하게 사전 점검할 수 있기에 가능한 성과다.

더 나아가 이 솔루션을 통해 생성된 설계 데이터는 시설 준공과 동시에 별도의 가공 없이도 레벨 1단계의 고품질 디지털 트윈 데이터로 기능하게 된다. 결과적으로 운영 단계에서 디지털 트윈을 구축하기 위해 데이터를 처음부터 다시 만드는 중복 비용을 제거할 수 있으며, 3cm 해상도의 항공 사진과 LiDAR 데이터가 통합된 정밀한 데이터셋을 운영 및 유지보수 단계로 즉시 전이하여 사용할 수 있다는 점에서 디지털 트랜스포메이션의 효율을 비약적으로 증진시킨다.

결과적으로 CORYS의 사례는 언리얼 엔진이 개별 프로젝트의 시각적 구현을 넘어, 기업이 디지털 자산의 생애주기 전반을 관리할 수 있는 독자적인 설계 소프트웨어의 파운데이션이 될 수 있음을 보여준다. 이는 데이터 구축 비용을 획기적으로 절감하여 디지털 트랜스포메이션의 효율을 극대화하려는 스마트 건설 및 인프라 시장의 미래 지향점과 맞닿아 있다.

맺음말

스마트 건설 DX의 목표는 더 많은 기술을 도입하는 것에 머무르지 않는다. 그 보다는 설계와 시공과정에서 이미 방대하게 생산되고 있는 CAD, BIM, DCC 등의 디지털 데이터를 어떻게 유기적으로 연결하여 시각화하여 프로젝트 전반의 관리 효율과 가시성을 극대화할 것

인지가 핵심이다.

건설 단계에서 직접 운영 시뮬레이션을 통해 효율적 동선 확보와 공기 단축까지 이룬 BMW Group의 공기 단축 사례와 할름스타드의 공공 합의 가속, CORYS의 자사를 위한 설계 솔루션화 사례에서 보았듯이 언리얼 엔진 기반의 디지털 트윈은 리얼타임 렌더링과 대규모 월드 처리, 데이터 통합 워크플로, 그리고 대규모 인터랙션 구현 및 검증을 하나의 플랫폼에서 제공한다. 이를 통해 건설 산업을 데이터를 '보는 산업'에서 '데이터를 시각화하고 결정하는 산업'으로 전환시키는 실질적인 도구로 자리 잡고 있다.

앞으로의 스마트 건설은 개별 솔루션의 도입 여부가 아니라, 프로젝트 전 생애주기에서 데이터가 끊김 없이 연결되고, 그 데이터가 합의와 결정을 앞당기는 방식으로 작동하는지에 의해 경쟁력이 결정될 것이다. 특히 설계 단계에서 생성된 데이터가 추가 비용 없이 준공 후 운영 단계의 디지털 트윈으로 즉시 전이되는 구조는 DX의 효율을 극대화하는 핵심 동력이 된다. 실시간 디지털 트윈은 이러한 데이터 생태계를 연결하는 중심축이며, 언리얼 엔진은 높은 개방성과 고퀄리티에 기반하여 이러한 요소들을 가장 빠르게 구현하고 실행하는 핵심 플랫폼으로 자리매김하고 있다.

진득호 차장
에픽게임즈 코리아
Technical Account Manager
dukho.jin@epicgames.com

영국 동서철도 프로젝트의 스마트 건설 혁신

영국 철도청과 EWRA(동서철도연합, East West Rail Alliance)는 철거 및 재건설을 위해 여러 전문 기업들이 연합되어 프로젝트의 효율적인 추진을 위해 공공 기관과 민간 건설사들로 구성된 프로젝트 컨소시엄이다.

본 프로젝트에는 영국 철도 인프라의 운영과 관리를 담당하는 Network Rail을 비롯해, 설계 및 엔지니어링을 담당한 Atkins, 시공을 맡은 Laing O'Rourke, 철도 전문 시공사인 VolkerRail이 참여해 각자의 전문 역량을 바탕으로 협업했다.

영국 동서철도 프로젝트에서 발생한 이 혁신적인 사례는 현대 건설 공학에서 모듈러공법과 디지털 시뮬레이션이 결합되어 창출할 수 있는 최고의 효율성을 보여주는 대표적인 예시이다. 이 사례의 핵심은 버킹엄셔 인근의 블레츨리 고가교 재건설 프로젝트이다.

그림 1. 블레츨리교(약 1,200억 절감/공기 6개월 단축 성과)

프로젝트 배경과 과제

영국 옥스퍼드와 케임브리지를 잇는 노선 중 블레츨리 지역은 기존의 서부 해안 본선 위를 가로지르는 고가교가 필요한 핵심 구간이었다.

문제는 기존 방식대로 현장에서 콘크리트를 타설해 시공할 경우, 영국에서 가장 혼잡한 철도 노선 중 하나인 서부해안 본선의 열차 운행을 장기간 중단해야 한다는 점이었다. 이는 곧 막대한 위약금과 시민 불편으로 이어질 수밖에 없는 구조였다. 공사 기간이 길어질수록 비용은 기하급수적으로 증가하는 고위험 프로젝트였다.

그림 2. 주변 현황(구 주택가의 장비 위치 동선을 검토)

영국 동서철도 프로젝트 공사 구간 중, 특히 블레츨리 고가교 재건설 현장은 공사의 난이도, 공사 기간 및 주변 현황과 주민들의 잦은 민원 발생 등 다양한 문제들을 내포하고 있었다

Fuzor(퓨저)는 단순한 시각화 도구를 넘어, 공사 전 과정을 가상 세계에서 미리 실행해보는 '디지털 리허설'의 핵심으로 모든 이해 관계자와의 협업과 소통에 중심적인 역할을 수행했다.

Fuzor는 BIM(건설 정보 모델링) 데이터를 활용하여

그림 3. 크레인 작업 및 해체 거더 이동 동선 검토

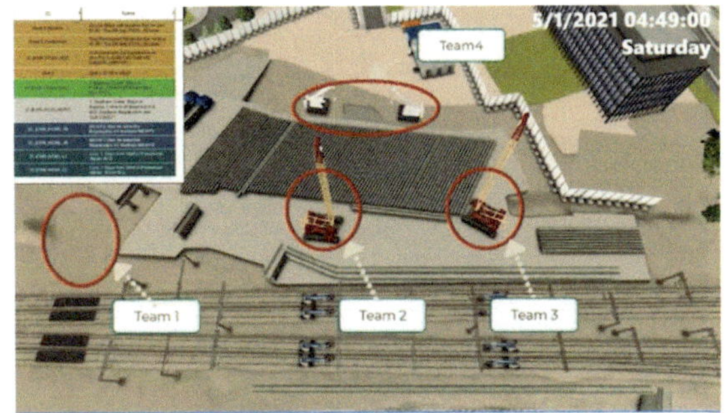

그림 4. 콘크리트 블록 상, 하차 및 크레인 작업 순서 검토

4D(시간) 및 5D(비용) 8D(안전) 시뮬레이션을 구현하는 강력한 소프트웨어이다. 이 프로젝트에서 Fuzor는 6개월의 공기 단축과, 1,200억 원의 비용 절감을 이끌어내는데 활용되었다.

기존의 BIM이 3차원 설계도면을 만드는 데 집중했다면, Fuzor는 여기에 시간과 비용, 안전이라는 축을 결합하여 Primavera P6(공정 스케줄)와 3D 모델을 실시간으로 동기화 하여, 4D 시뮬레이션의 핵심 역할을 수행했다. '디지털 리허설'을 통한 간섭체크 또한 고가교 블록을 해체 및 설치하기 위해 투입된 거대 크레인과 기존 철도 전차선, 주변 구조물 사이의 간격이 매우 협소한 관계로 크레인의 회전 반경, 붐대의 높이, 블록이 이동하는 경로를 수없이 시뮬레이션 했고, 이 과정에서 물리적 충돌이 예상되는 지점을 미리 발견하여 설계를 수정함으로써 현장 사고를 원천 차단했다. 시공 순서의

최적화를 위해 100개가 넘는 거대 콘크리트 블록을 어떤 순서로 배치하느냐에 따라 공기 체증이 발생할 수 있었고, 다양한 시나리오를 가상으로 실행했다. 블럭의 이동 순서와 상, 하차 순서 및 장비이동 순서와 현장의 지연 및 대기 시간을 최소화하는 최적의 조립 순서를 가상 시뮬레이션 결과를 찾아냈다.

시뮬레이션을 통한 혁신적인 '블럭 공법' 적용

이 문제를 해결하기 위해 사전 시뮬레이션을 통한 모듈러 사전 제작 블럭 공법을 사용했다.

오프사이트 제작한 교량의 주요 구조물 (교각, 상판 등)을 현장이 아닌 공장에서 미리 거대한 블록 형태로 제작했다.

디지털 트윈 및 시뮬레이션으로 공사 시작 전, 전체 운반 및 설치 과정을 Fuzor 시뮬레이션으로 수십 번 반복 했다. 이를 통해 블럭의 운송 및 크레인의 이동 경로

그림 5. 가상 시공 블록 공법 시뮬레이션(시공 완료 모습)

그림 6. 블록 공법 실제 시공 모습

및 위치가 최적인지 검증했다. 제작된 블록들을 현장으로 운송한 뒤, 마치 '레고'를 쌓듯 거대 크레인으로 들어 올려 순식간에 조립했다.

실시간 동기화를 통한 설계 변경 사항이 발생하면 즉시 시뮬레이션에 반영되고, 수정된 도면이 실제 공정 일정에 어떤 영향을 주는지 실시간으로 파악할 수 있어 의사결정이 빨라졌다. 크레인뿐만 아니라 현장 작업자들의 안전 통로, 자재 적치 공간까지 시뮬레이션에 포함했다. 이는 좁은 철도 접경 지역에서 작업 효율을 극대화하는 데 결정적이었다.

현장 투입 전, 작업자들은 Fuzor로 구현된 가상 현장에서 자신의 업무 위치와 위험 요소를 미리 체험했다. 이는 숙련도를 높이고 안전 검토 및 현장 오차를 줄이는 결과로 이어졌다. 시뮬레이션 데이터를 활용해 인근 주민이나 관계 기관에 공사 과정을 시각적으로 설명함으로써 행정 절차 및 협의 시간 또한 단축이 되었다. 가장 큰 이점은 '블록' 공법을 적용하기 위하여 시뮬레이션한 결과를 발주처 및 전문팀들과 협의 시에 빠른 의사결정을 내릴 수 있었다.

Fuzor를 통한 철저한 사전 준비는 다음과 같은 직접적인 비용 절감으로 연결되었다.

■ **재작업 제로(Zero Re-work)** : 블럭이 현장에서 이동 및 설치되는데 지연 및 간섭이 없었다.
■ **철도 점유 시간 최소화** : 영국 철도청(Network Rail)으로부터 허가받은 짧은 철도 차단 시간 내에 정확히 작업을 끝낼 수 있어, 공사 지연에 따른 막대한 위약금 지불 발생 안함.
■ **장비 임대료 절감** : 최적화된 시뮬레이션 덕분에 고가의 대형 크레인 사용 기간을 최소화할 수 있었다.

공사 특징 및 성과

이번 프로젝트는 기존 고가교를 단순 철거 후 재시공하는 방식을 택하는 대신, 서부해안 본선(West Coast

그림 7. 블록 공법 실제 시공 모습

Main Line) 위에 박스형 터널 구조물을 설치하는 혁신적 공법을 도입한 것이 가장 큰 특징이다.

이 공법을 통해 열차 운행 중단 시간을 최소화함으로써 약 7,000만 파운드(한화 약 1,200억 원)의 예산을 절감하고 공사 기간을 6개월 단축했다.

현장 인력 투입 시간을 줄여 사고 위험을 낮추고 폐기물 발생량을 획기적으로 감소시키는 동시에 열차 운행 중단을 최소화해 시민들의 이동권을 최대한 보장할 수 있었다.

또한 발주처, 설계사, 시공사가 하나의 디지털 모델을 기반으로 리허설을 수행하며 의사결정 속도를 높였다.

"현장에서 삽을 뜨기 전, 이미 우리는 컴퓨터 안에서 교량을 열 번도 넘게 완성해 보았다"라는 당시 프로젝트팀의 말처럼, Fuzor는 불확실성이라는 건설업의 가장 큰 리스크를 데이터로 통제 가능한 대상으로 전환하는 핵심 도구 역할을 했다.

김태현 이사
Kalloc의 한국지사 브이디씨테크의 이사로, 네트워크 협업 솔루션 Fuzor를 한국에 소개하고 있다.
kth@vdctech.co.kr

광주대표도서관 붕괴사고로 본 검측의 이중 과제 – 디지털화와 AI 전환

광주대표도서관 붕괴사고는 검측(Check) 절차의 존재 여부가 아니라, 그것이 실제로 기능했는지를 묻는 사건이었다. 수차례의 검측과 방대한 서류에도 불구하고 구조적 결함은 걸러지지 않았다.

이 글에서는 이러한 현실을 출발점으로, 종이 기반 검측 시스템의 한계와 디지털화·AI 전환이라는 이중 과제를 짚는다. 이를 통해 건설 현장의 신뢰를 회복하기 위한 검측 패러다임 전환의 방향을 제시하고자 한다.

검측의 종말과 코페르니쿠스적 전환
완벽한 검측서류, 무너진 공사현장

공사현장에서 검측(Inspection)이란 무엇을 의미하는가. 검측이란 감리자가 시공자의 공사 수행내용이 설계도서 및 시방서와 일치하는지를 확인하는 과정이다. 부실 공사를 방지하고 품질을 확보하기 위한 가장 핵심적인 절차이다.

그렇다면 광주대표도서관 붕괴사고에서 검측은 제대로 작동했는지, 검측이 실제 현장을 검증한 절차였는지, 아니면 서류로만 존재한 형식적 행위였는지 살펴볼 필요가 있다.

이 사고에서 무엇이 잘못 되었는지, 검측과정은 제대로 수행된 것인지, 아니면 서류상으로만 존재하는지, 혹은 서류 조차 존재하지 않았는지 여부 등. 이제 검측에 대한 단순한 개선이 아닌 코페르니쿠스적 전환이 필요하다.

시스템 붕괴의 증거들 : 2025년의 기록

2025년 발생한 일련의 건설 사고들은 시스템의 부재를 연상케 한다.

1월에는 이른바 '건축 거장'이 감리한 빌딩에서 법원이 "감리자가 육안으로만 확인했더라도 오시공 여부를 쉽게 알 수 있었을 것인데도 주의의무를 게을리 했다"며 막대한 배상을 판결했다.

2월 부산 반얀트리 화재에서는 6명의 사망자가 발생한 가운데 감리회사 소방 담당자에게 1억 원 확약서와 3천만 원 현금이 오간 대형 인허가 비리가 드러나 '종이 감리보고서'의 한계를 적나라하게 드러냈다.

12월 광주대표 도서관 붕괴 사고에서는 수차례의 검측 단계에도 불구하고 트러스 구조물의 치명적 결함을 걸러내지 못해 옥상 콘크리트 타설 중 대형 인명 피해가 발생했으며, 이는 형식적 육안 검사와 아날로그 검측 시스템이 이미 '기능'을 상실했음을 방증한다.

AI 시대, 여전한 '종이 톨게이트'

2025년 우리의 건설 현장은 마치 현금을 받는 구식 '종이 톨게이트'와 같다. 종이 설계도를 들고 다니고, 종이 검측서를 만들고 사무실 PC로 모든 업무를 처리한다. 과거에는 문제가 없었지만 이제 이 과정은 '정보의 지체(Lag)'와 '데이터의 사장(Dead Data)'을 초래한다.

이제 건설 현장의 검측도 AI시대에 맞춰 '디지털 하이패스(Digital Hi-Pass)' 구간으로 진입해야 할 때다.

피할 수 없는 이중과제

종이 검측서류의 문제점

시공간적 불일치 : 비동기식 검증의 위험성

종이 기반 검측은 현장 검측 시점과 검측조서 작성·보고 시점 사이에 수시간~수일의 시차(Time-Lag)가 발생한다. 공정 선진행 후 날짜에 맞춰 끼워 넣는 후행적 서류작업이 만연해 검측이 '요식행위'로 전락한다.

현장성 결여와 '노룩(No-Look)' 검측

종이 서류는 현장 방문 여부를 증명하지 못해 무방문 도장(탁상 검측)이 가능하다. 누가, 언제, 어디에서 검측했는지 입증이 곤란하다.

데이터 위변조 가능성과 신뢰성 부재

종이 검측서와 분리된 사진은 PC로 이동 후 선별·편집된다. 대표성 오류로 수백 포인트 중 적합한 1곳만 촬영해 전체 적합처럼 보고하는 '연출'이 가능하다. 또한 결과가 종이·개별 파일로 분산 보관되어 있다.(그림 1)

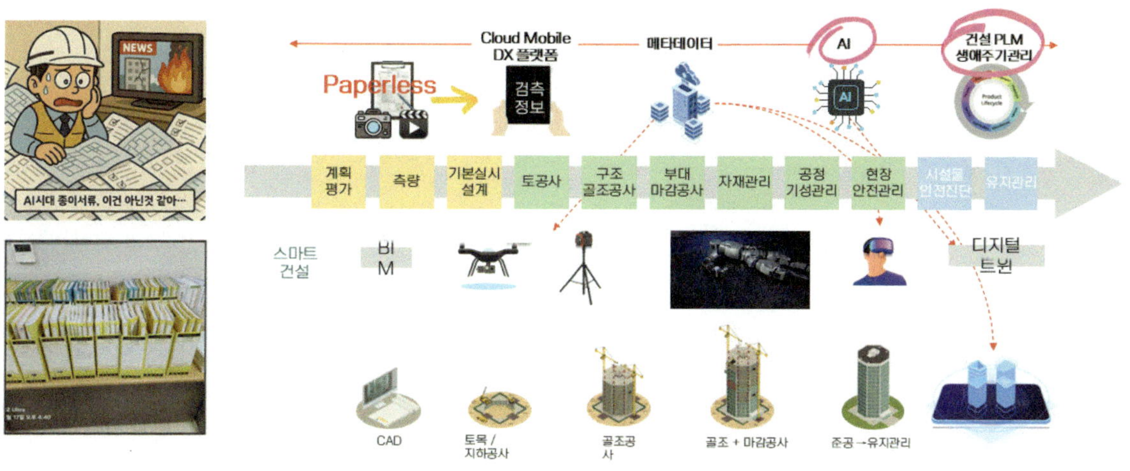

그림 1

그림 2

디지털화(Digitization)와 AI 전환(AI Transformation)의 딜레마

AI전환의 관점에서 보면 건설 산업은 '이중 과제(Dual Challenge)'를 해결해야 한다.

첫째 과제는 종이 검측서류 작성을 시공자와 감리자의 검측 프로세스에서 실시간 디지털 검측 형태로 전환하는 '페이퍼리스'가 시급하다.

둘째 과제로, 페이퍼리스를 통한 디지털 메타 데이터 기반으로 공사를 관리하고 위험을 예측하고 품질을 판단하는 'AI 전환'을 이뤄야 한다.

문제는 '과거의 숙제(페이퍼리스)'와 '미래의 숙제(AI 도입)'를 동시에 해결해야 한다는 점인데, 현장의 데이터는 종이서류와 기술자의 머리속에 머물러 있기 때문이다.

모바일 기반 실시간 검측 및 동영상 기록 관리
동시성을 담보하는 검측 프로세스

공사현장의 검측(검사) 서류는 출발점부터 '데이터'가 아니라 '종이'라는 매체를 중심으로 작동한다. 이는 동시성을 담보하지 못한다. 검사와 데이터의 동시성을 확보한 사례로 음주운전 단속을 들 수 있다. 현재 대한민국 음주운전 단속은 '현장 측정값'이라는 수치를 중심으로 시간·장소·측정기기·담당자 정보를 함께 묶어 하나의 증거로 데이터를 남기는 방식으로 설계되어 있다.(그림 2)

패러다임 전환 : 검측문서의 디지털화와 실시간 중앙화

종이문서 작성 방식의 패러다임 전환이 필요하다. 종이 서류는 사고가 난 뒤에야 꺼내 보는 '부검 소견서'에 불과하지만, 디지털 데이터는 사고를 막는 '실시간 진단 키트'가 된다. AI에 의한 데이터화는 문서에만 머물러서는 안된다. 기술자 개인의 업무역량이나 기술경험칙이 디지털 데이터가 빅데이터가 되어 새로운 차원의 공사관리가 구현될 것이다. 이때부터는 CM 측면의 AI 전환

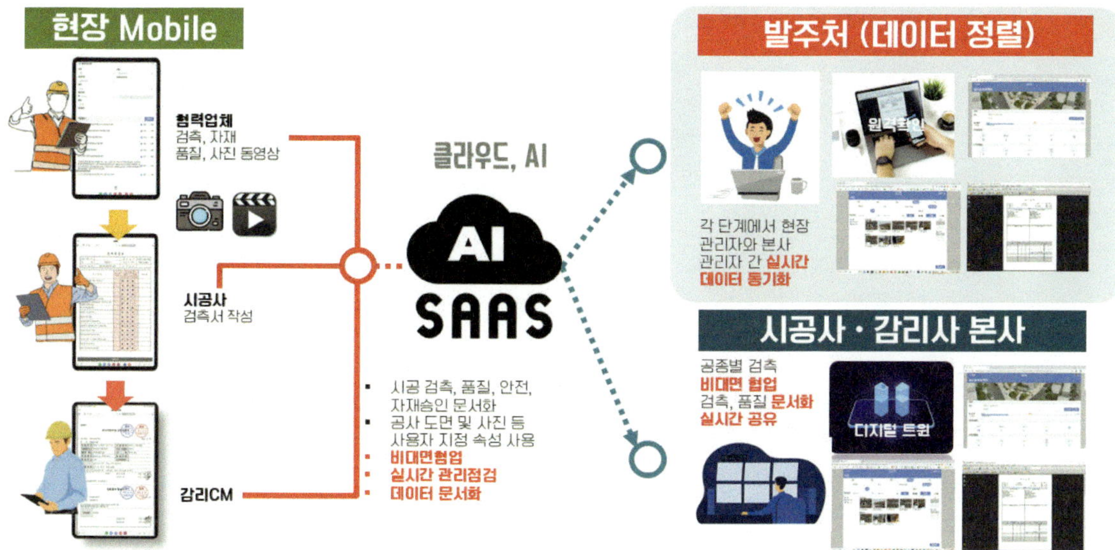

그림 3

도 가능해질 것이다. 중소 현장을 위해서 협업플랫폼을 구독(SaaS)하여 쓸 수 있도록 지원해야 한다.(그림 3)

AI 시대, 신뢰 회복을 위한 길

광주대표도서관의 무너진 트러스와 부산 반얀트리 리조트의 그을린 벽면은 우리에게 같은 교훈을 주고 있다. "보지 않으면 부실해지고, 공유하지 않으면 조작된다"는 사실이다.

- **검측서류** : 검측체크리스트, 콘크리트타설승인
- **생성형AI 공사일지** : (노무, 자재, 장비)
- **품질서류** : AI품질보고서, 콘크리트시험검사일지
- **안전서류** : AI안전보고서, TBM, 위험성평가표
- **사진관리** : 원클릭 사진보드, 사진대지 자동작성
- **도면관리** : 도면뷰어, 도면마크업
- **실시간 공유, 다중협업 기능**

이러한 일련의 사고는 사람의 양심에만 의존하는 재래식 문서 관리의 한계를 명확히 보여주고 있다

수십 년간 이어져 온 '신뢰 기반'의 종이 검측 시스템은 더 이상 복잡하고 거대해진 현대 건축물의 안전을 담보할 수 없다. 이제는 '증거 기반', '데이터 기반'의 검측 시스템으로 패러다임을 전환해야 할 때이다. 경찰이 음주 측정기를 통해 도로의 안전을 지키듯, 건설 현장에는 모바일 기반의 실시간 검측 시스템이라는 '디지털 측정기'가 도입되어야 한다.

종이 서류 보관 의무를 폐지하고, 위변조 방지 기술이 적용된 전자 검측 문서에 법적 효력을 100% 인정받을 수 있도록 관련 규정을 정비하여 '종이 없는 현장'으로의 쿠페르니쿠스적 전환이 필요하다.

이기상 건축사/기술사
콘업
leekisang@empas.com

디지털 트윈을 위한 스마트 건설 통합관리 플랫폼

현재까지 건설산업에 적용되는 스마트 기술들은 대부분 단위기술 구현과 운영 중심으로 데이터 호환 및 상호 연계성이 부족하고, 건설 과정에서 생성되는 데이터가 대부분 매몰되고 있다.

스마트 건설을 위한 통합정보관리 플랫폼은 BIM과 스마트 건설 데이터 통합으로 디지털 트윈 기반의 가상건설을 목표로 하며, 다양한 스마트 기술 적용 시 데이터 접근성 및 연계성 강화로 과학적 의사결정 등 지능화 서비스가 가능하게 하는 지원 시스템이다.

디지털 트윈 기반의 스마트 건설통합관리 플랫폼

스마트 건설의 완전체로 볼 수 있는 디지털 트윈은 현실(시설물)과 동일한 가상세계(디지털 모델)를 구현하고, 현실–가상 세계를 서로 연계한 시스템이다.(Lee, 2022) 따라서 현실을 기반으로 만든 가상모델로 BIM 적용이 필수적이며, 이를 기반으로 가상과 현실세계의 다양한 데이터들이 리모트센싱 네트워크로 연결되며, 사전 시뮬레이션을 통한 예측과 실시간 수집되는 데이터 모니터링, 분석을 통한 최적화가 가능하다. 스마트 건설 통합관리 플랫폼의 구성요소는 다음과 같다.

> ■ **클라우드** : BIM 기반 정보들을 통합하여 모니터링, 분석, 협업할 수 있도록 지원하는 클라우드 소프트웨어

> ■ **BIM** : 형상, 속성 등 시설물 기본 모델링을 위한 BIM 소프트웨어
> ■ **시스템** : 공공데이터, 리모트센싱, 구조검토, 안전관리, 현장로봇 등 데이터 생성·분석·활용 시스템
> ■ **RSN** : 현장 모니터링을 위한 센서, CCTV, 드론 등 리모트센싱 네트워크
> ■ **API** : BIM 소프트웨어와 클라우드, 단위 시스템 등 데이터 연계를 위한 API 모듈
> ■ **데이터** : 기본 공공데이터, BIM 시설물 데이터, 리모트센싱 데이터, 시스템 가공 및 분석 데이터 등 데이터베이스

스마트 건설 통합관리 플랫폼 사례

한국도로공사 고속국도 제29호선 세종~안성 건설공사에 적용된 스마트 건설 통합관리 시스템은 GIS 위치기반으로 건설정보를 통합, 데이터를 축적하고, 실시간 현장 모니터링을 통한 신속, 안전한 건설현장 구현 및 지속가능한 유지관리를 목표로 2023년 1단계 구축이 완료되었다.

GIS 기반 스마트 건설 정보관리 플랫폼은 스마트 통합관제 시스템과 사업단 및 참여자별 시스템, 모바일 시스템으로 구축되어 있으며, 국가지리정보와 드론 항공사진, 노선 설계정보를 통합한 디지털 트윈 플랫폼으로 CCTV·드론·터널관제 시스템을 연계하여 주요 공사정보를 통합 관리할 수 있다. 특히 2단계 시스템에서는 본격적인 디지털 트윈 구현을 위해 시공 BIM 데이터를 활

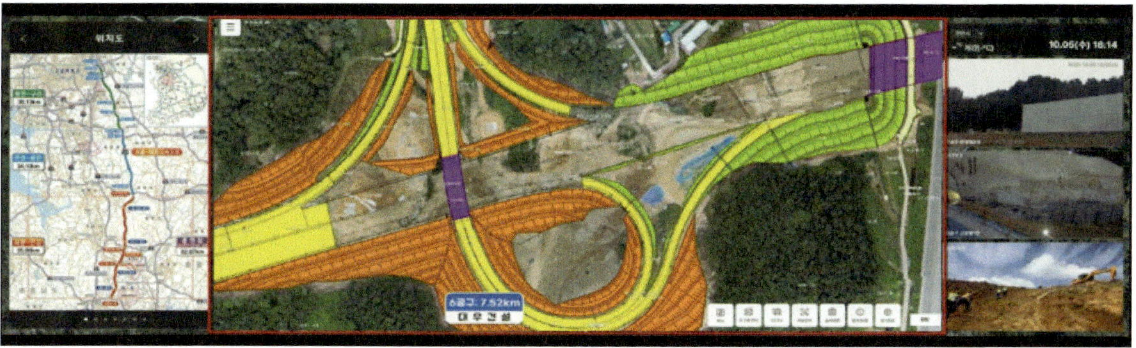

그림 1. 스마트 건설 통합관리 플랫폼 사례

용한 사전 시뮬레이션으로 설계 안전성 검토 및 공법 선정 등 시공계획수립과 시공 중 모니터링을 통한 안전사고예방에 활용하고, GPS 기반 중장비 자동화 연계와 국가디지털 트윈 기반의 시설물 통합유지관리가 진행될 수 있도록 구축 중이다.

맺음말

이 글에서는 디지털 트윈 운영을 위한 스마트 건설 통합플랫폼의 구성요소와 구축 사례를 제시하였다.

스마트 건설을 위한 통합정보관리 플랫폼은 디지털 트윈을 위한 가상건설의 기본 플랫폼으로서, BIM 기반의 시설물모델링과 공공데이터, 실시간 리모트센싱 데이터와 스마트 기술 모듈에서 생성된 데이터의 통합 연계를 목표로 한다. 현시점에서 사업 생애주기 동안의 BIM 표준 및 운영 경험 부족, 스마트 데이터 표준화 미비 및 통합에 따른 데이터 연계, 고용량 파일 운영, 국산 소프트웨어 부재, 구축 및 운영비용 등 해결해 나가야 할 문제가 많지만, 정부의 국가 디지털 트윈 정책 및 민간차원의 노력과 컴퓨팅 및 인공지능 등 스마트 기술 발전을 통해 스마트 건설 통합관리 플랫폼의 지속적인 발전으로 지능화된 디지털 트윈 가상건설 적용이 기대된다.

참고문헌

1. Lee, Y. J.(2022) "Integrated National Geospatial Data Infrastructure(i-NSDI) : National Digital Twin Strategy" 2022 Proceedings of Korean Society for Geospatial Information Science, pp.201-205
2. Lee, Y. J.(2022) "Study on a National Digital Twin Model Based on Integrated National Geospatial Data Infrastructure(i-NSDI) Strategy." J. the Korean Society of Surveying, Geodesy, Photogrammetry and Cartography, 40(6), pp.501-512.
3. MoLIT(2022). "Smart Construction Activation Plan 2030", Ministry of Land, Infrastructure and Transport.
4. MoLIT(2023). "The 6th Basic Plan for Construction Support Integrated Information System (Draft)"
5. MoLIT(2023). "The 7th Basic Plan for National Spatial Information Policy (Final)"

엄신조
직스테크놀로지 사장/CTO, 경일대학교 건축토목공학과 정교수
creed@kiu.kr

인공지능 설계 자동화 플랫폼과 로드맵

건설산업은 인력과 경험에 의존하는 기존 방식에서 벗어나 인공지능(AI)·빅데이터 등 스마트 기술을 통한 디지털 전환(DX) 혁명이 진행 중이다.

글로벌 AI 기반 설계 소프트웨어 시장도 2030년까지 연평균 16.20%로 확대가 예측된다.(UnivDatos, 2022) 특히 건축설계 분야에서는 AI를 활용하여 모델링, 렌더링, 도면 생성 등의 반복 작업을 자동화하려는 노력이 활발히 이루어지고 있다. 하지만 기존의 AI 설계 지원 도구들은 단순 기능 추가에 머물러, 복잡하고 다층적인 설계 프로세스 전반을 자동화하는 데는 한계가 있었다.

따라서 진정한 설계 자동화를 위해서는 도면의 맥락을 이해하는 AI 인식 기술, 계획설계(SD)부터 중간설계(DD), 실시설계(CD)에 이르는 전 과정을 유기적으로 연결하는 자동화 기술, 그리고 사용자의 요구사항을 직관적으로 반영하는 생성형 AI 기술의 통합이 필수적이다. 이러한 기술은 도면 검토 시간과 상세 설계 인력을 80%까지 절감하고, 고가의 전문 프로그램 없이도 웹 환경에서 3D 모델링 및 렌더링을 가능하게 하여 설계 프로세스의 혁신을 가져올 수 있다. 이 글에서는 이러한 과제를 해결하기 위해 개발 중인 ZYX의 AI 설계 자동화 플랫폼 사례를 통해 핵심 기술과 그 기대효과, 그리고 미래 발전 방향을 제시하고자 한다.

AI 설계 자동화 플랫폼의 핵심 기술

ZYX AI 설계 자동화 플랫폼은 복합적인 건축설계 프로세스에 AI 기술을 모듈화 통합한 솔루션이다. 주요 기술은 도면 인식·분석, 설계 단계별 자동화, AI 기반 생성 및 시각화로 구성된다.

AI 도면 인식 및 분석

플랫폼의 기반은 딥러닝 트랜스포머 모델 기반의 도면 분석 AI이다. 이는 도면 이미지의 픽셀 단위 분석을 통해 벽체, 문, 창호와 같은 구조 정보와 침실, 주방 등 공간 정보를 인식하고 분리한다. 이를 통해 도면 데이터를 정량화하고, 단열재 누락과 같은 설계 결함을 자동으로 검토하는 등 지능적 도면 분석이 가능하다.

설계 단계별 자동화

이 플랫폼의 핵심 역량은 계획설계(SD), 중간설계(DD), 실시설계(CD)로 이어지는 설계 전 단계를 자동화하는 것이다. 예를 들어, 계획설계 단계에서 '벽체(WALL)'로 인식된 객체는 중간설계 단계에서 '시멘트 벽돌'과 같은 재료 정보가 추가되고, 실시설계 단계에서는 '방수', '몰탈', '타일' 등 상세 마감 정보가 자동으로 추가되어 상세설계 디테일이 완성된다. 이는 설계자의 반복적인 작업을 획기적으로 줄여준다.

AI 생성 및 시각화

단순 분석을 넘어 AI가 직접 설계안을 생성하고 시각화한다. 사용자는 건물 유형, 총면적, 방 구성 등 간단한 조건을 LLM(거대 언어 모델) 기반 인터페이스에 입력

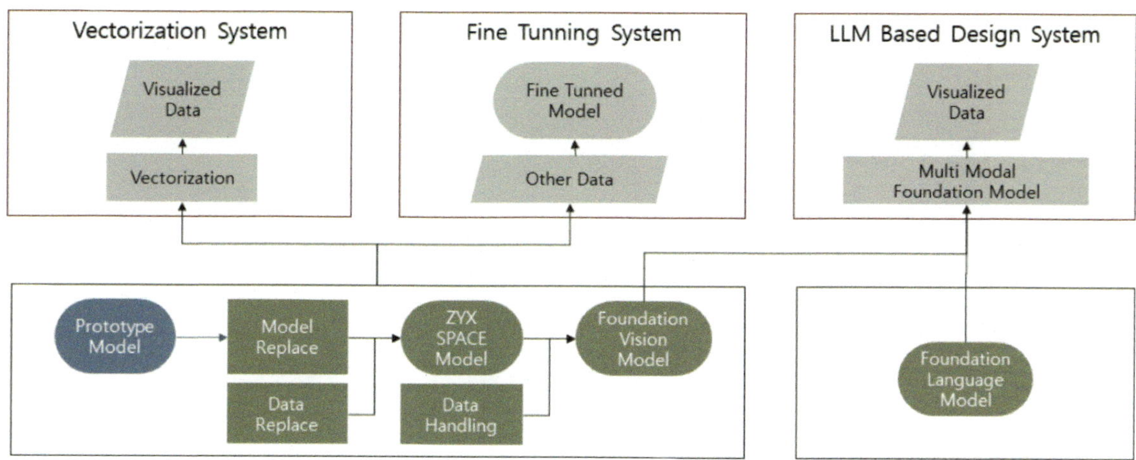

그림 1. AI 설계 자동화 플랫폼 로드맵

하여 새로운 평면도를 생성할 수 있다. 생성된 2D 도면은 자동으로 3D 모델과 CAD 파일로 변환되며, AI가 가구를 자동으로 배치하고 사실적인 렌더링 이미지까지 생성하여 신속한 디자인 검토를 지원한다.

향후 로드맵

ZYX의 AI 설계 자동화 플랫폼은 도면 인식, 단계별 상세설계, AI 생성 및 시각화 기술을 통합하여 기존의 수동적 설계 방식이 가진 비효율과 인력 의존성 문제를 해결할 잠재력을 보여준다. 시간이 많이 소요되는 전통적인 설계 프로세스 자동화로 프로젝트 일정과 비용을 절감하며, 초기도면 인식 이후 3D 모델 생성 및 수동 보완 과정에서 AI 코파일럿 기반 조언과 최적화 지원 등 효율성, 정확성, 사용자 경험을 개선하는 설계 프로세스의 혁신이 기대된다.

향후 로드맵은 단기적으로(1~2년) 파운데이션 모델을 개발하고, 중기적으로(3~5년) AI 도면 생성 서비스를 고도화하며, 장기적으로(5년 이상) 완전 자동화된 개방형 건축 설계 플랫폼을 구축하는 것을 목표로 한다. 이 플랫폼은 도면 인식, CAD 변환, 도면 생성 API

와 SDK를 제공하여 개발자 생태계를 확장하고, 건설 산업 전반의 경쟁력을 강화하는 데 이바지할 것으로 기대된다.

참고문헌

1. MoLIT(2022). "Smart Construction Activation Plan 2030", Ministry of Land, Infrastructure and Transport.
2. UnivDatos.(2022) AI Architecture Design Software Market: Current Analysis and Forecast(2023-2030)

엄신조
직스테크놀로지 사장/CTO
경일대학교 건축토목공학과 정교수
creed@kiu.kr

디지털 트윈 구현을 위한 AI 기반 2D-3D 설계 자동화

건축 설계 분야는 국내외에서 건물 모델링, 렌더링, 도면 생성, 견적 산출 등 AI 기반 소프트웨어 개발이 경쟁적으로 진행되고 있고, 글로벌 AI 기반 설계 소프트웨어 시장도 2022년 약 41억 달러 규모로, 2030년까지 연평균 16.20%로 확대가 예측된다.(UnivDatos, 2022) 하지만, 현재 수준의 AI 설계 지원도구들은 기존의 CAD/BIM 도구에 OCR이나 스테이블 디퓨전 기반의 렌더링 등 AI 기반 도구를 일부 추가하는 수준으로 개발 초기 단계에 있다. 향후 예상되는 인력 중심 설계 업무의 본격적인 자동화 전환 시대, 글로벌 AI 설계 시장 선점을 위해 AI 기반 디테일 설계 기술 및 디지털 트윈 적용을 위한 2D/3D 전환 기술 등의 AI 설계 자동화 개발이 필요한 시점이다.

디지털 트윈을 위한 설계 자동화는 건축물 단위의 정보모델, BIM 구축을 위한 컨셉디자인의 2D도면화, 2D도면의 3D 전환, 인테리어설계 자동화, 렌더링 자동화, 실시설계 자동화를 포함하며, 이 기술은 도면검토, 설계경제성분석(VE), 설계안전성검토(DFS), 장애물 없는 생활환경인증(BF), 친환경인증설계 등의 AI 기반 자동화 확장으로 산업생산성 향상에 크게 이바지할 수 있다. 이 글에서는 건축 설계자 및 인테리어 디자이너를 지원하는 지능형 건축 설계 자동화 소프트웨어 개발 사례를 살펴보고, 시사점을 제언하고자 한다.

2D/3D 설계 자동화 솔루션 : ZYX Space

ZYX Space(직스스페이스)는 복합적인 건축 설계 프로세스에 인공지능을 결합한 지능형 스마트 캐드 응용 프로그램이다. 딥러닝을 통해 도면 내 객체를 인식하고 공간인식 및 수치화 과정으로 도면을 검토하거나 DXF로 변환, 실시설계 자동화 등의 캐드 기반 설계 자동화를 구현할 수 있으며, 3D 전환 및 생성형 AI 기반의 자동 렌더링을 지원한다.(그림 1) 구체적인 구현 방법은 다음과 같다.

■ 도면 학습을 위한 데이터셋 구축 및 라벨링 검증을 위한 인공지능 모델 생성은 ① 수집한 데이터셋으로 라벨 생성 후 학습 데이터 구축 및 결과 값 지정 ② 이미지 학습을 위하여 CNN, GAN 방식의 모델 생성 및 검증 ③ 모델의 학습 결과로 도면상의 문, 창문, 벽체 및 방의 기능과 영역 인식 순으로 이루어진다.

■ 다중 신경망 모델 생성(CNN) 모델 활용은 ① 이미지 데이터의 수집과 라벨링으로 데이터 전처리 작업 수행 ② 최적화 함수 선택 및 하이퍼 파라미터(hyper-parameter) 튜닝 ③ 그리드 서치(Grid search) 방식의 선택적 파라미터 찾기 ④ 최적 파라미터 추정을 위한 반복 실험 과정으로 수행된다.

■ 트랜스포머 모델을 활용한 객체 인식 및 분할 모델 생성은 ① 자기 주목(self attention), space to detpth, depth to space 레이어 결합 ② 데이터 증폭, 멀티 헤드 구조를 적용하여 도면의 구조와 공간을 구분하여 인식 ③ 폴리곤 형태의 도면 구조를 생성하여 도면을 수치화하는 기능 개발로 구성된다.

■ AI Designer에 업그레이드 인식모델 적용 및 피드백은 ① 공동주택 평면도 AI 인식으로 2D 및 3D 도면 생성, AI 렌더링을 통한 시각화 프로세스를 구현하고 ② 다양한 도면 테스트 및 인식율 향상 ③ 지도학습 및 파인튜닝을 통한 피드백 과정으로 정확도를 향상시킨다.

AI로 진화한 설계 혁신 플랫폼

'ZYX.CAD AX

스마트 건설의 발목을 잡는 도면 오류와 반복 작업,
이제 440가지 AI 자동화 기능을 갖춘 ZYXCAD AX 로 해결하세요.
휴먼 에러 제로, 설계 시간 최소화로 설계 패러다임을 바꿉니다.

건축/건설부터 BIM까지, 지능형 설계 · 통합 관리 파트너

IFC 호환성으로 BIM 최적화,
자동화 기능으로 반복 작업 최소화

실내 인테리어부터 도시 설계까지
AI 기반 공간 설계의 혁신

GIS 기반 디지털 트윈 솔루션으로
현장 관리 패러다임 전환

ZYXCAD AX 체험판으로 440가지 자동화 기능을 직접 경험해보세요.

제품 문의   02-546-4454 ı csh@zyx.co.kr ı zyx.co.kr

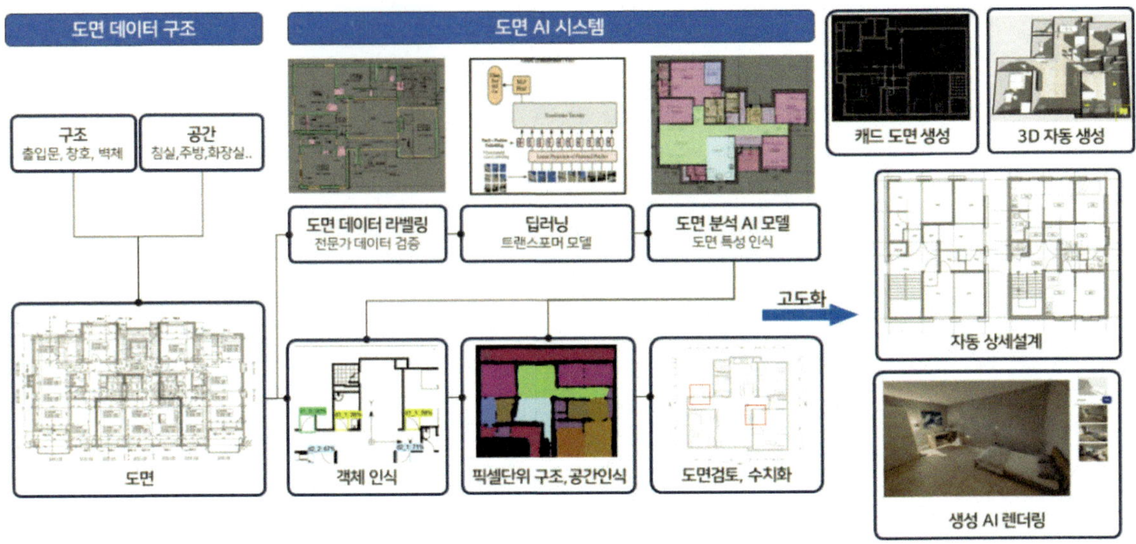

그림 1. ZYX AI Space : AI 도면인식 → 도면 자동 생성 → AI 렌더링 시각화

맺음말

디지털 트윈 구현을 위한 설계 자동화 솔루션은 기존의 수동 또는 반자동 방식으로 이루어지는 설계 과정을 자동화하여 효율성, 정확성, 사용자 경험을 대폭 개선할 수 있는 잠재력을 가지고 있다. 시간이 많이 소요되는 전통적인 설계 프로세스 자동화로 프로젝트 일정과 비용을 대폭 절감하며, 초기도면 인식 이후 3D 모델 생성 및 수동 보완 과정에서 AI 코파일럿 기반 조언과 최적화 지원 등 설계 프로세스의 혁신이 기대된다.

현시점에서 AI 기능 개발에 필요한 막대한 자원(개발 인력, 컴퓨팅) 투입의 어려움과 건축, 컴퓨터, 그래픽스 등 다양한 전문지식이 소요되고, 학습용 도면 확보와 라벨링 등에 많은 비용과 시간이 소요되는 등 어려움이 있으나, AI 기술의 발전과 학계 및 기업의 노력으로 현장 업무에 적용 가능한 수준의 설계 자동화 솔루션 개발이 가시화되고 있으며, 건설산업 전반의 효율성과 경쟁력 강화에 이바지할 것으로 예상된다.

참고문헌

1. MoLIT (2022). "Smart Construction Activation Plan 2030", Ministry of Land, Infrastructure and Transport.
2. UnivDatos.(2022) AI Architecture Design Software Market: Current Analysis and Forecast (2023-2030)

엄신조
직스테크놀로지 사장/CTO
경일대학교 건축토목공학과 정교수
creed@kiu.kr

주요 스마트 건설 DX 솔루션 소개

설계 생산성과 품질을 혁신하는 지능
형 설계 플랫폼

AutoCAD

개발 Autodesk, www.autodesk.com
자료 제공 에쓰씨케이, 02-2187-0114,
https://sckcenter.co.kr

AutoCAD(오토캐드)는 지난 40년 동안 전 세계 건설·건축·토목 산업의 표준으로 자리 잡은 설계 솔루션이다. 아파트와 같은 건축물부터 대규모 플랜트, 토목 인프라까지 모든 프로젝트의 기초가 되는 2D/3D 도면 작업의 핵심 도구다.

최근 AutoCAD는 최신 인공지능(AI) 기술과 머신러닝(Machine Learning)을 탑재하여 단순한 제도 도구에서 지능형 설계 파트너로 진화했다. 설계자의 의도를 파악하여 반복 작업을 자동화하고, 클라우드 기반의 Autodesk Docs와 연동하여 시공간의 제약 없는 협업 환경을 제공한다. 이를 통해 스마트 건설 DX 시대를 선도하며 설계 생산성과 품질을 동시에 향상시키고 있다.

주요 특징

AutoCAD는 수십 년간 축적된 데이터를 학습한 AI 엔진을 통해 설계자의 작업 패턴을 분석하고 최적의 워크플로우를 지원한다.

■ **지능형 자동화 :** 머신러닝 기반의 객체 인식 기술이 반복적인 제도 업무를 자동으로 처리하여 작업 시간을 획기적으로 단축한다.

■ **실시간 협업 :** 사무실과 현장, 그리고 해외 협력사 간의 설계 데이터를 클라우드로 실시간 동기화하여 하나의 팀처럼 움직일 수 있다.

■ **맞춤형 인사이트 :** 사용자의 작업 습관을 분석하여 개인에게 최적화된 명령어와 자동화 루틴(Macro)을 제안한다.

주요 기능

Smart Blocks – AI 기반 블록 관리

도면 내에 산재된 수백 개의 반복 객체(창문, 밸브, 가구 등)를 AI가 자동으로 식별한다. '검색 및 변환(Search and Convert)' 기능은 선택한 객체와 유사한 형상을 도면 전체에서 찾아내어 클릭 한 번으로 표준 블록으로 일괄 변환해 준다. 수작업으로 인한 누락을 방지하고 도면의 표준화를 손쉽게 달성할 수 있다.

Markup Import & Markup Assist – 도면 수정 워크플로우 자동화

현장에서 빨간 펜으로 수정한 도면이나 PDF 파일을

사진 찍어 업로드하면, 원본 도면 위에 트레이싱지처럼 오버레이(Overlay) 된다. AI가 이 이미지 속의 손글씨와 수정 기호를 정확하게 인식하여, 클릭 한 번으로 CAD 문자(Mtext)나 구름 마크(Revcloud)로 변환한다. 수정 사항을 일일이 타이핑하거나 다시 그리는 번거로움을 없애고, 설계 변경 사항을 즉각적으로 반영할 수 있다.

Activity Insights – 데이터 기반의 개인화된 작업 가이드

초기에는 도면의 변경 이력과 작업 흐름을 시각화하여 보여주며, 작업 데이터가 축적될수록 AI가 사용자의 반복적인 패턴을 학습한다. 마치 신입 엔지니어가 업무를 익혀 베테랑 동료로 성장하듯, AI가 사용자가 자주 쓰는 기능을 분석하여 "이 작업은 매크로로 자동화할 수 있습니다"라고 최적의 방법을 제안한다.

Autodesk Assistant – 신속한 문제 해결 지원

작업 중 발생하는 오류나 기능에 대한 궁금증을 해결하기 위해 외부 검색 포털을 헤맬 필요가 없다. AutoCAD 내 탑재된 어시스턴트가 방대한 기술 문서와 솔루션 데이터베이스를 검색하여, 현재 겪고 있는 문제의 해결책(LISP, 명령어 등)을 즉시 제시한다(생성형 AI 기반의 대화형 기능은 영어 버전을 시작으로 점차 확대 지원될 예정이다).

도입 효과

고부가가치 업무 집중 (생산성 극대화)

단순 반복 작업과 도면 정리는 AI에게 맡기고, 엔지니어는 창의적인 설계와 엔지니어링 문제 해결 등 더 가치 있는 핵심 업무에 집중할 수 있다.

휴먼 에러 제로화 (품질 향상)

Smart Blocks가 놓치기 쉬운 객체를 빠짐없이 찾아내고, Markup Assist가 수정 지시를 정확하게 변환함으로써, 수작업으로 인한 누락과 오기입을 원천 차단하여 도면의 무결성을 보장한다.

Seamless한 소통 (협업 효율성)

현장과 사무실 간의 데이터가 실시간으로 연결되어 불필요한 대기 시간이 사라지고, 정확한 도면 공유로 재시공 리스크를 최소화한다.

주요 고객 사이트

전 세계 건설·건축·토목 산업의 전문가들이 사용하는 표준 플랫폼이다. 국내외 주요 건설사(EPC), 건축 설계 사무소, 엔지니어링 기업은 물론, 공공기관의 SOC 프로젝트와 스마트 시티 개발 현장 등 정밀한 도면과 효율적인 협업이 필수적인 모든 산업 현장에서 AutoCAD를 도입하여 설계 경쟁력을 강화하고 있다.

글로벌 BIM 설계 소프트웨어

Archicad

개발 그라피소프트(Graphisoft SE),
www.graphisoft.com

자료 제공 아키소프트, 02-6956-5298,
www.archisoft.co.kr

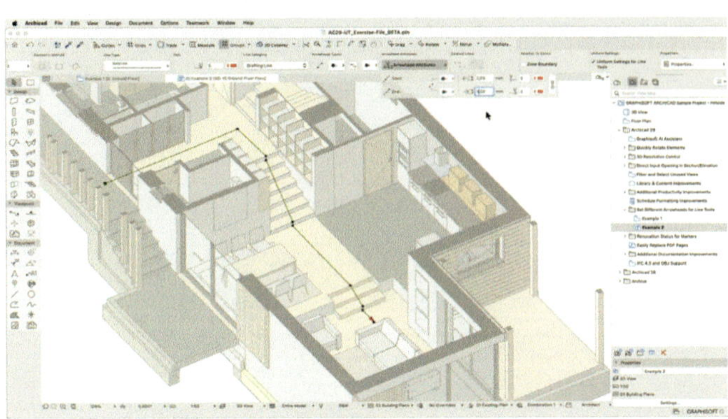

Archicad는 헝가리에 본사를 둔 Graphisoft에서 개발한 BIM 기반 건축 설계 소프트웨어로, 약 40년 이상의 개발 역사를 보유하고 있다. 설립 초기부터 3D 건축 설계에 특화된 소프트웨어 개발을 목표로 성장해 온 글로벌 기업으로, Archicad를 비롯해 BIMx, BIMcloud, DDScad, MEP Designer 등 다양한 BIM 기반 설계 및 협업 솔루션을 함께 제공하고 있다.

건축 설계 초기 단계부터 실시설계, 인허가 도면, 시공 협업 단계까지 하나의 통합 모델을 기반으로 업무를 수행할 수 있도록 설계되었으며, 국내에서는 주거·비주거 건축, 공공 BIM 설계, 인테리어, 민간 설계사무소 등 다양한 분야에서 활용되고 있다.

주요 특징

건축가 중심의 직관적인 인터페이스와 실무 중심의 설계 프로세스를 제공한다. 3D 모델과 2D 도면이 실시간으로 연동되어 설계 변경 시 모든 도면이 자동으로 업데이트되며, 반복적인 수정 작업을 줄여 설계 품질을 안정적으로 유지할 수 있다. 또한 개방형 BIM(Open BIM)을 지원하여 IFC 등 국제 표준 포맷을 기반으로 타 BIM 솔루션, 구조·설비 협업 도구와의 데이터 교환이 용이하다.

주요 기능

2D·3D 통합 설계

단일 BIM 모델을 기반으로 2D와 3D 작업을 동시에 수행할 수 있으며, 평면도·입면도·단면도 등 주요 도면을 자동으로 생성한다.

CAD 친화성

기존 CAD와 유사한 레이어 기반 구조로, CAD 환경에 익숙한 사용자도 BIM 설계 환경에 빠르게 적응할 수 있다.

직관적인 UI

직관적인 사용자 인터페이스(UI)를 통해 설계 흐름이 단순화되며, 복잡한 설정 없이도 효율적인 작업이 가능하다.

빠른 성능과 가벼운 작업 환경

비교적 가벼운 시스템 요구사항으로 노트북 환경에서도 3D 모델 작업이 가능하여 장소에 구애받지 않는 설계 업무를 지원한다.

DWG 호환성

DWG 변환 기능을 통해 기존 CAD 도면과의 연계가 용이하며, 도면화 및 외부 협업 과정에서도 높은 활용성을 제공한다.

확장성과 활용성

이 외에도 다양한 설계 지원 기능을 제공하여 빠르고 정확한 설계 환경 구축을 지원한다.

도입 효과

단일 BIM 모델 기반의 설계 환경을 통해 설계자의 반복 작업과 불필요한 수정 업무를 줄여준다. 설계 변경 시 도면이 자동으로 반영되어 재작업에 소요되는 시간을 최소화할 수 있으며, 이로 인해 설계자는 핵심 설계 업무에 더 많은 시간을 집중할 수 있다. 그 결과, 동일한 인력으로 더 많은 업무를 수행할 수 있어 업무 효율이 향상되고, 설계 변경과 오류로 인해 발생하던 시간·인력·비용 손실을 효과적으로 절감할 수 있다. 이는 프로젝트 전반의 생산성을 높이는 동시에, 설계 사무소의 운영 비용 절감에도 기여한다.

주요 고객 사이트

현재 전 세계 115개국 이상에서 사용되고 있으며, 국내에서는 소규모 설계사무소부터 대기업·공공기관에 이르기까지 설계는 물론 건설 분야 전반에 걸쳐 다양한 규모와 분야의 조직에서 폭넓게 활용되고 있다.

클라우드 기반 시공 관리·현장 관리 플랫폼

Autodesk Build

개발 오토데스크, www.autodesk.com/kr
자료 제공 오토데스크코리아, 02-3484-3400,
www.autodesk.com/kr

Autodesk Build는 오토데스크의 클라우드 기반 건설 프로젝트 및 현장 관리 솔루션으로, Autodesk Construction Cloud의 핵심 구성 요소 중 하나다. 건설 프로젝트의 시공 단계에서 발생하는 다양한 업무를 하나의 환경에서 관리할 수 있도록 지원하며, 현장과 사무실 간 정보 단절을 최소화하는 것을 목표로 한다.

주요 특징

Autodesk Build는 프로젝트 관리, 품질·안전 관리, 비용 관리 기능을 통합 제공하는 건설 관리 플랫폼으로, 시공 단계 전반의 업무 흐름을 표준화하고 데이터 기반 의사결정을 지원한다. 클라우드 환경을 기반으로 현장과 사무실의 실시간 정보 공유를 가능하게 하며, Autodesk Docs 등 공통 데이터 환경과 연계해 단일 데이터 소스를 유지할 수 있다.

주요 기능

Autodesk Build는 RFIs, 제출물(Submittals), 회의록, 이슈 관리 등 프로젝트 관리 기능을 통해 시공 단계의 커뮤니케이션과 업무 추적을 지원한다. 품질 및 안전 관리 기능을 통해 점검표, 일일 보고서, 현장 사진 등을 디지털 방식으로 관리할 수 있으며, 모바일 환경에서도 현장 데이터를 즉시 기록하고 공유할 수 있다. 또한 비용 및 변경 관리 기능을 통해 변경 사항이 프로젝트 예산과 일정에 미치는 영향을 체계적으로 관리할 수 있다.

도입 효과

Autodesk Build를 도입하면 시공 단계에서 발생하는 프로젝트 관리, 품질·안전, 비용 관련 정보를 하나의 플랫폼에서 통합 관리할 수 있어 현장과 사무실 간 협업 효율을 높일 수 있다. 실시간 데이터 공유를 통해 의사결정 지연과 정보 누락을 줄이고, 품질·안전 이슈를 조기에 관리함으로써 재작업과 시공 리스크를 최소화하는 데 기여한다. 또한 프로젝트 진행 현황과 변경 사항을 체계적으로 관리해 일정과 비용의 예측 가능성을 높이고, 프로젝트 전반의 안정적인 수행을 지원한다.

주요 고객 사이트

Autodesk Build는 종합건설사, 전문건설사, 건설관리(CM) 조직을 중심으로 다양한 건설 프로젝트의 시공 단계에서 활용되고 있다. 글로벌 건설사들은 Autodesk Build를 포함한 Autodesk Construction Cloud를 도입해 시공 현장의 문서, 이슈, 품질·안전 정보를 하나의 플랫폼에서 관리하고, 현장과 사무실 간 정보 공유를 체계화하는데 활용하고 있다.

AI 네이티브 클라우드 플랫폼

Autodesk Forma

개발 오토데스크, www.autodesk.com/kr
자료 제공 오토데스크코리아, 02-3484-3400,
www.autodesk.com/kr

오토데스크(Autodesk)는 건축·엔지니어링·건설(AEC), 제조 및 미디어·엔터테인먼트 산업을 위한 설계·엔지니어링 소프트웨어를 제공하고 있다.

주요 특징

Autodesk Forma는 건축·엔지니어링·건설(AECO) 산업을 위한 AI 네이티브 클라우드 플랫폼으로, 초기 기획과 사이트 분석, 개념 설계부터 설계·시공 단계까지 데이터를 하나의 환경에서 연결한다. 실시간 환경 분석과 AI 기반 설계 인사이트를 통해 더 빠르고 합리적인 의사결정을 지원하며, Revit과 Autodesk Construction Cloud 등 기존 툴과의 연계를 통해 단일 데이터 소스를 기반으로 이해관계자 간의 협업을 강화하고 프로젝트 전 생애주기 전반의 효율성과 품질을 높일 수 있다.

주요 기능

Autodesk Forma는 프로젝트 초기 단계에서 부지와 주변 환경을 분석해, 일조, 일사, 바람, 소음, 탄소 등 다양한 환경 요소를 종합적으로 검토할 수 있도록 지원한다. AI 기반 개념 설계 및 매스 스터디 기능을 통해 여러 설계안을 신속하게 생성하고 비교함으로써 초기 의사결정의 효율성을 높인다. Forma Site Design과 Building Design 기능을 활용하면 부지 계획부터 초기 건물 설계 단계까지 하나의 환경에서 연속적으로 수행할 수 있으며, Forma Connected Client를 통해 Forma에서 수행한 분석 결과와 설계 데이터를 Revit에서 직접 활용할 수 있다. 또한 Forma Data Management를 기반으로 한 공통 데이터 환경(CDE)을 제공해 프로젝트 참여자 간 데이터 관리와 협업을 효과적으로 지원한다.

도입 효과

Autodesk Forma를 도입하면 AI 기반 분석을 통해 초기 설계 단계에서 설계안을 신속하게 검증할 수 있어 의사결정 속도를 높일 수 있다. 일조, 환경, 성능 등 다양한 데이터를 설계 초기부터 종합적으로 고려함으로써 설계 품질과 건물 성능을 데이터 중심으로 개선할 수 있으며, 프로젝트 전 단계에 걸친 설계 완성도를 높이는 데 기여한다. 또한 기획, 설계, 시공 단계 간 데이터 연속성을 확보해 협업 효율을 높이고, 정보 단절로 인한 재작업을 최소화할 수 있다. 이를 통해 비용, 일정, 성능과 관련된 프로젝트 리스크를 초기 단계에서 예측하고 선제적으로 대응할 수 있어 보다 안정적인 프로젝트 수행이 가능하다.

인프라 데이터 통합 협업 클라우드 플랫폼

Bentley Infrastructure Cloud

개발 Bentley Systems, www.bentley.com
자료 제공 벤틀리시스템즈코리아, 02-557-0555, https://ko.bentley.com

벤틀리시스템즈의 Bentley Infrastructure Cloud(벤틀리 인프라스트럭처 클라우드)는 설계·건설·운영 데이터를 단일 클라우드 환경에서 연결하는 통합 데이터 플랫폼으로, 파일·IoT·디지털 트윈을 통합 관리하며 Cesium 3D Tiles 기반 지리공간 맵을 제공한다. iTwin 플랫폼 위에서 동작하며, 데이터 사일로를 제거하고 프로젝트·자산 전 생명주기에서 협업과 의사결정을 지원하는 CDE(Common Data Environment)이다.

주요 기능

■ 대시보드에서 포트폴리오·프로젝트·단일 자산을 지리공간 맵으로 탐색

■ 문서·모델·폼·태스크·이슈를 중앙 관리하며, AI 검색과 모바일 앱으로 원격 협업 지원

■ iModel 동기화, 충돌 검출, PowerBI 대시보드 통합, 엔터프라이즈 시스템 연동으로 데이터 중심 워크플로 실현

도입 효과

■ 데이터 사일로 제거로 협업 효율을 높이고, 지리공간 컨텍스트에서 자산 현황을 실시간 파악해 유지보수와 의사결정을 가속화하며, 클라우드 접근으로 원격 팀 생산성을 향상시킨다.

■ 파일·IoT·디지털 트윈 통합으로 프로젝트 전달과 자산 운영 성능을 최적화하고, 보안·확장성으로 대규모 인프라 포트폴리오를 효과적으로 관리한다.

적용 분야

엔지니어링사·건설사·인프라 소유·운영사, 도시·교통·에너지·수자원 사업자

Software solutions for your infrastructure challenges

Discover how at bentley.com

BIM 생산성 솔루션 마켓플레이스

BIMIL

개발 및 공급 빔피어스(BIMPeers), 070-7767-2505, www.bimpeers.com

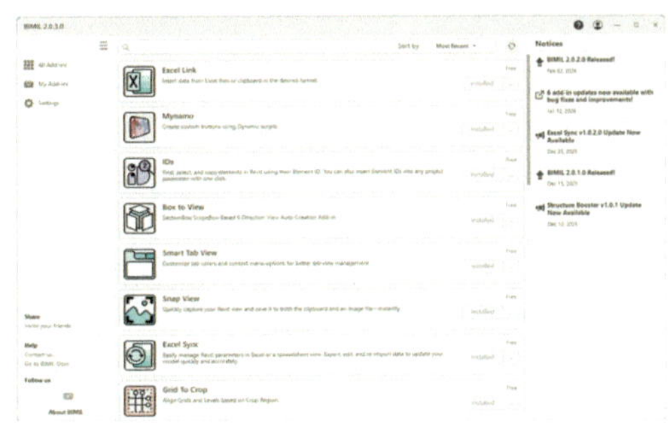

빔피어스가 개발한 BIMIL(비밀, BIM Integrated Lab)은 마치 스마트폰 앱스토어처럼 사용자가 필요한 도구를 자유롭게 탐색하고 즉시 내 업무에 적용할 수 있는 통합 솔루션 허브의 역할을 한다. 누군가가 기능을 배포해 주길 막연히 기다리던 과거의 수동적인 방식에서 벗어나, 이제는 나의 워크플로우에 딱 맞는 도구를 직접 선택하고 조합하는 주체적이고 자유로운 환경을 경험할 수 있다. 이러한 편리함과 유연성 덕분에 전 세계 105개국 사용자들이 이미 BIMIL과 함께 각자의 업무 공간을 가장 효율적인 곳으로 변화시키고 있다.

또한, BIMIL은 사용자의 목소리에 귀를 기울이며 함께 성장하는 살아있는 플랫폼이다. 전 세계 사용자들의 피드백과 인사이트는 업데이트를 통해 제품이 반영되며, 이를 통해 BIMIL은 단순한 도구가 아닌 전 세계의 엔지니어와 함께 성장하는 파트너로 자리잡고 있다. 특히 클라우드 기반의 서비스를 통해 새로운 기능의 배포, 업데이트를 실시간으로 확인할 수 있으며, 인터넷이 연결된 환경 어디서나 중단 없는 사용자 경험을 누릴 수 있다.

주요 기능

2026년 2월 기준, BIMIL은 설계 및 엔지니어링 전 과정을 아우르는 22개의 강력한 애드인을 통해 실무자의 생산성을 한 차원 높여주고 있다. BIMIL의 가장 큰 강점은 설계자가 마주하는 반복적이고, 수동 작업을 자동화한다는 점에 있다. 예를 들어, 객체 간의 결합을 자동으로 처리(Auto Join)하거나, 도면화 과정에서 필수적인 뷰 조정, 치수 기입 및 태그 입력을 한 번에 해결(Grid to Crop, Auto Dimension, Auto Tag)함으로써 작업속도를 높이는 동시에 휴먼 에러를 방지할 수 있다.

또한 설계 데이터와 엑셀 등 외부 데이터 간의 유기적인 동기화를 지원(Excel Sync, Excel Link)하여 정보의 일관성을 유지하도록 지원한다. 방대한 프로젝트 내에서도 필요한 요소만을 정교하게 걸러내는 필터링 기능(Filter+ Basic)과 효율적인 뷰 관리 도구들(Filter+ Section Box, Box to View)은 복잡한 설계 정보 속에 매몰되지 않고 전체적인 흐름을 정확히 파악하며 업무를 수행할 수 있도록 돕고 있다.

이외에도 사용자의 모델내 객체의 정보 파악을 돕고(IDs, Finder), Revit의 사용 편의성 향상을 도와주는(Smart Tab View, Snap View, Cleaning Service, Mynamo 등) 애드인을 배포 중에 있으며, 이 모든 도구들은 BIMIL 안에서 클릭 몇 번으로 가볍게 설치하고 관리할 수 있다.

Autodesk 협업 솔루션 활용도 향상을 위한 클라우드 플랫폼

BIMlize Cloud

개발 KCIM, www.bimlize.kcim.co.kr
자료 제공 KCIM, 02-515-3167, www.kcim.co.kr

BIMlize Cloud는 KCIM(케이씨아이엠)이 개발한 Autodesk Construction Cloud(ACC) 기반의 BIM 협업 플랫폼이다. 설계·시공·CM·발주처 등 건설 프로젝트 전 단계에서 발생하는 이슈, 일정, 데이터, 보고 업무를 통합 관리하기 위해 설계되었으며, 복잡한 BIM 프로젝트를 현장 중심으로 효율화하는 것을 목적으로 한다.

주요 특징

BIMlize Cloud는 ACC의 기본 기능을 그대로 활용하되, 실제 현장에서 요구되는 빠른 대응과 직관적인 관리 방식에 초점을 맞춰 기능을 확장한 것이 특징이다. 프로젝트 이슈와 일정, 보고 체계를 하나의 흐름으로 연결하여 불필요한 반복 업무를 최소화하고, 국내 건설 환경과 실무 프로세스에 맞춘 사용자 경험을 제공한다. 또한, AI 기능을 일부 적용하여 데이터 활용과 정보 접근성을 단계적으로 고도화할 수 있도록 구성되어 있다.

주요 기능

BIMlize Cloud는 실시간 이슈 및 일정 관리 기능을 통해 현장에서 발생하는 주요 사항을 즉시 공유하고 대응할 수 있도록 지원한다. 이슈 데이터는 표준화된 구조로 관리되며, 이를 기반으로 보고서가 자동 생성되어 관리자의 업무 부담을 크게 줄인다.

프로젝트 현황은 대시보드를 통해 시각적으로 제공되며, Power BI와 연계하여 다양한 프로젝트 데이터를 종합적으로 분석할 수 있다. 또한, BIM 모델과 연계된 3D 뷰 기능을 제공하여, 모델 기반의 직관적인 커뮤니케이션이 가능하다. BIM 및 건설 실무 지식을 기반으로 한 AI 기능은 사용자가 프로젝트 관련 정보 검색과 업무 이해를 보다 효율적으로 수행할 수 있게 한다.

도입 효과

BIMlize Cloud 도입을 통해 프로젝트 이슈 대응 속도가 향상되고, 보고 및 관리 업무의 자동화로 전반적인 생산성이 개선된다. 데이터가 통합·시각화됨에 따라 프로젝트 진행 상황에 대한 가시성이 높아지며, 이를 기반으로 보다 정확한 의사결정이 가능해진다. 결과적으로 BIM 활용 수준의 편차를 줄이고, 조직 차원의 디지털 협업 체계를 안정적으로 구축할 수 있다.

주요 고객 사이트

건축·건설·토목 산업 전반에 걸쳐, 주요 건축·건설사를 포함한 약 400여 개의 기업이 스마트 건축·건설 환경 구축을 위해 KCIM의 BIM 솔루션을 선택하고 있다.

Autodesk 설계 솔루션 활용도 향상 위한 애드인
프로그램

BIMlize Tools

개발 KCIM, www.bimlize.kcim.co.kr
자료 제공 KCIM, 02-515-3167, www.kcim.co.kr

BIMlize Tools는 스마트 건설 전문 기업 KCIM(케이씨아이엠)이 개발한 Autodesk BIM·CAD 환경 기반 생산성 향상 솔루션이다. BIM 프로젝트의 설계, 검토, 납품 단계 전반에서 발생하는 반복적이고 비효율적인 작업을 최소화하고, 실무 중심의 워크플로우 개선을 통해 시간과 비용 절감을 동시에 실현하는 것을 목표로 한다.

주요 특징

BIMlize Tools는 BIM 프로젝트 수행 시 필수적으로 요구되는 핵심 기능들을 하나의 툴로 제공하는 것이 가장 큰 특징이다. 실무에서 자주 발생하는 반복 작업을 자동화하고, 프로젝트 전반의 워크플로우를 개선하여 시간과 비용을 동시에 절감할 수 있도록 구성되어 있다. 각 제품은 오토데스크 환경에 자연스럽게 통합되는 Add-in 형태로 제공되어 별도의 학습 부담 없이 즉시 활용할 수 있다.

주요 기능

■ **BIMlize Tools for Revit**은 프로젝트 생성부터 수행, 납품 단계까지 활용 가능한 70여 가지 핵심 메뉴를 통해 반복적인 모델링·도면 작업을 효율적으로 지원한다.

■ **BIMlize Tools for Navisworks**는 BIM 모델 검토 및 조정 과정에서 필요한 데이터 관리와 정보 자동 생성을 통해 검토 업무를 간소화하고 프로젝트 관리 효율을 높여준다.

■ **BIMlize Tools for AutoCAD**는 Revit 도면화 이후의 후속 작업을 지원하여 반복 작업을 줄이고 설계 워크플로우 전반을 개선한다.

■ **BIMlize Tools for Rebar**는 구조설계 실무에서 가장 복잡하고 시간이 많이 소요되는 철근 배근 작업을 자동화하여 빠르고 정확한 모델링이 가능하다.

도입 효과

BIMlize Tools를 도입함으로써 BIM 및 3D 설계 업무 전반에서 반복 작업이 감소하고, 프로젝트 수행 속도와 품질이 동시에 향상된다. 설계자와 실무자의 업무 부담을 줄이는 동시에 프로젝트 전반의 워크플로우를 체계적으로 개선하여 결과적으로 시간과 비용 절감이라는 실질적인 효과를 기대한다.

주요 고객 사이트

건축·건설·토목 산업 전반에 걸쳐, 주요 건축·건설사를 포함한 약 400여 개의 기업이 스마트 건축·건설 환경 구축을 위해 KCIM의 BIM 솔루션을 선택하고 있다.

AI 기반 설계 적산 자동화 솔루션

CADian AI-CE

개발 및 공급　캐디안(CADian),
02-323-0286, www.cadian.com

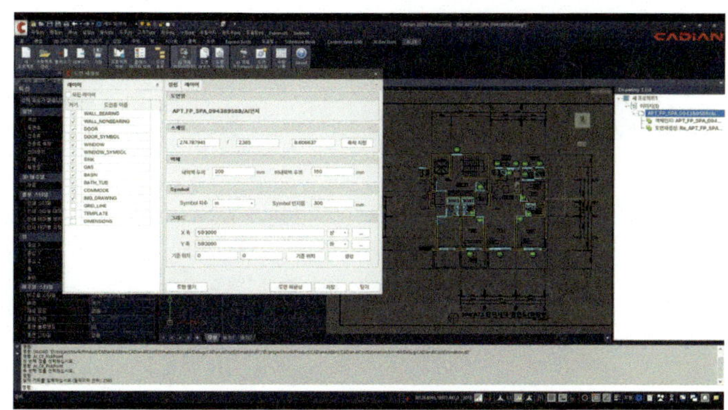

AI-CE는 국내 CAD·BIM 소프트웨어 전문 기업인 캐디안(CADian Inc.)이 개발한 AI 기반 설계·적산 자동화 솔루션으로, 2D 도면 이미지 및 DWG 파일을 인공지능 기술로 분석하여 설계 정보 추출, 재작성(Re-Drawing), 수량 산출(BOM) 및 비용 산정까지 지원하는 스마트 건설 솔루션이다.

주요 기능

Object Detection, Semantic Segmentation, OCR 등 AI 인식 기술을 활용해 이미지 및 DWG 도면 내 객체, 공간, 문자 정보를 자동 추출하고 도면의 의미 정보를 구조화한다. 이를 바탕으로 Re-Drawing 도면 생성이 가능하며, 공간·객체 인지를 통해 설계 정보를 체계적으로 활용할 수 있다. 또한 자동 적산 기능으로 객체별 수량 산출과 BOM(Bill of Materials) 자동 생성, 비용 산정 및 예산 계산까지 연계 가능하다. 소방, 배관, 전기·설비, 플랜트(P&ID) 등 다양한 분야 도면에 적용되며, 2D 인식 결과를 기반으로 3D 데이터 생성 및 연계 활용도 지원한다.

도입 효과

AI-CE 도입을 통해 기업은 도면 해석, 재작성, 적산에 소요되는 시간을 획기적으로 단축할 수 있다. AI 기반 자동 인식과 데이터 추출을 통해 인적 오류를 최소화하고, 설계 정보의 일관성과 신뢰도를 향상시킬 수 있다. 또한 설계 변경 시에도 자동화된 재분석과 수량 산출이 가능해, 변경 대응 속도가 빨라지고 업무 리드타임이 크게 감소한다. 이는 스마트 건설 및 디지털 전환을 추진하는 조직에서 실질적인 비용 절감과 생산성 향상 효과로 이어진다.

주요 고객 사이트

AI-CE는 스마트 건설 및 디지털 엔지니어링 환경을 추진 중인 건설사, 엔지니어링사, 설계사무소, 적산 전문 기업, 플랜트·설비 설계 조직 등을 주요 고객 대상으로 한다. 특히 대규모 도면 기반의 반복적 적산·검토 업무가 발생하는 프로젝트, CDE 및 스마트 건설 플랫폼 구축 사업, BIM·AI 기반 자동화 솔루션 도입 환경에서 높은 활용 가치를 제공한다. AI-CE는 설계와 적산을 연결하는 AI 기반 핵심 솔루션으로, 스마트 건설 생태계 전반에서 적용 가능한 확장성을 갖추고 있다.

BIM 뷰어 솔루션

CADian BIM Viewer

개발 및 공급 캐디안(CADian),
02-323-0286, www.cadian.com

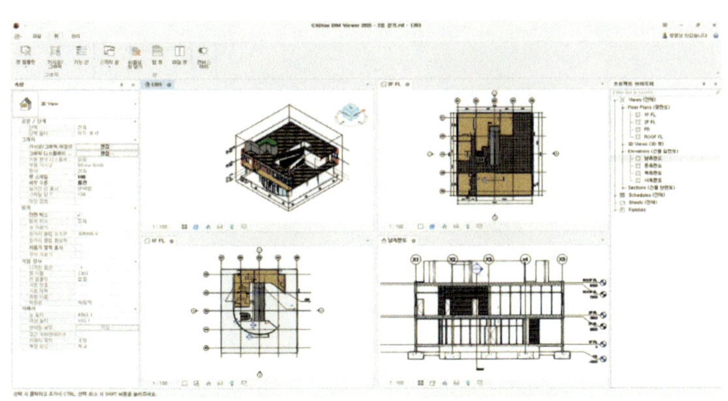

CADian BIM Viewer는 국내 CAD 소프트웨어 전문 기업인 캐디안(CADian Inc.)이 개발한 BIM 전용 뷰어 솔루션으로, 건설·건축·엔지니어링 프로젝트 전반에서 생성되는 BIM 모델을 쉽고 정확하게 열람·검토하기 위한 제품이다. BIM 기반 업무 환경이 확산되었음에도 불구하고, 실제 현업에서는 고가의 상용 BIM 저작 도구(Revit 등)를 모든 참여자가 보유·활용하기 어려워 모델 검토와 공유 과정에서 병목이 발생하는 경우가 많다.

CADian BIM Viewer는 이러한 현실적인 문제를 해결하기 위해, Revit 원본 파일을 변환 없이 그대로 확인할 수 있는 BIM 뷰잉 환경을 제공하는 것을 핵심 가치로 한다. 설계자뿐만 아니라 시공, 감리, 발주처 등 다양한 이해관계자가 BIM 모델을 손쉽게 확인하고 소통할 수 있도록 지원하여 BIM 협업의 진입 장벽을 낮추고 실무 중심의 활용도를 높인다.

제품의 주요 특징

CADian BIM Viewer의 가장 큰 특징은 현업에서 널리 사용 중인 상용 BIM 프로그램인 Revit의 원본 파일 포맷(*.rvt, *.rfa)을 직접 지원한다는 점이다. IFC와 같은 중립 포맷으로 변환하는 과정 없이 원본 파일을 그대로 열 수 있어 형상 정보와 속성 데이터의 변형이나 손실 없이 정확한 모델 확인이 가능하다. 또한 Revit과 거의 동일한 인터페이스와 조작 방식을 제공하여, 별도의 교육이나 학습 없이도 즉시 사용할 수 있다. 아울러 PDF, IFC 파일로의 내보내기와 인쇄 기능을 지원하여 Viewer가 설치되지 않은 작업자나 외부 협력사와도 BIM 모델 정보를 문서 형태로 손쉽게 공유할 수 있다. 이러한 출력 옵션은 BIM 데이터를 현장과 회의, 보고 자료 등 다양한 업무 환경으로 확장하는 데 큰 장점을 제공한다.

주요 기능

CADian BIM Viewer는 BIM 모델 열람과 검토에 필요한 핵심 기능을 중심으로 구성되어 있다. 파일 열기 기능을 통해 *.rvt, *.rfa 파일을 직접 불러올 수 있으며, PDF 및 IFC 포맷으로의 내보내기와 단일·다중 시트 인쇄를 지원한다. 뷰(View) 관련 기능으로는 뷰 템플릿 적용, 뷰 스케일(축척) 설정, 세부 수준 지정, 가시성/그래픽 재정의 등을 제공하여 사용자 의도에 맞는 모델 표현이 가능하다. 또한 단면박스, 그래픽 디스플레이 옵션 등을 활용해 시각적 가독성과 검토 효율을 높일 수 있다.

관리 기능 측면에서는 프로젝트 정보 확인, 프로젝트 단위 설정, 선택 항목 ID 확인 및 ID 기반 객체 선택 기능을 제공하며, 지정한 객체를 그룹으로 관리하여 복잡한 BIM 모델 내에서도 필요한 요소를 효율적으로 관리하고 확인할 수 있다.

도입 효과

CADian BIM Viewer를 도입함으로써 기업은 BIM 모델 확인과 검토에 소요되는 시간과 비용을 효과적으로 절감할 수 있다. 고가의 BIM 저작 도구 라이선스 없이도 다양한 참여자가 동일한 모델을 기준으로 검토와 의사결정을 진행할 수 있어, 커뮤니케이션 오류를 줄이고 협업 효율을 향상시킬 수 있다.

또한 원본 파일 기반의 정확한 뷰잉 환경을 통해 설계 의도를 명확히 전달할 수 있으며, PDF 및 인쇄 출력 기능을 활용해 기존 2D 도면 중심의 업무 환경과도 자연스럽게 연계할 수 있다. 이는 BIM 도입 초기 단계부터 실질적인 업무 개선 효과를 기대할 수 있는 현실적인 BIM 활용 방안이 된다.

주요 고객 사이트

CADian BIM Viewer는 BIM 기반 협업이 필요한 건축 설계사무소, 시공사, 감리사, 발주처를 중심으로 활용될 수 있으며, 특히 스마트 건설 및 디지털 전환을 추진 중인 건설·엔지니어링 조직에 적합한 BIM 뷰어 솔루션이다.

고가의 BIM 저작 도구 없이도 Revit 원본 모델을 직접 확인할 수 있어, 현장·사무실·협력사 간 BIM 정보 공유와 모델 검토를 효율적으로 지원한다. 이러한 특성으로 인해 CADian BIM Viewer는 스마트 건설 플랫폼, CDE 구축 사업, BIM 기반 현장 관리 환경 등에서 실무 활용도가 높은 솔루션으로 적용 가능하다.

스마트 건설 DX를 위한 웹 캐드 뷰어

CADian ViewQ

개발 및 공급　캐디안(CADian),
02-323-0286, www.cadian.com

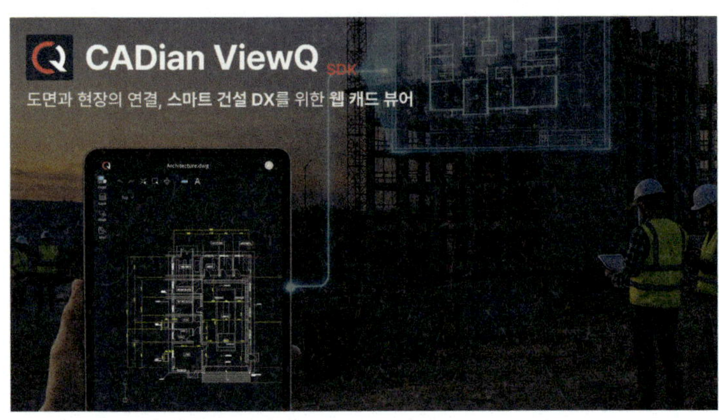

CADian ViewQ SDK는 국내 CAD 소프트웨어 전문 기업인 캐디안(CADian)이 개발한 웹 기반 CAD 도면 뷰잉 SDK로, 건설·플랜트·토목·엔지니어링 프로젝트 전반에서 생성되는 설계 도면 데이터를 현장과 사무 환경 전반으로 효율적으로 확장하기 위한 솔루션이다. 스마트 건설 DX가 강조되는 환경에서도 도면은 여전히 사무실 중심으로 활용되는 경우가 많으며, 이로 인해 현장과 사무실 간 단절이 발생하고 있다. 실제 현장에서는 복잡한 시스템 자체보다, 도면을 확인하고 검토하는 과정에서 발생하는 확인 지연, 커뮤니케이션 오류, 검토 리드 타임 증가와 같은 병목이 반복되는 것이 현실이다.

CADian ViewQ SDK는 이러한 문제를 해결하기 위해 스마트 건설 DX의 출발점인 "도면 데이터의 현장 전달"을 핵심 가치로 삼고 있다. 별도의 CAD 설치 없이도 웹 환경에서 DWG, DXF 등 설계 도면을 빠르고 정확하게 열람·검토할 수 있는 환경을 제공하여, 현장·사무실·협력사 간 도면 기반 협업을 원활하게 지원한다. 이를 통해 도면을 중심으로 현장 시스템과 업무 프로세스를 유연하게 연결하며, 실질적인 현장 DX 구현을 가능하게 한다.

주요 특징

CADian ViewQ SDK는 단순한 도면 열람 도구를 넘어, 설계 데이터의 접근성과 현장 활용성을 동시에 고려한 SDK 구조를 주요 특징으로 하고 있다. 최신 기술인 WebAssembly(WASM) 기반으로 개발되어 브라우저 환경에서도 네이티브 애플리케이션에 준하는 성능을 구현하며, 빠른 로딩과 안정적인 렌더링은 물론 줌, 팬, 회전 등 기본 조작에 대한 최적화된 사용성을 제공한다. 이를 통해 대용량 도면이나 복잡한 객체 구조 또한 안정적으로 처리할 수 있으며, 모든 운영 체제의 최신 웹 브라우저에서 동일한 기능과 사용자 환경을 제공함으로써 뛰어난 플랫폼 호환성을 보장한다.

별도의 CAD 프로그램 설치 없이도 웹 환경에서 DWG 및 DXF 도면을 직접 열람할 수 있어, 도면 접근성과 활용 범위를 효과적으로 확장한다. 또한 거리, 각도, 면적 등 다양한 측정 기능을 제공하여 수치와 기준에 기반한 도면 검토를 지원함으로써 검토 오류와 재작업 리스크를 효과적으로 감소시키는 데 기여한다. SDK 형태로 제공되는 CADian ViewQ는 기존 CDE, PLM, 공정 관리 시스템 등과의 연동이 용이하며, 기업별 업무 환경과 시스템 구조에 맞춘 커스터마이징과 유연한 기능 적용이 가능하여 고객사의 도면 열람 흐름에 자연스럽게 통합될 수 있다.

주요 기능

CADian ViewQ SDK는 도면 확인과 검토에 필요한 핵심 기능을 중심으로 구성된 웹 기반 CAD 뷰어 SDK로, 설계 도면을 빠르고 정확하게 열람·분석·공유할 수 있는 환경을 제공한다. 도면 뷰(View) 기능을 통해 웹 환경에서 DWG 도면을 직접 열람할 수 있으며, 줌, 팬, 이동, 회전 등 기본적인 화면 제어와 모델·레이아웃 단위 열람을 지원한다.

객체 도구 및 측정 기능을 통해 객체 속성 조회와 함께 거리, 각도, 면적 측정이 가능하여 수치와 기준에 기반한 정확한 도면 검토를 지원한다. 주석 및 마크업 기능을 활용해 문자 및 그리기 주석, 수정 구름 표시가 가능하며, 현장 의견과 검토 내용을 도면 위에 즉시 기록할 수 있다. 레이어, 블록 및 외부참조(XRef) 관리 기능을 통해 복잡한 도면도 단계적으로 확인할 수 있고, 외부 참조 파일 누락 시 업로드를 지원하여 도면 관리 효율을 높인다. 또한 SHX, TTF 등 폰트 매핑, DWG·DXF·PDF·이미지 포맷 변환, 클라우드 및 오프라인 폐쇄망 환경을 모두 지원하는 라이선스 인증 구조를 제공하여 다양한 업무 환경과 시스템 연계 시나리오에 유연하게 대응할 수 있다.

도입 효과

CADian ViewQ SDK를 도입함으로써 기업은 도면 확인에 소요되는 시간을 효과적으로 단축할 수 있다. 현장에서 즉시 도면을 열람하고 동일한 화면을 기준으로 협업이 가능해짐에 따라 커뮤니케이션 오류를 줄이고 의사결정 속도를 향상시킬 수 있다. 또한 반복적인 도면 전달과 확인 과정이 간소화되어 현장 업무 효율이 전반적으로 개선되며, 스마트 건설 DX를 위한 복잡한 시스템을 도입하기 이전 단계에서 가장 현실적이고 즉각적인 디지털 전환 효과를 기대할 수 있다.

주요 고객 사이트

캐디안은 다수의 국내 대기업 및 주요 공공기관에서 신뢰받아 온 CAD 소프트웨어 기업으로, 오랜 기간 축적된 기술력과 안정적인 제품 운영을 바탕으로 다양한 산업 분야에서 활용되고 있다. 이와 같은 검증된 고객 기반과 운영 경험은 CADian ViewQ SDK에도 동일하게 적용되고 있다.

CADian ViewQ SDK는 건설사 및 종합 엔지니어링사를 비롯하여 플랜트·토목 설계 및 시공사, 스마트 건설 플랫폼 및 CDE 구축 사업자, 공공·민간 건설 프로젝트 관리 시스템 운영 기관 등 설계 도면을 중심으로 협업이 이루어지는 다양한 산업 분야에서 폭넓게 활용 가능하다.

3D CAD 설계 솔루션

CATIA

개발 다쏘시스템 (Dassault Systèmes),
www.3ds.com/ko/products/catia
자료 제공 다쏘시스템코리아,
02-3270-7800, www.3ds.com/ko

다쏘시스템(Dassault Systèmes)은 3D 설계, 버추얼 트윈(Virtual Twin), 제품 수명 주기 관리(PLM) 솔루션 분야를 선도하는 글로벌 소프트웨어 기업으로, 1981년 프랑스에서 설립되었다. 3D익스피리언스 플랫폼을 통해 다양한 산업에서 지속 가능한 혁신을 지원하며, 자동차, 항공우주, 건축, 헬스케어, 소비재 등 광범위한 분야에 걸쳐 디지털 혁신을 촉진하고 있다.

다쏘시스템은 현실 세계와 디지털 세계를 연결해 고객이 설계, 제조, 운영의 모든 단계를 최적화하도록 돕는 데 중점을 두고 있다. CATIA는 새로운 제품과 시스템의 개발 프로세스 전반을 지원하는 대표적인 솔루션이다. 구상부터 설계, 시뮬레이션까지 포괄하는 기능을 제공하며, 설계, 엔지니어링, 건설 등 다양한 분야에서 활용된다.

주요 특징

CATIA(카티아)는 기존의 3D CAD를 넘어 설계자가 더 빠르고 정확하게 아이디어를 실현할 수 있도록 지원한다. 지식, 기술 노하우, 검증된 기술을 활용하여 설계와 시스템 엔지니어링을 자동화하며, MODSIM (Modeling+Simulation)과 Generative Design을 제공한다.

주요 기능

CATIA는 고정밀 모델링과 다양한 CAD 데이터 재사용, 대형 어셈블리 작업을 지원하며, PLM 통합을 통해 엔지니어의 데이터 관리와 다양한 요구사항 대응을 가능하게 한다. 또한 설계부터 엔지니어링, 시공에 이르는 전체 프로세스를 통합하여 디지털 연속성을 제공하고, 버추얼 트윈 기반으로 건축, 건물, 인프라 및 도시 계획 프로젝트를 지원한다. 실시간 협업 설계, 동적 시뮬레이션, 렌더링, 직관적인 프레젠테이션 기능을 통해 설계 검토와 검증, 제품 이해를 지원한다.

도입 효과

CATIA는 강력한 설계 및 협업 기능과 링크 관리로 설계 효율성을 극대화하며, 라이브 렌더링 기능을 통해 3D 데이터의 빛의 거동을 해석하고 실제와 같은 이미지를 구현할 수 있다. 이를 통해 프로토타입 제작에 소요되는 시간과 비용을 절감하며, 설계와 협업의 전반적인 생산성을 향상시킨다.

통합 토목 설계 소프트웨어 번들

Civil WorkSuite

개발 Bentley Systems, https://ko.bentley.com/software/itwin-capture-modeler/

자료 제공 베이시스소프트, 02-571-8718, www.basis.co.kr

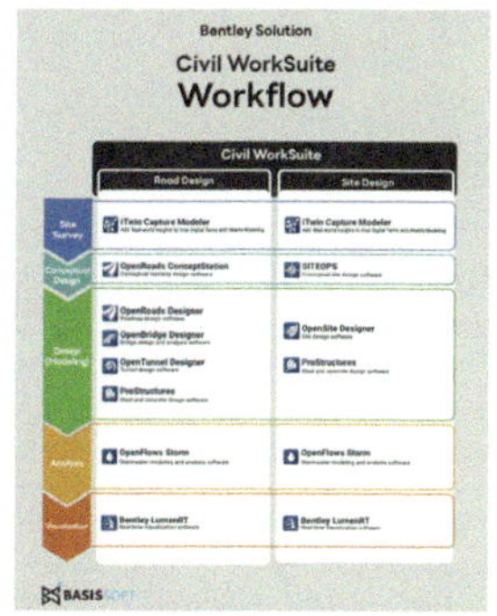

Civil WorkSuite는 도로, 교량, 터널, 부지(site) 등 다양한 토목 인프라 설계·엔지니어링 분야에 활용되는 통합 토목 설계 소프트웨어 번들로, 프로젝트의 개념 단계부터 상세 설계, 해석, 시각화, 디지털 납품에 이르기까지 일관된 end-to-end 워크플로우를 제공한다.

주요 특징

Civil WorkSuite는 9개의 토목 설계·분석·모델링 도구를 하나의 통합 번들로 제공해, 프로젝트의 개념 단계부터 상세 설계, 해석, 시각화, 디지털 납품까지 전 과정을 하나의 Field-to-Finish 워크플로우로 연결한다. 실제 환경을 반영한 3D 모델과 고품질 시각화를 통해 설계 품질과 의사결정의 정확도를 높이며, 도로·교량·부지·터널·유체·수리해석 등 분야별 전문 솔루션과 맞춤형 교육 및 전문가 지원을 함께 제공한다.

주요 기능

Civil WorkSuite는 단일 애플리케이션이 아닌 여러 전문 소프트웨어 번들로 구성된 통합 솔루션으로, 도로·지형 설계를 위한 OpenRoads Designer와 ConceptStation, BIM 기반 교량 설계를 지원하는 OpenBridge Designer, 부지 및 토지 개발을 위한 OpenSite Designer, 복잡한 배수·수리 해석을 수행하는 OpenFlows Storm, 터널 전용 모델링을 제공하는 OpenTunnel Designer를 포함한다.

또한 iTwin Capture Modeler를 통해 현실 데이터를 3D 리얼리티 메시로 구현하고, Bentley LumenRT로 실시간 고품질 시각화와 애니메이션을 생성하며, ProStructures를 활용한 철근·강 구조 3D 모델링과 상세 도면 작성까지 지원한다.

도입 효과

Civil WorkSuite는 다양한 전문 도구를 하나의 통합 번들로 제공함으로써 설계부터 최종 결과물까지의 워크플로우 효율을 향상시키고, 현실 컨텍스트를 반영한 설계를 통해 프로젝트의 정확도와 신뢰성을 높인다. 또한 개별 솔루션을 각각 도입하는 방식 대비 라이선스 및 운영·관리 비용을 최적화하여 전반적인 투자 효율을 개선한다.

주요 고객 사이트

경호엔지니어링, 서현엔지니어링, 선진엔지니어링 그 외 다수의 국내외 현장과 건설사에서 사용하고 있다.

MSC 소프트웨어 포트폴리오 기반 스마트 건설 최적화 및 열·유동 시뮬레이션

Cradle CFD

개발 및 제공   케이던스 디자인 시스템즈, 070-4908-4044,
www.cadence.com/en_US/home/tools/msc-software.html

최근 건축물의 에너지 기준이 강화됨으로 인해 시뮬레이션을 통해 설계단계에서 사전 검증 및 에너지 효율을 예측하는 절차가 필수적으로 요구되고 있다. CFD 시뮬레이션은 전문가의 영역이었으나 Cradle CFD는 스마트 건설 DX 분야에서 설계자를 포함한 CFD 비전문가도 쉽고 빠르게 적용할 수 있는 핵심 솔루션으로 주목받고 있다. 한편, Cradle CFD를 포함한 MSC 소프트웨어 제품군은 케이던스 디자인 시스템(Cadence Design Systems)으로 통합되어, 보다 향상된 기술 지원과 혁신적인 시뮬레이션 솔루션을 제공한다.

주요 특징

Cradle CFD는 대규모 공간이나 건물을 빠르게 모델링하고 해석하기 위하여 직교구조격자 기능을 제공하며 수천만개의 요소를 갖는 대규모 해석에서도 일반적인 CFD 프로그램에 비해 적은 메모리를 소비하면서 빠른 해석 속도를 제공한다. 또한 업계에서 널리 사용되고 있는 레빗 및 아키캐드와 같은 주요 BIM 소프트웨어와 데이터를 직접 연동하여 3D 건축 데이터를 해석 모델로 즉각 활용할 수 있는 강력한 호환성을 갖추고 있다.

주요 기능

Cradle CFD는 건축 및 산업 공간의 공기 유동과 열적 거동을 3차원으로 해석하여, 환기·공조 성능과 온열 환경을 설계 단계에서 정량적으로 평가할 수 있는 CFD 해석 기능을 제공한다. 특히 대용량의 해석 모델도 손쉽게 모델링과 시뮬레이션 할 수 있다. 생성된 해석 결과는 다양한 시각화 방식으로 표현하며 복잡한 유동 현상을 직관적으로 이해할 수 있도록 업계 최고의 결과 후처리 기능을 지원하며 이를 통해 설계 대안 간 성능 차이를 명확히 확인할 수 있다. 또한 3차원 시각화 결과와 애니메이션 데이터는 AR/VR 환경으로 확장 활용이 가능하여, 설계 검토 회의나 발주처에 프리젠테이션 시 공간 체감형 시뮬레이션 자료로 활용할 수 있다. 이러한 통합 기능은 CFD 해석 결과를 단순한 수치 분석을 넘어, 설계 판단·커뮤니케이션·몰입형 검토를 지원하는 디지털 설계 자산으로 확장시킨다.

도입 효과

Cradle CFD를 도입하면 기존 해석 모델 재구축시 소요되던 시간을 획기적으로 줄여 해석 준비 시간을 최대 50%까지 단축할 수 있는 경제적 이점이 있다. 설계 초기 단계부터 건축물의 열 환경과 환기 효율 등을 사전에 검증함으로써 시공 후 발생할 수 있는 공조 문제나 운영 리스크를 차단하고, 최적의 설계를 통해 건물의 라이프사이클 전반에 걸친 에너지 소비를 효과적으로 절감할 수 있다.

GIS 기반 스마트 건설 관리 플랫폼

DIVE(다이브)

개발 및 공급 직스테크놀로지(ZYX Technology),
02-545-4454, https://zyx.co.kr

DIVE(다이브)는 인공지능 기반 디지털 트랜스포메이션과 3D 설계 솔루션을 제공하는 직스테크놀로지(ZYX Technology)와 한국도로공사가 공동 개발한 GIS 기반 스마트 건설 플랫폼으로 건설 현장의 통합 데이터 관리 및 모니터링을 지원한다. 토목/건설 현장에서 필요한 자료, 데이터와 발생할 수 있는 이슈들을 실시간 통합 모니터링이 가능해 위험 요소를 사전에 방지할 수 있다.

주요 특징

설계 도면, 지적도, 지도, BIM 데이터, 드론 영상, CCTV 등 다양한 현장 데이터를 하나의 플랫폼에 연결해 실시간으로 현장 상황을 파악하고 분석할 수 있다. GIS 지도 기반으로 현장의 모든 정보를 시각화하여 도로, 교량, 터널 등 대형 프로젝트에서도 실시간 비교/분석이 가능해 스마트한 의사 결정을 지원한다.

주요 기능

통합 대시보드 기능으로 작업, 이벤트, 안전 이슈 등 주요 지표를 한 눈에 확인 가능하며, 인력 및 장비 투입 현황을 일별로 시각화하여 현장 운영의 효율성을 관리하고 위험 요소를 사전에 파악할 수 있다. 터널과 같은 특수 환경에서는 센서 데이터와 연동해 굴착 상태, 작업자의 위치, 안전 이슈를 실시간으로 확인하는 기능을 제공한다.

도입 효과

CCTV 및 드론 영상, 센서 데이터의 실시간 연계로 작업자 안전, 현장 이슈 대응 등을 강화함으로써 중대재해 예방에 기여한다. 현장 운영 정보를 체계적으로 파악해 작업 계획 수립-수행을 효율화하며 도로, 터널, 교량과 같은 복잡한 대형 인프라 현장의 다양한 데이터 소스를 통합함으로써 프로젝트 관리자의 의사결정을 지원하고 프로젝트 리스크를 줄일 수 있다.

주요 고객 사이트

한국도로공사, 대우건설, DL이앤씨(DL E&C)에서 사용하고 있다.

협업 및 인텔리전스 & 데이터 기반 프로젝트 관리

ENOVIA

개발 다쏘시스템(Dassault Systèmes),
www.3ds.com/ko/products/enovia
자료 제공 다쏘시스템코리아,
02-3270-7800, www.3ds.com/ko

다쏘시스템(Dassault Systèmes)은 3D 설계, 버추얼 트윈(Virtual Twin), 제품 수명 주기 관리(PLM) 솔루션 분야를 선도하는 글로벌 소프트웨어 기업으로, 1981년 프랑스에서 설립되었다. 3D익스피리언스 플랫폼을 통해 다양한 산업에서 지속 가능한 혁신을 지원하며, 자동차, 항공우주, 건축, 헬스케어, 소비재 등 광범위한 분야에 걸쳐 디지털 혁신을 촉진하고 있다. 다쏘시스템은 현실 세계와 디지털 세계를 연결해 고객이 설계, 제조, 운영의 모든 단계를 최적화하도록 돕는 데 중점을 두고 있다. ENOVIA(에노비아)는 3DEXPERIENCE 플랫폼을 기반으로 Social & Collaboration을 촉진하는 통합 환경에서 디지털 연속성을 제공하는 솔루션이다. 사람, 아이디어, 데이터 및 프로세스를 연결하여 실시간 협업과 의사 결정을 지원하며, 업무 혁신과 생산성을 향상시키는 협업 환경을 제공한다.

주요 특징

ENOVIA는 기존의 사일로된 작업 환경에서 데이터, 프로세스, 커뮤니케이션이 통합된 업무 환경으로의 전환을 지원한다. 플랫폼 환경에서 지식, 기술 및 경험을 공유하고 아이디어의 진화와 구현을 지원하며, 비즈니스 목표와 프로세스를 개선하는 협업 환경을 제공한다.

주요 기능

ENOVIA는 단일 공유 엔지니어링 제품 정의를 통해 유관 부서가 최신 정보에 접근하여 제품 혁신에 참여할 수 있도록 지원한다. 제품 개발 데이터를 프로젝트와 연결하여 실시간 모니터링 및 평가를 제공하며, 리소스와 이슈를 공유·관리할 수 있도록 한다. 또한 CAD, 해석 모델을 포함한 콘텐츠를 관리하고 협업할 수 있는 환경을 제공, 변경 관리를 통해 적절한 조치와 추적을 지원한다.

도입 효과

ENOVIA는 제품 품질 보장, 비용 관리, 지속가능한 의사 결정, 클라우드 기반 협업 환경을 제공한다. 전 과정에 대한 추적성을 확보하여 품질 규정 준수와 고객 만족도를 향상시키고, 비용 데이터 통합을 통해 의사 결정 프로세스를 간소화한다. 또한 환경 영향을 고려한 제품 개발과 데이터 기반 의사 결정을 지원하며, 강력한 보안과 확장성을 갖춘 협업 환경을 제공한다.

플랜트 BIM 배관 ISO 도면 자동화의 새로운 기준

Ez-ISO V2

개발 휴엔시스템, 02-861-0216, www.huensystem.com
자료 제공 엠티엠디지털컨스트럭션, 02-565-0989,
www.mtmdc.co.kr

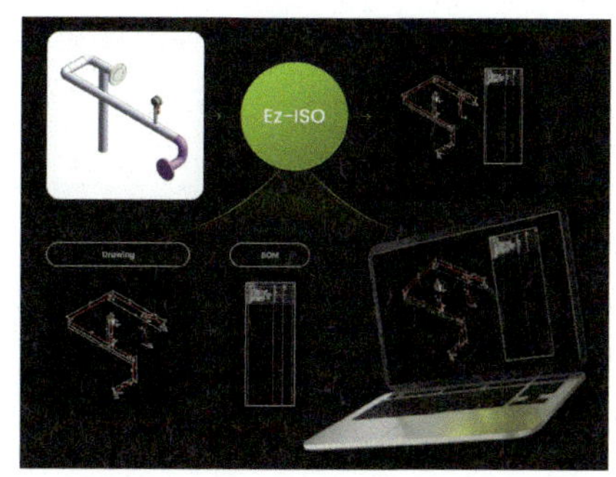

플랜트 설계 프로젝트에서 Piping Isometric Drawing(ISO)은 시공, 제작, 자재 관리 전 과정의 기준이 되는 핵심 도면이다. 그러나 Revit에서는 Isometric Drawing을 자동으로 추출할 수 있는 기능을 제공하고 있지 않아 EZ-ISO V2는 이러한 한계를 해결하기 위해 개발된 화공 플랜트 특화 Revit 기반 Piping ISO 및 BOM 자동 생성 솔루션이다. Revit 3D BIM 모델을 직접 참조하여 도면, 자재 정보, 치수, 태그, BOM(Material Take-Off)을 일관된 데이터 기준으로 추출함으로써, 표준화된 고품질 ISO 도면을 자동 생성한다.

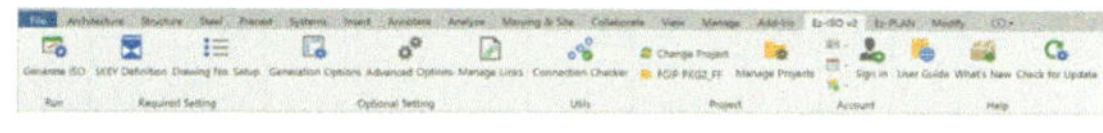

주요 특징

Revit 기반 네이티브 ISO 생성

EZ-ISO는 Revit Add-in 방식으로 동작하며, 중간 변환 포맷 없이 Revit 모델을 직접 참조하여 ISO를 생성한다. 이를 통해 모델-도면 간 데이터 불일치를 원천적으로 차단하고, 설계 변경 사항을 즉시 ISO 도면에 반영할 수 있다.

화공 플랜트 실무 기준 반영 ISO 템플릿

화공 플랜트 프로젝트에서 요구되는 Line No., Spec, Size, Rating, End Type은 물론 Pipe, Valve, Flange, Gasket, Fitting 정보를 실무 기준에 맞게 자동 표기한다. 또한 발주처 및 EPC별 표준 ISO 양식 커스터마이징을 지원하여 프로젝트 적용성을 높였다.

자재 정보(BOM) 자동 연계 추출

Pipe, Valve, Flange, Gasket, Fitting 등 모든 Piping 구성 요소의 정보를 ISO 도면과 BOM에 자동 연계하여 도면-자재 산출 간 오류를 최소화한다.

설계 변경 대응에 최적화된 워크플로우

3D 모델 수정 후 ISO를 재생성하면 변경 사항이 즉시 반영되어 EZ-SPOOL과 연계하면 Revision 관리가 용이하며, 재작업을 최소화하고 변경 이력 추적이 가능하다.

Support 표기 및 Bolt BOM 자동 산출

그동안 Ez-ISO의 약점으로 지적된 Support ISO 표기가 획기적으로 보완되었다. 대부분의 EPC 설계사가 보유한 Standard Support 및 Special Support를 ISO 도면에 표기할 수 있으며, 다양한 플랜지 접합 조건에 따른 Bolt 수량 및 길이 Calculation 결과를 BOM으로 자동 산출한다.

주요 기능

- Revit Piping 모델 기반 ISO 자동 생성
- Line 단위 ISO 생성
- 치수, Flow Direction, Slope, Elevation 자동 표기
- BOM(Material Take-Off) 자동 작성
- 프로젝트·발주처별 ISO 템플릿 관리
- 화공 플랜트 Standard / Special Support 도면 표기
- 다양한 플랜지 접합 조건에 따른 Bolt Length Calculation BOM 산출
- EZ-Spool 연계 시 Revision 및 변경 이력 관리 용이

도입 효과

도면 품질 및 신뢰도 향상

Revit 3D 모델과 ISO 도면이 단일 데이터 소스 (Single Source of Truth) 를 공유함으로써 치수 오류, 자재 누락, 태그 불일치 문제를 근본적으로 제거한다.

설계 변경 리스크 최소화

잦은 설계 변경이 발생하는 플랜트 프로젝트 환경에서 변경 대응 속도와 정확도를 획기적으로 개선한다.

시공·제작 단계 연계 강화

정확한 ISO 및 BOM 제공을 통해 Shop Drawing, 제작, 현장 시공 단계까지 데이터 연속성을 확보한다.

BIM 기반 플랜트 전환 가속

기존 2D 중심 ISO 작성 방식에서 벗어나 BIM 기반 디지털 플랜트 환경 구축을 위한 실질적인 전환 수단을 제공한다.

주요 고객 사이트

Ez-ISO는 단순한 ISO 자동화 도구를 넘어, 플랜트 Piping 설계-도면-자재-시공을 연결하는 핵심 BIM 솔루션이다. 플랜트 프로젝트에서 반복되는 ISO 작업의 비효율을 줄이고 설계 품질과 생산성을 동시에 향상시키고자 한다면, EZ-ISO는 가장 현실적이고 강력한 대안이 될 것이다.

- 한국 : SK에코엔지니어링, SK에코플랜트, 삼성물산, 글로텍엔지니어링, 케이씨이엔씨, 세보엠이씨, 대아이앤씨, 신화플랜, 세방테크, 케이엔솔, 성도이엔지, 제이에스솔루션, 에이아이코리아, 지오그리드, 우호엔지니어링건축사사무소, 에스티아이, 케이펙기술, 엠제이테크 등
- 일본: Shinryo Corporation, Integration Core
- 인도: STUP Consultants, Neilsoft, Petrocon Engineers & Consultant
- 싱가포르: Meinhardt EPCM, GRADIANT, CES Salcon
- 미국: Jacobs, AECOM, GSE Engineering, Batchelor & Kimball, ZAP Engineering & Construction Services
- 사우디 아라비아, UAE: Jacobs, ImageGrafix Software FZCO, Worley
- 프랑스: Veolia, Technip Energies France, Equans, SUEZ
- 독일, 아일랜드: Exyte, Caverion Deutschland GmbH, Etteplan, Dornan Engineering, Jones Engineering
- 오스트리아, 스웨덴: Zauner Group Holding GmbH, Bravida Group

건설 4D, 5D 시뮬레이션, 안전 시뮬레이션

Fuzor Virtual Design Construction

개발 Kalloc, www.fuzor.co.kr

자료 제공 브이디씨테크, 070-4504-6636,
www.fuzor.co.kr

미국 샌디에고에 위치한 Kalloc(칼록)에서 개발한 Fuzor(퓨저)는 건설 산업을 위한 차세대 VDC 소프트웨어이다. Fuzor에서 생성된 고품질 4D 및 5D 시뮬레이션은 프로젝트를 수주하고 프로젝트를 제때 및 예산 내에 제공할 수 있도록 보장한다. Fuzor는 대형 3D 모델, 포인트 클라우드 데이터, 프로젝트 일정을 결합하여 건설 방법론을 시뮬레이션하고 상세한 방법 명세서를 작성할 수 있다. 이 소프트웨어는 물류 및 현장 작업자가 작업 현장에 더 잘 대비할 수 있도록 교육 자료를 작성하도록 특별히 설계되었다. 효과적인 프로젝트 제어 및 관리를 위해 Fuzor는 4D 건설 시퀀스 시뮬레이션 및 보고서에서 계획된 일정과 실제 일정, 비용 추적 및 모델 기반 수량 산출을 제공한다.

주요 기능

Revit, Archicad 등 주요 설계 소프트웨어와 실시간 양방향 동기화, 고품질의 4D, 5D 공정 및 안전 검토, Primavera P6, MS Project 스케줄과 바로 연동하여 시공 순서 구현, 다양한 건설 장비 라이브러를 통한 건설 방법론 및 물류 이동 동선 검토, Ai 자동화를 통한 4D 공정 연결 지원, 실시간 VR/AR 협업 지원, 대규모 프로젝트를 끊김 없이 시각화하여 시뮬레이션 검토, 시공 전 잠재적인 위험 요소를 검토한다.

도입 효과

Fuzor는 설계와 시공의 간극을 줄여 프로젝트 전반의 생산성을 높이고 리스크를 획기적으로 관리할 수 있다. 프로젝트에서 의사결정 속도 및 정밀도 향상. 사전 시공 시뮬레이션을 통한 간섭, 충돌, 안전 등의 문제를 사전에 인지하여 대안검토. 시공 효율성 및 공기 단축. 현장 안전 관리 및 물류 최적화. VR을 통한 가상 안전 교육 지원. 압도적인 비주얼 프레젠테이션으로 입찰 단계에서 고품질의 4D 건설 방법론 제안으로 시공 방법의 신뢰성 및 전문성을 발주처에 강력히 어필한다.

주요 고객 사이트

포스코이앤씨, 삼성물산, 삼성E&A, 현대건설, GS건설, SK에코엔지니어링, 포스코플랜텍, 쌍용건설 등

실무 중심의 통합형 BIM 솔루션

GstarBIM

개발 Gstarsoft, www.gstarcad.net
자료 제공 모두솔루션, 02-857-0974,
https://gstarcad.co.kr

GstarCAD(지스타캐드) 개발사인 Gstarsoft(지스타소프트)는 본격적인 BIM 시장 개척을 위해 Hawk3D를 설립하고, Cadline의 ARCHLine.XP를 인수·통합해 30년 이상 축적된 BIM 기술 기반의 GstarBIM을 선보였다. 이를 통해 BIM 시장에서 새로운 성장 활로를 본격적으로 열어가고자 한다.

주요 특징

GstarBIM의 가장 큰 특징은 실무 중심의 통합성이다. 건축 설계, 인테리어 설계, 문서화, 시각화 기능을 하나의 플랫폼으로 통합해 설계 단계별로 분리되던 작업을 하나의 흐름으로 연결한다. 또한 DWG 기반 데이터 호환과 GstarCAD 연계를 통해 2D 설계 자산을 유지하면서 단계적으로 BIM을 도입할 수 있는 환경을 제공하며, 기존 설계 환경을 완전히 바꾸지 않고도 BIM을 실무에 적용하려는 조직에 현실적인 대안을 제시한다.

주요 기능

건축 설계를 위한 BIM 모델링(Architectural Design)

GstarBIM은 벽체, 기둥, 보, 슬래브, 지붕, 계단, 램프, 커튼월 등 주요 건축 요소를 지능형 BIM 객체(Intelligent Object)로 모델링할 수 있으며, 각 객체는 파라메트릭 구조와 속성 정보를 포함한다. 이를 통해 설계 변경 시 모델과 연계된 도면·치수·물량 정보가 자동으로 갱신되어 변경 대응에 따른 반복 업무를 줄일 수 있다.

또한 기존 2D 도면(DWG)을 기반으로 BIM 모델을 생성할 수 있어, 기존 CAD 설계 흐름을 유지하면서 BIM으로 확장하는 워크플로우 구성이 가능하다. 대지(Site) 및 매싱(Massing) 설계를 통해 초기 단계부터 BIM 기반 검토를 수행할 수 있으며, MEP 요소를 건축 모델과 함께 3D로 검토하고 간섭 검토 기능을 통해 충돌 요소를 설계 단계에서 사전 확인하는 데 활용할 수 있다.

인테리어 설계를 위한 전용 BIM 기능(Interior Design)

GstarBIM은 인테리어 설계 실무를 고려한 전용 기능을 제공한다. Room Maker로 공간 구성을 빠르게 정의하고, 문·창호·가구·전기 설비·마감 요소 등을 파라메트릭 방식으로 배치할 수 있어, 설계안을 빠르게 구성하고 반복 검토하기에 유리하다.

타일링(Tiling) 기능은 벽·바닥 면적을 기준으로 타일 패턴을 자동 계산하고, 자재 효율을 고려한 배치를 지원한다. Furniture Configurator 및 Smart Object 기능으로 가구를 구성 요소 단위로 설계·관리할 수 있으며, Trimble 3D Warehouse 등 외부 라이브러리 연계를 통해 다양한 객체를 활용할 수 있다. 또한 IES 데이터를 활용한 조명 시뮬레이션으로 실제 조도 환경을 고려한 설계 검토가 가능하다.

BIM 기반 자동 문서화(Documentation)

GstarBIM은 BIM 모델과 연계된 자동 문서화 기능으로 설계 실무의 효율을 높인다. Auto Dimensioning을 통해 도면 전체 또는 선택 영역의 치수를 일괄 생성할 수 있으며, 설계 변경 시 2D 도면과 3D 모델이 자동 동기화되어 문서 수정 부담을 줄인다.

또한 BIM 객체의 속성 정보를 기반으로 자동 물량 산출 및 수량 계산이 가능해, 변경이 잦은 프로젝트에서도 물량 정보의 정확성과 일관성을 유지할 수 있다. 레이어 및 출력 관리 기능을 통해 다양한 도면 출력 요구에 대응함으로써, 설계·시공·협업 단계에서 필요한 문서를 체계적으로 관리할 수 있다.

설계 커뮤니케이션을 위한 시각화(Visual Design)

GstarBIM은 설계 의도를 명확히 전달하고 협업 효율을 높이기 위한 시각화 기능을 제공한다. 실사 표현, 페이퍼 모델 스타일, 3D 섹션 박스, 2D 도면과 3D 뷰의 중첩 표현 등 다양한 방식으로 설계 내용을 직관적으로 검토할 수 있다.

360도 파노라마 뷰와 가상 투어를 통해 직관적으로 검토할 수 있으며, 보행·비행·경로 애니메이션 및 공정 시뮬레이션으로 설계 및 시공 단계를 시각적으로 표현할 수 있다. 내장된 실시간 렌더링과 D5 Render 연계를 통해 고품질 시각화 결과물도 효율적으로 생성할 수 있다.

활용 분야

GstarBIM은 설계·문서·시각화가 연결되는 통합 워크플로우를 통해 스마트 건설 DX 환경에서 다음과 같은 분야에 활용될 수 있다.

> ■ 건축 설계 사무소: 개념 설계~실시설계, 대지/매싱 검토, MEP 간섭 검토 및 문서화 자동화
> ■ 인테리어 설계·시공: 공간 구성, 마감·가구·조명(IES) 설계 및 고객 커뮤니케이션 강화
> ■ 리노베이션·리퍼비시: 기존 도면(및 현장 데이터) 기반 BIM 전환, 기존 건축물 설계 검토
> ■ 단계적 BIM 도입 조직: DWG 파일과 GstarCAD 연계로 2D 자산을 유지하며 점진적 BIM 전환

공간 및 시설물의 통합 운영관리 솔루션

Gyro Spacer

개발 및 공급 자이로소프트, 02-838-0760,
www.gyrosoft.co.kr

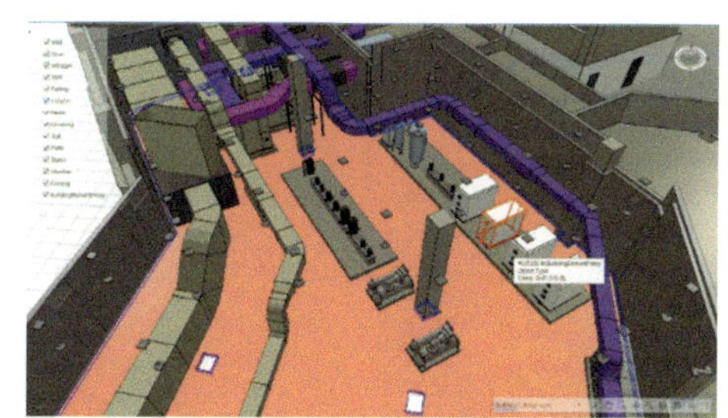

Gyro Spacer는 건축물과 시설물의 생애주기에서 운영 및 유지관리 단계에 최적화된 솔루션이다. 도면과 BM 데이터를 활용한 디지털 트윈 기술을 통해 공간의 운영관리, 활용 분석, 그리고 시설물의 유지보수, 인진점검, 고장이력 추적 등을 통해 가용성을 향상시키며 자산과 운영 데이터를 하나의 플랫폼에서 통합·관리한다.

주요 특징

도면과 BIM 기반으로 공간을 매핑하여 공간운영 현황을 직관적으로 파악하고 필요한 의사결정을 지원한다. 위치 기반의 운영관리와 임대관리, 공실관리, 예약관리 등을 통해 공간활용을 최적화하고 운영 비용을 절감한다. 그리고 건물 및 시설물의 운영단계에 공사관리, 유지보수관리, 설비변경관리 등 데이터를 추적하고 이용 불편신고부터 시설점검, 고장관리 등 일련의 유지보수 과정을 디지털화하여 가동율을 높이고 건축물과 시설물의 생애주기(Life Cycle) 동안 최적의 운영 환경을 제공한다. 또한 제조공장이나 플랜트의 경우 설비의 계측 및 센서/IoT 정보 등 주요 지표의 모니터링, ERP와 연계한 생산정보 및 공정정보로 디지털 트윈을 구축하고 운영하는 시스템을 구성한다.

주요 기능

■ 도면 및 BIM 데이터 기반의 공간정보관리
■ 빌딩의 공간을 용도별, 조직별 이용현황 분석
■ 공간의 임대계약관리, 관리비관리, 공실 현황관리
■ 회의실 등 공간/시설물의 예약 및 예약설정관리
■ 공간의 비용산출 기준과 이용료(채산제) 신출 및 분석
■ 시설물의 유형별 정보관리 및 시설물 현황관리
■ 시설물의 유지보수, 점검관리, 고장 및 이력관리
■ 건물 및 시설물의 공사관리 및 도면관리, 도면의 검색과 뷰어
■ 시설물의 Life Cycle 동안 운영 데이터의 추적관리
■ 시설물의 계측정보, 센서, IoT와 연계하여 시설물의 운영 상태 모니터링
■ 제조공장의 설비, 생산공정, 생산량 등 ERP와 연계한 제조 디지털 트윈 구성

도입 효과

Gyro Spacer는 건물 및 시설물의 생애주기 전반의 데이터를 통합하여 운영 효율성, 가동률과 수익성을 향상시킨다. 공간정보를 기반으로 조직별, 용도별 활용현황을 분석하고 공간배치 전략을 수립한다. 사용자의 예약시스템과 임대관리 기능은 공간활용도와 수익률을 향상시키며 시설물의 고장이력 추적, 점검관리를 통해 유지보수를 체계화하고 운영에 필요한 문서, 도면, 공사정보 등을 디지털화하여 시설자산의 운영을 지원한다. 또한 2D 도면과 BIM 데이터는 디지털 트윈 환경을 제공하여 현장 상황을 직관적으로 파악하고 변경사항에 대해 신속하고 정확한 의사 결정을 지원한다.

건축물 및 플랜트 계획설계 솔루션

Gyro3D Build

개발 및 공급 자이로소프트,
02-838-0760, www.gyrosoft.co.kr

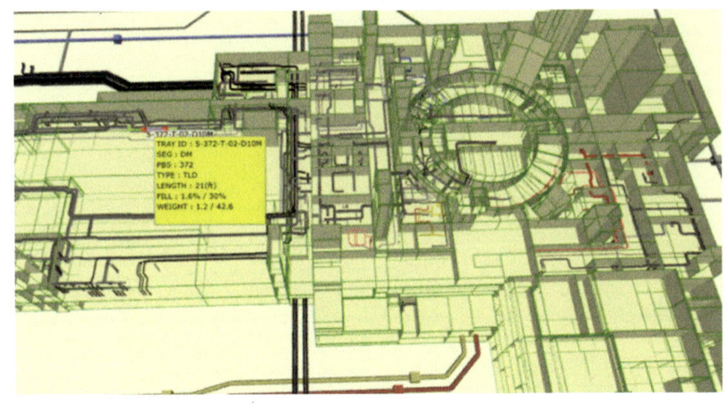

Gyro3D Build는 건축물 및 산업 플랜트의 계획설계를 위한 3D 통합 솔루션이다. 건축물의 구조 모델링에서 메시 기반의 공간 구획, 설비 배치, 법규 검토 및 물량 산출까지 하나의 워크플로우로 연결하여, 계획 단계의 의사결정 속도를 높이고 설계 오류를 최소화한다.

주요 특징

기둥 기준으로 구조와 공간을 생성하고 설계 변경에 따른 모델의 용이한 업데이트가 이루어진다. 특히 대형 건축물이나 공장, 플랜트 등의 초기 기획, 계획 설계에서 주요 검토사항과 공간별 용도 구성, 설비 레이아웃, 층별 공간과 설비의 연결 검토, 배관의 구성 등 3D 기반의 빠른 계획설계 프로세스를 구현한다. 또한 자동화된 물량 산출, 설계 결과의 CAD, BIM으로 전환은 후속 상세설계와의 단절 없는 협업을 지원한다.

주요 기능

■ 건축물의 기둥 간격을 구성하고 그리드 기반 공간 생성으로 빠른 건물의 계획설계 구현

■ 벽체, 보, 슬라브 등 건축물의 기초설계, 구조 모델링

■ 다층 구조를 직관적인 3D 뷰로 건물이나 공장, 설비의 전체적인 구성을 쉽게 파악

■ 전체 공간에 대해 층별, 용도별 면적 분석

■ 피난 거리, 비상 계단 등 주요 법규 준수 여부의 검토

■ 설비 라이브러리를 통해 설비, 기기를 배치

■ 설비 위치를 기준으로 최적화된 배관 경로를 자동으로 생성

■ 설비 및 건축 자재 소요량을 즉시 산출

■ 설계 결과는 CAD 및 BIM 파일로 전환

도입 효과

그리드 기반 공간구성과 건물/플랜트의 모델링에서 법규검토, 설비 레이아웃 구성 등 계획단계의 주요 설계 요건을 빠르게 검토한다. 또한 직관적인 3D 시각화는 발주처 및 유관 부서와의 소통 도구로 활용하여 기획 및 계획 단계의 의견 수렴 및 변경에 용이하게 대응할 수 있다. 그리고 초기 단계의 물량 예측을 통해 사업예산 수립 등 의사 결정을 지원한다.

자이로소프트의
공간융합 기술 서비스

자이로소프트는 CAD/BIM 솔루션에서 공간 및 시설의 운영,
디지털 트윈 구축에 이르기까지 폭넓은 실적을 보유하고 있습니다.
빌딩, 공장, 원자력 발전소, 화학 플랜트, 데이터센터 등 다양한 인프라 설계
및 운영 분야에서 디지털 전환 경험을 공유하고 혁신을 선도하고 있습니다.

주요 고객과 솔루션

- 대형 빌딩 및 시설물, 제조/플랜트 분야의 설계/운영 솔루션
- 대학 공간/시설관리, 매장/백화점의 공간/영업관리 솔루션
- 데이터센터의 IT자산/운영관리 솔루션

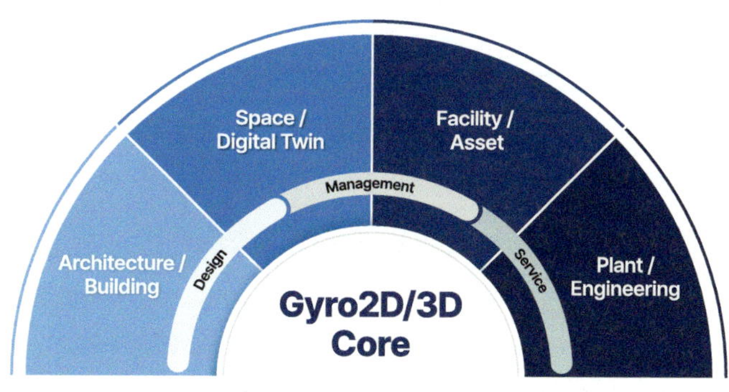

Gyro3D Build

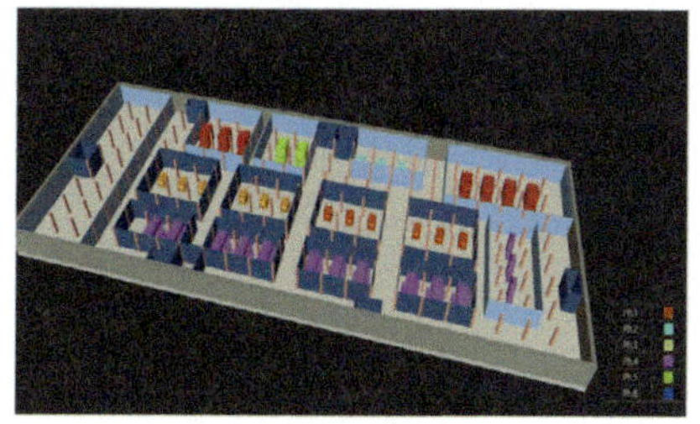

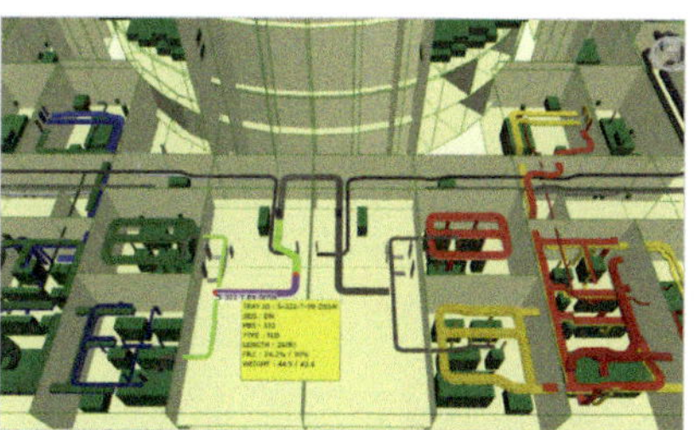

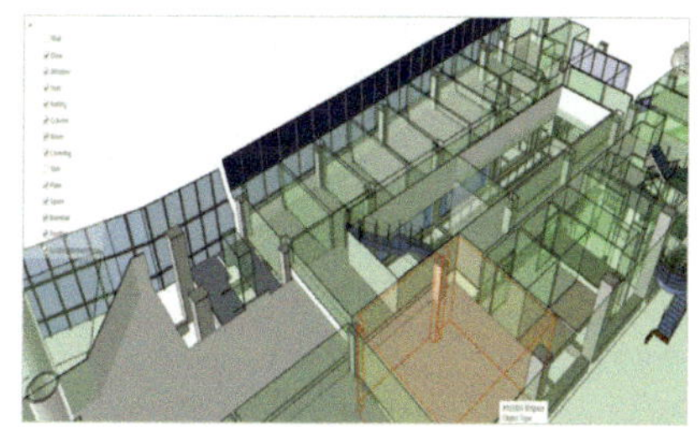

건축, 공간 모델링	설비 레이아웃과 배관설계	법규검토 및 물량 산출
• 그리드 기반 공간 모델링 • 기둥기준의 벽체, 보, 슬라브 등 건축요소 생성 • 3차원 설계 모델에서 CAD, BIM 전환	• 설비 레이아웃 및 편집 • 주요 배관의 최적경로 자동 생성 • 3차원 다층 구조의 입체적 공간, 설비연결 검토	• 피난거리, 비상계단 등 법규의 분석 • 공간별 용도 지정 및 건물의 공간면적 분석 • 건축요소, 부재별 물량 산출

Gyro Spacer

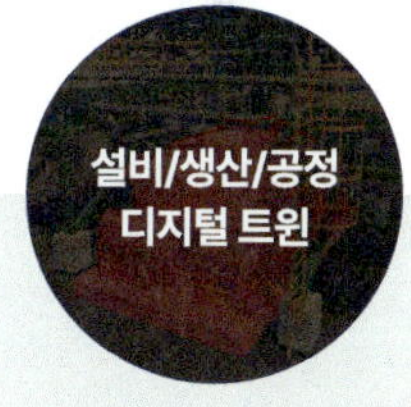

• 2D/3D 기반의 공간 구획 및 정보관리 • 공간용도, 이용 조직별 현황을 시각화 • 공간 예약 및 임대관리, 공간활용 분석	• 설비 분류별 자산 및 운영정보 통합 • 고장, 수리, 점검 등 설비 유지보수 관리 • 설비 및 자산의 Life Cycle관리	• 주요 계측, 센서, 지표를 통한 설비 모니터링 • ERP 연계로 제조설비의 생산, 라인, 공정조회 • 2, 3차원 설계정보와 현장 모델을 연계한 가시화

강재 접합부, 콘크리트, 앵커링 설계설계 소프트웨어

IDEA StatiCa

개발 IDEA StatiCa, www.ideastatica.com

자료 제공 씨앤지소프텍, 02-529-0841, www.cngst.com

강구조물의 접합부 또는 콘크리트 구조물의 단면 성능 및 최적화 설계는 가장 많은 시간과 노력이 들어가는 구조물 설계에 있어서 가장 핵심적인 요소라 할 수 있다.

IDEA StatiCa는 접합부 또는 최적화 설계를 CBFEM(Component Based Finite Element Method)이라는 독특한 방법으로 이러한 문제를 쉽고 간편하게 해결해 줄 수 있는 유용한 프로그램이다.

국내에서는 구조물 접합부 또는 단면 설계 시 엑셀이나 단순 접합부 설계 프로그램을 사용하여 시간이 많이 걸리고, 수계산에 따른 오류가 발생할 가능성이 있는 단점이 있다.

IDEA StatiCa는 설계 프로그램과의 자동화된 링크를 통하여 한번의 클릭으로 쉽고 간편하고, 정확하게 접합부 또는 최적화를 할 수 있는 최적의 솔루션이다.

주요 특징

IDEA StatiCa는 엔지니어가 더 빠르고 간편하게 비선형 및 내진을 고려한 모든 유형의 철골 구조물 연결부위 자동 설계 및 콘크리트 구조물의 단면 최적화와 상세 설계를 표준화된 설계코드에 따라 부재의 건전성을 평가, 분석하고 재료의 사용을 최적화할 수 있다.

제품 구성

- Steel Connection
- Reinforcement Concrete Detail
- Concrete Prestressing
- BIM links

주요 기능

Steel Connection

IDEA StatiCa Connection은 모든 유형의 용접 또는 볼트 연결, Base Plate, 기초 및 앵커등을 자동으로 설계할 수 있고, 연결 부위의 정확한 검사, 강도, 강성 및 좌굴 해석 결과를 표준화된 EN / AISC / CISC / AU / SP 16 등의 설계 코드에 따라 부재의 건전성을 검사하고 판단할 수 있다. 자주 사용되는 강재 연결을 위한 다양한 연결 템플릿 제공은 물론, 다양한 종류의 형강 및 시트 용접 부재를 사용할 수 있다.

Concrete Reinforcing & Detail

IDEA StatiCa Detail은 벽체, 개구부, Bracket, Corbel, 지지대 부분과 같은 불연속 영역(D영역) 철근 콘크리트 구조물의 모든 부분에 대한 고급 상세 설계, 최적화 및 코드 검사를 할 수 있다. IDEA StatiCa Detail은 비선형 FE 분석을 기반으로 하며 콘크리트

및 보강재의 응력과 변형, 결합 응력 등을 포괄하는 종합적인 결과를 제공한다. 이러한 분석 결과는 구조의 동작을 더 잘 이해할 수 있도록 다양한 정보를 간편한 방식으로 시각적으로 명확하게 제시한다.

Concrete Prestressing

IDEA StatiCa Concrete & Prestressing은 모든 철근 콘크리트, Pre/Post Tensioned Tendons, Precast와 Prestressed 및 합성 부재의 단면 및 상세 설계와 Strut-Tie 모델을 적용한 콘크리트 구조 부재 또는 D영역의 설계를 매우 효과적이고 간편하게 할 수 있게 한다. 구조 검토는 콘크리트 내화 및 균열을 고려한 변형 검토를 포함하여 극한한계상태(ULS) 및 사용성 한계상태(SLS) 요구사항을 모두 준수한다. Precast 부재 및 교량 해석의 경우, 시공 단계를 고려하여 구조 해석을 할 수 있다.

BIM Links with FEA & CAD

각 엔지니어링 사무실에는 엔지니어링 실무의 다양한 작업을 처리하는 여러 프로그램이 있다. IDEA StatiCa는 자동으로 다양한 FEA와 CAD소프트웨어와 연결되어 쉽고 효과적인 방법으로 데이터를 내보내고 동기화 할 수 있다. 이렇게 하면 데이터 변환에 따른 오류와 반복적인 작업이 최소화되므로 적절한 철골 접합부 설계 또는 단면, 부재 및 세부 사항의 완전한 분석 및 설계와 같은 보다 중요한 작업에 집중할 수 있다. 또한 각각의 독립적이고 고유한 BIM 정보를 IDEA StatiCa로 즉시 전송하여 한번의 클릭으로 필요한 부재의 접합부와 상세 설계를 할 수 있다. 일부 IDEA BIM 링크는 결과를 IDEA StatiCa에서 FEA 프로그램으로 다시 전송할 수 있다. 또한, IDEA Open Model(IOM) API를 사용하여 다른 프로그램 파일과 직접 데이터를 상호 연동할 수 있다.

■ **CAD Links:** Tekla, Revit, Advance Steel, SDS/2, BOCAD 등
■ **FEA Links:** Strand7, RFEM, Midas-GEN/CIVIL NX, SAP2000, ETABS, STAAD-Pro, Robot Structure, SCIA, Hilti PROFIS 등

도입 효과

IDEA StatiCa는 모든 강구조의 연결부와 접합부 및 콘크리트 단면 성능의 최적화를 설계하고 확인하는 새로운 방법을 소개한다.

이를 통해 엔지니어는 자동화된 시스템으로 전체 분석-설계-확인 프로세스를 몇 분 안에 수행할 수 있어 설계 시간의 단축 및 비용을 대폭 절감할 수 있다.

IDEA StatiCa를 사용하면 엔지니어가 더 빠르게 전세계 구조물 설계 규정 및 내진 규정에 따라, 구조물 연결 부위 및 단면 상세 설계와 최적화에 따른 최적의 재료를 사용할 수 있으며, 구조 엔지니어와 제작자가 설계 및 제작, 시공 작업의 생산성을 높일 수 있다.

적용 분야

IDEA StatiCa는 강구조, 콘크리트 및 Prestressed 콘크리트 설계, 제작, 시공 분야에 광범위하게 적용할 수 있다.

■ 철골 및 파이프 구조물
■ 철근 콘크리트 구조물
■ PCS 및 Pre/Post Tensioned 콘크리트 교량
■ 조립식 콘크리트 구조물
■ 현장 타설 콘크리트 구조물

주요 고객 사이트

삼성물산, 삼성이앤에이, 대림산업, 한국가스기술공사, 현대중공업, 포스코이앤씨, 두산중공업, ENVICO, 씨에스구조, 드림구조, 반디컨설턴드 등

BIM 및 이기종 3D 데이터 이용 실시간 협업 솔루션

InnoM3D

개발 및 자료 제공 이노액티브, 02-6249-4311,
https://innoa.co.kr

이노액티브는 건축 및 플랜트 분야의 3D 모델링 및 프로젝트 업무를 중심으로, 자동화 기술과 데이터 기반 협업 환경을 구축해 온 엔지니어링 소프트웨어 전문 기업이다. 파노라마 이미지 및 Scan 데이터를 활용한 Digital Twin 솔루션 InnoR3D 개발을 시작으로, 배관 ISO 도면 자동 추출, P&ID 도면 검도시스템, 자동 작도 등 현업 활용도가 높은 자동화 솔루션을 지속적으로 개발해 왔다.

이노액티브는 다수의 이해관계자가 동시에 참여하는 프로젝트 환경에서 발생하는 협업 단절과 정보 분산 문제에 주목하여, 3D 모델을 중심으로 데이터를 통합하고 실시간으로 공유할 수 있는 협업 환경의 필요성을 인식하였다. 이러한 현장 경험과 기술 축적을 바탕으로, 동시 접속 기반 3D 모델 중심 실시간 협업 솔루션 InnoM3D를 출시하였으며, 특정 업무 단계에 국한되지 않고 시공 및 운영(O&M) 단계까지 연계 가능한 Digital Twin 기반 협업 플랫폼을 제공한다.

주요 특징

InnoM3D는 회의실이 아니라, 3D 모델 위에서 협업한다. InnoM3D는 3D 모델을 중심으로 프로젝트 전 단계의 이슈와 의사결정을 연결하는 협업 솔루션이다.

설계, 시공, 운영 단계에서 발생하는 이슈를 실시간으로 공유하고 협의함으로써, 업무 간 단절을 최소화하고 의사결정 속도를 향상시킨다.

Legacy System에서 생성되는 이기종 데이터를 표준화된 변환 프로세스를 통해 3D 플랫폼에 통합할 수 있으며, BIM Data와 Shop Floor Data를 일원화하여 Web 기반 환경에서 공장 및 설비 가시성을 확보한다.

단순한 모델 조회나 공유를 넘어, 복잡한 O&M 운영 환경에서도 즉시 적용 가능한 협업 구조를 제공하며, 사용자 업무 프로세스에 최적화된 UI/UX와 직관적인 인터페이스를 통해 협업 부담을 최소화한다.

주요 기능

■ 실시간 이슈 공유 및 협업 : 설계/시공 작업분 아니라 O&M 에서 발생하는 문제를 즉시 담당자와 공유하여 담당자 간 빠른 확인과 의사결정이 가능하다.

■ 통합된 작업 히스토리 관리 : 모델 변경, 이슈 처리, 피드백 이력을 단계별로 기록하여 이슈 발생 원인과 조치 내용을 명확히 추적할 수 있다. 또한, 유사한 이슈를 확인하여 해결 방안 및 담당자를 빠르게 도출할 수 있다.

■ 작업자간 원활한 소통 : 채팅과 히스토리를 연계하여 이슈 맥락이 유지된 상태로 소통할 수 있으며, 불필요한 재설명과 커뮤니케이션 비용을 줄인다.

Data Convergence 기반 Revit ISO 생성 솔루션

INNOVA ISO

개발 및 공급　이노액티브, 02-6249-4311,
https://innoa.co.kr

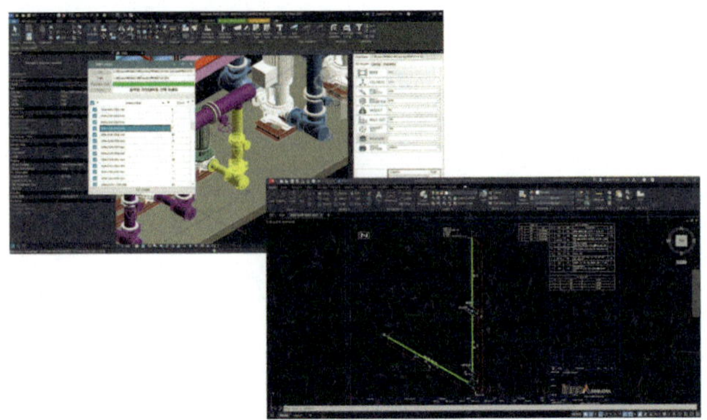

이노액티브는 파노라마 이미지 및 Scan 데이터를 활용한 Digital Twin 솔루션 InnoR3D 개발을 시작으로, 배관 Isometric 도면 자동 생성, P&ID 도면 검도 시스템, 자동 작도 등 플랜트 설계 실무에 특화된 자동화 솔루션을 지속적으로 개발해 온 엔지니어링 소프트웨어 전문 기업이다. 산업 플랜트 설계 환경에서 요구되는 도면 품질과 일관성을 확보하기 위해, 현업 중심의 설계 자동화 기술을 고도화해 왔다.

최근 산업 플랜트 설계 환경에서는 기존의 하이엔드 전용 솔루션 외에도, 접근성과 활용 범위를 고려한 BIM 기반 설계 도구에 대한 검토가 확대되고 있다. 특히 건축, 구조, 기계, 공조 등 다양한 설계 공종을 통합적으로 다룰 수 있다는 점에서 BIM 기반 설계 환경이 플랜트 분야에서도 대안으로 주목받고 있다.

그러나 BIM 기반 도구를 산업 플랜트 설계에 적용할 경우, 플랜트 설계에서 필수적인 배관 Isometric Drawing 및 Spool Drawing을 자동으로 생성하기 어렵다는 한계가 존재한다. INNOVA ISO는 이러한 실무적 문제를 해결하기 위해 개발된 솔루션으로, BIM 기반 배관 모델과 P&ID 설계 데이터를 연계하여 플랜트 설계에 필요한 Isometric 도서를 효율적이고 일관되게 생성할 수 있도록 지원한다.

주요 특징

INNOVA ISO는 BIM 기반 배관 모델로부터 Isometric 및 Spool 도면을 생성하는 과정에서 사용자 개입을 최소화한 자동화 프로세스를 적용한 솔루션이다. 별도의 선처리나 후속 보완 작업 없이 반복적인 작업을 제거함으로써, 빠르고 일관된 ISO 도면 생성을 지원한다.

기존 방식에서 요구되던 모델 정보의 수기 입력, 배관 연결 좌표 기준 정렬 등의 선행 작업이 필요하지 않아, BIM 설계 사용자는 추가적인 업무 부담 없이 기존 모델 정보를 그대로 활용할 수 있다. INNOVA ISO는 BIM 모델에 포함된 기본 정보를 자동으로 추출하여 도면 생성에 필요한 데이터로 활용한다.

또한 심벌 및 도면 표현 기준에 대한 매핑을 1회 설정 후 프로젝트 간 재사용이 가능하도록 구성되어 있어, 프

로젝트 변경 시에도 동일한 기준을 유지할 수 있다.

도면 생성 과정에서는 직관적인 사용자 인터페이스를 통해 단위, Revision, 출도일, 라인 번호 등 ISO 도면에 표시되는 주요 항목을 쉽게 설정할 수 있으며, 도면 생성 전 모델 검증을 통해 오류를 사전에 확인한 후 Isometric 및 Spool 도면을 생성할 수 있다.

주요 기능

BIM 모델 정보 추출

BIM 모델에 입력된 배관 및 설계 정보를 설정 기반으로 선별하여 추출하고, Isometric 도면 생성에 필요한 데이터만을 체계적으로 활용할 수 있다. 이를 통해 모델 정보의 일관성을 유지한 ISO 생성이 가능하다.

사용자 설정 기반 도면 기준 관리

심벌 및 도면 표현 기준에 대한 SKey Mapping 설정을 통해 프로젝트별 ISO 작성 기준을 체계적으로 관리할 수 있다. 또한 단위, Revision, 출도일, 라인 번호 등 주요 도면 표기 항목을 직관적인 인터페이스에서 손쉽게 설정할 수 있다.

ISO 생성 전 모델 검증

ISO 도면 생성 전 라인 번호 기준으로 모델을 시각적으로 검증할 수 있어, 연결 오류나 누락 요소를 사전에 확인할 수 있다. 이를 통해 도면 재생성 및 반복 작업을 줄이고 설계 품질을 향상시킨다.

프로젝트 데이터셋 재활용

프로젝트별로 구축된 도면 설정 및 매핑 정보는 데이터셋으로 관리되며, 신규 프로젝트에 그대로 적용할 수 있다. 이를 통해 초기 설정 작업을 최소화하고 프로젝트

간 작업 효율을 높일 수 있다.

도입 효과

INNOVA ISO는 BIM 기반 배관 설계 환경에서 반복적으로 발생하던 Isometric 도면 작성 업무를 자동화하여, 설계자의 수작업 부담을 크게 줄여준다. 별도의 선행 작업이나 추가 입력 없이 기존 BIM 모델 정보를 그대로 활용함으로써 도면 생성에 소요되는 시간을 단축하고, 프로젝트 전반의 업무 효율을 향상시킨다.

실제 적용 사례로, 약 55,000개 엘리먼트로 구성된 Revit 기반 배관 모델을 대상으로 수기 작도 방식과 INNOVA ISO 자동 생성 방식을 비교하였다. 최초 1회 프로젝트 설정 이후 Revit 모델 정보 추출에는 약 5분, ISO 및 Spool 도면 생성에는 약 30분이 소요되어 총 약 35분 만에 약 2,800장의 Isometric 도면이 생성되었다. 이는 숙련된 설계자가 수기 작도로 하루 평균 약 10장 내외의 도면을 작성하는 것과 비교할 때, 약 800배 수준의 생산성 향상 효과에 해당한다.

또한 프로젝트 간 동일한 도면 기준과 설정을 재사용할 수 있어 설계 품질의 일관성을 유지할 수 있으며, ISO 생성 전 모델 검증을 통해 오류를 사전에 확인함으로써 재작업을 최소화할 수 있다. 이를 통해 INNOVA ISO는 BIM 설계 환경에서 산업 플랜트 배관 도면 작성 프로세스를 보다 체계적이고 안정적으로 운영할 수 있도록 지원한다.

AI 기반의 엔지니어링 데이터 디지털 전환

IPS-AI

개발 Intelligent Project Solutions, https://ips-ai.com
자료 제공 제이제이이노텍, 032-285-3306, www.jjinotec.co.kr

IPS는 캐나다 밴쿠버에 본사를 둔 AI 엔지니어링 테크놀로지 기업이다. 4차산업혁명의 도래와 함께 에너지, 화학, 오일 및 가스 전력 등 전통적인 플랜트 엔지니어링 산업에서 가지고 있는 '아날로그 또는 비정형 데이터' 즉, 실물 설계 도면, 유지보수 기록, BOM 등의 종이 문서나 이미지 스캔 파일(PDF, TIFF) 또는 단순 CAD 파일(DWG) 형태의 서로 연동되지 않은 방대한 양의 '아날로그 또는 비정형 데이터'들로 인해 발생하는 막대한 비용과 시간 소요를 '디지털 트윈 & AI'를 활용하여 비용과 시간을 줄이는 작업을 가능하게끔 만들어주는 AI 플랫폼 서비스를 제공한다.

주요 특징

IPS-AI는 시간이 많이 지난 Plant의 다양한 종류의 P&ID 실물도면(종이, 이미지 및 PDF 스캔자료) 자료들을 과거 사람이 직접 일일히 확인하여 MTO를 수행했다면, 이를 AI 기술을 활용하여 손쉽게 MTO를 할 수 있다. 과거의 P&ID 도면을 제품의 클라우드 서버로 업로드하여 과거 종이 및 스캔처리가 끝난 이미지 및 PDF 파일의 관리와 데이터화를 손쉽게 할 수 있다.

■ AI 기반 객체 인식 및 추상화(AI Recognition & Abstraction)
■ 지능형 P&ID 재생성(Intelligent Regeneration)
■ 자동화된 산출물 생성 (Automated Deliverables)
■ 표준화 (Standardization)
■ 속성 데이터 추출 (Attribute Extraction)
■ 데이터 이관 자동화 (Data Populating)
■ 지능형 검색 및 비교 (Search & Compare)
■ 디지털 핸드오버 (Digital Handover)
■ 마스터 태그 레지스터 (Master Tag Register, MTR)
■ 자산-문서 간 연결 (Asset-Document Linkage)
■ 조달 자동화 (Procurement Workflow)

주요 기능

■ **iDrawings:** 도면 지능화 및 자동 변환 솔루션
PDF, 스캔, TIFF 등 형태의 도면을 인식하여 속성데이터가 들어가있는 '지능형 도면(Intelligent Drawing)'으로 변환

■ **iDocuments:** 문서 데이터화 및 지식 자산화 솔루션
기술 시방서, 데이터시트 등 텍스트 기반의 엔지니어링 문서를 구조화된 데이터베이스로 변환

■ **iWorkflow:** 프로세스 자동화 및 디지털 핸드오버
데이터와 도면을 연결하고, 업무 흐름을 자동화하여 디지털 트윈 구축을 지원하며, 이는 iDrawings과 iDocuments의 워크플로우

주요 서비스

단순히 S/W 모델인 SaaS를 판매하는 것을 넘어서 고객이 보유하고 있는 아날로그 데이터를 직접 위탁받아서 처리하는 '데이터 서비스' 모델을 추진하고 있다.

■ 엔지니어링 데이터 서비스(Engineering Data Services)

고객이 수천, 수만 장의 PDF 도면을 IPS에 전달하면, IPS는 자사의 AI 플랫폼과 인도/필리핀 센터의 엔지니어링 인력을 활용하여 완벽하게 구축된 데이터베이스(SPP&ID, AVEVA DB 등)를 납품할 뿐만 아니라, 공장 가동 중에 발생하는 변경 사항을 도면에 반영 및 디지털화 하는 'As-Built 업데이트' 서비스를 제공하여 디지털 트윈의 최신성을 유지해준다.

■ 조달 데이터 서비스(Procurement Data Services)

복잡한 공급망 관리(SCM) 과정에서 발생하는 각종 문서 처리를 대행하며 수백 개의 벤더로부터 쏟아지는 도면과 서류에서 유지보수에 필요한 부품 정보를 추출하여 고객사의 ERP(SAP, Maximo 등) 시스템에 등록해준다.

■ 디지털 자산 관리 서비스(Digital Asset Management Services)

AVEVA, Hexagon, Bentley 등의 디지털 트윈 플랫폼에 데이터를 구축(Population)하고 유지보수하는 서비스를 제공히며, 도면과 문서에서 모든 자산 태그를 추출하고, 중복이나 누락을 검증하여 '단일 진실 공급원(Single Source of Truth)'을 구축한다.

전략적 파트너십 및 생태계

- Mitsubishi Corporation & MCM은 IPS의 AI기술을 자사의 조달 및 물류 시스템에 도입하여 혁신을 이루었고, 이에 더불어 IPS의 솔루션을 일본 및 글로벌 시장에 세일링하는 글로벌 리셀러 역할을 수행하고 있다.

- IPS는 벤틀리시스템의 'iTwin' 플랫폼 파트너로서, 벤틀리시스템의 소프트웨어 환경에서 만들어진 예전 데이터들을 디지털 트윈으로 변환하는 역할을 담당하고 있다.

- DEXPI(Data Exchange in the Process Industry)는 프로세스 산업의 데이터 교환 표준을 제정하는 국제 협회인데, IPS사가 이곳에 가입했다. 이는 IPS의 기술이 국제 표준을 준수하고 있으며, 데이터 상호 운용성(Interoperability)을 확보했음을 의미한다.

향후 계획 및 지원 전략

인텔리전트 프로젝트 솔루션(IPS)은 iDrawings, iDocuments, iWorkflow라는 강력한 AI 제품군을 통해 엔지니어링 산업의 고질적인 '데이터 비효율' 문제를 해결하고 있다. 특히 미쓰비시 상사와의 전략적 파트너십과 PTTEP 등 글로벌 대기업과의 프로젝트 수주는 IPS 기술의 신뢰성과 실효성을 증명하는 사례다. 향후 생성형 AI 기술과의 결합을 통해 설계 자동화 및 최적화 영역으로까지 그 영향력을 확대할 것으로 전망된다.

제이제이이노텍은 AutoCAD Plant 3D를 중점적으로 3D 모델 기반의 플랜트 배관설계 전문업체로써 중점되는 S/W뿐만 아니라 PDS, S3D, E3D를 다뤄본 전문가들로 구성되어 있어 플랜트 엔지니어링 산업 전반적으로 다양한 업무수행과 프로젝트 퀄리티를 제공하고 있다. AI의 발전에 따라 소개한 솔루션의 도입 및 서비스를 통해 다양한 플랜트 S/W 프로젝트의 디지털 트윈 및 기술지원을 계획하고 있으며, 엔지니어링업계 고객의 입장에서 바라보고 서비스 및 기술을 지원할 계획이다.

현실 데이터 캡처 및 디지털 트윈 생성 솔루션

iTwin Capture

개발 Bentley Systems, www.bentley.com

자료 제공 벤틀리시스템즈코리아,
02-557-0555, https://ko.bentley.com

iTwin Capture(아이트윈 캡처)는 사진·LiDAR·모바일 매핑 데이터를 고해상도 3D 리얼리티 메시, 포인트클라우드, 정사영상으로 변환하는 리얼리티 모델링 소프트웨어로, 엔지니어링 워크플로에 최적화된 정확한 디지털 컨텍스트를 제공한다. 클라우드 병렬 처리로 도시 규모 프로젝트도 처리 가능하며, iTwin 플랫폼과 통합되어 설계·건설·운영 전 생명주기에서 현실 데이터를 디지털 트윈의 기반으로 활용한다.

주요 기능

■ 일반 카메라·드론·스캐너 데이터를 자동 보정·AT(Aerotriangulation) 처리해 멀티 해상도 3D 메시를 생성하고, AI 기반 객체 분류·표면 제약·메타데이터 통합으로 정밀도를 높인다.

■ iTwin Capture Modeler(데스크톱)와 Center(대규모 클러스터) 버전으로 제공되며, LAS·OBJ·IFC 등 다양한 형식 내보내기와 웹 스트리밍 최적화 기능을 지원한다.

도입 효과

■ 설계 초기부터 현실 컨텍스트를 3D 디지털 트윈으로 통합해 충돌 검출과 공간 계획 정확성을 높이고, 처리 시간을 단축해 프로젝트 일정을 준수한다.

■ 건설 현장 모니터링과 자산 관리에서 변화 감지와 정밀 측량을 자동화하며, 협업을 위한 고품질 리얼리티 데이터로 이해관계자 소통과 의사결정을 가속화한다.

적용 분야

건설사·엔지니어링사·운영사, 도시 계획·교통·에너지 인프라 프로젝트 담당자

현실 캡처 사진측량 솔루션

iTwin Capture Modeler

개발 Bentley Systems, https://ko.bentley.com/
software/itwin-capture-modeler/

자료 제공 베이시스소프트, 02-571-8718, www.basis.co.kr

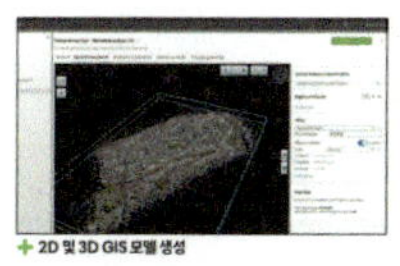

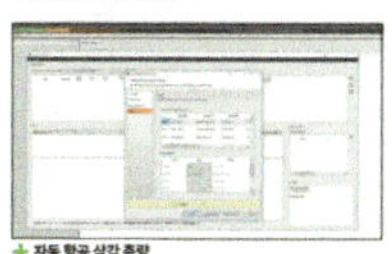

iTwin Capture Modeler는 Bentley Systems(벤틀리시스템즈)의 현실 캡처 솔루션으로, 현실 환경에서 수집한 데이터를 통합적으로 관리·분석·공유하여 현실 디지털 모델을 생성한다. 이를 통해 현실 데이터를 실질적인 인사이트로 전환하고, 디지털 트윈 환경에서 신뢰도 높은 의사결정을 지원한다.

주요 특징

iTwin Capture Modeler는 Bentley Systems의 BIM, CAD, 설계 소프트웨어뿐만 아니라 타사 GIS 솔루션과도 연계 활용이 가능하도록 설계되었다. 단순한 사진측량 결과물 생성에 그치지 않고, 디지털 트윈 플랫폼과의 연계를 기반으로 보다 정밀하고 정확한 현실 모델과 구조물 작성에 최적화된 워크플로우를 제공한다. 소프드웨이 언계 중심의 통합 워크플로우는 기존 사진측량 제품들과 차별화되는 주요 강점을 지닌다.

주요 기능

iTwin Capture Modeler는 규모나 정밀도 수준에 제한 없이 다중 해상도의 3차원 현실 모델을 자동으로 생성하는 현실 캡처 솔루션이다. 항공•지상 사진과 동영상, LiDAR 포인트 클라우드 등 다양한 현실 캡처 데이터 입력을 지원하며, 병렬 처리 엔진과 타일링 기능 통해 대용량 데이터도 효율적으로 처리한다. 이를 기반으로 고정밀 현실 메시, 점군 데이터, 수치표면 모델, 정사영상 등 다양한 정밀 공간 데이터를 생성할 수 있으며, 터치업 및 후처리 기능과 GIS, BIM 등 외부 워크플로우와의 포맷 호환성을 함께 제공한다.

도입 효과

iTwin Capture Modeler의 도입은 공정 관리, 기술적 신뢰성, 의사결정 효율성 측면에서 종합적인 효과를 제공한다. 자동화된 현실 모델 생성과 고속 처리 기반의 워크플로우는 현장 조사 및 모델 구축에 소요되는 시간을 단축시켜 공정 관리의 효율성을 높이며, 고정밀 현실모델과 정사영상 등의 활용은 설계 검토와 시공 검증 과정에서 데이터 기반의 객관적인 판단을 가능하게 한다. 또한 BIM•GIS·디지털 트윈 플랫폼과 연계된 현실 모델의 공유는 부서 간 데이터 단절을 최소화하고, 동일한 기준 데이터에 기반한 의사결정을 지원함으로써 품질 관리 수준과 프로젝트 전반의 리스크 관리 역량을 동시에 향상시키는 데 기여한다.

디지털 트윈 기반 몰입형 시각화 클라우드 플랫폼

iTwin Engage

개발 Bentley Systems, www.bentley.com
자료 제공 벤틀리시스템즈코리아,
02-557-0555, https://ko.bentley.com

iTwin Engage(아이트윈 인게이지)는 차세대 인프라 시각화 플랫폼으로 비전문가도 Unreal Engine(언리얼 엔진) 기반의 포토리얼리스틱 3D 경험을 노코드로 제작이 가능하다. iTwin 클라우드의 실시간 디지털 트윈과 OGC 3D Tiles를 결합해 대규모 인프라 모델을 즉시 스트리밍하며 자동 동기화를 제공한다.

주요 기능

■ Cesium OGC 3D Tiles로 대형 교량·터널 모델을 웹에서 지연 없이 로드하고 Unreal Engine으로 영화급 품질의 실시간 렌더링 수행

■ 노코드 인터페이스로 타임라인·카메라 경로·3D 객체(차량·인원·식생)를 배치해 공청회용 스토리텔링 경험을 직관적으로 구성

도입 효과

■ 공청회·투자 설명회에서 2D 도면 대신 "미래 현장 체험"으로 이해관계자 설득력 극대화하고 설계 리뷰 시간을 일 단위에서 시간 단위로 단축

■ 모든 팀원이 시각화 전문가 없이도 최신 iTwin 데이터를 활용해 협업하며 재작업과 의사결정 지연을 제거

적용 분야

국내 인프라 사업의 설계리뷰·공공협의·투자IR에 최적화

인프라 설계용 CAD 플랫폼

MicroStation

개발 Bentley Systems, www.bentley.com
자료 제공 벤틀리시스템즈코리아,
02-557-0555, https://ko.bentley.com

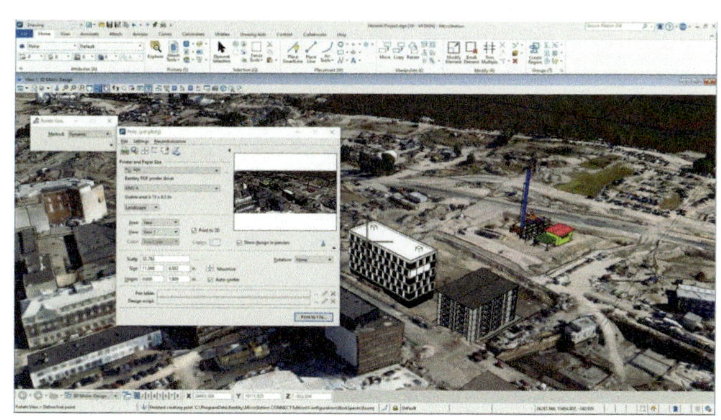

MicroStation(마이크로스테이션)은 인프라 프로젝트를 위한 2D CAD와 3D 설계를 통합한 다목적 설계 플랫폼으로, DWG·DGN·포인트클라우드 등 모든 데이터 형식을 변환 없이 네이티브 지원하며 대용량 프로젝트도 안정적으로 처리한다. 지리공간 데이터와 현실 모델링을 자동 통합해 실제 현장 맥락에서 설계하며, CAD 표준 강제 적용과 고품질 2D/3D 문서화로 프로젝트 품질을 보장한다.

주요 기능

■ 2D 도면 제작, 3D 모델링·렌더링, 데이터 분석·시각화, 애니메이션 생성을 지원하며, 리본 인터페이스와 Python 편집기로 생산성을 높이고 Google Maps·3D Tiles 통합으로 지리공간 기능을 강화한다.

■ 대규모 포인트클라우드 최적화, Excel 통합 보고서, 시트 인덱싱 자동화, Item Types 기반 속성 관리로 복잡한 인프라 데이터를 효율적으로 처리한다.

도입 효과

■ 대용량 프로젝트에서 충돌 없이 안정적으로 작업하며, 데이터 호환성으로 협업 효율을 높이고, BIM 문서화로 규제 제출과 이해관계자 검토를 가속화한다.

■ 현실 데이터 통합으로 설계 정확성을 높이고, 자동화 도구로 반복 작업을 줄여 생산성을 향상시키며, 인프라 전 분야(도로·교량·유틸리티·건물)에서 표준화된 워크플로를 실현한다.

적용 분야

건설사·설계사·공공기관, 전 세계 인프라 프로젝트 담당자

BIM 기반 공사비(5D) 공정관리(4D) 자동화 솔루션

NaviQ Ver 2.0

개발 및 공급 글로텍, 02-2103-2400,
www.naviq.co.kr

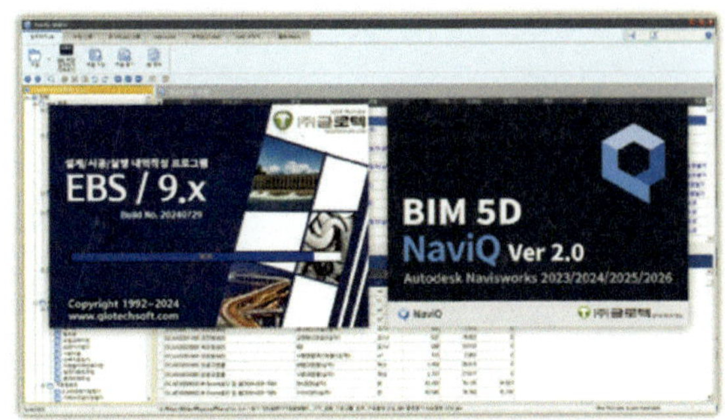

NaviQ(나비큐)는 BIM 기반의 공정(4D)–공사비(5D)산출 통합 솔루션으로, BIM 모델을 활용하여 정확하고 신속한 물량 및 공사비 내역서를 제공하는 CBS 기반 5D BIM 솔루션이다.

주요 기능

BIM 데이터를 활용한 물량 산출

- NWD(Navisworks 포맷) 기반의 모듈로 상용 BIM 설계 툴 환경에 구애받지 않는 SW 환경 구축
- BIM 모델 기반의 정확한 물량 산출로 설계 변경에 대한 빠른 대응 가능
- 산출된 물량데이터와 3D 모델 객체를 제공하여 시각적 검토 기능을 제공

SBS(WBS) 단위 물량 분개 및 CAD 산출 물량 산입

- BIM 산출 물량을 SBS(WBS)단위의 물량 분개하여 시공 BIM 물량 관리 가능
- 수동(CAD)물량을 SBS(WBS)단위로 물량 분개하여 기성 관리와 연계 가능
- BIM 기반의 자동, 연동(산식) 산출 데이터와 통합하여 원가 산정 정밀도 확보
- BIM 기반의 산출이 불가능한 공종에 대한 수동 산입 가능

EBS(설계/시공/실행 내역작성 프로그램) 기반 공사비 내역 일위대가 DB 활용

- CBS 내역 일위대가 DB 기반 템플릿 DB 지원
- 기존 내역 산출 시스템(EBS)과의 데이터 연속성 유지 가능
- 발주자 및 프로젝트 특성에 따른 사용자 CBS 템플릿 DB 구축 및 활용 가능

통합 Matrix를 통한 CBS-SBS(WBS) 내역서 산출

- 통합 Matrix를 통한 CBS-SBS(WBS) 조합의 5D 내역서 자동 생성
- BIM 기반 자동/연동/수동 물량 합산을 통한 비용-공정(기성) 통합 관리 가능
- Excel 내역서 출력을 통한 EBS 내역프로그램과 연동 가능

상용 공정관리 SW 연동을 통한 비용-일정 통합관리

- 상용 공정관리 SW(Primavera 등)와 양방향 연동 가능
- BIM 5D 내역 정보 기반 일정-비용 연동을 통한 통합 관리 최적화 가능
- CBS-SBS(WBS) Matrix 기반 5D 수량 및 공사비 내역서, 공정 Chart 등 통합 관리 가능

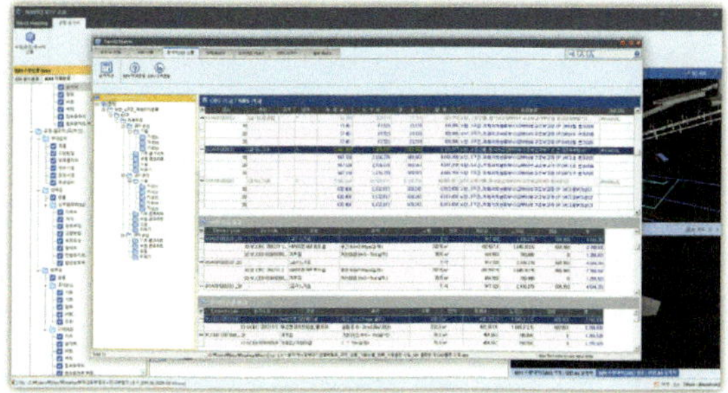

도입 효과

수량 산출 자동화

- ■ BIM 데이터에서 길이, 면적, 체적 등과 같은 수량 데이터를 자동으로 추출
- ■ 수량 산출의 정확도는 높이고 소요 시간은 대폭 감소

공사비 자동 연동

- ■ CBS(공사비 내역) DB와 OBS/WBS 간 연계를 통한 공사비 산출
- ■ EBS 공사비 내역작성 프로그램 연동을 통한 정확 · 신속한 공사비 관리

기성 관리까지 연계 가능

- ■ 실적 기반 물량을 자동으로 분개하고 WBS 기반 기성 공정관리까지 연계 가능
- ■ 발주기관의 기성 검토 기준에 대한 손쉬운 대응 가능

설계사/시공사/발주기관 모두를 위한 플랫폼

- ■ BIM 데이터 기반의 정밀한 내역서 산출로 설계/시공 원가 통제 효율 극대화
- ■ 투명한 기성 관리를 통한 발주기관의 재무 리스크 최소화 및 통제력 강화

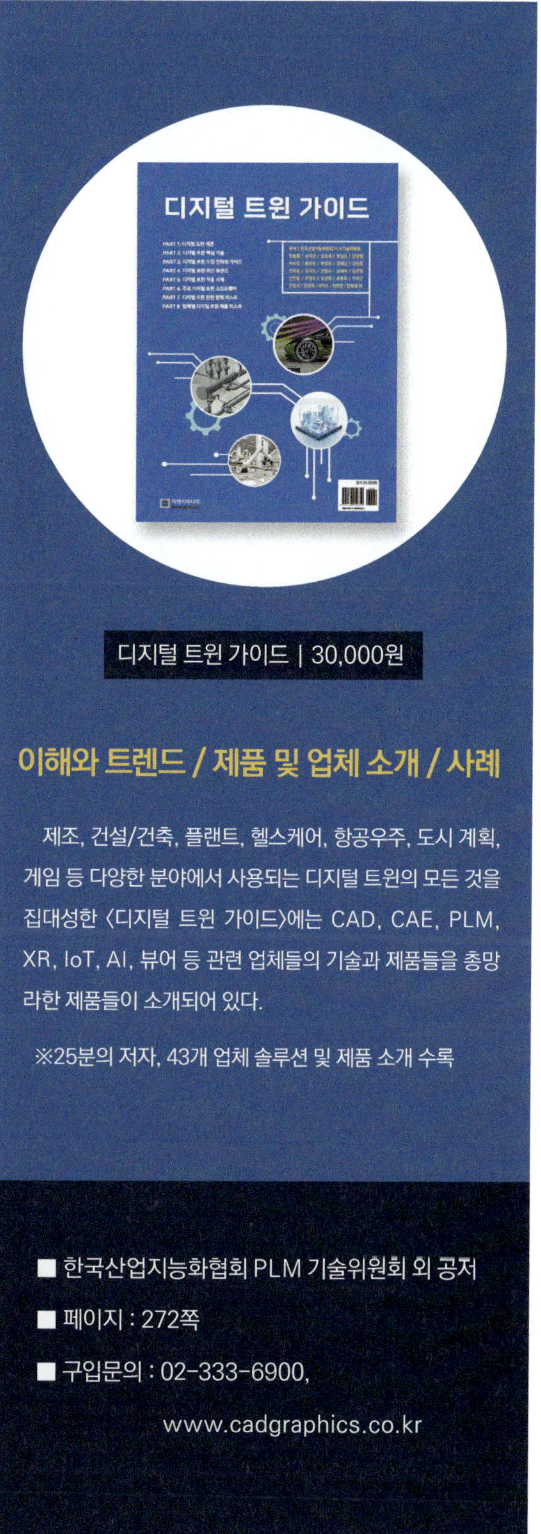

AI 판단을 실제 운영 결정으로 전환하는
의사결정 시스템

NAX Ops

개발 및 공급 이에이트, 02-6410-2802,
https://e8ight.co.kr

NAX Ops(넥스 옵스)는 AI와 디지털 트윈이 도출한 판단 결과를 실제 운영 행동으로 전환하는 실행 중심의 운영 의사결정 시스템이다.

기존 운영 시스템은 상태 모니터링과 분석 결과 제공에 머물렀고, 최종 판단과 실행은 사람에 의존해 왔다. 이로 인해 대응 지연, 판단 편차, 휴먼 에러가 반복되었으며, 대규모·복합 운영 환경에서는 운영 안정성과 효율성 저하로 이어지는 한계가 존재했다.

NAX Ops는 운영 규칙, 정책, 대응 매뉴얼, 업무 프로세스를 시스템 내부에 내재화함으로써 이러한 한계를 해결한다. AI와 디지털 트윈의 판단 결과를 단순 참고 정보로 남기지 않고, "그래서 지금 무엇을 해야 하는가"를 시스템이 직접 결정하고 실행까지 연결한다.

즉, NAX Ops는 단순한 모니터링이나 리포팅 도구가 아니라, 판단 → 결정 → 실행이 하나의 흐름으로 이어지는 운영 자동화 플랫폼이다. NAXiS는 AI가 '어떻게 판단해야 하는지' 정의하는 플랫폼이고, NAX Ops는 그 판단을 '무엇을 실행할지' 전환하는 시스템이다.

주요 특징

Decision-to-Execution 구조

NAX Ops는 AI와 디지털 트윈의 판단 결과를 단순한 참고 정보로 제공하는 데 그치지 않고, 실제 운영 결정과 실행으로 직접 연결하는 구조를 제공한다. 분석·판단·결정·실행이 하나의 흐름으로 이어져, 운영 현장에서 발생하던 판단과 실행 간의 단절을 근본적으로 제거한다.

운영 규칙·정책의 시스템화

문서나 특정 담당자의 경험에 의존하던 운영 규칙, 대응 매뉴얼, 정책을 구조화된 시스템 로직으로 관리한다. 전문가의 의사결정 기준이 시스템에 내재화됨으로써, 운영은 개인 의존에서 벗어나 표준화되고 재사용 가능한 체계로 전환된다.

디지털 트윈·시뮬레이션 기반 상황 인식과 판단

디지털 트윈 플랫폼 NDX Pro를 통해 설비, 자원, 환경, 운영 상태를 가상 공간에서 종합적으로 인식하고, NFLOW Ai 시뮬레이션을 통해 다양한 상황 변화에 따른 결과를 사전에 예측한다. 이를 통해 운영 판단은 경험과 직관이 아닌 데이터 기반 근거 위에서 이루어진다.

이벤트 기반 실행 및 폐루프 운영

이상 상황이나 상태 변화가 발생하면 이벤트 기반으로 자동 실행이 트리거되며, 판단 → 실행 → 결과 → 재학습으로 이어지는 폐루프 운영 구조가 구현된다. 이를 통해 실시간·선제적 대응과 지속적인 운영 최적화가 가능해진다.

단계적 자율 운영 확장 구조

NAX Ops는 완전 자동화를 전제로 하지 않고, 판단 보조 → 승인 기반 실행 → 정책 기반 운영으로 단계적으로 확장 가능한 구조를 제공한다. 조직의 운영 성숙도와 현장 수용도에 맞춰 안전하게 자율 운영 체계로 전환할 수 있다.

기대 효과

NAX Ops는 기존의 수동·사후 대응 운영에서 벗어나, 선제적·자율 운영 체계로의 전환을 가능하게 하는 실행 중심 운영 시스템이다.

운영 패러다임 전환: '보는 시스템'에서 '움직이는 시스템'으로의 전환

NAX Ops는 운영 상태를 표시하고 보고하거나 알림을 제공하는 데 그치지 않는다. 운영 상황에 대한 판단과 실행까지를 하나의 흐름으로 연결함으로써, 상태 중심의 모니터링 시스템에서 실제 운영 행동을 수행하는 실행 중심 시스템으로 운영 패러다임을 전환한다. 이 과정에서 반복적인 운영 판단과 조치가 자동화되어, 운영자는 일상적인 대응 업무가 아닌 고도화된 의사결정과 관리 업무에 집중할 수 있다.

선제적 대응을 통한 운영 대응 속도 향상

이상 상황이나 이벤트 발생 시 사람이 판단하고 지시하던 단계를 제거함으로써, 대응 속도가 획기적으로 향상된다. 사후 대응 중심의 운영 방식은 선제적이고 즉각적인 대응 체계로 전환되어, 운영 리스크를 사전에 최소화할 수 있다.

휴먼 에러 감소 및 운영 안정성 강화

표준화된 규칙과 정책에 따라 시스템이 일관되게 판단하고 실행함으로써, 개인의 숙련도나 상황에 따른 판단 오류가 감소한다. 이를 통해 전반적인 운영 안정성과 시스템에 대한 신뢰성이 강화된다.

대규모·복합 환경에서도 일관된 운영 품질 및 비용 효율 확보

운영 규모가 확대되거나 환경이 복잡해지더라도 동일한 기준과 실행 로직이 적용되어, 현장·시스템·조직 간 운영 품질 편차를 최소화할 수 있다. 자동화된 판단과 실행을 통해 운영 인력 의존도가 감소하며, 장기적으로 인건비와 운영 비용 절감 효과를 기대할 수 있다.

결과적으로 NAX Ops는 분석 결과를 보여주는 시스템이 아니라, 실제로 현장을 움직이는 '실행형 AI 운영 플랫폼'으로서, 운영을 사람 중심의 대응 체계에서 시스템 중심의 자율 운영 체계로 전환한다.

온톨로지 기반 데이터 지능 플랫폼

NAXiS

개발 및 자료 제공 이에이트, 02-6410-2802,
https://e8ight.co.kr

NAXiS(넥시스)는 운영 데이터를 '의미 중심 구조'로 재정의하여, AI와 분석 시스템이 동일한 기준으로 이해하고 판단할 수 있도록 만드는 온톨로지 기반 데이터 지능 플랫폼이다.

기존 데이터 환경에서는 시스템과 조직별로 데이터 정의가 달라, 동일한 데이터에도 해석과 판단이 일관되지 않았고, 그 결과 AI는 같은 질문에 서로 다른 답을 내놓거나 운영 맥락을 충분히 반영하지 못하는 한계를 보여 왔다. 데이터가 축적될수록 이러한 문제는 더욱 심화되어 AI 결과에 대한 신뢰성 저하로 이어졌다.

NAXiS는 이러한 문제를 AI 모델의 성능이나 알고리즘의 고도화로 해결하려 하지 않는다. 대신, AI가 판단의 근거로 삼는 데이터 자체의 의미와 기준을 먼저 정립하는 데 집중한다. 자산, 설비, 공정, 이벤트, 규칙 등 운영 환경을 구성하는 요소들을 온톨로지 기반의 개념 체계로 구조화하고, 데이터 간의 관계와 맥락을 명시적으로 정의함으로써 모든 AI와 애플리케이션이 동일한 의미 체계 위에서 작동하도록 한다.

이를 통해 NAXi는 조직 내에 분산된 데이터를 단순히 연결하는 수준을 넘어, 전사적으로 신뢰할 수 있는 단일 진실 공급원(Single Source of Truth)을 구현한다. 결과적으로 NAXiS는 AI를 하나 더 만드는 플랫폼이 아니라, AI가 정확하고 일관되게 판단할 수 있도록 만드는 '판단 기준의 플랫폼'으로 기능한다.

주요 특징

도메인 온톨로지 기반 모델링

자산, 설비, 공정, 이벤트, 규칙 등 운영을 온톨로지 기반의 개념 체계로 모델링하고, 데이터 간의 관계와 인과 구조, 맥락을 명시적으로 정의한다. 이를 통해 현장에 축적된 암묵적 지식과 경험을 재사용 가능한 디지털 지식 자산으로 전환한다.

의미 기반 데이터 통합

분산된 시스템과 이기종 데이터를 포맷이나 저장 구조가 아닌 '의미' 기준으로 연결하여 데이터 사일로를 해소하고, 전사 단일 진실 공급원(SSoT)을 구현한다.

추론 및 관계 기반 판단 엔진

규칙 기반 추론과 관계·그래프 기반 분석을 결합해 단순 통계 분석을 넘어선 판단을 수행한다. 복합적인 운영 상황 속에서도 결과만 제시하는 것이 아니라, 그 원인과 맥락을 함께 도출함으로써 AI 판단의 설명 가능성과 신뢰성을 높인다.

AI·LLM·Agent 연계 최적화 구조

LLM, AI 에이전트, 다양한 분석 모델과 직접 연계되도록 설계되어 있으며, 온톨로지 기반 RAG 구조를 통해 AI가 항상 올바른 맥락과 기준을 참조하도록 한다. 이를 통해 환각(hallucination)과 오판 가능성을 줄이고, AI 결과의 일관성과 정확도를 향상시킨다.

AI 비종속 개방형 아키텍처

특정 AI 모델이나 벤더에 종속되지 않는 개방형 구조로 설계되어, 다양한 AI 및 외부 솔루션과 API 기반으로 연동할 수 있다. AI 교체나 확장 시에도 동일한 판단 기준을 유지할 수 있어, 장기적으로 안정적인 플랫폼 운영이 가능하다.

기대 효과

NAXiS는 기존 AI 시스템에서 반복적으로 발생하던 데이터 해석 불일치와 판단 편차 문제를 근본적으로 해소함으로써, AI가 일관된 기준 위에서 판단할 수 있는 구조를 제공한다.

데이터 해석 불일치 해소 및 일관된 판단 기준 확립

시스템과 조직마다 다르게 정의되던 데이터의 의미와 관계를 온톨로지로 구조화함으로써, AI와 분석 시스템이 동일한 기준으로 데이터를 이해하고 판단하도록 한다. 이를 통해 같은 질문에 서로 다른 답을 내놓던 기존 AI 환경의 근본적인 한계를 해소하고, 조직 전반에 일관된 판단 체계를 구축한다.

모델 중심에서 데이터·지식 중심 구조로의 전환

AI 모델 교체·확장에도 동일한 의미 체계 위에서 작동하도록 함으로써 판단의 연속성과 안정성을 확보한다.

사일로 데이터 해소를 통한 상황 인식 및 원인 분석 고도화

분산된 시스템과 이기종 데이터를 의미 기준으로 연결해 통합 지식 그래프를 구축함으로써 데이터 사일로를 해소한다. 데이터 간 인과관계와 맥락이 구조화되어, 복합 운영 환경에서도 단순 이벤트 감지를 넘어 정확한 상황 인식과 원인 파악이 가능해진다.

AI 확장 대응력 확보 및 자율 운영 체계 기반 마련

특정 AI 모델이나 벤더에 종속되지 않는 구조를 통해 AI 확장·교체 시 재개발을 최소화하고, 장기적인 운영 안정성과 비용 효율성을 확보한다. 여기에 NAX Ops(넥스 옵스)가 결합될 경우, NAXiS에서 정립된 판단 기준이 곧바로 실행으로 이어지며 자율 운영 체계 구현의 기반이 완성된다.

결과적으로 NAXiS는 데이터 → 정보 → 지식 → 판단으로 이어지는 흐름을 구조화하여, AI를 더 똑똑하게 만드는 것이 아니라 AI가 틀리지 않게 만드는 기반 플랫폼이다.

실시간 현장 연결 플랫폼 기반 AX

NEXPOM,
Safely, Widdy

개발 및 자료 제공 위즈코어,
02-3273-2608, www.wizcore.co.kr

위즈코어의 솔루션은 스마트건설과 산업 현장의 안전 관리 방식을 기존의 사후 점검 중심에서 실시간 연결 및 AI 기반 예측 중심 운영 체계로 전환하는 통합 AX(AI Transformation) 플랫폼이다. 5G 특화망을 통해 현장의 사람, 장비, 설비, 환경 데이터를 지연 없이 수집하고 이를 종합적으로 해석하여 사고 징후를 사전에 감지한다. 특히 추락, 충돌, 끼임 등 중대사고 가능성을 AI가 판단하여 지능형 안전 운영 환경을 제공한다.

주요 특징

■ **예측 중심의 안전 운영:** 사고 발생 후 기록에 머물지 않고, AI가 작업자 행동과 설비 상태 간의 복합 관계를 분석하여 위험 징후를 조기에 탐지한다.

■ **5G 특화망 기반 초저지연 연결:** 유선 및 Wi-Fi의 한계를 극복하여 대규모 야외 건설 현장에서도 영상 및 센서 데이터를 안정적으로 실시간 전송한다.

■ **단일 안전 관제 체계:** 분산된 CCTV, 센서, 작업 정보를 하나의 플랫폼으로 통합하여 관리자가 현장 전체의 위험 상태를 직관적으로 파악할 수 있다.

■ **데이터 기반 AX 구현:** 관리자의 경험에 의존하던 방식에서 벗어나 데이터에 기반한 객관적이고 재현 가능한 안전 의사결정 구조를 실현한다.

주요 기능

실시간 현장 연결 및 가시화: 5G 기반으로 작업자, 장비, 영상을 지연 없이 연결하고 현장 상황을 단일 화면에 실시간으로 시각화한다.

■ **AI 위험 예측 및 경고:** 행동·환경 데이터를 분석해 사고 가능성을 사전 판단하고, 위험 수준별로 작업자와 관리자에게 즉시 알림을 제공한다.

■ **자동 대응 및 제어 연계:** 위험 상황 시 작업 중지, 출입 통제, 장비 및 로봇 제어 등 즉각적인 안전 조치를 자동으로 수행한다.

■ **데이터 축적 및 확장:** 안전 이력을 자동 저장하여 지속적인 개선을 지원하며, 건설 외에 제조, 플랜트 등 다양한 현장에도 유연하게 적용 가능하다.

도입 효과

점검 중심의 안전 관리를 예측 대응 체계로 혁신하여 중대사고 발생 가능성을 실질적으로 감소시킨다. 위험 인지부터 장비 제어까지 자동 연계되어 현장 대응 속도가 향상되며, 인력 부족이나 고령화 환경에서도 데이터 기반의 객관적인 안전 관리가 가능해져 운영 부담을 효과적으로 완화할 수 있다.

클라우드 기반 디지털 트윈 플랫폼

Nextspace

개발 Nextspace, www.nextspace.com
자료 제공 알씨케이, 02-575-0877,
www.rckorea.net

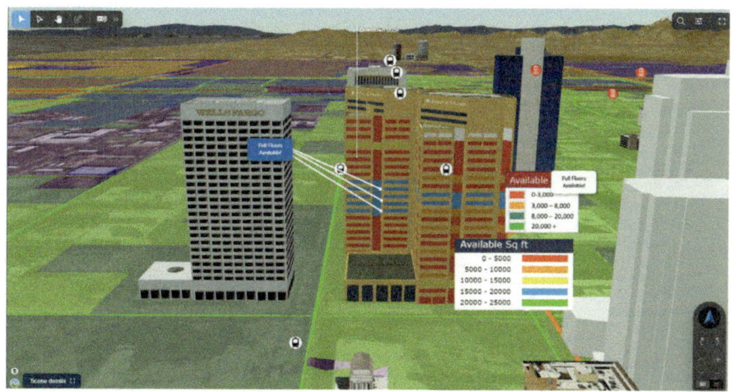

Nextspace(넥스트스페이스)는 디지털 트윈 기술을 기반으로 GIS, CAD, BIM, 2D/3D 데이터를 통합/시각화 하여 스마트 시티, 산업현장, 건설 분야 등 다양한 분야의 통합 실시간 협업, 분석/예측과 데이터 기반 의사결정 가능하게 하는 솔루션이다.

주요 특징

■ 광범위한 자산 데이터 통합관리 가능 (Any format, Location or geometry)
■ 온톨로지 데이터 모델링 통한 AI/ML 통합 지원
■ 실시간 데이터 수집 및 통합 기능
■ 클라우드 네이티브 아키텍처

주요 기능

■ 데이터 통합: 다양한 데이터 소스를 온톨로지 기반으로 연결하여 통합
■ 디지털 트윈 구축: 시설물/장비/시스템 등에 대한 통합 관리 환경 제공
■ AI 및 시뮬레이션 지원: AI/LLM 활용, 시뮬레이션 통한 예측 및 최적화

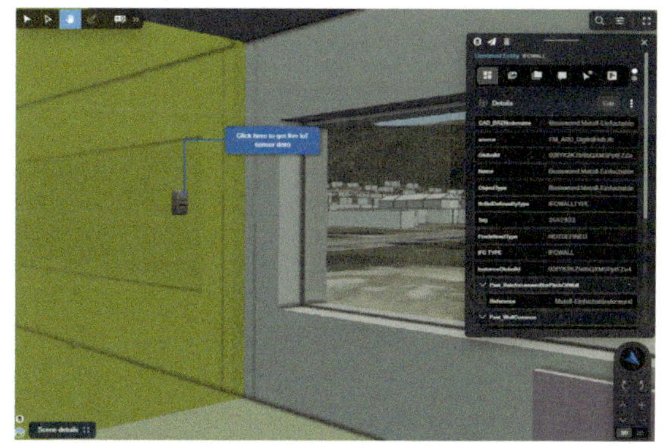

■ 확장성/연결성: 프로젝트/도시 디지털 트윈 네트워크 구축

도입 효과

■ 스마트 시티: 도시/인프라/자산 관리 및 운영 최적화
■ 산업현장: 장비/설비 유지보수, 안전관리, 생산성 향상
■ BIM/CAD 데이터 통합으로 건설 및 EPC 프로젝트 효율성 증대

주요 고객 사이트

뉴질랜드 수자원 공사 및 철도 네트워크, Higgins Bitumen Plant

WBS 기반 BIM 데이터 관리 및 내역서
산출 소프트웨어

NeXura M

개발 및 공급

케이씨엠씨, 02-518-4374, kcmc.co.kr

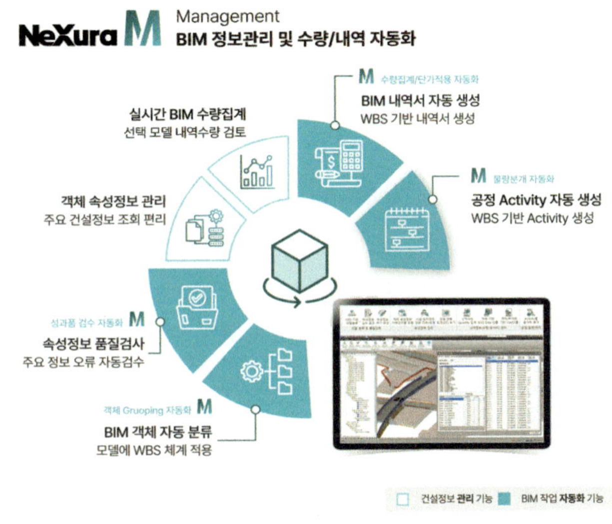

케이씨엠씨는 국내 BIM 초기부터 쌓아온 기술력과 CM의 기술(공정, VE 등) 노하우를 집약하여 BIM 기반 건설사업 업무프로세스에 최적화된 BIM 기반 솔루션인 NeXura(넥슈라)로 고객사의 건설사업 운영 프로세스의 성공적 디지털 전환(DX)을 지원한다. NeXura는 디지털 전환(DX)에 필요한 건설 데이터의 분석, 업무 자동화, 데이터 관리 편의 향상 등의 서비스를 제공하는 토탈 솔루션이다.

주요 특징

건설업계 BIM 확산 및 의무화에 발맞춰 NeXua M은 NeXura 제품군 중 하나로 BIM 프로젝트 관리자와 참여자에게 손쉬운 BIM 데이터 관리방안을 제공한다.

첫째, 표준분류체계(WBS) 기반 BIM 데이터 관리로 데이터 관리의 일관성, 연속성을 확보해준다. WBS를 기준으로 속성정보를 관리하기 때문에 설계, 시공, 유지관리 단계별로 생성되는 건설정보를 WBS Code에 연동하여 일관된 기준으로 관리한다.

둘째, BIM 프로젝트의 관리자 입장에서 정의된 BIM 정보관리 프로세스를 SW사용자 인터페이스(UI)로 구현하여 조작법이 단순하다. 단순한 조작법으로 단기간 교육 후 업무에 활용이 가능하다.

셋째, BIM 수행 시 기존에 수작업으로 진행되었던 작업을 자동화해주는 기능을 제공한다. BIM 통합모델을 프로젝트의 업무체계(WBS)에 맞춰 시설별/공종별로 분류하는 작업, 객체별 속성정보 입력누락, 오기입을 검수하는 작업, BIM 모델과 공사비 산출 소프트웨어를 통해 내역서를 작성하는 작업을 자동화하였다.

주요 기능
BIM 객체 자동 분류

BIM 모델을 구성하고 있는 객체들을 프로젝트WBS 체계에 따라 시설단위, 공종단위로 그룹핑 및 한글 명칭 부여 자동화

속성정보 품질검토 자동화

BIM 객체에 작성되어 있는 속성정보가 프로젝트 요구사항에 부합하게 작성되어 있는지를 기준에 따라 자동으로 검수

객체 속성정보 관리

객체에 작성되어 있는 속성정보를 BIM 수요기관의 데이터 체계에 맞춰 조회하거나 객체에 연동된 속성정보 관리 가능

실시간 BIM 수량 집계

단일 또는 복수 객체를 사용자가 선택 시 내역항목별(공종별) 내역적용수량 집계결과를 실시간으로 확인 가능

BIM 내역서 자동 생성

■ WBS 기준 내역수량 집계 및 공사비 계산
BIM 모델에 있는 수량을 표준분류체계(WBS)에 맞춰 공종별로 집계하고, 공사비 기준대가와 간접공사비 산출식 따라서 직접공사비와 간접공사비를 자동 계산
■ 객체+비객체 통합 공사비내역서1식 생성
BIM 모델에 기반하여 집계된 객체 수량정보와 현장사무실이나 품질시험과 같이BIM 모델과 별도로 관리되는 비객체 수량정보를 합산하여 프로젝트의 총공사비를 관리 가능한 공사비 내역서 1식 생성

공정 Activity 자동 생성 : 프로젝트 표준분류체

(WBS)를 기준으로 액티비티(Activity)별 물량분개가 완료된 공정 액티비티 데이터 세트 생성

도입 효과

프로젝트 관리자 중심의 BIM 설계데이터 운용과 검증으로 BIM 성과품 수요자 중심의 프로젝트 관리 및 운용체계 확립이 가능하다. 또한 기존에 수작업으로 수행하던 WBS 기반 모델분류, 속성정보 품질검토, BIM 공사비 내역서 산출 작업을 자동화하여 BIM작업생산성을 향상시키시고 설계변경(BIM 변경)에 유연한 대응이 가능하다.

주요 고객 사이트

■ **발주기관** : 자체적으로 확인 가능한 정보조회 기능으로 수급사 제출 데이터 관리 효율화
■ **설계사** : BIM 성과품(내역서, 산출서 등) 작성과정 간소화 및 자체 품질 검수
■ **시공사** : 공사 현황에 따라 시설/객체별 정보조회 및 내역/수량집계 기능으로 기성업무 활용
■ **교육** : 고객사 대상 S/W 컨설팅 및 수시·정기 교육

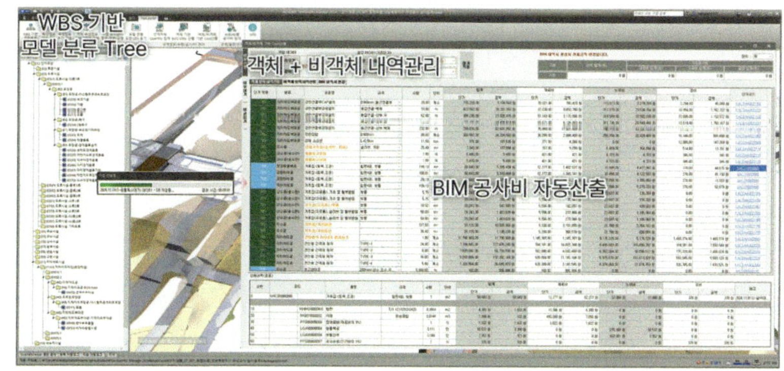

◀ NeXura M 사용자 화면(공사비 산출)

스마트 안전 시공을 위한 시공 시뮬레이터

NeXura S

개발 및 공급

케이씨엠씨, 02-518-4374, kcmc.co.kr

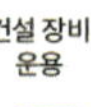

다양한 현장 3D 오브젝트 | BIM 모델과 실제 제원 장비 운용 | 구조물과 장비 간 충돌 검토 기능

케이씨엠씨의 DX 토털 솔루션 NeXura(넥슈라) 제품군 중 'NeXura S'는 스마트 안전 시공을 위한 최적의 솔루션으로, BIM 및 실제 장비 데이터(제원 등) 기반의 시공 시뮬레이터이다. 장비 운영 계획 검토 기능을 제공하며, 복합 양중, 충돌 및 간섭 검토 등 다양한 현장 시뮬레이션 기능을 통해 시공 안전성과 효율성을 향상시킬 수 있다.

주요 특징

BIM 모델과 주변 지형 데이터를 활용하여 설계/시공 데이터 기반의 디지털 트윈 시공현장을 구현한다. BIM 모델을 활용한 장비 시뮬레이션 수행환경을 제공하며, 실제 장비의 역학적 움직임과 인양물 거동까지 반영한 장비 시뮬레이션으로 현장과 유사한 몰입감을 제공한다.

단순한 3D 시각화 애니메이션이 아닌, 실장비의 제원 데이터를 반영하여 장비 배치 검토, 안정성 분석, 작업 효율성 평가 등 다양한 운영 시나리오 검증이 가능하다. 더불어, 장비 운용에 대한 시뮬레이션 결과 데이터를 자동으로 정리하여 보고서 및 프레젠테이션 자료 등 성과품으로 활용 가능하도록 시뮬레이션 리포팅 기능을 제공한다.

주요 기능

■ BIM 성과품 기반 시뮬레이션 환경 구축 : 별도 BIM 소프트웨어 설치 없이 설계/시공 BIM 데이터를 활용하여 시공현장의 작업환경과 동일한 환경을 구성하여 신뢰도 높은 시뮬레이션이 가능

■ 다각도 시점 현장 조망 : 보행자뷰, 드론뷰 등 다양한 시점에서 현장을 검토하여 위험 요소와 작업 동선을 다각도에서 사전에 파악 가능

■ 실제원 데이터 반영 장비 배치 및 운용 : 실제원 정보를 반영한 장비의 역학적 거동(붐의 길이와 작업 각도, 거더의 무게)을 사용자가 시뮬레이션하여 작업 과정에서 발생할 수 있는 다양한 상황(작업반경, 동선, 충돌 등)에 대한 사전 검토로 현장 안전성 확보

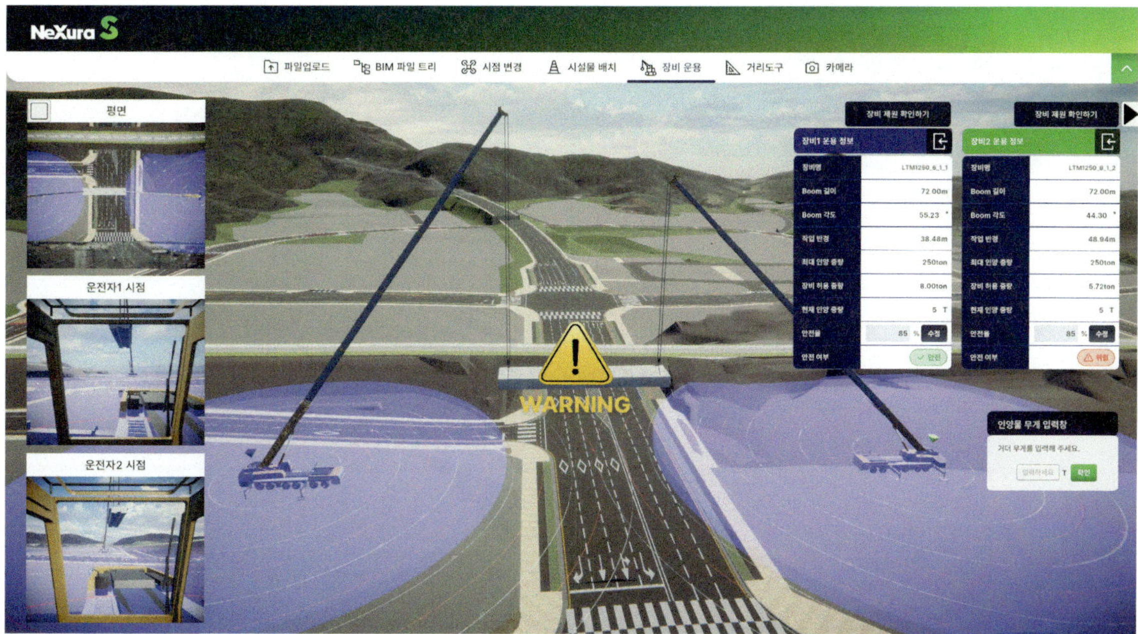

▲ NeXura S 사용자 화면

■ 다양한 장비 조합으로 인양물 양중 작업 검토 : 단일 및 복합 양중 시뮬레이션을 지원하며, 장비의 거동을 시각화하여 직관적으로 확인할 수 있다. 장비 배치와 양중 계획의 타당성을 효과적으로 검토 가능

■ 객체 충돌감지(장비·인력·시설물·지형) : 현장여건을 반영한 사전 충돌 검토를 통해 안전사고를 예방하고 공정 지연 및 재작업을 최소화

■ 시뮬레이션 결과 리포팅 기능 : 시뮬레이션을 통해 검토한 현장상황을 화면 캡처, 시뮬레이션 과정 녹화, 데이터 엑셀 추출을 통해 공유하여 의사결정 지원 및 발주처와 관계자간 커뮤니케이션 개선

도입 효과

타 BIM 소프트웨어 설치 없이 BIM 데이터기반 현장 시공작업 검토환경 구축이 가능하여 간편한 설계와 시공 BIM 데이터 운용이 가능하다. 또한 장비의 실제원 데이터(규격, 안전율 등)와 역학적 거동에 기반한 장비 운용 시뮬레이션을 제공하여 현장의 설계/시공 BIM 데이터에 기반한 현장 작업자 교육, 리스크 분석 작업계획 (작업/배치)검증을 편리하게 수행 가능하다.

주요 고객 사이트

■ 발주기관 : 시공 전 조감도 시뮬레이션을 통해 대국민 홍보자료, 공청회, 민원 대응 등 활용

■ 설계사 : BIM 기반 시뮬레이션을 통해 설계 반영 시각화 뷰어 기능 활용

■ 시공사 : 장비 배치 시뮬레이션을 통한 시공사 안전 리스크 절감

교량 설계·해석·제작 통합 솔루션

OpenBridge

개발 Bentley Systems, www.bentley.com
자료 제공 벤틀리시스템즈코리아,
02-557-0555, https://ko.bentley.com

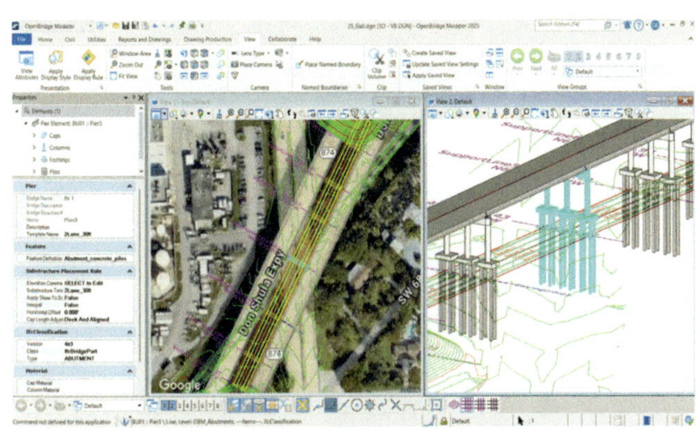

OpenBridge(오픈브릿지)는 교량 물리 모델링(OpenBridge Modeler), 콘크리트·철근교 설계(LEAP Bridge), 강교 해석(RM Bridge)을 단일 애플리케이션에 통합한 종합 교량 엔지니어링 플랫폼으로, BIM 워크플로와 스탠드얼론 모드를 모두 지원한다. 도로·지형·접근로와 교량을 단일 3D 모델에서 통합 설계하며, 충돌 검출·건설성 검토·자동 문서화를 통해 변경 관리와 프로젝트 전달 효율을 극대화한다.

주요 기능

■ 파라메트릭 3D 모델링으로 교각·교면·주형·철근 등을 동적·대화식으로 생성·수정하며, 20개 이상 국제 설계 기준을 지원하는 분석·설계 엔진으로 비선형 거동과 동적 해석 수행

■ 2D 도면, 3D 시각화, 자재량 산출, 캠버 다이어그램, 건설 단계 시뮬레이션, IFC 내보내기를 자동 생성하며, OpenRoads, OpenSite와의 데이터 연계로 전체 인프라 프로젝트를 연속적으로 설계

도입 효과

■ 물리·해석 모델 간 수동 변환 없이 양방향 업데이트로 설계 변경 시간을 단축하고, 충돌 검출과 건설성 검토로 현장 오류를 사전에 제거해 공사 변경과 비용 절감

■ BIM 기반 문서화와 시각화로 이해관계자 협의와 규제 제출을 가속화하며, 교량 설계팀이 도로·지반·배수와 협업해 프로젝트 품질과 일정 준수 강화

적용 분야

교량·터널 전문 엔지니어링사, 공공 SOC 사업부서, 대형 인프라 컨소시엄

도로·고속도로 설계 통합 솔루션 플랫폼

OpenRoad Designer

개발 Bentley Systems, www.bentley.com

자료 제공 벤틀리시스템즈코리아, 02-557-0555, https://ko.bentley.com

OpenRoad Designer(오픈로드 디자이너)는 도로·고속도로 설계 통합 솔루션으로, 도로 프로젝트의 개념 설계부터 상세 설계, 건설까지 전 생명주기를 단일 3D 모델링 환경에서 처리하는 종합 도로 설계 소프트웨어로, 강력한 BIM 기능을 제공한다. 현실 메시·포인트 클라우드·이미지 등 지리 좌표 데이터와 통합되어 실제 현장 맥락에서 설계하며, 계획·단면·횡단면·3D가 실시간 동기화되어 변경 시 모든 뷰가 자동 업데이트된다.

주요 기능

■ 측량·지반공학·배수·지하 유틸리티 등 모든 도로 설계 요소를 지원하며, gINT 지반 데이터베이스와 연동해 지반 모델을 도로 프로파일에 투영하고, 통합 배수 분석으로 최적 흐름을 설계한다.

■ 기하학 규칙 엔진으로 모델 업데이트를 자동화하고, LumenRT 통합으로 고품질 각화·애니메이션을 생성하며, 자동 기계 제어·현장 위치 시스템을 위한 디지털 건설 모델을 출력한다.

도입 효과

■ 설계 변경 시 수동 업데이트 없이 모든 도면·단면·3D가 동기화되어 생산성을 높이고, 현실 데이터 통합으로 현장 충돌을 조기에 발견하며, BIM 기반으로 협업 효율과 건설 품질을 강화한다.

■ 도로 설계팀이 지반·배수·유틸리티를 단일 모델에서 통합 관리해 재작업을 줄이고, 고품질 2D/3D 산출물을 자동 생성해 고객 검토와 규제 대응을 가속화한다.

적용 분야

고속도로·국도 확장, 도시 도로망 개선, 교차로·터널 설계, 스마트시티 교통 인프라, 공공 SOC 사업을 수행하는 도로 설계 전문가와 엔지니어링사

토목 사이트 설계용 AI 통합 클라우드 설계 플랫폼

OpenSite+

개발 Bentley Systems, www.bentley.com
자료 제공 벤틀리시스템즈코리아,
02-557-0555, https://ko.bentley.com

OpenSite+(오픈사이트플러스)는 사이트 엔지니어링에 특화된 최초의 AI 기반 토목 설계 소프트웨어로, 주차장·건물·도로 배치부터 토공·배수 최적화까지 단일 환경에서 통합 설계한다. VHB, Pennoni 등 선도 엔지니어링사의 베타 테스트를 통해 검증된 이 솔루션은 기존 도구 간 전환 없이 수천 개의 레이아웃을 자동 분석해 비용·제약 조건 최적의 설계를 제안한다.

주요 특징

사이트 엔지니어링 분야 최초 AI 기반 통합 설계 플랫폼으로, 주차장·도로·건물 배치부터 토공·배수 최적화까지 단일 환경에서 처리하며, VHB·Pennoni의 베타 테스트를 통해 실전 검증 완료

주요 기능

한번의 클릭으로 수천 개 지형 분석을 실행해 토공량·비용을 50% 최적화하고, 사이트 레이아웃과 배수 계산을 실시간 연동해 규제 기준 자동 준수하며, AI가 라벨링·차수·시트 생성을 자동화해 도면 제작 속도를 10배

향상시킨다.

도입 효과

반복 작업 자동화로 설계 리드타임을 단축하고 토공 비용을 절감하며, 3D 모델로 고객·규제 당국과 실시간 협의해 피드백 반영과 승인 속도를 높이고, 최적화 설계로 환경 영향과 자원 낭비를 최소화한다.

적용 분야

토목·건축 설계사, 스마트시티·신도시 개발사, 공공기관 SOC 사업부서

변전소 설계용 AI 클라우드 협업 모델링 플랫폼

OpenUtilities Substation+

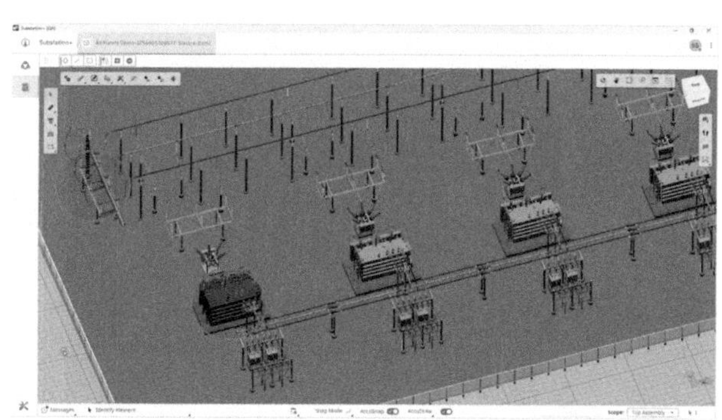

개발 Bentley Systems, www.bentley.com
자료 제공 벤틀리시스템즈코리아,
02-557-0555, https://ko.bentley.com

OpenUtilitie Substation+는 클라우드와 AI를 결합해 노후화된 변전소 인프라를 디지털 트윈 기반으로 현대화하고, 여러 설계자가 동시에 접속해 작업할 수 있는 실시간 협업형 3D 설계 환경을 제공하는 변전소 특화 솔루션이다.

주요 특징

장비와 배선이 단순 도형이 아닌 '의미를 가진 객체'로 관리되는 지능형 3D 모델을 제공해, 규정·이격거리·연결 관계를 자동으로 이해하며, 브랜치 기반 워크플로로 여러 엔지니어가 병렬로 설계해도 단일 디지털 트윈을 일관되게 유지한다.

주요 기능

Bentley Copilot AI가 모델과 방대한 설계 기준 문서를 동시에 읽고 "이 설계가 기준을 만족하는가, 어떤 장비 조합이 적합한가"를 자연어로 질의·검증할 수 있게 해주며, 지능형 심벌·BIS 스키마를 통해 복잡한 변전소 설계도 드래그 앤 드롭 수준으로 빠르게 구성·수정할 수 있다.

도입 효과

동시 협업과 자동 규정 검토, 충돌·간섭 검사로 설계 리드타임과 재작업을 크게 줄이고, 브라운필드 개보수 프로젝트에서도 흩어진 도면과 자산 정보를 하나의 디지털 트윈으로 통합해 규제 심의, 공사 계획, 운영 전환까지 전 단계의 품질과 속도를 높인다.

적용 분야

대형 유틸리티와 송배전 운영사, 재생에너지 개발사

3D 기반 클라우드 통합 관리 시스템

PEDAS-Cloud

개발 및 공급   휴엔시스템, 02-861-0216,
www.huensystem.com

PEDAS-Cloud는 플랜트 엔지니어링 프로젝트의 이해관계자가 온라인에서 최신 PEDAS 및 STAAD 설계 데이터를 공유하며 협업할 수 있는 3D 기반 클라우드 통합 관리 시스템이다.

주요 특징

기존 환경의 문제점

■ 통합 저장소 부재로 인한 Data/3D/문서 간 연계 부족

■ 과거 프로젝트 정보 검색 및 재활용 어려움

■ 업무 단계별 데이터 불연속 → 시간 낭비 및 오류 발생

■ 구성원 간 실시간 의사소통 도구 부재

PEDAS-Cloud의 혁신

■ 실행/견적 프로젝트 최적 운영을 위한 통합 솔루션

■ 빠르고 정확한 데이터 활용 및 관리 체계

■ 체계화된 DB 축적 → Big Data 기반 의사결정 지원

■ PBS 구조별 접근 권한으로 발주처·협력사 모두 활용

주요 기능

Equipment Data Manager

■ Area/Unit별 다양한 Type의 Equipment 통합 관리

 – Vertical Vessel, Heat Exchanger, Pump, Package 등

■ PEDAS-Foundation과 연동 설계, 풍압 자동계산

■ Revision별 데이터 저장 및 Excel Import/Export

Foundation Model Manager

■ PEDAS-Foundation 파일 등록 시 Data/3D 자동 추출·관리

■ 설계 변경 시 Revision 파일만 재등록 → 자동 이력 관리

■ PLP/FLP AutoCAD 도면 통합 자동 생성

Structure Model Manager

■ STAAD, MIDAS, S3D, Tekla 등 다양한 Steel

설계 파일 등록·관리

■ 3D Graphic 통합 시각화 및 File Revision 관리

■ Steel Weight, Fire Proofing, Paint BM 자동 산출

Intelligent FLP/PLP Drawing

■ Center Line, Dimension, Tag 등 자동 일괄 생성

■ Revision 발생 시 추가/변경/삭제 사항 도면에 자동 반영

■ Rev. 비교 기능으로 Cloud Mark 자동 표시

기타 주요 기능

■ BOQ Manager: CBS/WBS 기반 플랜트 토목 물량산출 및 입찰 통합관리

■ 3D Converting Manager: PEDAS 결과물을 S3D/Revit/Tekla 등으로 변환

■ Folder & File Manager: PBS 하위 폴더 구조 생성, Drag & Drop 파일 공유

■ Job Manager: Work-Flow 기반 작업 지시, SNS형 Comment 대화 지원

시스템 구성

■ PEDAS Solutions

  • PEDAS-Foundation: 기초 설계 자동화

  • PEDAS-U/D: 지하 배관 설계

  • PEDAS-Structure / Column Base (개발 중)

■ 통합 Cloud 기능

  • Equipment Data / Concrete & Str. Model Manager

  • 3D Model Importing (NWD), 3D Converter

(S3D/Revit/Tekla)

  • BOQ / Job / File / Drawing Manager

도입 효과

■ 클라우드 기반 통합 작업 환경으로 언제·어디서나 협업 가능

■ 설계 파일 업로드만으로 자동 DB화 → 별도 추가 작업 불필요

■ Equipment/Structure/Foundation 등 플랜트 객체 3D 시각화

■ Revision별 BM 변화 이력 추적 및 객체 간 거리 측정

■ 누적 Project Data를 Big Data로 활용 → 실행/견적 정확도 향상

■ PBS 구조별 권한 관리로 발주처·협력사 등 다자간 접근 지원

주요 고객 사이트

  현대엔지니어링, 현대건설, GS건설, 삼성물산, SK에코엔지니어링, 롯데건설, 두산에너빌리티, 포스코건설, Rekind(인도네시아), Technip Energies(프랑스/이탈리아/인도), Biproraf Sp. z o.o.(폴란드), TOYO Engineering(일본) 등 국내 대형 EPC사 및 해외(인도네시아·프랑스·이탈리아·인도·폴란드) 다수 고객사

워크플로우 기반의 3D 모델링 소프트웨어

SketchUp

개발 트림블, www.trimble.com/en
자료 제공 빌딩포인트코리아, 02-711-7530,
https://buildingpoint.co.kr

스케치업(SketchUp)은 직관적인 인터페이스와 간편한 조작 방식을 바탕으로 누구나 쉽게 3차원(3D) 모델링을 수행할 수 있도록 설계된 설계 소프트웨어다. 복잡한 조작법이 필요한 기존의 2D CAD나 3D 모델링 프로그램과 달리, 스케치업은 선을 그리고 면을 만든 뒤 이를 밀고 당겨 입체를 만드는(Push/Pull) 방식의 워크플로우를 기반으로 개발되었다. 이러한 특징 덕분에 모델링을 처음 접하는 초보자도 비교적 빠르게 사용할 수 있으며, 전문가는 아이디어를 빠르게 3D로 디자인하는 효율적인 도구로 활용되고 있다. 출시 이후 스케치업은 건축 및 인테리어 설계 분야에서 빠르게 확산되었고, 현재는 도시계획, 토목 설계, 조경 디자인, 가구 설계, 제품 디자인, 전시 공간 기획, 게임 배경 제작, 교육용 시각화 등 다양한 산업 분야에서 사용되고 있다.

주요 특징 및 기능

직관적인 모델링 방식

스케치업의 가장 핵심적인 특징은 직관적인 모델링 방식이다. 선(Line), 면(Face), 밀고 당기기(Push/Pull) 기능을 활용해 2D 도형을 바로 3D 형태의 객체로 변환할 수 있다. 몇 번 클릭하는 것 만으로 3차원 공간을 빠르게 구성할 수 있으며 정확한 수치를 기반으로 정밀한 설계도 가능하다.

방대한 3D 모델 라이브러리

세계 최대 규모의 온라인 저장소인 3D Warehouse에서 브랜드에서 업로드한 가구, 전자제품, 차량, 조경 요소 등 방대한 3D 모델을 다운로드 받을 수 있다. 필요한 모델을 설계에 즉시 활용할 수 있어 작업 시간을 크게 단축할 수 있다.

확장 기능 지원

스케치업은 확장 프로그램(Extension)을 통해 원하는 기능을 자유롭게 추가할 수 있다. 렌더링, 곡면 모델링 등 기본 기능으로 제공되지 않는 기능을 추가할 수 있어 사용자 맞춤형 워크플로우를 구축할 수 있다.

다양한 기기 및 클라우드 지원

스케치업은 웹, 데스크톱, 아이패드 등 다양한 환경을 지원한다. 또한, 클라우드 스토리지인 트림블 커넥트를 활용해 모든 기기에서 파일을 동기화하여, 장소의 제약 없이 효율적인 설계 작업을 이어갈 수 있다.

매년 업그레이드되는 스케치업

스케치업은 매년 사용자 피드백을 반영하여 새로운 기능들을 추가하고 있다. 특히 2025년도에 추가된 v2025, v2026 버전에서는 실시간 협업 기능과 AI 기능을 통해 스마트한 워크플로우를 지원하여 사용자 생산성을 극대화했다.

성능 최적화 및 안정성 향상

대규모 도시 모델과 같은 복잡한 모델에서도 속도 저하 없이 안정적으로 작업할 수 있도록 엔진을 최적화했으며, 모델 로딩 속도와 화면 반응성도 크게 개선되어 대용량 데이터 처리 효율이 높아졌다.

그래픽 엔진 및 시각화 개선

그림자, 음영, 재질의 품질이 대폭 향상되어 기본 작업 화면에서도 사실적인 모델 표현이 가능하다. 특히 물리 기반 렌더링(PBR) 재질과 환경 기능이 추가되어 더욱 사실적인 조명과 반사 표현이 가능해졌다.

클라우드 기반 실시간 협업 추가

이제 트림블 커넥트를 통한 실시간 협업 기능을 제공한다. 공유 링크를 통해 프로젝트 참여자들이 실시간으로 진행 상황을 검토하고 수정 사항을 주고받음으로써, 물리적 공간의 한계를 극복하고 협업 효율을 극대화할

수 있다.

AI 기능 도입

새롭게 추가된 AI Assistant와 AI Render는 사용자의 워크플로우를 혁신하여 작업 시간을 획기적으로 단축한다.

■ **AI Assistant** : 공식 문서를 바탕으로 기술적 답변을 제공한다. 텍스트 및 첨부 이미지를 3D 모델로 생성한다.
■ **AI Render** : 입력한 텍스트와 스케치업 모델을 기반으로 이미지를 생성한다.

데이터 호환성 개선

DWG, IFC 등 다양한 설계 포맷과의 호환성을 개선하여 다른 소프트웨어와의 연동이 매끄러워졌다.

스케치업은 직관적인 조작과 빠른 모델링을 바탕으로 3D 모델링의 대중화를 선도한 대표적인 모델링 프로그램이다. 2025 버전에서 성능 안정성과 시각적 품질을 대폭 강화했다면, 2026 버전에서는 혁신적인 AI 기능과 실시간 협업 시스템을 도입하여 사용자 워크플로우의 비약적인 발전을 이루었다. 이처럼 스케치업은 단순한 모델링 도구를 넘어 설계, 시각화, 협업을 아우르는 종합 설계 플랫폼으로 진화하고 있다.

범용 유한요소 해석 프로그램

Strand7

개발 Strand7, www.strand7.com
자료 제공 씨앤지소프텍, 02-529-0841, www.cngst.com

Strand7은 복잡한 모델을 정확하게 분석하기 위한 고도의 자동화된 모델링 기능을 이용하여 구조, 열, 전자기 및 유체, 동역학 등을 포함하는 멀티피직스 문제를 간편하게 분석할 수 있는 유한요소 모델링 기능과 강력한 해석 솔버를 제공하고 있는 범용 유한요소 해석 소프트웨어이다.

주요 특징

파라메트릭 및 기하 모델링

직관적이고 쉬운 그래픽 사용자 인터페이스는 전체 모델링 프로세스를 처음부터 끝까지 작업이 가능하다. 번거로운 Geometry 수정 작업을 거치지 않고 바로 모델링 작업을 수행할 수 있으며, 국부적인 영역에 대한 메시 사양을 정의와 CAD와의 커플링을 통해 CAD에서 정의한 영역 및 파라미터 정보를 가져올 수 있다.

General Equation Input

수학 방정식을 사용하여 다양한 수식 데이터를 입력할 수 있다.

모델 호환

DXF, IGES, STEP, Stereo-Lithography file Import / Export

MSC/NASTRAN, ANSYS, STAAD-Pro, SAP2000 file Import / Export.

요소 및 재료

Strand7은 1D Beam, 2D Plate & Shell, 3D Brick, Contact, Cable, Damper 등의 다양한 요소 및 전세계 다양한 규격의 Beam Library를 제공한다. Strand7은 Isotropic, Orthotropic, Anisotropic, Laminate, Rubber, Carbon Fiber, Glass, Timber, Fluid, Soil 및 사용자정의 재료 물성을 지원한다

Automatic Mesh Generation

Strand7 에는 매우 직관적이고 간편한 강력한 자동 Mesh Generation 기능이 포함되어 있다.

이 기능은 자동 Mesh Generation 기능을 이용하

FEA program for structural analysis of steel, reinforced concrete, soil, timber and composites structures.

Static, Dynamics, Nonliner- Materials, Moving Load Fluid, Cable, Heat Transfer Concrete Hydration Creep & Shrinkage Laminates, Membrane...

AISC/ACI/EC/AS Design codes

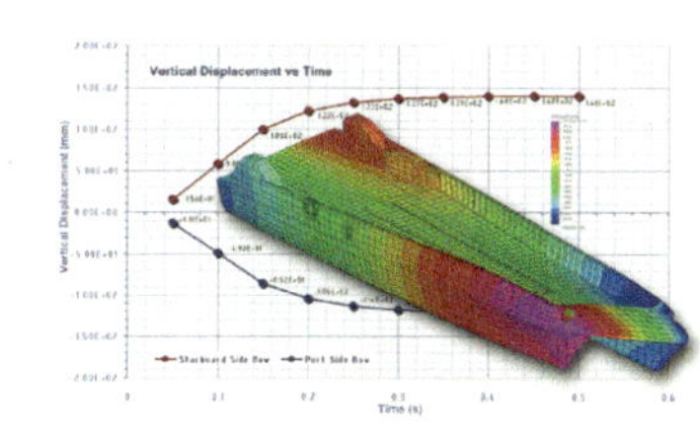

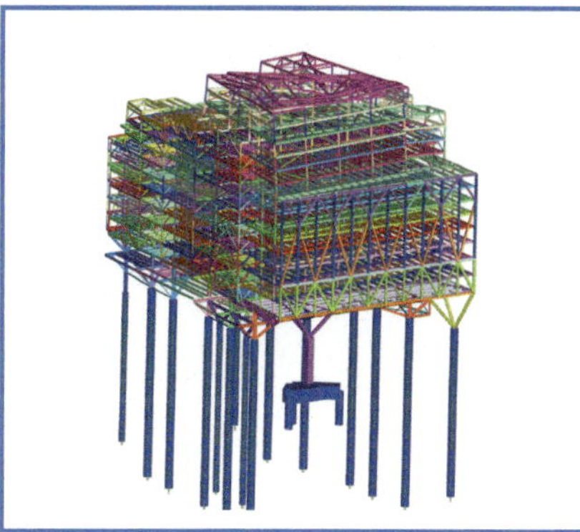

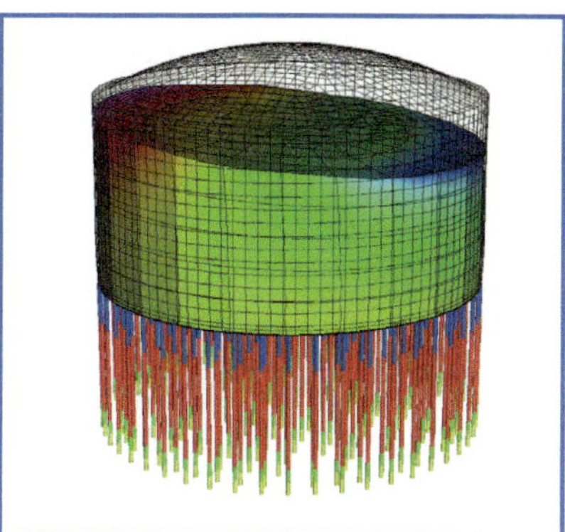

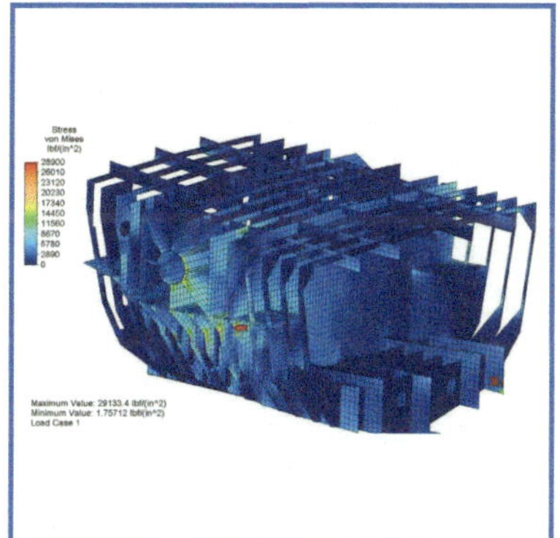

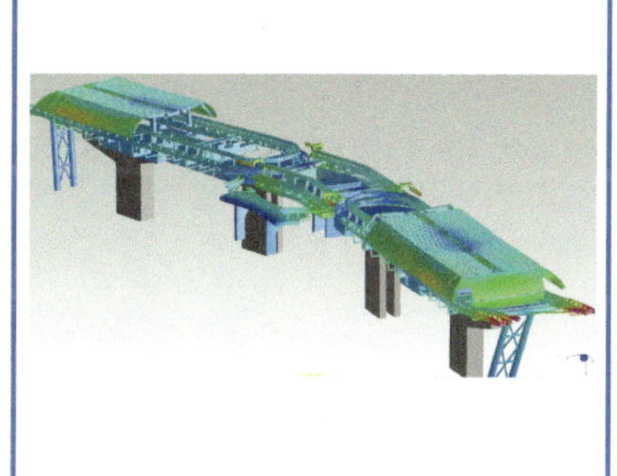

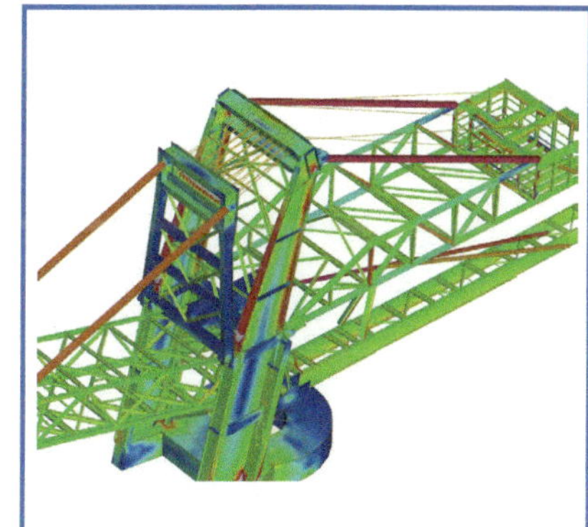

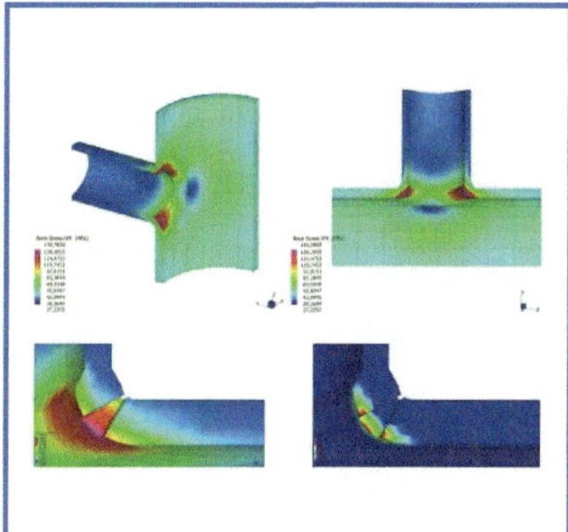

Rhino&Grasshopper Interface

API toolkit
Delphi,C++/C#,Python,VBA...

DXF, ACIS-SAT, STEP
IGES, STL file

ANSYS, NASTRAN
Rhino, Staad.PRO,
IDEA StatiCa, SAP2000

여, 2D Plate/Shell 모델링이나 3D Brick 모델링을 매우 빠르고 간편하게 생성할 수 있다.

Verification Tools

복잡한 메시와 수치 입력 데이터의 검증을 그래픽을 통하여 체크할 수 있는 툴로, 구조물에 입력 오류나 입력 위치 등을 그래픽 Contour를 사용하여 사용자가 쉽게 검증하고 찾을 수 있도록 제공한다.

API 함수 기능

Strand7 API (응용 프로그래밍 인터페이스)를 사용하면 외부 컴퓨터 프로그램을 통해 Strand7과 상호 작용할 수 있다. Strand7 API에서 지원되는 언어는 C, C++, C#, Pascal, Delphi, Visual Basic, FORTRAN, Matlab, Python 등 Windows DLL 파일을 동적으로 구성할 수 있는 모든 프로그램 언어이다.

해석 기능

Strand7은 정적해석, 동적해석, 재료비선형해석, 열전달과 열응력해석까지 매우 다양한 해석을 수행할 수 있다.

Strand7의 Solver 기능은 다음과 같다.

- ■ Linear & Nonlinear Static
- ■ Natural Frequency
- ■ Response Spectra and Harmonic Dynamic
- ■ Linear and Nonlinear Transient Dynamic
- ■ Linear and Nonlinear Buckling
- ■ Heat Transfer & 콘크리트 수화열
- ■ Collapse, 피로도 & Creep
- ■ 대변형 해석 (현수교, 사장교, Cable Structure)
- ■ Laminated 복합소재 해석

- ■ 막구조(Membrane) 해석
- ■ 이동하중 해석 (영향선 및 영향면)
- ■ 시공단계별 해석
- ■ 지반 해석

Post Processing

Strand7은 해석된 결과를 응력도, 변위, Cutting Plane, 그래프, 레포트등의 다양한 플롯 기능과 3차원 애니메이션기능을 통해 명확하고 정확한 분석이 가능하다.

적용 분야

Strand7은 건축/토목 강구조, 콘크리트 구조, 지반구조물 등에 활용 가능하고, 중공업 분야와 기계 분야, 항공기/ 선박디자인, 의용공학, 전자기, 복합소재 등 다양하고 광범위한 분야의 설계 분야에서 활용이 기능하다.

지원전략

Strand7 지속적인 연구, 개발과 Benchmark 테스트를 통한 검증결과를 및 검증 문서와 예제 파일 사용자에게 제공하고 에러 발생시, 사용자에게 문제 해결을 위한 즉각적인 기술지원을 한다. Strand7은 프로그램에서 사용된 각종 유한요소이론에 대한 설명과 정보들을 자세하게 기술한 Theoretical 매뉴얼을 제공, 해석 결과에 대한 신뢰도를 더욱 높일 수 있게 한다.

주요 고객 사이트

삼성물산, 삼성중공업, 대우건설, 롯데건설, 한화에어로스페이스, 쌍용건설, 현대중공업, 서영엔지니어링, 도화, 건설안전기술원 등 건축, 토목, 기계, 항공 분야 약 200여 기업 및 학교에서 사용하고 있다.

구조 해석 및 설계 소프트웨어

STAAD

개발   Bentley Systems, www.bentley.com
자료 제공   벤틀리시스템즈코리아,
02-557-0555, https://ko.bentley.com

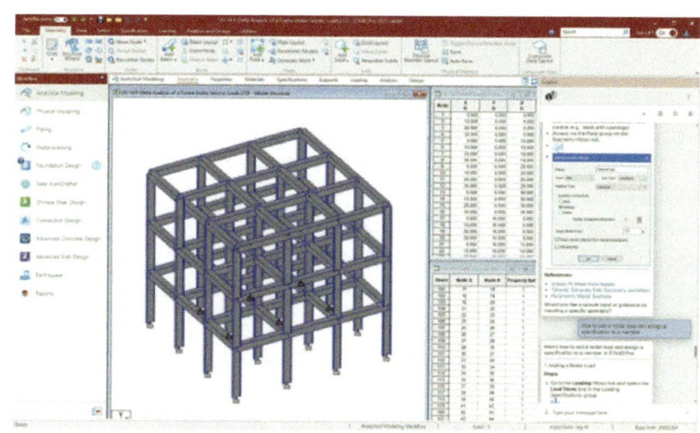

STAAD(스태드)는 건물·교량·플랜트·스탠드 등 모든 구조물을 대상으로 정적, 동적, 풍하중, 지진, 열하중, 차량하중 해석을 수행하는 종합 구조 해석·설계 애플리케이션으로, 100개 이상 국제 설계 기준을 지원한다. 물리 모델을 분석 모델로 자동 변환하고 BIM 워크플로를 지원해 협업을 원활하게 하며, 고속 솔버로 대규모 구조물도 효율적으로 처리한다.

주요 기능

■ 유한요소법 기반 선형·비선형 해석, 모달·타임히스토리·버킹 분석, P–Delta·스트레스 스티프닝 고려, 자동 하중 조합 생성을 지원하며 철근콘크리트 철강 목재 설계를 수행한다.

■ 물리 모델러에서 복잡한 형상 생성, 섹션 위저드, RAM 콘셉트 연동, 철근 배근도·자재량 산출, 고급 보고서 생성 기능을 제공한다.

도입 효과

■ 복잡한 하중 조건과 대규모 구조물 해석 시간을 단축하고, 자동 검증으로 설계 오류를 줄여 재작업과 공사 변경을 최소화하며, 국제 기준 준수로 규제 대응을 강화한다.

■ BIM 통합으로 설계·시공·운영 간 데이터 연속성을 확보하고, 고속 솔버와 자동화로 생산성을 높여 프로젝트 일정 준수와 비용 절감을 실현한다.

적용 분야

구조 엔지니어링사, 건설사, 플랜트·교량·고층빌딩 설계팀, 공공 인프라 사업부서

4D 건설 계획용 AI 기반 클라우드 플랫폼

SYNCHRO+

개발 Bentley Systems, www.bentley.com
자료 제공 벤틀리시스템즈코리아,
02-557-0555, https://ko.bentley.com

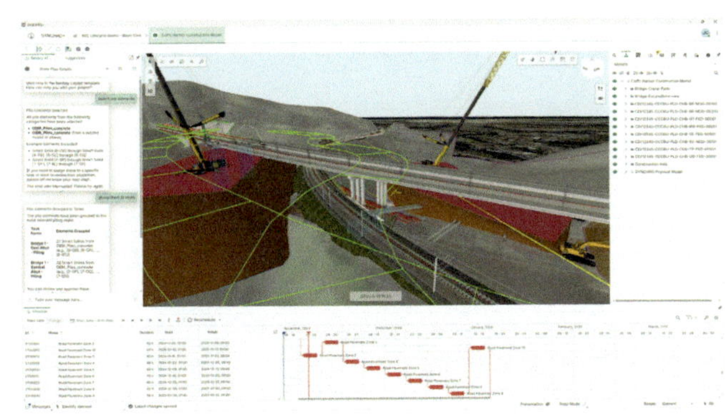

SYNCHRO+(싱크로플러스)는 4D 기반 건설관리 솔루션인 SYNCHRO 4D의 차세대 버전으로, AI 기반의 지능형 건설 계획 소프트웨어로 2026년 3분기 출시 예정이다.

주요 기능

AI 기반 자동화

Bentley Copilot 채팅 인터페이스를 통해 건설 영역·요소 자동 분류, 일정 생성 및 최적화, 모델과 태스크 자동 매핑 수행

클라우드 기반 협업

iModel 기반 실시간 데이터 동기화로 웹에서 4D 모델과 일정을 언제 어디서나 공유 및 업데이트

고성능 4D 모델링

대규모·복잡한 모델에서도 빠른 응답성과 확장 가능한 클라우드 성능 제공

도입 효과

업무 효율 극대화

반복 작업 자동화로 계획 수립 시간을 주 단위에서 시간 단위로 단축

협업 및 참여 확대

설계·건설·현장팀이 단일 플랫폼에서 협업하며 비전문가도 4D 계획에 쉽게 참여

의사결정 품질 향상

실시간 데이터와 AI 기반 분석으로 시나리오 검토 및 변경 대응 속도 강화

프로젝트 가시성 강화

위치 기반 시각화를 통해 진행 상황을 직관적으로 파악 가능

적용 분야

대규모 건설 및 인프라 프로젝트, 플랜트 및 특수 시설 건설등의 프로젝트 관리팀과 시공사

건설 산업의 모델을 생성, 취합, 관리하는 BIM 솔루션

테클라 스트럭처스 (Tekla Structures)

개발 트림블, www.tekla.com/kr

자료 제공 트림블코리아, 070-4940-4600, www.tekla.com/kr

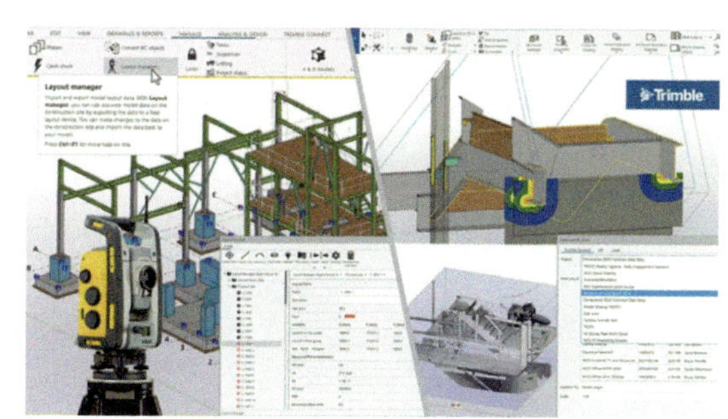

테클라 스트럭처스(Tekla Structures)는 트림블(Trimble)의 BIM(Building Information Modeling) 소프트웨어로, 건설 산업 전반에 걸쳐 정밀하고 시공성이 우수한 모델을 생성, 취합, 관리하는 데 사용되는 강력한 솔루션이다. 복잡한 구조물의 설계부터 제작, 시공에 이르는 전 과정을 지원해 건설 프로젝트의 효율성, 정확성, 생산성을 극대화한다.

주요 특징

시공 가능한 BIM

단순 개념 모델이 아닌, 철근·볼트·용접·앵커 등까지 표현하는 고정밀 3D 모델을 통해 실제 제작·시공에 바로 활용 가능한 데이터를 제공힌다. 모델에서 직접 물량, 가공 정보, 조립 정보가 나와 제작 공정과 현장 시공을 정확하게 지원한다.

높은 상호운용성

다양한 해석·설계/MEP/플랜트 도구와 양방향 연동을 지원해, 기존 설계 워크플로우를 유지하면서 구조 BIM을 도입할 수 있다. 또한 다양한 레퍼런스 모델을 불러와 하나의 조정 모델에서 간섭 검토·계획 수립이 가능하다.

복잡한 대형 구조물에도 강한 성능

수많은 부재·철근·볼트가 포함된 대형 산업 플랜트나 인프라 프로젝트도 안정적으로 처리하는 고성능 BIM을 제공한다.

주요 기능

정밀 3D 모델링과 디테일링

철골·콘크리트·프리캐스트·목구조 등의 부재, 연결부, 철근 배근, 금속 부품 등을 3D로 상세 모델링하고, 변경 시 도면과 리포트가 자동 갱신된다. 복잡한 형상과 대규모 철근 모델링, 상세 템플릿, 사용자 정의 컴포넌트를 지원해 반복 작업 효율을 높인다

도면과 리포트 자동 생성

단면도, 배근도, 제작도, 조립도, 설치도 등 다양한 도

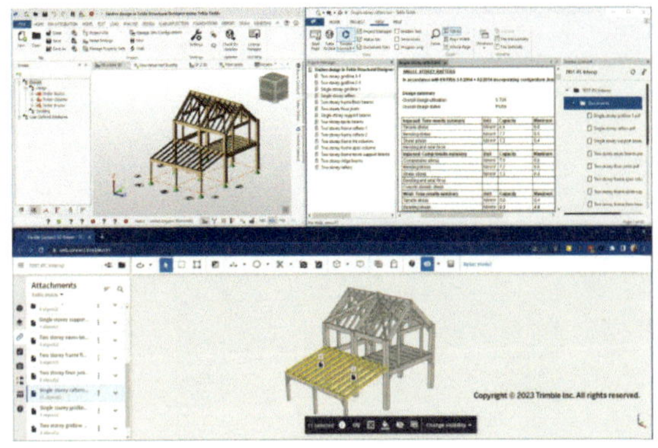

면을 3D 모델에서 자동 생성하고, 수정 시 연계된 도면·물량표가 자동으로 업데이트된다. 자재 리스트, 볼트 리스트, 조립 리스트 등 제작·구매·공정 관리에 필요한 리포트를 모델 데이터에서 직접 추출할 수 있다.

간섭 검토와 설계 조정

구조 모델과 건축·MEP·플랜트 모델을 하나의 가상 공간에 배치해 간섭(clash)을 탐지하고, 충돌 위치를 시각적으로 표시해 설계 단계에서 문제를 해결한다. 레퍼런스 모델을 구조 모델과 함께 활용해, 각 분야의 설계 요구사항을 조정하고 오류를 사전에 제거한다.

공정과 시공 계획 지원

3D 모델 객체에 위치·공정 정보를 부여해, 설치 순서·크레인 배치·자재 반출입 계획 등 시공 계획을 수립할 수 있다. 트림블 커넥트와의 연계를 통해 현장과 모델을 연결하고, 현장 검토·검측·이슈 관리를 BIM 기반으로 수행할 수 있다

도입 효과

재작업 감소

간섭 검토와 실제 제작 수준의 디테일 모델링으로 설계·디테일 오류를 크게 줄여, 현장 재시공과 공기 지연,

재료 낭비를 최소화한다. 도면·리포트 자동 갱신으로 수동 수정 실수를 줄이고, 최신 정보로 제작·시공을 수행할 수 있다.

리드타임 단축

반복적인 디테일링 작업의 자동화, 템플릿·컴포넌트 재사용, 모델 기반 물량·도면 생성으로 설계·디테일링 시간을 단축한다.

협업과 추적성 향상

구조 엔지니어, 디테일러, 제작사, 시공사가 동일 3D 모델을 기준으로 소통해, 변경 사항·책임 범위를 명확히 하고 의사결정을 빠르게 할 수 있다. 모델 기반으로 공사 진행 상황과 변경 이력을 추적해, 품질 관리·원가 관리·사후 분석에 활용 가능한 데이터 자산을 축적한다.

주요 고객 사이트

포스코이앤씨, 시드소프트, 창신이엔지, 빔파트너스, 디에스텍, 연우에이치티, Arup, Pankow, Midland Steel 등 전 세계적 구조 엔지니어링·제작·시공 회사에서 고층 빌딩, 경기장, 교량, 산업 플랜트, 인프라 프로젝트 등 다양한 대형 구조물에 테클라 스트럭처스를 적용하고 있다.

클라우드 기반 개방형 협업도구

트림블 커넥트
(Trimble Connect)

개발 트림블, www.tekla.com/kr
자료 제공 트림블코리아, 070-4940-4600,
www.tekla.com/kr

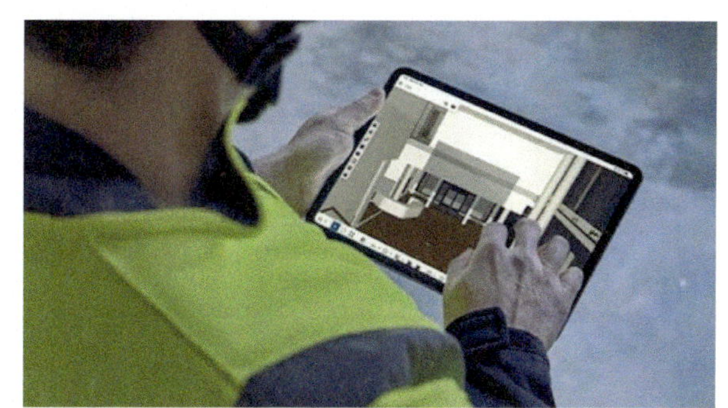

트림블 커넥트(Trimble Connect)는 건설 산업의 설계, 제작, 시공 전 과정을 연결하는 클라우드 기반의 공통 데이터 환경(CDE)이자 개방형 협업 플랫폼이다. 기획부터 건축을 넘어 자산의 전체 수명 주기 전반에 걸쳐 모든 이해관계자에게 혁신적이고 연결된 솔루션 생태계를 제공하며, 올바른 데이터를 적시에 적절한 사람에게 연결해 프로젝트의 효율성과 생산성을 극대화한다.

주요 특징
단일 협업 플랫폼

프로젝트별 클라우드 공간에 3D 모델, 2D 도면, 일빈 문시, 이미지 등 다양한 포맷의 파일을 업로드·다운로드하고, 자체 2D/3D 뷰어로 즉시 열람·검토·공유할 수 있다. 트림블 커넥트를 중심으로 스케치업(SketchUp), 테클라(Tekla), 프로젝트사이트(ProjectSight) 등 트림블 솔루션과 다양한 서드파티 애플리케이션이 연동돼, 설계-시공-유지관리 데이터가 하나의 플랫폼에서 이어진다.

건설 현장 중심 워크플로우 지원

설계사, 시공사, 사전제작공장(프리캐스트/프리팹), 전문 시공사, 유지보수 조직 등 각 참여자의 역할에 맞는 모델 검토, 모델 조정, 사전 시공, 교육, 설치 가이드, 시공 검증, 유지보수 뷰 등을 지원한다. 현장에서 1:1 스케일로 BIM 모델을 실제 공간에 매핑하는 가상 건설(AR/MR) 워크플로우를 통해 설치 순서(4D)와 간섭 이슈를 직관적으로 파악하고, 사전 조립·설치 검증을 수행할 수 있다.

3Cs 개념 구현

트림블이 제시하는 트림블 빌딩 솔루션의 3Cs(Constructible, Connected, Content-Enabled) 개념에 따라, 실제 시공 가능한 수준의 모델(Constructible)과 현장-사무실 간 연결(Connected), 풍부한 BIM 콘텐츠(Content-Enabled)를 통합 지원한다. 또한 시공 BIM과 현장 디지털 전환을 위한 실질적인 워크플로우를 제공한다.

주요 기능

모델과 도면 관리

다양한 포맷의 BIM/2D 데이터를 프로젝트·폴더 구조로 관리하며, 웹·데스크톱·모바일·MR 환경에서 고성능 3D 뷰어로 시각화·검토할 수 있다. 사전 정의된 뷰포인트(Viewpoint)와 모델 시퀀싱, 간섭 체크, 시공 검증 뷰를 제공해 복잡한 구조물도 직관적으로 점검한다.

협업과 작업 관리

모델 상에서 문제를 태그하고 사진·메모를 첨부해 실시간 공유하며, 담당자·마감일을 설정해 작업(Task) 단위로 추적한다. 설계 의도 전달, 이해관계자 협의·승인, 마크업·코멘트·히스토리 관리로 변경 내역을 투명하게 기록한다.

가상 건설과 원격 지원

1:1 실규모 홀로그램을 통해 설치 위치·순서를 시뮬레이션하고, 프리캐스트·모듈러 등 조립식 부품의 적합성을 사전에 검증한다. 비숙련 작업자 교육용 조립·설치 방법 가이드, 현장 원격 지원 기능을 통해 작업 품질과 안전성을 향상시킨다.

도입 효과

재작업 감소

모든 참여자가 단일 소스의 최신 모델·도면·문서를 사용해 구버전 도면 사용, 간섭 미검출, 설계 변경 누락으로 인한 재시공을 크게 줄인다. 설계 검토, 시공 전 시뮬레이션, 사전 제작 부품 적합성 검증으로 공사 착공 전 리스크를 선제적으로 제거한다.

생산성 개선

모델 시퀀싱과 4D 시각화로 공정 계획과 현장 실행을 연계해 공정 지연과 대기 시간을 줄이고, 장비·인력 활용을 최적화한다. GNSS/AR 기반 위치 검증과 설치 QA/QC로 오차와 재시공률을 낮춰 자재·인건비 낭비를 최소화한다.

원활한 협업과 의사결정

설계사–시공사–전문 시공사–발주처–유지관리 간 동일 모델·이슈 정보를 공유해 소통 비용을 줄이고, 의사결정 속도와 품질을 높인다. 준공 모델과 IoT 3D 뷰, 이슈·검증 이력을 유지관리 단계까지 활용해 설비 관리·리뉴얼 계획 등에서 데이터 기반 의사결정을 가능하게 한다.

주요 고객 사이트

현대엔지니어링, Strabag, Skanska, Granite Construction, Ramboll, Hensel Phelps, Yates Construction, Turner Construction Company, Arup, WSP, DPR Construction 등 전 세계에서 수천 개의 기업이 트림블 커넥트를 사용해 프로젝트 수행 능력을 강화하고 있다.

BIM 표준체계에 입각한 건설 전생애
주기 데이터 관리시스템

UniK BIM

개발 및 공급   고려소프트웨어,
02-563-2707, www.koryosoft.co.kr

고려소프트웨어는 자체 기술로 개발한 웹기반 뷰어 엔진에 건설정보 표준을 적용하여 스마트 건설 BIM 시스템(모델 납품 및 프로젝트 관리)을 개발하고 첨단 IoT 센서기술과 연계한 디지털 전환(DX)으로 지속 가능한 디지털 트윈 환경을 구축한다.

주요 특징

UniK(유니크) BIM은 Revit 애드온 프로그램인 자동화 모델러로써 다양한 형식의 토목구조물에 대하여 완전자동 모델링이 가능하며, 웹기반으로서 국제표준 ISO19560에 대응하는 CDE(공통데이터환경) 플랫폼에 BIM객체 국제공통표준인 IFC를 모델링 규격을 채택하여 다양한 전산 환경에서 유연한 구동이 가능하다.

주요 기능

파서/체커 및 서버 등의 공통 기능을 수행하는 플랫폼에 라이브러리 뷰어, 데스크탑 뷰어, Pset 매니저 및 라이브러리 콤포저 등 여러가지 툴을 결합하면 BIM 납품시스템, BIM 프로젝트 관리시스템, BIM 시설 유지관리시스템 및 디지털 트윈 재난관리 시스템 등 다양한 응용프로그램이 완성된다.

도입 효과

■ BIM 플랫폼/납품시스템

- BIM 준공 산출물의 납품 및 관리체계 확보
- 건설 정보모델 데이터베이스의 용이한 구축 및 웹/모바일에 실시간 공유와 활용
- 국내기술의 자체개발 엔진으로 자유로운 커스터마이징이 가능

■ BIM 프로젝트 관리시스템

- 사업주체별 맞춤형 BIM PMIS 상용화 개발 가능
- BIM 데이터 표준(WBS, CBS, OBS 및 Pset 등)이 반영된 체계적인 데이터 축적 및 관리 가능
- 디지털 트윈 기반 시각적 공정 및 원가관리 가능
- 인공지능 기법으로 내역서 일위대가에 조달청 표준공사코드를 자동 매칭 → 논리적 CBS DB구축 가능

■ BIM 시설유지관리시스템

- 준공시 간편한 유지관리단계 데이터 이관 및 체계적인 정보관리 가능
- 3치원 객체기반 손상 및 보수보강관리
- 입체적인 외관조사망도 출력

■ BIM 디지털 트윈 재난관리시스템

- IoT 센서 연동으로 24시간 시설물 고장이나 화재나 사고 등의 재난상황 감시 가능
- 재난상황을 상정한 사이버 모의훈련 실시 가능
- 실제와 똑같은 환경의 가상공간 순찰 및 주행 시뮬레이션

개방적이고 진보된 리얼타임 제작 툴

언리얼 엔진(Unreal Engine)

개발 에픽게임즈, www.unrealengine.com/ko
자료 제공 에픽게임즈 코리아, www.unrealengine.com/ko

에픽게임즈는 1991년 팀 스위니(Tim Sweeney) 대표가 창립한 회사로 본사는 미국 노스캐롤라이나주 캐리에 위치하고 있으며, 전 세계에 50여 개 지사가 있다. 에픽은 인터랙티브 엔터테인먼트를 선도하며, 3D 엔진 기술을 제공하고 있다. 또한, 언리얼 엔진의 개발사로서, 언리얼 엔진은 세계 유수의 게임 제작뿐만 아니라 영화, TV, 건축, 자동차, 제조, 시뮬레이션 등 산업에서 사용되고 있다.

주요 특징

에픽게임즈의 언리얼 엔진은 디지털 트윈 구현을 위해 뛰어난 리얼타임 렌더링, 데이터 통합 그리고 확장 가능한 생태계를 제공한다.

주요 기능

언리얼 엔진은 ▲대규모 트라이앵글 및 대규모 3D 모델 등 방대한 양의 오브젝트를 포함해 대규모 디지털 트윈 환경의 리얼타임 렌더링을 가능하게 하는 '나나이트', ▲킬로미터 단위에 이르는 거대하고 디테일한 환경에서도 무한한 바운스 및 인다이렉트 스페큘러 리플렉션을 활용한 실시간 렌더링이 가능한 완전한 다이내믹 글로벌 일루미네이션 및 리플렉션 시스템 '루멘', ▲대규모 3D 환경 생성을 자동화하여 개발 속도와 효율성을 크게 향상시키며, 이를 통해 대규모 디지털 트윈 구현의 자동화가 가능한 'PCG(프로시저럴 콘텐츠 생성)', ▲실시간 데이터 접근 및 시뮬레이션을 클라우드를 통해 직접 스트리밍할 수 있는 클라우드 기반 데이터 배포 기술 '픽셀 스트리밍' 등의 기술을 제공하고 있다.

또한, ▲CAD/BIM 데이터를 언리얼 엔진으로 손쉽게 통합하는 '데이터스미스'와 복잡한 데이터 최적화를 워크플로를 통해서 간소화하는 '데이터프랩'과 같은 데이터 통합 및 최적화 기능, ▲Cesium, ESRI와 같은 글로벌 GIS 솔루션의 데이터를 쉽게 가져올 수 있으며, 이를 통해 GIS 데이터를 빠르고 정확하게 통합할 수 있어 대규모 디지털 트윈 구현이 용이하게 하는 기술 '레벨 지오레퍼런싱', ▲커스터마이징과 확장 가능성을 극대화하는 '개방형 소스코드와 API', ▲디지털 트윈 서비스에 필요한 실시간 IoT 데이터를 쉽게 통합할 수 있는 'IoT 프로토콜 통합' 등의 기술도 언리얼 엔진에서 제공한다.

단일 플랫폼의 공정설비/물류라인/로봇OLP 시뮬레이션 솔루션

Visual Components

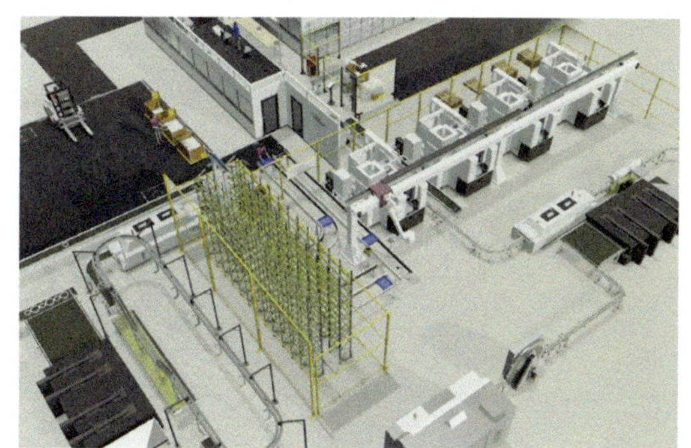

개발 Visual Components,
www.visualcomponents.com

자료 제공 알씨케이, 02-575-0877, www.rckorea.net

Visual Components는 가상의 공간에서 설비 공정, 물류 라인 구축 및 로봇 OLP를 위한 3D 기반 시뮬레이션 플랫폼으로, 효율적인 의사결정과 운영 최적화를 지원하는 솔루션이다.

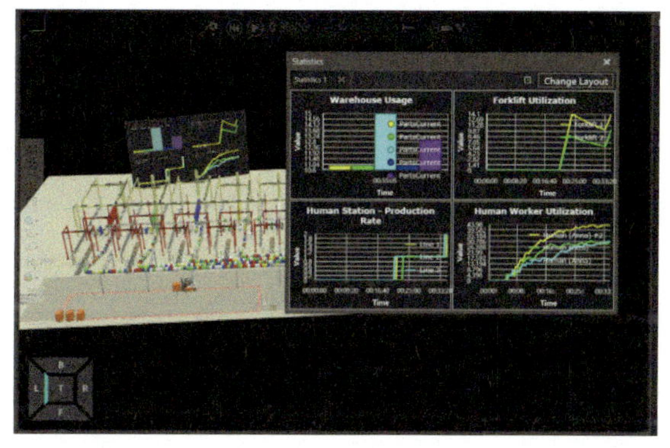

주요 특징

■ 단일 플랫폼에서 공정 설비 / 물류 라인 / 로봇 OLP 시뮬레이션 수행 가능

■ 다양한 eCatalog 제공 및 지속적인 업데이트

■ 디지털 트윈 위한 다양한 연동 제공(PLC, OLP, 각종 통신)

주요 기능

■ 3D 기반 공장 및 생산라인 레이아웃 시뮬레이션

■ 로봇 동작 테스트 및 검증 – OLP(Offline Programming) 지원

■ 물류 라인 분석 및 최적화

■ PLC 및 제어시스템 연동 가능

도입 효과

■ 공장 레이아웃 사전 검증으로 시행착오 방지

■ 공정 최적화 통한 생산 효율 향상

■ 가상 커미셔닝으로 비용 절감 및 위험 최소화

■ 시나리오 비교 통한 전략적 의사결정 지원

주요 고객 사이트

삼성디스플레이, 현대/기아차 삼성전자, 현대로템, 한화에너지, 연구기관

현장 & 오피스를 연결하는 실시간 설계 협업솔루션

ZW 365

개발 및 공급　지더블유캐드코리아, 02-515-5043,
www.zwsoft.co.kr

지더블유캐드코리아는 중국, 미국, 영국 등 7개의 연구소를 기반으로 한 글로벌 CAD/CAM/CAE소프트웨어 기업인 ZWSOFT의 한국 벤더사로 건축, 토목, 건설 분야(AEC)의 CAD, BIM기술 개발과 자동차·항공·기계·부품(MFG) 등에 3D CAD, CAM, CAE 제품군을 국내에 공급/지원한다.

주요 제품 라인업으로는 ▲2D CAD 소프트웨어 'ZWCAD(지더블유캐드)' ▲3D CAD/CAM 소프트웨어 'ZW3D(지더블유쓰리디)' ▲CAE 소프트웨어 'ZWSIM(지더블유심)'이 있으며, 최근에는 ▲PDM 솔루션 'ZWTeammate(지더블유팀메이트)' ▲데이터 협업관리 솔루션 'ZW365'를 통해 국내 제조 및 건설 현장의 디지털 전환을 선도하고 있다.

주요 특징

ZW365는 설계부터 관리, 협업 및 뷰어 기능까지 아우르는 통합 협업 솔루션이다. 광범위한 관리 시스템을 담고 있는 CDE 소프트웨어와는 달리, 실제 운용상의 도입장벽을 낮출 수 있는 필수적인 기능만을 포함하여 초기 단계부터 빠르게 적응할 수 있는 기능형 솔루션으로 제품의 주요 특징은 총 4가지로 나눌 수 있다.

■ 통합 데이터 서버 : 기업 내부 서버환경에서 안정적인 데이터 운용과 계정 관리를 지원한다.

■ 멀티 디바이스 환경 : PC, 태블릿, 모바일을 모두 지원하여 사무실과 현장 간의 제약 없는 협업이 가능하다.

■ 비즈니스 인사이트 제공 : 관리자 대시보드를 통해 제품 사용 데이터 및 활동을 분석, 신속한 의사결정을 제공한다.

■ 프로젝트 협업 : 팀별 프로젝트 생성 및 실시간 도면/문서 업데이트 확인을 통한 설계 이력관리 및 협업 설계를 혁신한다.

주요 기능

유연한 데이터 서버 운영

서버 운영의 경우, 퍼블릭(Public) 또는 프라이빗(Private) 서버 두 가지 형태로 제공되며, 기업의 보안 정책, 운영 환경, 관리 방식에 따라 선택할 수 있다. 각 환경은 ZW365 플랫폼을 기반으로 일반 클라이언트 PC, 모바일, 태블릿 등 멀티 디바이스를 통해 지원한다.

스마트 프로젝트 관리

프로젝트 단계에서는 팀 단위의 협업 구성원을 선택하고, 생성한다. 담당자별 사용 권한을 세분화하고, 이에 따라 파일 접근 권한이 결정된다. 실제 설계 도면을 업로드하고, 이를 웹 상에서 뷰어로 활용하거나 설계 편집을 진행할 수 있다.

각 설계 데이터 별로 버전 관리가 가능하며, 설계 이

ZWCAD 365

설계의 시공간을 넘다!
전문 엔지니어를 위한 클라우드 협업 플랫폼

실시간 현장-사무실 협업
DWG 도면 공유, 현장 마크업, 즉각적인 의사결정 지원

체계적인 도면 버전 및 이력 관리
도면 버전 통합 관리, 히스토리 추적

기기 간 경계없는 유연한 워크플로우
웹/모바일 환경에서의 DWG접근, 로컬 CAD 연동

강력하고 안전한 데이터 보안
권한 기반 정밀 접근 제어, 프라이빗 서버 활용

CONTACT

ZWCAD KOREA 정경진 팀장   E. jin@zwcad.kr   Tel. 070-5083-1606

력을 확인할 수 있다. 다중 사용자가 동시에 단일 도면을 수정하거나 확인할 수 있고, 설계 수정을 위해 각 영역에 주석, 코멘트를 남겨 설계 담당자에게 전달할 수 있다. 이는 모든 알림으로 전달되며, 각 설계 변경된 파일별로 비교하거나 이전 설계 데이터를 불러올 수도 있다. 뿐만 아니라 도면 파일(.dwg .dxf)을 원본 형식이 아닌 뷰어 전용의 QR코드 혹은 URL 형식으로 공유기간/워터마크/비밀번호 등을 협업하는 외부 관계자에게 설정하고 전송할 수 있다.

체계적인 관리 시스템 제공

기업용 통합 관리 시스템을 통해 기업 프로필을 셋업하고, 사용자별 통계 데이터 현황을 대시보드를 통해 실시간으로 확인할 수 있다. 계정형 관리 시스템으로 효과적으로 그룹 및 권한 설정 등을 체계적으로 사용자 관리를 조직화할 수 있다. 한편 인터넷이 제한되는 사이트에서 작업할 경우, 외부에서 도면 반출이 진행할 때 로그 기록을 통해 어떤 사용자가 언제 접근했는지 실시간으로 확인할 수 있다.

기업 표준 리소스 관리

설계자가 사용하던 CAD 템플릿은 개별 로컬에서만 적용하기 때문에, 기업 내의 도면이 팀 별로 조금씩 다른 경우가 많다. ZW365 플랫폼은 업로드된 도면에서 적용된 리소스(폰트, 템플릿, 블록 등)를 가져올 수 있고, 이를 등록하여 기업용 리소스를 체계적으로 관리한다. 이를 통해 프로젝트 전반에서 일관된 설계 환경을 유지시켜 기업의 표준화된 데이터 축적을 가속화할 수 있다.

도입 효과

일반적인 설계 소프트웨어에서 한 단계 나아가, 현장과 오피스 간의 협업, 관리 및 사용자 간의 의사소통 프로세스의 초점에 맞춘 ZW365는 다양한 산업의 현장에서 기초부터 세부적인 협력 도구로써 발전할 수 있도록 단계적인 프로세스 및 개발을 제공한다.

실제 도로, 철도, 건설 인프라 등 설계 도면과 현장 시공 상에서 발생할 수 있는 설계상의 문제점을 기존 출력된 도면으로 수기 표시하거나 취합하여 현장 사무실에서 도면에 반영하는 경우가 아직도 많다. 이를 태블릿, 단말기와 같은 디바이스에서 ZW365를 통해 실제 설계 도면 상에서의 위치를 찾아 마크업(Mark-up) 및 코멘트 등을 기입하여 기존 방식에서의 반복되는 업무 비효율성과 에러를 실시간으로 정확하게 확인하고 대응할 수 있다. 이러한 액션은 프로젝트에 관련된 설계 담당자들에게 공유되므로, 설계 변경을 위한 추가적인 회의 없이도 모든 문제점들을 다음 설계에 반영할 수 있다.

특히 ZWCAD와 함께 사용할 경우, 실시간 협업설계 구축과 플랫폼 내의 설계 리소스의 라이브러리화를 일관된 시스템으로 구축할 수 있다. 이는 기존 실무자별 로컬 중심의 설계환경을 벗어나, 실시간으로 업데이트된 기업용 표준화된 형식 혹은 파일을 모든 프로젝트에 적용할 수 있기 때문에 데이터의 일관성을 유지하고 관리할 수 있다.

주요 고객 사이트

에머슨, 소니, 미쓰비시, LG, 히다치, 허니웰, 야마하, 존슨 컨트롤즈, 브리지스톤, CSSC, WELLTEC 등 전세계 약 90여개국 140만명 이상의 고객을 보유하고 있다. 2025년 기준으로 국내 대표적인 주요 고객사로는 현대건설, GS건설, 포스코이앤씨, 대우건설, 롯데건설, SK에코플랜트 등 약 7만여 개 이상의 고객사가 ZW솔루션을 사용하고 있다.

AI 기반 설계 자동화 솔루션

직스 스페이스 (ZYX SPACE)

개발 및 공급　직스테크놀로지(ZYX Technology), 02-545-4454, https://zyx.co.kr

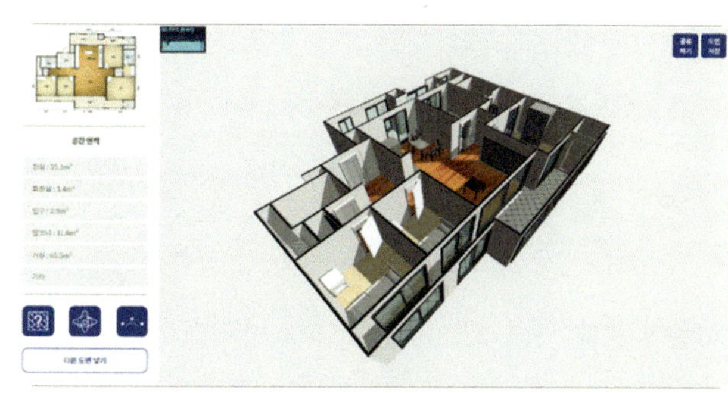

직스 스페이스(ZYX SPCAE)는 건축 설계 과정에 인공지능(AI)을 결합한 지능형 설계 플랫폼으로 건축 설계, BIM, 건설과 인테리어 디자인 및 공간 설계에 활용 가능하다. 단순 반복업무를 최소화하는 자동화 프로세스를 제공하며 복합적인 건물 성능분석 자동화를 통해 설계 단계별 공정의 효율성을 증대시킨다.

주요 특징

인공지능 엔진 기반으로 도면 내 객체와 공간을 인식하고 수치화 과정으로 도면을 검토하며, DXF로 변환, 실시 설계 자동화 등 캐드 기반 설계 자동화를 구현할 수 있으며, 3D전환 및 AI 기반의 자동 렌더링을 지원한다.

주요 기능

AI 기반 2D 도면 자동 인식 기술과 3D모델의 실시간 자동 구현이 가능하며, 건축 도면의 벽체, 문, 창문 등 구성 요소를 스캔하여 자동으로 분류해 자동화된 시스템 구축이 가능하다. 조도 분석으로 태양의 움직임을 반영한 자연 채광 분석과 에너지 효율 분석을 통한 히트맵 시각화로 단계별 공정의 효율성을 향상시킨다.

도입 효과

ZYXCAD AX와 연동해 도면 그리기-모델링-렌더링(시각화)까지 전반적인 설계 워크플로우를 자동화할 수 있다. 디지털 트윈 구현을 위한 설계자동화 솔루션으로 기존 수동 혹은 반자동 방식으로 이루어지는 설계 과정을 자동화해 효율성과 정확성을 증폭시키며 설계자의 합리적인 의사결정을 지원한다.

AI 기술을 접목한 CAD 솔루션

ZYXCAD ^{AX}
(직스캐드 ^{AX})

개발 및 공급　직스테크놀로지(ZYX
Technology), 02-545-4454, https://zyx.co.kr

직스테크놀로지는 건축/건설/토목/엔지니어링 및 제조 산업 전반에 필요한 인공지능(AI) CAD인 ZYXCAD ^{AX} 와 AI·디지털 트윈 기술 기반 설계 자동화 솔루션 직스스페이스(ZYX SPACE), GIS 기반 스마트 건설 관리 플랫폼 다이브(DIVE)를 제공하는 기업이다.

ZYXCAD ^{AX} 는 직스테크놀로지에서 개발한 AI 기반 국산 설계 소프트웨어로 건축/건설/토목/엔지니어링 및 제조 등 다양한 산업에서 사용된다. 영구버전과 임대 버전을 제공해 유연한 CAD 환경을 구성할 수 있다.

주요 특징

설계 반복 작업을 자동화하는 450여 종의 AI 기반 기능과 멀티 CPU 기반 고속 처리 구조를 적용해 대용량 도면 환경에서도 안정적인 설계 성능을 제공한다. BIM용 IFC 확장자 파일 호환, STEP/STP 3D 파일이 지원되어 다양한 산업의 설계/모델링에 최적화된 솔루션이다.

주요 기능

ZYXCAD ^{AX} 는 설계 과정의 반복 작업을 자동화하는 450여 종의 AI 기반 설계 편의 기능을 제공해 도면 작성 및 수정을 효율화한다. 익숙한 명령어·단축키 체계와 다양한 CAD 포맷과의 높은 호환성을 바탕으로 기존 설계 환경을 그대로 유지하면서도 빠른 전환이 가능하다. 멀티 CPU 기반 고속 처리 구조와 안정적인 대용량 도면 처리 성능을 통해 복잡한 설계 환경에서도 일관된 작업 품질을 지원한다.

도입 효과

설계 자동화를 통해 도면 작성 시간과 반복 업무 부담을 줄여 설계자의 생산성과 업무 집중도를 동시에 높일 수 있다. 기존 CAD 사용자들의 학습 부담을 최소화해 도입 초기부터 빠른 현업 정착과 운영 효율을 확보할 수 있다. 영구 버전의 국산 CAD 솔루션 도입을 통해 라이선스 비용 절감과 함께 보안·유지 관리 측면에서도 안정적인 설계 환경을 구축할 수 있다.

주요 고객 사이트

삼성물산, 대우건설, 우미건설, SK, LS ITC, 현대스틸 등 주요 대기업을 포함해 국가유산청, 코레일 및 서울대학교, 카이스트, 연세대학교, 고려대학교 등 대학기관에서 사용하고 있다.

고려소프트웨어

대표전화 : 02-563-2707

홈페이지 : www.koryosoft.co.kr

사업분야 : 스마트건설 표준개발, 스마트건설 컨설팅, BIM플랫폼 응용시스템, 디지털BIM 정보모델링

건설 DX 관련 제품 : UniK BIM(BIM 표준체계에 입각한 건설 숲생애주기의 토탈 데이터 관리시스템)

　1998년 설립 이래 설계자동화 소프트웨어 개발을 시작으로 건설CALS 전자도면 표준체계 개발, 건설기술 지식화 컨설팅 등을 수행하며 건설 정보화를 선도해왔다.

　최근 국가정책으로 추진되고 있는 스마트 건설 기술 개발 연구사업에 BIM 표준 및 플랫폼 등 핵심적인 부분을 담당하였다.

　28년간 축적된 노하우와 기술력으로 UniK BIM 정보 플랫폼 개발에 성공하였고, BIM 납품시스템, BIM 공정관리시스템, 시설물 관리시스템과 재난관제 시스템까지 건설 생애 전 주기를 지원하는 원스톱 맞춤형 스마트 건설정보 시스템을 개발했다.

　특히 프리팹 전문업체 에스앤씨산업의 투자와 기술협력으로 프리캐스트 콘크리트의 제조 및 건설과정에 첨단 ICT 정보를 융합함으로써 혁신적인 스마트 건설산업 생태계를 창조하고 첨단기술 트렌드에 발맞춰 새로운 가치를 지속적으로 창출하고 있다.

글로텍

대표전화 : 02-2103-2400

홈페이지 : www.glotechsoft.com

사업분야 : S/W 개발/보급, 플랫폼 사업, SI 사업

건설 DX 관련 제품 : NaviQ Ver 2.0

　글로텍은 1992년 창업 이래 현재까지 최고의 기술력과 다년간 축적된 경험을 바탕으로 고객 요구에 최적화된

서비스를 제공하는 S/W 개발 전문 기업이다. 30여 년간 신뢰도 높은 국가기관 및 민간업체의 니즈를 충족시키는 각종 사업을 수행함으로써 기술력을 인정받아 왔다.

다쏘시스템코리아

대표전화 : 02-3270-7800

홈페이지 : www.3ds.com

사업분야 : 3D 모델링 설계 및 해석, Virtual Twin Platform 사업 등

건설 DX 관련 제품 : 3DEXPERIENCE 플랫폼 (CATIA, ENOVIA 및 DELMIA 애플리케이션)

　다쏘시스템은 1981년 설립되어 프랑스 파리에 본사를 둔 세계적인 소프트웨어 선도 기업이다. 기업과 사람들에게 지속 가능한 혁신을 지원하는 가상 협업 환경을 제공한다. 자동차, 항공우주, 조선해양, 산업용 장비, 생명과학·헬스케어 등 다양한 산업에 솔루션을 제공하며, 국내 22,000여 혁신 기업을 고객사로 보유하고 있다. 3D 설계, 시뮬레이션, 제품 수명주기 관리 등을 포함하는 버추얼 트윈 경험을 기반으로, 기업이 제품과 자연, 사람이 조화를 이루는 지속가능한 혁신을 실현할 수 있도록 3DEXPERIENCE를 통한 가치를 제공하는 것을 기업 이념으로 삼고 있다. 전 세계 140여 개국에서 184개 오피스를 운영하며, 12개 산업과 42백만 명 이상의 사용자, 14,000개 이상의 커머셜 파트너, 25,000명 이상의 직원과 글로벌 R&D 및 77개 랩을 기반으로 글로벌 기술 생태계를 구축하고 있다.

라인테크시스템

대표전화 : 02-569-1814

홈페이지 : www.linetek.co.kr

사업분야 : BIM Service, BIM consulting, BIM

솔루션 판매 등

건설 DX 관련 제품 : Architecture Engineering & Construction Collection IC , BIM Collaborate Pro

라인테크시스템은 1990년 5월 10일 창립 이후 국내 설계환경 Innovation에 앞장서 왔으며 디지털 트랜스포메이션 시대에 발맞춰 전문적인 건설관련 서비스를 제공한다. 국내외 소프트웨어 전문가와 네트워크 협업을 통해 차별화된 솔루션, BIM 서비스, 교육 및 컨설팅, 프로젝트 등을 서비스하며 건설산업의 Pre-construction 전문회사로 발돋음 하고 있다

마션케이

대표전화 : 02-326-1661

홈페이지 : www.martiank.com

사업분야 : 3D프린팅 건설

건설 DX 관련 제품 : 이동형 건설용 3D프린터로 출력한 입체조경, 트리온마스 제품

2002년에 비정형건축 디자인과 VR, BIM 전문회사인 프리폼건축연구소로 설립되어, 현재 마션케이로 사명이 변경되었다.

2015년부터는 비정형건축물의 시공을 위해 직접 건설용 3D프린터를 개발하여, 2017년 미국 NASA의 센테니얼 챌린지 화성기지 3D프린팅건설 2-2경쟁에서 우승하였고, 2020년 이후에는 12M급 이동형 건설용 대형 3D프린터로 발전시켜, 국내 대기업과 사우디 3D프린팅 건설 프로젝트를 다수 진행하였다.

현재는 직접 개발한 10M급 루나스톤 건설용 3D프린터 로봇을 이용해 출력 입체조경 사업인 트리온마스에 집중하고 있다.

모두솔루션

대표전화 : 02-857-0974

홈페이지 : www.modoosol.com

사업분야 : CAD·PLM·도면배포시스템 공급·구축 및 컨설팅 사업 등

건설 DX 관련 제품 : Gstarsoft GstarBIM

모두솔루션은 CAD/PLM/도면배포시스템 공급, 구축 및 컨설팅 전문기업으로, 지스타캐드(GstarCAD)와 PTC 크레오(Creo), 윈칠(Windchill) 등 글로벌 설계·데이터 관리 솔루션을 공급하고 있다. 2004년 설립 이후 현대자동차, 우미건설 등 주요 기업 및 공공기관에 솔루션을 제공하며, 전국 약 200개의 파트너사와 함께 10만 명 이상의 설계자를 지원하고 있다.

또한 전국 폴리텍대학 등과 협력하여 CAD 경진대회를 주최하고, 산업 현장 중심의 기술 교육과 인재 양성에 힘쓰고 있다.

모두솔루션은 CAD/PLM/도면관리 분야의 기술 경쟁력을 기반으로 국내 제조 및 설계 산업의 효율적인 업무 환경 구축을 지속적으로 지원하고 있다.

베이시스소프트

대표전화 : 02-571-8718

홈페이지 : www.basis.co.kr

사업분야 : BIM컨설팅, 스마트 건설 소프트웨어 제작, 배포, 교육 사업 등

건설 DX 관련 제품 : Civil WorkSuite, iTwin Capture Modeler

1994년 설립된 베이시스소프트는 '건설에 IT를 더하다'라는 비전 아래 건설·토목 산업의 디지털 전환을 선도해 온 BIM 전문 기업이다. 지반·암반 수치해석 분야에서 축적한 기술 역량을 기반으로, 현재는 BIM 컨설팅

을 중심으로 엔지니어링 소프트웨어의 개발·보급·교육까지 아우르는 통합 디지털 솔루션을 제공한다.

기술적 완성도와 현장 적용성을 핵심 가치로 삼아, 고객의 의사결정 효율과 프로젝트 성과를 실질적으로 향상시키는 신뢰도 높은 DX 파트너로 자리매김하고 있다.

벤틀리시스템즈코리아

대표전화 : 02-557-0555

홈페이지 : https://ko.bentley.com

사업분야 : 3D 모델링 설계 및 해석, Virtual Twin Platform 사업 등

건설 DX 관련 제품 : SYNCHRO 4D, ProjectWise, iTwin Capture, Civil WorkSuite, MicroStation 외 다수

벤틀리시스템즈(BSY)는 세계의 인프라를 설계, 구축, 운영하는 전문가들을 위한 혁신적인 소프트웨어와 서비스를 제공하는 인프라 엔지니어링 소프트웨어 기업이다.

핵심 역량은 소프트웨어 개발로, 도로, 교량, 공항, 빌딩, 플랜트 등 인프라 분야의 전문적인 요구사항을 지원한다. 모델링을 위한 MicroStation, 프로젝트 전달을 위한 ProjectWise 등 500가지가 넘는 솔루션은 개방형 플랫폼 기반의 통합 애플리케이션으로 구성되어, 다양한 전문가 간의 원활한 정보 이동과 협업을 돕는다. 이를 통해 인프라의 전 생애주기를 효율적으로 관리하여 세계 경제와 환경을 발전시키고 삶의 질을 향상시키는 데 기여한다.

브이디씨테크

대표전화 : 070-4504-6636

홈페이지 : www.fuzor.co.kr

사업분야 : 4D 공정 시뮬레이션, 건설안전 시뮬레이션

건설 DX 관련 제품 : Fuzor Virtual Design Construction

브이디씨테크는 건설 산업을 위한 차세대 VDC 소프트웨어 퓨저(Fuzor)를 국내에 독점 공급하고 있다. Fuzor는 생성된 고품질 4D 및 5D 시뮬레이션을 지원 프로젝트를 수주하고 프로젝트를 제때 및 예산 내에 제공할 수 있도록 보장한다. Fuzor는 대형 3D 모델, 포인트 클라우드 데이터, 프로젝트 일정을 결합하여 건설 방법론을 시뮬레이션하고 상세한 방법 명세서를 작성할 수 있다. 이 소프트웨어는 물류 및 현장 작업자가 작업현장에 더 잘 대비할 수 있도록 교육 자료를 작성하도록 특별히 설계되었다. 효과적인 프로젝트 제어 및 관리를 위해 Fuzor는 4D 건설 시퀀스 시뮬레이션 및 보고서에서 계획된 일정과 실제 일정, 비용 추적 및 모델 기반 수량 산출을 제공한다.

AEC 전문가를 위해 Fuzor는 특허 및 금메달 수상 경력에 빛나는 양방향 라이브 링크 기술로 원활한 워크플로우를 제공하는 통합 디자인 플랫폼을 제공한다. Revit, Archicad, Sketchup, FBX 및 기타 파일 유형을 Fuzor에서 결합하여 2D, 3D, VR, AR, C.A.V.E. 및 HoloLens의 전체 모델을 경험할 수 있다. Fuzor는 프로젝트의 최대 효과와 성공을 보장하는 다양한 분석 및 조정 도구를 제공한다.

상상진화

대표전화 : 02-3474-2270

홈페이지 : www.imbu.co.kr

사업분야 : BIM·AEC 컨설팅, Smart Construction DX, 클라우드 기반 협업 환경 구축

건설 DX 관련 제품 : CABLEBOX – REVIT 3rd Party Program, NAVIBOX – Navisworks 3rd

Party Program

상상진화는 건설·건축·엔지니어링 분야의 설계 환경 고도화와 협업 체계 구축을 지원하는 기업이다. 2D 및 3D 설계 솔루션을 기반으로 BIM 환경을 구축하고, 프로젝트 전 과정의 데이터 관리 효율화를 돕고 있다. 단순 제품 공급을 넘어 도입 컨설팅, 교육, 기술 지원을 제공하며 현장에서의 실질적 활용을 지원한다. 변화하는 설계 환경 속에서 고객의 업무 생산성과 경쟁력 향상을 지향한다.

씨앤지소프텍

대표전화 : 02-529-0841

홈페이지 : www.cngst.com

사업분야 : CAE소프트웨어 공급 및 기술지원, 컨설팅 서비스

건설 DX 관련 제품 : Strand7, ATENA, IDEA StatiCa, Dlubal RFEM, GTStrudl, ACS SASSI

씨앤지소프텍은 건축, 토목, 기계 엔지니어링 전문 소프트웨어 공급, 개발, 기술자문 및 컨설팅 서비스 전문 회사이다.

- 토목/건축/기계분야 전문 소프트웨어 개발 및 판매
- 플랜트 통합설계 자동화 및 E-P&ID 개발 및 토탈 솔루션 판매
- 토목, 교량, 해양, 원자력 구조물 설계 및 내진해석 전문기술용역
- 해외 Consulting 회사와의 Project 공동수행
- BIM 구축 및 솔루션 판매

아키소프트

대표전화 : 02-6956-5298

홈페이지 : www.archisoft.co.kr

사업분야 : 아키소프트는 BIM 기반 건축 설계 솔루션 공급, BIM기술 지원

건설 DX 관련 제품 : Archicad, BIMcloud, BIMx

아키소프트는 글로벌 BIM 소프트웨어 아키캐드(Archicad)의 국내 유일 공식 총판으로 건축·엔지니어링·건설(AEC) 산업 전반에 걸쳐 BIM 소프트웨어의 공급부터 실무 활용을 위한 도입·교육·기술지원을 전문적으로 제공하는 기업이다.

아키소프트는 헝가리에 본사를 둔 Graphisoft와의 공식 파트너십을 기반으로 단순한 소프트웨어 판매에 그치지 않고 국내 건축 실무 환경에 최적화된 BIM 도입 전략 수립, 기술 지원, 교육 프로그램 제공까지 아우르는 종합 BIM 솔루션을 제공하고 있다.

Archicad는 아키소프트의 핵심 제품으로, 3D 모델과 2D 도면이 실시간으로 연동되는 BIM 기반 설계 환경을 통해 설계 변경 사항이 즉시 도면에 반영되며, 이를 통해 설계 효율 향상과 오류 최소화, 일관된 도면 품질 확보가 가능하다. 아키소프트는 이러한 Archicad의 강점을 국내 실무에 효과적으로 적용할 수 있도록, 다양한 활용 사례와 검증된 워크플로우를 바탕으로 고객 맞춤형 지원을 제공하고 있다.

알씨케이

대표전화 : 02-575-0877

홈페이지 : www.rckorea.net

사업분야 : 디지털 트윈 관련 솔루션 공급/구축/교육 및 스마트팩토리 구축 지원

건설 DX 관련 제품 : Nextspace, Visual Componets, Aras PLM, SAP Visual Enterprise

2011년에 설립된 알씨케이는 산업 각 분야에서 디지털 트윈 전문 솔루션을 통해 기업의 디지털 전환을 지원하는 회사이다.

알씨케이 역량의 근간이 되는 솔루션들은 다음과 같다. 단일 플랫폼의 공정/물류/로봇 통합 시뮬레이션 솔루션 Visual Components, 클라우드 기반 이기종 시스템 통합 및 실시간 데이터 분석 환경 제공하는 디지털 트윈 플랫폼 Nextspace, 제품 수명주기 전반의 데이터와 프로세스를 통합 관리하는 PLM 솔루션 Aras PLM 등이 있다. 이를 통해 스마트 공장, 스마트 시티, 스마트 설비관리, BIM 분야에서 고객의 디지털 전환 여정 전체를 지원하고 있다.

에픽게임즈

홈페이지 : www.unrealengine.com/ko

사업분야 : 언리얼 엔진 기술 제공, 트윈모션 및 메타휴먼, 리얼리티캡처 등 에픽 에코시스템 제공, 포트나이트 등 게임 개발 및 서비스

건설 DX 관련 제품 : 언리얼 엔진

주요 스마트 건설 DX 프로젝트 : 중국 선양의 BMW 그룹 플랜트 리디야(Lydia) / 스웨덴 할름스타드 항만 및 철도 확장 프로젝트 / 프랑스의 CORYS 철도 설계·시뮬레이션 솔루션 내재화

에픽게임즈는 미국 노스캐롤라이나주 캐리에 본사를 둔 기업으로, 1991년 팀 스위니(Tim Sweeney) 대표가 설립했다. 에픽게임즈는 인터랙티브 엔터테인먼트 분야를 선도하는 글로벌 기업이자 3D 엔진 기술을 제공한다. 에픽게임즈는 전 세계에서 가장 큰 규모의 게임 중 하나인 포트나이트(Fortnite)를 운영하고 있으며, 포트나이트, 폴가이즈, 에픽게임즈 스토어를 통해 9억 6천만 개 이상의 계정과 65억 건 이상의 친구 연결을 하고 있다.

또한 에픽게임즈는 전 세계 주요 게임 제작사들이 사용하는 언리얼 엔진(Unreal Engine)을 개발하고 있으며, 이 기술은 게임을 넘어 영화와 TV, 방송 및 라이브 이벤트, 건축, 자동차, 시뮬레이션 등 다양한 산업 분야에서도 폭넓게 활용되고 있다. 에픽게임즈는 포트나이트, 언리얼 엔진, 에픽게임즈 스토어, 팹(Fab), 에픽 온라인 서비스를 통해 개발자와 크리에이터가 게임 및 다양한 콘텐츠를 제작·배포·운영할 수 있는 종합 디지털 생태계를 제공한다.

엠티엠디지털컨스트럭션

대표전화 : 02-565-0989

홈페이지 : www.mtmdc.co.kr

사업분야 : Plant BIM 3D 모델링 설계 및 Admin, 3D Reverse Engineering

건설 DX 관련 제품 : Ez-ISO, Ez-Spool, Ez-Plan

엠티엠디지털컨스트럭션은 플랜트 분야를 중심으로 BIM 기반 설계·엔지니어링과 디지털 전환(DX)을 수행하는 전문 기업이다. Plant BIM 3D 모델링 전환 설계와 Plant BIM Admin, 3D Reverse Engineering을 핵심 사업으로 하며, 설계·시공·운영 전 단계에서 활용 가능한 고품질 3D 데이터를 구축한다. 특히 Revit 기반의 플랜트 배관 모델링/Admin , 간섭 검토, ISO·Spool, 도면 자동화, Modular, 3D 스캐닝을 활용한 기존 설비의 역설계까지 아우르는 통합 기술력을 바탕으로 플랜트 프로젝트의 생산성과 정확도를 동시에 향상시키고 있다.

위즈코어

대표전화 : 02-3273-2608

홈페이지 : www.wizcore.co.kr

사업분야 : 5G 특화망 기반의 실시간 현장 연결과 산업 데이터 플랫폼을 바탕으로, AI 예측·판단 기술을 통해

산업 현장의 안전과 운영을 지능화 제공

건설 DX 관련 제품 : 특화망, NEXPOM, Safely, Widdy

위즈코어는 5G 특화망 기반의 실시간 현장 연결과 산업 데이터 플랫폼, AI 예측·판단 기술을 결합해 산업 현장의 안전과 운영을 지능화하는 AX(AI Transformation) 전문 기업이다.

건설·제조·플랜트·물류 등 고위험 산업 현장에서 발생하는 영상·센서·설비 데이터를 통합 분석하여 사고 예방, 운영 효율 향상, 현장 의사결정 고도화를 지원한다.

위즈코어는 점검 중심 관리를 넘어 예측 기반 자율 운영 환경 구현을 목표로 한다.

이노액티브

대표전화 : 02-6249-4311

홈페이지 : www.innoa.co.kr

사업분야 : 소프트웨어 공급 및 기술지원, CAD개발, Digital Twin Platform 사업

건설 DX 관련 제품 : Autodesk 제품(Revit, AutoCAD Plant3D), Hexagon CAS 제품군 (CAESAR II, PV Elite, TANK, CADWorx), S3D, SP&ID, iConstruct, EAM, INNOVA ISO, InnoVerse

이노액티브는 건축 및 플랜트 분야의 설계·모델링 업무를 중심으로 자동화와 협업 환경을 구축해 온 엔지니어링 소프트웨어 전문 기업이다.

Autodesk 및 Hexagon 계열의 BIM, CAD, 해석 솔루션을 기반으로 설계 자동화와 데이터 연계를 수행해왔으며, 기술을 다수 적용해 왔다. 특히 SK하이닉스의 3D Portal 기반 Digital Twin Platform을 구축하여 약 5년간 고도화 개발을 지속하며, 대규모 산업시설을 대상으로 한 데이터 통합과 운영 활용 역량을 축적했다. 이를 바탕으로 BIM 및 이기종 3D 데이터를 Web 환경에서 활용할 수 있는 협업 솔루션을 통해 설계부터 시공, 운영(O&M) 단계까지 이어지는 실무 연계 환경을 제공하고 있다.

이에이트(E8)

대표전화 : 02-6410-2802

홈페이지 : https://e8ight.co.kr

사업분야 : 디지털 트윈 기반 스마트 건설·제조·에너지·인프라 분야 산업 AI 플랫폼 및 운영 의사결정 시스템

건설 DX 관련 제품 : 디지털 트윈 플랫폼 NDX Pro, AI 시뮬레이션 NFLOW Ai, 온톨로지 기반 데이터 지능 플랫폼 NAXiS, 운영 의사결정 시스템 NAX Ops

E8(이에이트)는 디지털 트윈과 온톨로지 기반 데이터 지능 기술을 중심으로 산업 전반의 지능화와 운영 혁신을 지원하는 기술 기업이다. 현실 세계의 설비·공정·환경 데이터를 디지털 공간에 정밀하게 구현하고, 이를 AI가 이해하고 판단할 수 있는 구조로 전환하는데 강점을 보유하고 있다. 또한 시뮬레이션과 운영 의사결정 기술을 결합해 제조, 건설, 에너지, 인프라 등 다양한 산업 분야에서 보다 효율적이고 안정적인 운영 체계 구축을 지원하고 있다.

자이로소프트

대표전화 : 02-838-0760

홈페이지 : www.gyrosoft.co.kr

사업분야 : 3D/BIM 기반의 건축/플랜트 설계 및 공간/시설관리 솔루션 개발

건설 DX 관련 제품 : Gro3D Build, Gyro Spacer

2002년 설립된 자이로소프트는 CAD, 3D 기반의

건축, 플랜트 분야의 설계도구, 운영도구를 개발해 왔으며, 자체 개발된 2D/3D 코어기술을 활용하여 BIM, 디지털 트윈 운영에 응용하고 있다. 대형 건물, 공장, 플랜트 분야의 설계도구에서 운영 및 유지관리에 필요한 다양한 솔루션을 개발, 서비스하고 있다. 특히 공간관리 솔루션은 빌딩, 대학, 유통매장 등에 응용하고 있으며 독보적인 기술과 실적을 보유하고 있다.

또한 ERP, 제조 현장의 정보를 연계하고 3D 모델 기반의 가시화 기술로 디지털 트윈 기술을 구현하고 있으며 데이터센터의 IT자산관리 및 운영관리, 3D 구성관리 솔루션을 개발, 공급하고 있다.

지더블유캐드코리아

대표전화 : 02-515-5043

홈페이지 : www.zwsoft.co.kr

사업분야 : 3D 모델링 설계 및 해석, Virtual Twin Platform 사업 등

건설 DX 관련 제품 : ZW365

지더블유캐드코리아는 ZWCAD와 ZW3D를 중심으로 건설·제조 분야 설계 경쟁력을 높여온 CAD/CAE/CAM 전문 기업이다. 기술 지원과 교육, 컨설팅을 통해 산업 전반의 생산성과 품질 향상에 기여하며, 클라우드 협업 플랫폼 ZW365로 설계 데이터의 공유·관리·협업까지 아우르는 통합 환경을 제공한다.

직스테크놀로지

대표전화 : 02-546-4454

홈페이지 : https://zyx.co.kr

사업분야 : AX(AI Transformation) 기반 설계 플랫폼

건설 DX 관련 제품 : ZYXCAD AX (직스캐드 AX), ZYX SPACE (직스 스페이스), DIVE (다이브)

직스테크놀로지(ZYX Technology)는 2007년 설립된 국내 AI 기반 디지털 설계·스마트 건설 플랫폼 기업으로, 설계 자동화와 디지털 전환을 목표로 기술을 개발한다.

대표 제품으로는 국산 범용 CAD 솔루션인 인공지능(AI) 직스캐드 AX (ZYXCAD AX), AI 도면 인식·설계 자동화 기술을 적용한 직스 스페이스(ZYX SPACE), GIS 기반 스마트 건설 플랫폼 다이브(DIVE) 등을 제공하고 있다.

AI 기반 2D/3D설계, BIM·GIS 데이터 융합, 현장 데이터 시각화 기술을 통해 건축·건설·토목 분야의 생산성 향상과 지능형 의사결정 환경 구축을 지원한다.

캐디안

대표전화 : 02-323-0286

홈페이지 : https://www.cadian.com

사업분야 : CAD 엔진 개발, AI 솔루션 개발, 스마트팩토리, 디지털 트윈 사업 등

건설 DX 관련 제품 : CADian ViewQ, CADian BIM Viewer, CADian AI-CE

캐디안은 35년간 축적한 CAD 소프트웨어 기술을 기반으로 스마트 건설 DX를 실현하는 기업이다. 주력 제품인 CADian Pro는 건설 전 분야에서 활용되는 범용 CAD 솔루션으로, AutoCAD DWG/DXF와의 높은 호환성과 안정적인 설계 환경을 제공한다.

Revit 원본 BIM 모델을 변환 없이 열람·검토할 수 있는 CADian BIM Viewer를 통해 BIM 데이터를 현장과 협력사까지 확장하며, AI 기반 설계·적산 자동화 솔루션 CADian AI-CE로 도면 인식과 자동 적산을 지원한다. 또한 웹 기반 CAD 뷰어 솔루션 ViewQ를 통해 별도 설치 없이 도면 열람·검토가 가능한 환경을 제

공함으로써, 설계부터 시공·관리까지 이어지는 스마트 건설 협업 체계를 구축하고 있다.

케이씨아이엠(KCIM)

대표전화 : 02-515-3167

홈페이지 : https://www.kcim.co.kr

사업분야 : BIM 설계 솔루션 및 서비스

건설 DX 관련 제품 : Autodesk Revit, Autodesk Navisworks, Autodesk Construction Cloud, BIMlize Tools, BIMlize Cloud

　KCIM은 1990년 설립된 스마트건설 전문 기업으로, BIM 컨설팅과 Autodesk 기반 솔루션을 통해 건설 산업의 디지털 전환을 지원하고 있다. 설계·시공·운영 전 단계에 걸친 BIM 프로젝트 수행 경험과 전문 인력을 바탕으로, 실무 적용에 초점을 둔 기술 컨설팅 서비스를 제공한다. 자체 개발한 BIMlize Tools를 통해 BIM 환경에서 반복적으로 발생하는 업무를 자동화하고 생산성을 향상시키고 있으며, BIM 프로젝트 수행 과정에서 생성되는 데이터의 관리와 활용을 체계적으로 지원하기 위한 서비스 영역으로 사업을 확대하고 있다.

케이씨엠씨

대표전화 : 02-518-4374

홈페이지 : www.Kcmc.co.kr

사업분야 : CM / BIM / DX 솔루션(Solution)

건설 DX 관련 제품 : NeXura Series – BIM 기반 설계, 시공 및 프로젝트 관리 소프트웨어

　2002년 설립된 케이씨엠씨는 국토교통부에서 지정한 스마트건설 강소기업으로서 국내 BIM 도입 초기부터 축적해 온 기술력을 기반으로 자체 BIM 소프트웨어 브랜드인 NeXura Series를 개발·출시 운영 중이다.

　NeXura Series는 설계, 시공 및 프로젝트 관리를 위해 실무 중심의 BIM 협업, 정보관리(WBS, Pset 등), 모델링 자동화, 4D&5D 시뮬레이션, 시공 시뮬레이션 등을 지원함으로 설계, 시공단계 모든 프로젝트에서 활용이 가능하다. 또한, 고객의 업무 환경과 프로젝트 특성을 반영한 BIM 기반 디지털 전환 전략 수립 및 맞춤형 솔루션 개발을 통해 실질적인 생산성 향상과 데이터 기반 의사결정 환경을 지원하고 있다.

트림블코리아

대표전화 : 070-4940-4600

홈페이지 : www.tekla.com/kr

사업분야 : BIM, 3D 모델링, 현장 관리, 물류 최적화, 정밀 측량 등

건설 DX 관련 제품 : Tekla Structures, Trimble Connect 등

　트림블 AECO는 기획, 설계, 건축을 넘어 자산의 전체 수명 주기 전반에 걸쳐 모든 이해관계자에게 혁신적이고 연결된 솔루션 생태계를 제공한다. 이를 통해 팀과 단계, 프로세스 간의 조정 및 협업을 개선하고, 작업 자동화 및 워크플로우 혁신을 통해 각 팀이 프로젝트를 자신감 있게 수행할 수 있도록 돕는다.

　트림블은 물리적 세계와 디지털 세계를 연결하는 글로벌 기술 기업으로, 건설(AECO), 지리 공간 정보, 운송 등 필수 산업 분야 고객들이 통찰력을 얻고 프로젝트를 성공적으로 완수할 수 있도록 지원한다. 혁신을 통해 올바른 데이터를 적시에 적절한 사람에게 연결해 고객의 생산성과 효율성을 높이고 가능성을 수익으로 전환하도록 지원하며, 전 세계 사람들의 삶의 질을 형성하는 데 기여한다.

한국가상현실

대표전화 : 1644-4932

홈페이지 : https://corp.kovi.com

사업분야 : 건축/인테리어/가구 분야 3D/VR설계 솔루션 사업(코비온라인) 및 AX/DX 서비스 모듈 플랫폼 사업 등

건설 DX 관련 제품 : KOVI.Archi, KOVI.Twin, KOVI.Sim, KOVI.Ops

1998년 설립(1999년 법인 전환)된 한국가상현실은 VR기술과 IT요소기술 간의 융합을 통해 유연한 확장성을 가진 자체개발 VR코어 '코비아키(KOVI Archi)'를 활용 다양한 분야에 적용 가능한 최적의 메타버스 및 디지털트윈 환경인 'KOVI PLATFORM' 기반의 서비스를 제공하고 있다.

KOVI PLATFORM 서비스는 20년 이상의 업력을 기반으로 B2B2C 건축인테리어 분야에 적용하여 자체적인 SaaS플랫폼 서비스(코비온라인, 코비하우스 VR/AR)와 B2B2G AX/DX(인공지능 및 디지털 전환) 분야 서비스모듈(공간AI, 디지털트윈, 임대·공간·자산 관리, 관제·방재, 해석, 교육·훈련, 매장관리, 메타버스 분야 등)을 제공하고 다양한 분야에 VR기술 융합 사업을 추진하고 있다.

케이던스 디자인 시스템즈

대표전화 : 070-4908-4044

홈페이지 : www.cadence.com/en_US/home/tools/msc-software.html

사업분야 : 다양한 산업분야에 유한요소해석, 다물체 동역학, 열 유동해석 및 시뮬레이션 데이터 관리 등의 CAE 소프트웨어 및 서비스를 개발하고 공급

건설 DX 관련 제품 : Cradle CFD

케이던스 디자인 시스템즈(Cadence Design Systems)의 일원이 된 MSC Software는 엔지니어가 가상 프로토타입을 사용하여 제조된 제품 또는 프로세스 설계를 검증하고 최적화할 수 있 도록 하는 예측 시뮬레이션 소프트웨어 기술을 제공하고 있다. MSC Software 솔루션은 업계에서 신뢰하는 많은 시뮬레이션 기술을 선도하고 있으며, 선형 및 비선형 유한요소해석, 열유동해석, 음향, 유체-구조 연성해석, 다물체 동역학, 최적화 관련 CAE 제품과 서비스를 공급하고 있다.

휴엔시스템

대표전화 : 02-861-0216

홈페이지 : www.huensystem.com

사업분야 : 건설/플랜트/조선해양 분야 IT 솔루션 개발

건설 DX 관련 제품 : PEDAS 제품군, Ez-Solutions 제품군

2008년 설립된 휴엔시스템은 건설, 플랜트, 조선해양 분야의 설계/구매/시공/시운전 등 전 공정에 걸쳐 특화된 노하우와 차별화된 기술력을 바탕으로 IT기술지원과 서비스를 제공하는 IT솔루션 기업이다. 현재, 25개국 100개 이상의 기업이 휴엔시스템의 솔루션을 도입하여 플랜트 프로젝트를 성공적으로 수행하고 있다.

특히 플랜트 주요 구조물 및 일반토목(파이프랙, 기초, Underground)의 구조해석/설계, 도면 및 물량, 3D 모델링까지 일괄처리하는 플랜트 통합 BIM 솔루션인 PEDAS(Plant Estimation & Design Automation System)와 배관 Isometric 도면 자동화 시스템과 연계하여 Weld Map Drawing, Welding Control 등을 일괄 처리하는 배관 분야 솔루션인 Ez-Solutions(Ez-ISO, Ez-Spool, Ez-PLAN)을 대표 솔루션으로 제공 중이다.

공급업체	제품명	제품 설명	개발사
고려소프트웨어, 02-563-2707, www.koryosoft.co.kr	BIM 디지털 트윈 재난관리시스템	IoT 센서 연동으로 24시간 시설물 고장이나 화재나 사고 등의 재난상황 감시 및 재난상황을 상정한 사이버 모의 훈련 실시 가능	고려소프트웨어
	BIM 시설유지관리 시스템	준공시 간편한 유지관리단계 데이터 이관 및 체계적인 정보(손상/보수보강) 관리	
	BIM 프로젝트 관리 시스템	BIM표준체계에 입각한 시각적 프로젝트 공정 / 비용 관리 시스템	
	BIM 플랫폼/납품시스템	BIM표준체계에 입각한 납품 및 라이브러리 관리 시스템	
다쏘시스템코리아, 02-3270-7800, www.3ds.com/ko	3DEXPERIENCE Platform(3D익스피리언스 플랫폼)	제품수명주기관리(PLM)부터 디지털 목업(DMU), 컴퓨터 지원설계(CAD)까지 아우르는 통합 시스템	Dassault Systèmes
	CATIA	3D CAD 설계 솔루션	
	DELMIA	제조, 공급망, 물류, 서비스를 협업·모델링·최적화·실행할 수 있도록 지원	
	ENOVIA	협업 및 인텔리전스 & 데이터 기반 프로젝트 관리	
라인테크시스템, 02-569-1814, www.linetek.co.kr	Architecture Engineering & Construction Collection IC	BIM 설계 통합 솔루션	Autodesk
	BIM Collaborate Pro	건설 프로젝트 협업 솔루션	
메타유닉스, www.metaunix.co.kr	Revit	BIM 설계 솔루션	Autodesk
모두솔루션, 02-857-0974, www.gstarcad.co.kr	GstarBIM	실무 중심의 통합형 BIM 솔루션	Gstarsoft
베이시스소프트, 02-571-8718, www.basis.co.kr	Civil work suites	도로, 교량, 터널, 부지 설계 등 다양한 토목 인프라 프로젝트를 개념부터 상세, 해석, 시각화, 디지털 납품까지 일관된 워크플로우로 지원하는 통합 토목 설계 소프트웨어 번들	Bentley systems
	iTwin Capture Modeler	모델의 규모나 정밀도와 무관하게, 다중 해상도의 3D 모델을 자동으로 생성하고 현실감 있는 메시 시각화 제공	

벤틀리시스템즈코리아, 02-557-0555, https://ko.bentley.com	MicroStation	건축, 엔지니어링, 건설(AEC) 산업의 2D 및 3D 프로젝트 설계를 위한 CAD 소프트웨어 솔루션	Bentley Systems
	SYNCHRO	턴키 방식 완벽한 협업 솔루션	
	iTwin Capture	사진과 포인트 클라우드를 사용하여 모든 규모의 고성능 3D 모델을 신속하게 생성하여 활용하는 솔루션	
	Civil Worksuite	도로, 교량, 부지 등 인프라 프로젝트를 위한 주요 애플리케이션을 번들로 제공하여 워크플로우를 개선하는 솔루션	
	SACS	해양 구조물의 설계 및 해석을 지원하는 전문 솔루션	
	STAAD	철골 및 콘크리트 구조물의 3D 구조 해석 및 설계를 수행하도록 돕는 구조 해석 솔루션	
	AutoPIPE	배관 시스템의 응력, 하중, 변위 등을 빠르고 정확하게 계산하여 안전성을 검증하는 배관 응력 해석 솔루션	
	Cesium	방대한 3D 지리 공간 데이터셋 스트리밍을 위한 3D 타일 표준을 기반으로 3D 지리 공간 애플리케이션을 제작하는 개방형 플랫폼 솔루션	
	Bentley Infrastructure Cloud	인프라 수명 주기 전반에 걸쳐 데이터와 사람을 연결하여 iTwin의 생성, 관리 및 활용을 용이하게 하는 클라우드 기반 솔루션	
	OpenRoads Designer	측량, 배수, 지표 아래 유틸리티 및 도로 설계를 위한 포괄적인 기능을 갖춘 상세 설계 솔루션	
	ProjectWise	단일 연결 데이터 환경(CDE) 내에서 엔지니어링 프로젝트 콘텐츠의 설계, 관리, 공유를 돕는 프로젝트 협업 솔루션	
브이디씨테크, 070-4504-6636, www.fuzor.co.kr	Fuzor	건설 4D, 5D 시뮬레이션 및 안전검토	kalloc
상상진화, 02-3474-2270, www.imbu.co.kr	CABLEBOX	3D모델기반 cable schedule 자동 Update – Code 체크, 수량산출 –Revit 3rd Party	상상진화

	NAVIBOX	Navisworks UI에서 건설 장비 작동 시뮬레이션 구현, 간섭자동체크 -Navisworks 3rd Party	
씨앤지소프텍, 02-529-0841, www.cngst.com	ACS SASSI	Seismic SSI 해석 전문 솔루션	GP Technologies
	ATENA	콘크리트 균열 해석 전문 솔루션	Cervenka Consulting
	Dlubal- RFEM	다양하고 통합된 구조해석 솔루션 세트	Dlubal
	GTStrudl	원자력 구조물 해석 및 내진해석 솔루션	Hexagon PPM
	IDEA StatiCa	철골 접합부 및 콘크리트 상세 설계 솔루션 세트	IDEA StatiCa
	Strand7	다양하고 통합된 구조해석 솔루션	Strand7
아키소프트, 02-6956-5298, www.archisoft.co.kr/	Archicad	BIM기반 통합 솔루션	Graphisoft
	BIMcloud	BIM 협업 솔루션	
	BIMx	BIM 실시간 커뮤니케이션 뷰어	
알씨케이, 02-575-0877, www.rckorea.net	Aras PLM	제품수명주기 관리 오픈소스 PLM 솔루션	Aras
	Nextspace	클라우드 기반 디지털 트윈 플랫폼	Nextspace
	NVIDIA Omniverse	시각화, AI, 시뮬레이션 지원 협업 플랫폼	NVIDIA
	SAP Visual Enterprise	3D 시각화와 데이터 통합 소프트웨어	SAP
	Visual Components	공정/물류/로봇 통합 시뮬레이션 솔루션	Visual Components
엠티엠디지털컨스트럭션 02-565-0989 www.mtmdc.co.kr	Ez-ISO	Revit 기반 배관 ISO도면 자동생성 소프트웨어로 100% Automation 제공	휴엔시스템
	Ez-PLAN	Revit 기반 plant 배관 평면도 태그, 치수 자동 작성 솔루션	
	Ez-SPOOL	SP3D/PDS/Revit기반 ISO도면을 제작 단위(Spool)로 자동 할해 Spool 도면·자재·용접·Revision 관리를 한 번에 해결하는 제작·시공 연계 솔루션	

회사 정보	제품명	설명	공급사
위즈코어, 02-3273-2608, www.wizcore.co.kr	NEXPOM	산업 현장의 다양한 데이터를 실시간으로 수집, 통합하여 의사결정을 지원하는 현장 데이터 통합 플랫폼	위즈코어
	Safely	AI OCR 기반으로 현장 안전 정보를 자동 인식·관리하는 지능형 안전 솔루션	
이노액티브, 02-6249-4311, www.innoa.co.kr	iConstruct	Navisworks기반 AWP 자동 생성	Hexagon
	InnoM3D	3D 기반의 실시간 협업 솔루션	이노액티브
	InnoRevitX	Powerfull한 Revit 설계 Assistant	
	INNOVA Flowsheet	Data Convergence 기반 Revit 계통도 생성 솔루션	
	INNOVA ISO	Data Convergence 기반 Revit ISO 생성 솔루션	
이에이트, 02-6410-2800, https://e8ight.co.kr	NAX Ops(넥스 옵스)	운영 의사결정 시스템	이에이트
	NAXiS(넥시스)	온톨로지 기반 데이터 지능 플랫폼	
자이로소프트, 02-838-0760, www.gyrosoft.co.kr	Gyro Spacer	빌딩, 플랜트 분야 2D/3D기반 공간 및 시설물관리	자이로소프트
	Gyro3D Build	빌딩, 플랜트 분야 3D 기반의 계획설계 도구	
직스테크놀로지, 02-546-4454, https://zyx.co.kr	(주)직스테크놀로지	GIS 기반 스마트 통합 건설 관리 플랫폼	직스테크놀로지
	ZYX SPACE (직스 스페이스)	AI 기반 설계 자동화 솔루션	
	ZYXCAD AX (직스 캐드 AX)	인공지능(AI) 기반 국산 CAD 솔루션	
캐디안, 02-323-0286, www.cadian.com	CADian AI-CE	AI 기반 이미지 및 DWG 도면 인지 및 자동 적산 솔루션	캐디안
	CADian BIM Viewer	Revit 원본 BIM 모델을 변환 없이 바로 열어 현장·사무실·협력사 간 빠르고 정확하게 공유·검토할 수 있는 실무 중심 BIM 뷰어	
	CADian ViewQ	건설 현장과 사무실을 연결하는 웹 CAD 도면 뷰잉 및 마크업 솔루션	

케이던스 디자인 시스템즈 070-4908-4044, www.cadence.com/en_US/home/tools/msc-software.html	Cradle CFD	설계자도 쉽게 건물 내외부의 열·유동을 시뮬레이션 할 수 있으며 스마트건설의 설계 최적화와 에너지 효율을 높일 수 있는 DX 솔루션	MSC 소프트웨어
케이씨아이엠, 02-515-3167, www.kcim.co.kr	Autodesk Construction Cloud	BIM 데이터를 기반으로 설계·시공·협업 정보를 통합 관리하는 클라우드 플랫폼	Autodesk
	Autodesk Navisworks	BIM 모델 통합을 통한 충돌 검토 및 시공성 검토 솔루션	
	Autodesk Revit	건축·구조·설비를 통합해 3D BIM 설계를 수행하는 핵심 설계 솔루션	
	BIMlize Cloud	Autodesk Construction Cloud 기반으로 현장 이슈, 일정, 데이터를 한 곳에서 관리하는 실무 중심 협업 플랫폼	KCIM
	BIMlize Tools	반복 작업을 자동화해 생산성을 높이는 Autodesk 애드인 솔루션	
케이씨엠씨, 02-518-4374 www.kcmc.co.kr www.NeXura.co.kr	NeXura	BIM 건설정보 통합관리 플랫폼 (CDE)	케이씨엠씨
	NeXura D	BIM 설계 통합지원	
	NeXura G	BIM 속성정보 자동화 및 암호화	
	NeXura M	BIM 정보관리 및 수량/내역 자동화	
	NeXura S	BIM 기반 시공 시뮬레이터	
	NeXura T	BIM 기반 공정/기성 관리 자동화	
트림블코리아, 070-4940-4600, www.tekla.com/kr	Tekla Structures	건설 산업의 모델을 생성, 취합, 관리하는 BIM 솔루션	Trimble
	Trimble Connect	클라우드 기반 개방형 협업도구	
한국가상현실, 02-6954-2147, https://corp.kovi.com	KOVI.Archi	Real-time 고화질 렌더링 기반 건축/인테리어 설계 솔루션	한국가상현실
	KOVI.Edu	XR기반 산업용 교육 시뮬레이터 솔루션	
	KOVI.Ops	임대·공간·자산 통합 관리 솔루션	
	KOVI.Sentinel	360VR/3D VR/AR 등 다양한 3D UI/UX기반의 통합 관제·방재 솔루션	
	KOVI.Sim	공간 기반 3D해석·가시화(시각화 솔루션	

	KOVI.Twin	GIS 및 공간 Grid기반의 디지털트윈 플랫폼	
휴엔시스템, 02-861-0216, www.huensystem.com	Ez-ISO	Revit 기반 배관 ISO도면 자동생성 소프트웨어로 100% Automation 제공	휴엔시스템
	Ez-PLAN	Revit 기반 plant 배관 평면도 태그, 치수 자동 작성 솔루션	
	Ez-SPOOL	SP3D/PDS/Revit기반 ISO도면을 제작 단위(Spool)로 자동 할해 Spool 도면·자재·용접·Revision 관리를 한 번에 해결하는 제작·시공 연계 솔루션	
	PEDAS-CLOUD	Equipment, Foundation, U/D, Structure의 기계하중 및 토목 설계 객체를 통합 관리하는 엔지니어링 클라우드 플랫폼	
	PEDAS-Column Base	강구조 및 일반 기계 기초의 앵커·베이스플레이트와 콘크리트까지 통합 검증하는 베이스 설계 자동화 솔루션	
	PEDAS-Foundation	플랜트 기초 설계를 해석부터 검토·도면까지 일관되게 자동화하는 콘크리트 기초 설계 자동화 솔루션	
	PEDAS-U/D	지하 배수부터 Trench·U-Ditch까지 표층 구조물을 BIM 환경에서 설계·간섭 검증하는 배수 설계 자동화 솔루션	

스마트 건설 DX 가이드

공저 빌딩스마트협회

이강 / 조성민 / 진상윤 / 문진영 / 박승 / 나재훈 / 김한도 / 윤종덕
이두희 / 김창근 / 류제형 / 강태욱 / 최경화 / 양승규 / 이용하 / 권방호
김선중 / 김성진 / 김영휘 / 김용수 / 김진만 / 김태현 / 손석희 / 손원영
엄신조 / 이기상 / 이승평 / 진득호 / 최융기 / 한종한 외

펴낸곳 이엔지미디어

전화 02-333-6900

팩스 02-774-6911

홈페이지 www.cadgraphics.co.kr

이메일 mail@cadgraphics.co.kr

주소 서울시 종로구 세종대로23길 47 미도파광화문빌딩 607호(우 03182)

등록 제2012-000047호

등록일 2004년 8월 23일

기획 최경화

교열 박경수, 정수진

디자인 김미희, 홍다연

찍은곳 으뜸피앤디

초판 1쇄 2026년 4월 20일

ISBN 979-11-86450-39-0

정가 30,000원